U0133875

高等院校规划教材·信息管理与信息系统系列

网络营销理论与实践

乌跃良　编著

机械工业出版社

本书分为4部分，共11章。第1章、第2章为第1部分，主要阐述市场营销和网络营销的基本理论，介绍网络营销在电子商务课程体系中的地位和作用。第3~5章为第2部分，主要论述网络营销赖以进行的基础设施。第6~9章为第3部分，论述网络营销的策略和方法。这部分主要论述如何进行网络营销，是本书的重点。第10章、第11章为第4部分，论述网络营销方法在实践中的应用及其在网络营销过程中所产生效果的评价。

　　本书结合财经院校学生培养目标等实际情况，在教材总体框架上合理布局，在有限的篇幅上，涵盖了网络营销的整个过程；同时合理分布了"网络"与"营销"的比重，本着"三分技术，七分应用"的理念进行编写，增强了教学中对学生动手操作能力的培养。

　　本书的编写体系非常适合本科和专科的教学，也适合具有中等学历以上的读者自学。本书还适合以下读者：在网络上营销产品或提供服务的企业管理决策人员及技术人员、准备制定网络计划的决策人员、准备进入网络环境工作的决策人员和技术人员。

图书在版编目（CIP）数据

网络营销理论与实践/乌跃良编著. —北京：机械工业出版社，2011.8
高等院校规划教材 · 信息管理与信息系统系列
ISBN 978-7-111-34378-3

Ⅰ.①网…　Ⅱ.①乌…　Ⅲ.①电子商务－市场营销学－高等学校－
教材　Ⅳ.①F713.36

中国版本图书馆 CIP 数据核字（2011）第 095560 号

机械工业出版社（北京市百万庄大街 22 号　邮政编码 100037）
策划编辑：张宝珠
责任编辑：张宝珠
责任印制：李　妍
北京振兴源印务有限公司印刷

2012 年 1 月第 1 版 · 第 1 次印刷
184mm×260mm · 19.5 印张 · 480 千字
0001－3000 册
标准书号：ISBN 978-7-111-34378-3
定价：37.00 元

前　言

随着电子商务在中国的发展、壮大，营销市场从过去的物理性市场转变为新的虚拟市场，随之而来的是构成市场的因素的整体变化。这些变化有观念上的，也有实体上的；有局部的，也有全局的；有国际的，也有国内的；有经济的，也有政治的，等等，不一而足。本教材仅用几十万字的篇幅，虽很难从广度和深度方面对"网络营销"的整体进行操控和把握，但仍可以满足"教学之用"的基本要求。本书具有以下特点：

1. 结合财经院校学生培养目标等实际情况，在教材总体框架上合理布局，在有限的篇幅上，涵盖了网络营销的整个过程；同时合理分布了"网络"与"营销"的比重，本着"三分技术，七分应用"的理念进行编写，增强了教学中对学生动手操作能力的培养。

2. 更注重教学应用，有利于学生把握重点，抓住问题实质。多用数字、图表说明问题，使学生对重要问题不仅有"定性"的概念，同时有"定量"的概念，培养学生养成记忆数字的习惯，在习题中将重要问题和重要数字进一步突出记忆，为今后的进一步学习和深造奠定基础。

3. 随着网络营销理论与实践的发展，增加了一些新内容。我国的网络营销在国际、国内经济形式非常不利的情况下，仍保持高速发展势头，显示了旺盛的生命力。2010 年底，中国网民数已达 4.57 亿人，较 2009 年底增加 7330 万人，增长率为 5.4%。其中手机网民规模达 3.03 亿人占整体网民的 66.2%。截止 2010 年 12 月，网络购物用户规模达到 1.61 亿，使用率为 35.1%，2010 年网络购物用户年增长 48.6%，增幅在各类网络工具应用用户中居首位。这其中网上支付、旅游预订、网络炒股用户使用率分别增长 30%、7.9% 和 15.5%。在国际、国内政治经济环境如此重大"利空"的情况下，我国网络营销竟有这般良好发展，使我们在坚持树立"危机意识"的同时，更坚定树立"机遇意识"，"后危机阶段"过去之后，必然会出现网络营销发展的"井喷行情"。这就需要我们在人才培养、网络营销基础设施建设、国民网络营销意识和实际应用的培育方面时刻准备着，因为"机遇总是给有准备的人"。

作者认为这类教材的编写应达到两个"密封的环"：

第一个是作者应跳出自己的知识背景和工作院校背景，正确处理"网络"与"营销"的关系。从基础知识的陈述入手，由浅入深，逐步揭示出网络营销方法体系的理论与实践应用，再到这些方法应用效果的考核。本书就是一个相对"密封的环"。

第二个是电子商务课程的设计体系形成一个"密封环"，由基础课、专业基础课和专业课等 20 多门课共同组成一个课程体系，而该体系尽量形成一个"密封环"，本课程只是这一大环上的一个小环，以此形成一个成熟的、相对稳定的课程体系。

这样的规划迟迟没有付诸实施的原因有以下几个。第一，知易行难。这一想法的形成相对容易，相信有很多教师都有各自认为成熟的想法，但真正做起来会遇到一些很难克服的困难。既要受教师个人知识能力的限制，还要受周围环境的限制，甚至是需要其他教师的互相配合，才能很好地完成。第二，电子商务的发展突飞猛进，带来网络营销理论与实践的快速更新。教材写作和出版的周期至少半年，而这半年网络营销的理论与实践都会有很大的发展变化。第三，对自己个人能力的怀疑。网络营销是一门集计算机技术、互联网技术、现代通信技术与市场营销等专业交叉的复合类学科。任何一个人想驾驭该学科都有一定困难。

权衡再三，最终决定将写作计划付诸实施，本书的内容特色如下：

1. 采用"网络营销"的基本架构。本书是以"网络"为工具与平台，实现"营销"的目的。针对本学科的授课对象，只是简单介绍相应软件的应用和网站建设与维护的原理与应用，重点讲述网络营销的实际应用、"营销"环节的现状、存在问题及解决方法，尽量让学生多思考，多动手练习，多解决实际问题。

2. 增强学生对这门课程的学习兴趣。现在对学生的培养模式过分统一和简单，认为只有一种成功的模式，应本着因材施教的原则，让对这门课程感兴趣的学生，在这方面多有建树，不管继续深造还是就业，都比别人快一步或半步，成为这方面的一个小专家。这样，只要保持这种优势，找到自己的准确位置，持之以恒，就会在该领域有所成就。

3. 尽量使用新的内容。本书内容强调透过现象看本质。对网络营销的方法体系的理论与实践进行深入研究，紧跟最前沿的研究课题，关注最新的研究成果，把现在争论的问题和正在研究的问题告诉学生，以激发学生的学习积极性。

4. 在网络营销的理论与实践方面有新的探索。本书除对网络营销的概念和营销方法进行介绍外，又增加了网络营销的信息传递模型和一般原则的研究。对常见的网络营销方法和实践活动进行理论指导。与此同时，又在对网络营销进行实践和思考的基础上，归纳总结出网络营销的一般性原则和一般规律。因此，强调网络营销的实践性，尽量避免对于企业应用网络营销没有意义的空洞描述。

除以上的认识之外，作者对长期的教学工作有几点体会非常深刻，即我们要把学生培养成什么样的毕业生。当代社会发展日新月异，知识更新速度极快，学生在校学到的知识到毕业时已有一半过时了，为了使学生跟上知识更新速度，必须掌握学习方法和获得技能的能力。只有这样才能使学生在毕业后永不落伍，对电子商务专业的学生来说，应具有以下几方面的能力。其一，理论上的探讨和动手解决实际问题的能力。其二，精神乐观，品格高尚。人生在世，肯定会遇到非常多的困难与挫折，对待这些困难和挫折是勇敢面对、积极克服，还是怨天尤人、消极躲避。这两种态度对做事和人生的最后结果都会带来截然相反的结局。其三，扬长避短。每个学生都有各自的长处和短处，应该让他们知道自己的发展方向，并提供相应的条件和帮助。

本书分为4部分。第1章、第2章为第1部分，主要阐述市场营销和网络营销基本理论，把学生从经济学基础理论相关课程中导入网络营销学科中，介绍网络营销在电子商务课程体系中的地位和作用。第3～5章为第2部分，主要论述网络营销赖以进行的基础设施，这是进行网络营销的必备条件。第 6～9 章为第 3 部分，论述网络营销的策略和方法。这部分论述如何进行网络营销，是本书的重点。第 10 章、第 11 章为第 4 部分，论述网络营销方法在实践中的应用及其在网络营销过程中所起效果的评价。另外，本书在每一章都配有相关的案例分析和习题供读者在理解和掌握每一章的重点时参考。

本书的编写体系非常适合本科和专科的教学，也适合具有中等学历以上的读者自学，本书还适合以下读者：在网络上营销产品或提供服务的企业管理决策人员及技术人员、准备制定网络计划的决策人员、准备进入网络环境的决策人员和技术人员。

本书由乌跃良策划和写作，赵莹莹、林丽和刘子源对本书写作框架的最后确定和搜集资料方面做了大量工作。除此之外，本书的大量材料来源于作者多年的授课讲义，多年的授课得到了东北财经大学管理科学与工程学院广大教师的帮助和支持，作者在此深表感谢。

作为一本教材，主要是对基本理论、基本方法、基本问题的研究和阐述。随着网络营销的快速普及和发展变化，本书的内容也要不断地发展和更新。此外，任何科研成果都是建立在前人工作的基础上的。本书参考和借鉴了一些专家、学者的成果，在此一并向他们致谢。最后，恳请读者对本书提出宝贵的批评和建议。

编　著

目　录

第 2 部分 网络营销赖以进行的基础设施

第3部分 网络营销的策略和方法

第4部分 网络营销方法的综合应用和效果评价

第1部分　市场营销和网络营销基本理论

第1章　营销学基础理论与基本策略

本章重要内容提示：

本章通过对市场营销学基本理论和策略的回顾，为下一步学习网络营销学奠定基础。本章从市场营销的产生和发展入手，对市场营销学中的顾客让渡价值、市场营销环境及各因素功能的构成作了说明，最后对消费者行为模式对市场营销的影响作了必要的探讨。

1.1　市场营销的概念及发展阶段

1.1.1　市场营销的概念

市场营销就是以满足人类各种需要和欲望为目的，通过一系列有组织的活动来创造、沟通和传递顾客价值，以维系企业和顾客的关系，从而使企业和相关参与者都受益的一种社会和管理过程。

1.1.2　市场营销的核心内容

1. 营销者与预期顾客

营销者是交易双方中积极主动寻求响应（态度、购买、选票和捐赠）的一方，另一方则是预期顾客。如果双方都在积极寻求交换，那么双方都是营销者，即营销者可能是买方，也可能是卖方，这种情况被称为相互市场营销。

2. 需求、欲望和需求

需求描述了基本的人类要求。比如，人们需要食品、空气、水、衣服和住所才能赖以生存，此外，人们还有社交、爱情、尊重、归属感和成就感等更高层次的要求。欲望是指当人们的需求趋向某些特定的目标时，需求就变成了欲望。比如，人饿的时候需要食品，而当这种需要转化成这个人想吃馒头时，就可以说这个人有想要得到馒头的欲望。需求是指对有能力购买的某个具体产品的欲望，即需求 = 购买能力 + 购买欲望。对于需求来说，人们的购买能力和购买欲望缺一不可。常言道"人的欲望是无穷的"，但是仅有欲望而没有购买能力，也形不成需求。随着购买能力的变化，需求就会发生变化。比如，当移动电话最开始走入市场时，市场需求非常小。这不是因为人们没有购买的欲望，而是因为当时移动电话的价格非常贵，只有少数人有购买能力。但随着人们收入水平的提高和移动电话价格的下降，更多的人具有购买移动电话的能力，移动电话市场也渐渐形成了更为普遍的需求。

3. 交易与交换

交换就是通过提供某种东西作为回报，从某人那里取得所想要东西的行为。交换的发生需要 5 个条件：①交换至少有两方；②每一方都有被对方认为有价值的东西；③每一方都能沟通信息和传送物品；④每一方都可以自由接受或拒绝对方的产品；⑤每一方都认为与另一方进行交易是适当的或是称心如意的。交换一般被认为是一个价值创造过程，即交换通常会使双方变得比交换以前好。交易是指双方之间的价值交换所构成的行为。在现代社会生活中，交易行为几乎无处不在，无时不有。比如，从全球范围来看，总有一个角落发生着人们用货币去购买所需物品的交易行为。

1.1.3　市场营销观念及其发展

市场营销观念属于上层建筑的范畴，是一种意识形态，也就是指以什么样的指导思想、态度和思想方法去从事市场营销活动。市场营销观念是一种观点、态度和思想方法。而市场营销，则是一种业务活动的过程，它是在一定的市场营销观念支配下进行的。因此，在研究各项具体市场营销活动之前，必须对市场营销观念的产生和发展有一定的了解。

市场营销的起源可追溯到人类最早从事的交换过程——以物易物，即以一种有用之物交换另一种有用之物，如以食品交换动物的毛皮。为了配合、顺应这种交换过程，逐渐出现了贸易驿站、行商、百货店和全国性流通的货币。

19 世纪晚期的产业革命标志着现代意义市场营销观念的产生。此前，由于人们没有多少剩余产品，交换受到很大限制。产业革命后随着大量生产的开始、运输工具的改善、新技术的出现，产品可以大量生产出来，并能以较低的价格出售，人们开始改变自给自足的做法而去购买全部或大部分所需之物。随后，由于交通运输的改进、城市人口的增多、专业化的出现，更多的人有可能参与交换过程，商业活动从而也变得更频繁而复杂，市场营销观念才逐步形成，并一直在发展。

从西方社会来看，产业革命后，市场营销观念的发展，可以分为以下 3 个明显的阶段。

1. 以生产为中心的阶段（19 世纪末 ~20 世纪 20 年代）

当时，西方各国普遍的情况是国民收入低、生产落后，整个社会的产品并不太丰富，工厂只要通过提高产量，降低生产成本，就可获得巨额利润。这个以生产为中心的阶段，美国有些市场学教科书又把它区分为两种观念：生产观念和产品观念。

所谓生产观念就是认为消费者会喜欢那些随处可以买到、价格低廉的产品。因此企业管理部门必须集中注意力去提高生产和销售效率。这种观念是指导销售者最古老的经营哲学。

这种生产观念至今在某种情况下仍是有用的：①当某种产品的需求超过供给时。此时管理部门应该设法增加生产。②当产品的成本过高，需提高生产效率来使其降低时。例如，20世纪初汽车大王亨利·福特所奉行的便是这种经营哲学。在汽车发明后不久，他于 1903 年创办了福特汽车公司，从 1914 年开始生产 T 型汽车——一种 4 个汽缸、20 马力（1 马力 = 735.499 W）的低价汽车。这种汽车到 1922 年时，在美国汽车市场上的占有率已上升到 56%。当时福特的经营哲学便是如何使 T 型汽车生产效率趋于完善，从而降低成本，使更多的人买得起汽车。他曾开玩笑说，福特公司可供应消费者任何颜色的汽车，但是他只生产黑色汽车。这是只求产品价廉而不讲究花色式样的生产观点的典型表现。

时至今日，一些现代公司也有奉行这种观念的。例如，美国得克萨斯州仪器公司一个时期以来为了扩大市场，就一直尽其全力扩大产量、改进技术，以降低成本，然后利用它的低成本来降低售价，扩大市场规模。

所谓产品观念就是认为消费者会欢迎质量最优、性能最好和特点最多的产品。因此这些产品导向公司的管理者把精力集中在创造最优良的产品上，并不断精益求精。

这些管理者假设购买者会喜欢特别精巧、结实的产品，欣赏性能最好、功能最多的产品，并愿意为这些额外的品质付更多的钱。因此，他们中的许多人常自我欣赏自己的产品，而没有看到市场对这些产品很少"动情"。他们往往抱怨自己的洗衣机、摄录机或高级组合音响本来是质量最好的，但奇怪的是市场为何并不欣赏。例如，前几年在电视广告上，经常有一则推销某牌子洗衣机的广告，该洗衣机的洗衣桶从 4 楼掉到地上仍完好无缺，但是谁又会把它从 4 楼丢下去呢？即使在运输过程中有时发生粗暴搬运，也不至于粗暴到从 4 楼往下扔的程度。为了保证这种过分的产品坚固性，必然会增加产品成本，而消费者很少会为这些额外而无多大意义的品质付更多的钱。

这种产品观念最终导致了一种"营销近视病"，即过分重视产品而不是重视需求。如铁路管理部门以为使用者需要的是火车而不是运输，忽视了飞机、公共汽车、卡车和小汽车日益增长的竞争；电视剧的编导以为群众需要的是肥皂剧而不是广泛的娱乐及欣赏，从而忽视了短剧、高雅歌舞剧、古典及革新戏曲、创意和技巧革新的电影等挑战，这就必然带来某些业务的滑坡或损失。

以上是这一阶段先后出现的两种市场营销观念。这两种观念有一个共同点：厂商和工程师都认为自己已尽了最大努力，为消费者提供了"优良"产品。

但是到了这一阶段的末期，许多工厂开始发掘生产潜力，市场情况开始变化了。有的工厂仍然不断获利，有的已开始亏损。购买者第一次有了广泛挑选产品的机会，对产品变得挑剔起来了。各个公司和企业，为了继续获利，维持下去，开始更多地考虑销售问题了。

2. 以销售为中心的阶段（20 世纪 30 ~ 40 年代）

从生产不足到生产过剩，竞争差不多席卷了所有的工业部门，竞争迫使那些过去实际享有垄断地位的企业，现在必须去推销他们的产品了。一个厂商再不能只单纯生产商品，同时必须保证这些商品会被人购买。现在市场上的竞争对消费者有利了，即商品供应已超过了需求。在这种情况下，厂商便形成了一种新的观念——推销观念。这种观念认为，除非公司大力开展销售和宣传推广活动，否则消费者将不会购买自己的产品，或是仅购买公司少量的产品。在这种思想指导下，厂商纷纷在推销上下工夫，以便从大量推销中获利。于是形成了一种所谓高压式的"硬卖"风气——就是不问消费者是否真正需要，不择手段地开展各种推销活动，把商品推销给消费者。厂商聘请了大批所谓推销专家，组成强大的推销队伍，并大做广告宣传，夸大产品的种种性能，使人们到处都能看到这种产品的形象，迫使人们不得不购买。因此，这一时期的企业管理工作，全为销货工作所淹没和代替，这是第二阶段。

3. 以消费者为中心的阶段（20 世纪 50 年代）

这一阶段是真正的市场营销阶段，或者说是整体市场营销阶段的开始。由于前阶段激烈的推销竞争，企业逐渐意识到，要确保获得高额利润，拥有良好的声誉，提高商品销量，不能再依靠"硬卖"这种以销售为中心的办法，而必须转到以消费者为中心的轨道上来，即必须把高压式的"硬卖"转变为诱发式的"软卖"，将整个市场营销活动建立在如何满足消费者需要的基础上。这就形成了一种最新的经营哲学——市场营销观念。这种观念认为，要达到公司的目标，关键在于探明和断定目标市场的需要和欲求，然后调整整体市场营销组合，使公司能比竞争者更有效地满足消费者的需求。

这种新观念下的市场营销活动不仅包括了销售，还包括了市场调查、新产品开发、广告活动及售后服务等，并且都站在消费者的立场上考虑所有活动，以消费者的需求为出发点，围绕着消费者开展一切营销活动。针对以上各种因素，有3种重要关系：①每一因素都有吸引消费者购买的力量；②每一个项目都彼此相关，互相制约，不能割裂单独考虑；③市场营销主管人员的工作重点就在于平衡和协调这些因素，使企业获得最大的销售量及经济效益。

市场营销的利益取向不仅是销售，而是多方面的，市场营销的侧重点是对消费者的分析和满足，支配公司的资源用于制作消费者所需产品和服务，并根据消费者的特点和需要不断调整和更新这些产品。在市场营销观念指导下，销售被用来沟通和了解消费者。市场营销注意寻找消费者爱好的不同，并开发相应的产品来满足他们，从长期着眼，它的目标反映了整个公司的目标，并从较广的角度来看消费者的需求，如运输，而非狭窄的角度，如汽车。

上述这种以消费者为中心的市场营销观念，20世纪80年代后又有所发展，逐渐演变成社会性营销观念。这种新观念不仅考虑到消费者的需要，而且考虑到消费者和社会的长远利益。这种观念的具体看法是：公司的任务在于确定目标市场的需要、欲求及利益，然后调整组织，以便能比竞争者更有效地使目标市场满意，并能同时维护或增进消费者和社会的福利。

这种社会性营销观念的基本前提是：①消费者的需要与其本身或社会的长远利益并非总一致；②满足消费者需求及消费者和社会的长远利益的公司将会越来越受消费者的欢迎；③公司能否吸引并保住大量顾客的关键不仅在于满足消费者的眼前需求，而且还应顾及个人及社会的长远利益。

这种观念的兴起是具有一定社会历史背景的。近年来，人们逐渐怀疑，在今天这样一个环境不断遭到破坏，资源日趋短缺，人口爆炸性增长，通货膨胀席卷全球，各国普遍忽视社会服务的年代里，单纯的市场营销观念是否还是一种适合的经营思想。换句话说，能觉察并能提供产品满足消费者需求的厂商是否总能符合消费者及社会的长远利益呢？单纯的市场营销观念回避了需求与长远利益的冲突。

正是由于这种认识，所以近年来社会上要求树立另一种超越营销观念的经营哲学。对这一新的经营思想，人们提出了各种各样的称谓，有的主张叫人类观念，还有的主张叫理智消费观念、生态主宰观念等。但美国市场学专家科特勒（Philip Kotler）建议采用社会性营销观念，这一叫法已为大多数人接受。

1.2 顾客价值与顾客满意

1.2.1 顾客让渡价值

顾客让渡价值是指总顾客价值与总顾客成本之差。总顾客价值就是顾客从某一特定产品或服务中获得的一系列经济、功能和心理利益组成的价值；总顾客成本是顾客在评估、获得和使用该产品或服务时产生的一系列费用。顾客让渡价值的构成如图1-1所示。

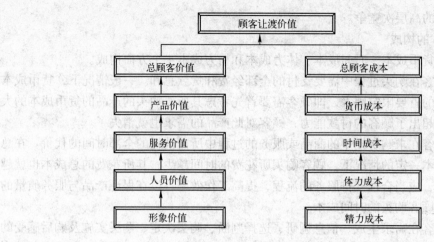

图 1-1　顾客让渡价值的构成图

1. 总顾客价值的构成

总顾客价值由产品价值、服务价值、人员价值和形象价值 4 个方面构成。

产品价值是由产品的质量、功能、规格、式样等因素所产生的价值。产品价值是满足顾客需求的基础，其高低是顾客选择商品或服务所考虑的重要因素。在不同的经济条件下，消费者对产品价值的评价侧重点是不同的，在一定的经济条件下，对于相同的产品，由于人的需求差异，他们对产品的评价与要求往往存在较大的差异。这实际上也要求企业必须细分不同类型的顾客，有针对性地满足其个性化的需求。

服务价值是指伴随着实体产品的出售，顾客在获得产品价值以外得到的各种附加服务所产生的价值。服务价值是构成总顾客价值的重要部分，也是满足顾客需求、建立顾客对产品或品牌忠诚的重要因素。一般而言，伴随着实体产品的销售而附加的服务包括产品介绍、送货、安装、调试、维修、技术培训、产品保证等方面。随着市场竞争日益激烈，产品同质化程度越来越高，服务已经成为企业获得竞争优势的重要手段，如海尔集团一流的服务是其确立市场优势地位的重要因素。此外，随着生活水平的不断提高，消费者在购买产品的同时也越来越看重企业能够提供的服务类型和质量。显然，企业能够为顾客提供的服务类型越多、质量越高，顾客所获得的服务价值就越大。

人员价值是指企业员工的经营思想、知识水平、业务能力、工作效率与质量、经营作风以及应变能力等所产生的价值。人员价值对顾客的影响作用是巨大的，企业的全体员工是否形成了共同信念和准则，是否具有良好的文化素质、市场及专业知识，以及能否在共同的价值观念基础上建立起崇高的社会目标等因素，决定着企业为顾客提供的产品与服务的质量，也决定顾客购买的总价值的大小和顾客对企业的忠诚度。企业要提高人员价值，就需要充分重视内部营销，着力培养优秀的企业员工。

形象价值是指企业及其产品在社会公众中形成的总体形象所产生的价值。形象价值是企业各种内在要素质量的反映，如产品质量、服务质量、技术开发能力、企业家素质、发展潜力、综合经营能力、企业精神等，任何一个质量欠佳的内在要素都会使企业的整体形象遭受损害，进而影响顾客对企业的忠诚。所以企业形象价值的竞争已成为企业市场竞争的最重要方面，而形象价值的竞争，实际上是企业在全方位、广角度、宽领域的时空范围内展开的反映本企业综合实力的高层次竞争。

2. 总顾客成本的构成

总顾客成本由货币成本、时间成本、体力成本和精力成本 4 个方面构成。

货币成本是顾客在购买过程中需要支付的全部经费和货款总和。一般情况下，货币成本是顾客购买过程中的首要限定因素，即顾客需要首先考虑其所要购买的产品的货币成本的大小。如果货币成本超出了顾客的付款能力，顾客对此产品的需求也就消失了。

时间成本是顾客在求购所期望的商品或服务的过程中所需消耗的全部时间的代价。在总顾客价值和其他成本一定的情况下，顾客购买所花费的时间越少，其所花费的总成本也就越少。对于企业而言，应当合理安排服务的流程，提高工作效率，以在保证产品与服务质量的情况下，尽量降低顾客购买的时间成本。

体力成本是顾客在需求生成、信息调研、选择判断、购买决定、购买实施及购后感受的全过程中所需消耗的体力的价值。在总顾客价值和其他成本不变的情况下，顾客购买过程中的体力成本越低，其所支付的总成本就越低。这就要求企业在营销管理的各个环节合理设计服务组合与流程，如合理规划零售卖场空间与客流路线、大件商品的送货、安装调试、维修与零部件供应等，以降低顾客的体力成本。

精力成本是顾客在购买所需产品或服务过程中所承受的心理和精神方面的耗费与支出。为了购买到满意的产品，顾客总是要在不同的售卖者之间进行比较，这个过程包括信息的搜寻与加工、比较研究与学习等行为，而产品购买完成之后，还担心产品的售后服务问题等，这些都构成了顾客的精力成本。因此，企业应当采取合适的营销策略，有效地降低顾客购买过程中产生的精力成本。

顾客在购买产品时，总是希望把各项成本降到最低程度，而同时又希望从中获得更可能多的实际利益，以使自己的需要得到最大程度的满足。例如，家庭在商店里选购一台电冰箱时会综合考虑价格、维修、售后服务、品牌、送货以及保证等因素，最后总是会选择他们认为相对满意的电冰箱。在他们看来，这台电冰箱价值最高，成本最低，即顾客让渡价值最大，顾客会把这样的商品作为首选对象。

1.2.2　顾客满意

1. 顾客满意的含义

顾客满意是指一个人通过对一种产品的可感知的效果或结果与他的期望值相比较后，所形成的愉悦或失望的感觉状态。购买者在购买后是否满意取决于与他的期望值相关联的供应物的功效。一般来说，满意水平是可感知效果和期望值之间的差别函数。如果可感知效果低于期望值，顾客就会不满意；如果可感知效果与期望值相匹配，顾客就会满意；如果可感知效果超过期望值，顾客就会高度满意或欣喜。

2. 顾客满意的衡量

对于以顾客为导向的企业来说，顾客满意既是目标，也是营销工具，因此，企业必须关注顾客满意度。一般而言，企业可以使用 4 种方式来衡量顾客满意度。

（1）投诉与建议系统。投诉与建议系统可以使顾客方便、快捷地将自己的不满和抱怨及时反映给企业，而企业在迅速得到顾客满意与不满意的信息的同时，也能够获得很多来自顾客的关于改进产品与服务的建议，并且据此改进自己的产品和服务组合。企业可以根据其产品和服务的特点，在多种投诉与建议系统的方式中选择适合自己的方式。如很多餐厅、酒店、超市等服务企业都为顾客提供表格以反映他们的意见。这些表格可以通过服务人员主动地发放给顾客，也可以将其放在方便顾客主动索取的位置，而由顾客在其需要的时候，随时都可以将其意见反馈给企业。

企业通过这些途径，不仅能够更为准确和迅速地了解顾客的问题、顾客的满意水平，能够及时地解决顾客面临的问题，从而有效地弥补企业产品或服务方面的不足，挽回可能流失的顾客，而且这些来自顾客的信息也为企业带来了大量好的创意，使企业能够更加准确地把握顾客的需求动态，从而更快、更准确地采取行动。

（2）顾客满意度调查。有研究表明，并不是所有的不满意顾客都会主动向企业投诉，如果企业仅仅依靠投诉和建议系统搜集信息来判断其顾客满意度，就会不可避免地产生偏差，因此，企业还需主动对顾客满意度进行周期性的调查，直接测量顾客的满意情况。企业可以在现有的顾客中进行随机抽样，然后通过面谈、问卷、电话、网络互动等形式对顾客的满意情况，以及顾客对企业的看法与印象进行深入而系统的调研。

（3）佯装购物者。佯装购物者是企业常用的获得企业服务状况的方法，也称为神秘顾客或幽灵购物法。其具体做法是企业雇用一些人，装扮成潜在的顾客，以报告潜在购买者在购买本企业及其竞争者产品的过程中发现的优缺点。这些佯装购物者在购物过程中可以故意提出一些问题或找一些麻烦，以观察企业的销售人员处理问题和顾客抱怨的方式与能力。

（4）分析流失的顾客。企业要监控顾客流失率，并联系那些停止购买本企业产品的或者是转向其他供应商的顾客，从而找出顾客流失的原因。如果企业的顾客流失率在不断增加，那就意味着企业在达到其顾客的满意方面还存在问题与差距，企业必须全力以赴地找到问题的根源所在，从而通过提高顾客满意度来降低顾客流失率。

1.2.3 顾客让渡价值与顾客满意的关系

一般来说，顾客所获得的让渡价值越高，顾客的满意度就会越高。顾客在购买某种产品时，不仅会考虑到产品本身的价值性能，还会考虑到企业的服务、企业形象等；不仅会考虑到购买该产品所要付出的货币价格，还会考虑到购买该产品所投入的时间、精力，购买的便利性和今后的使用成本等。所以通过提高顾客总价值和降低顾客总成本，可以提高顾客让渡价值，进而使顾客满意，其方式主要有下列3种：

（1）基于对顾客价值深入洞悉的基础上，努力向消费者传递更高的让渡价值。当今，随着实体产品差异化程度日渐缩小，企业应着手从服务、人员和形象等角度提高顾客价值，同时降低顾客为购买付出的总成本。

（2）实施全面质量管理。这涉及两方面内容：一是转变质量观念，应该从顾客角度评价质量水准，所有不能使顾客满意的产品或服务都视为存在质量问题；二是注重全面质量，不仅要重视技术质量，还要重视职能质量，使企业的研发、设计、生产、营销、服务等所有职能都围绕顾客价值运行。

（3）对顾客满意度的调查应纳入企业常规化管理。企业可以通过建立顾客投诉和建议制度，直接针对顾客满意度展开调查，对顾客流失的原因展开分析，并根据调查结果适时调整策略，以改进产品和服务。

1.3 市场营销环境

1.3.1 市场营销环境的概念及分类

市场营销环境是指影响企业与其目标市场进行有效交易能力的所有行为者和力量。

市场营销环境可以根据不同标准进行多种多样的分类。

1. 按影响范围大小，可分为公司微观环境和公司宏观环境

公司微观环境是指由公司本身市场营销活动所引起的与公司市场紧密相关、直接影响其市场营销能力的各种行为者，包括公司供应商、营销中间商、竞争者和公众。图1-2的内两环就是公司微观环境各种主要行为者的位置及关系，即中间这一环内的4个行为者是公司的核心营销系统，内二环的两个行为者将对公司成功与否造成影响。

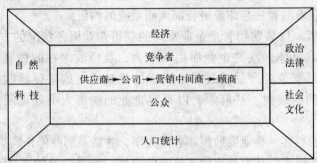

图1-2　公司市场营销环境的主要行为者及其影响力

公司宏观环境是指影响公司微观环境的各种因素和力量的总和，包括人口统计环境、经济环境、自然环境、科技环境、政治法律环境及社会文化环境，如图1-2外一环所示，公司微观环境的各种行为者都在这些宏观环境中运作，并受其影响。

2. 按控制性难易，可分为公司可控制的因素和不可控制的因素

公司可控制的因素是指可由公司及营销人员支配的因素。这包括最高管理部门可支配的因素，如产业方向、总目标、公司营销部门的作用、其他职能部门的作用；营销部门可控制的因素，如目标市场选择、市场营销目标、市场营销机构类型、市场营销计划、市场营销控制。

公司不可控制的因素是指影响公司的工作和完成情况而公司及市场营销人员不能控制的因素，包括消费者、竞争、政府、经济、技术和独立媒体。

3. 按环境的性质，可分为自然环境和文化环境

自然环境包括矿产、动物种群等自然资源及其他自然界方面的许多因素，如气候、生态系统的变化。文化环境包括社会价值观和信念、人口统计变数、经济和竞争力量、科学和技术、政治和法律力量。

上述三种市场营销环境的分类，虽然所用标准各不相同，各有特色，从不同侧面对公司、机构的市场营销环境作了系统而具体的分析，但对总体市场营销环境的归结、阐述还是一致的。本章随机选取了第二种分类法，即按控制性难易分类法，依次对有关因素进行分析研究。

1.3.2 可控市场营销环境因素

可控因素是由机构及其营销人员支配、掌握的因素。有些可控制因素是由最高管理部门支配掌握的，这些因素不是营销人员所能控制的，他们必须制定符合机构目标的计划，并在管理部门所制定的方针下行事。

1. 最高管理部门可控因素

虽然最高管理部门要负责无数的决策，但有4项基本决策对市场营销人员极其重要，即企业方向、总目标、营销部门的作用及其他职能部门的作用。这些决策对市场营销的方面面面都有影响。

（1）企业方向。企业方向包括产品或服务的总范围、功能、服务地域、所有制类型。通过对这些概念的分析，管理部门可以更好地开发和维持它们的业务。

产品或服务的总范围是可供公司选择经营的广大业务种类，可以是能源、家具、住宅、教育或任何其他业务项目。企业功能是指公司在供应商→制造商→批发商→零售商这个市场营销系统中的地位及其承担的任务。这里有必要指出，一个公司可能期望承担一个以上的职能。例如，不少名牌服装公司不仅决定执行生产职能，同时还通过自己的零售专卖店销售自己的服装。

公司还必须决定自己产品的地理覆盖面，可以是一个小区、一个城镇、全县、全市、全国，甚至是全球。至于企业类型，从民营、独资、合资，一直到跨国公司都可以选择。

（2）总目标。总目标是管理部门制定的可衡量目标。公司的成功或失败都可通过目标与实际执行情况的对比加以判断。通常综合的销售、利润及其他目标由管理部门分别按短期（一年或一年以内）和长期（一年以上）加以陈述。

（3）营销部门的作用。管理部门通过说明市场营销的重要性、概述其职能来决定市场营销的作用，并将其综合到公司的总体业务经营操作中去。

当营销部门被授予直线（决策）职权时，市场营销在公司中的重要作用就将显得很突出，这时市场营销主管的职位就与其他领域的主管相等（通常是副总裁），并得到足够资源的提供，但在一些公司中，只给市场营销一个参谋职权（顾问、咨询的职能），市场营销就显得不太重要，只是一种从属的地位。例如，要向生产副总裁报告，这时市场营销等同于销售，在研究、广告和从事其他营销活动方面的作用大大减小。

市场营销功能的范围非常广泛，包括市场调研、新产品计划、存货管理及许多其他市场营销任务；也可仅限于销售或广告，而不包括市场调研、计划、定价或信贷。市场营销功能的范围还必须包括执行配销渠道（制造商→批发商→零售商→消费者）某些方面的职能。一般说来，市场营销作用越大，公司越有可能实行一体化的组织系统。市场营销作用越小，公司越有可能根据孤立的项目计划在风险重重及各部门各自为政的情况下开展市场营销活动。

（4）其他职能部门的作用。为避免职能重叠，互相猜忌和冲突，必须对企业其他职能部门的作用及与市场营销部门的相互关系作出明确的说明，并提出调和方案。

2. 营销部门可控因素

在市场营销人员指导下的主要因素是目标市场选择、市场营销目标、市场营销机构、市场营销计划或组合及市场营销计划的调控。

（1）目标市场选择。目标市场的选择也就是确定顾客群，包括两种决策：目标市场大小及特点决策。营销者可选择一个非常大的市场，即大众市场；也可选择市场中的一小片，即细分市场。在后一种情况下，市场营销计划是按某一具体人群的需要而量体裁衣式地制定。至于大众市场营销，则演化成一般性的市场营销计划。

市场营销者还必须确定目标市场组成人员的特点，如男性或女性、已婚或单身、富有阶层或中等阶层等，按这些人的情况来调整市场营销计划。

（2）市场营销目标。市场营销部门所制定的市场营销目标要比前述最高管理当局所制定的目标更具顾客导向性。例如，市场营销人员对公司及具体产品在消费者心目中的形象就十分关心。销售目标反映对品牌忠诚度、通过新产品介绍获得的增长、对未满足细分市场的吸引力等的关心。利润目标则按单位利润或总利润制定。最后，最重要的还在于市场营销人员追求创造差别优势，即公司市场营销计划能导致消费者惠顾本公司而非竞争对手的一整套特色。差别优势可通过独特的形象、新产品的特色、产品质量、可得性、服务、低价和其他特点来达到。

（3）市场营销机构。市场营销机构是为支配管理市场营销功能所做的组织安排，机构所要执行的权力、责任和任务通过机构指定各种功能并对它们进行协调。市场营销机构一般有以下3种形式：

① 职能机构。根据采购、销售、促销、配销及其他任务，在企业中建立若干职能机构，由这些职能机构代表企业负责人对所属下级单位指挥管理。

② 产品导向机构。在各职能范畴之外，再给各产品大类设产品经理，各品牌设品牌经理。

③ 市场导向机构。在各职能范畴之外，再根据地理市场和消费者类型设相应的经理。

（4）市场营销计划或组合。市场营销计划或组合是描述用以达到营销目标及满足目标市场需求的各种市场营销因素的具体结合。市场营销计划包括4个主要因素：产品或服务、分销、促销、价格。营销者必须选择那些最适合公司的市场营销因素组合。市场营销计划要求作出许多决策。

① 产品或服务决策。它包括卖什么、售卖品目的数量、质量水平、公司的技术革新、包装、特色（如任选和保证）、调研的水平和及时性，以及何时停止供应该产品等。

② 分销决策。它包括是通过中间商还是直接销售给消费者，通过多少店点销售，是控制还是与其他渠道成员合作，商谈什么购买条款，供应商选择，决定哪些职能分派给其他人，识别竞争者等。

③ 促销决策。它包括选择促销工具组合（广告、宣传推广、人员销售和销售促进）、分担促销及与其他人的费用、评估促销效果、所追求的形象、顾客服务水平、媒体选择（如报纸、电视、广播、杂志）、信息的形式、全年及高峰期广告的及时性。

④ 价格决策。它包括价格总水平（高、中、低）、价格幅度（最低至最高）、价格与质量之间的关系，如何对竞争者的价格作出反应，何时作价格广告宣传，如何计算价格等。

在制定市场营销计划时，这4个因素必须与选择的目标市场之间彼此相一致，并很好地加以整合。例如，设计很好、促销很差的产品，或促销很好、定价过高的产品都不会成功。

（5）市场营销计划的调控。调控是市场营销计划工作极其重要的一个方面，主要是监控和检查总体和具体的业绩。这些评估应该按定期的间隔时间进行，外部环境及内部公司的资料应持续不断地观察和审查。业绩的详细研究和分析（营销审计）每年至少应进行一次或两次。当外部环境发生变化或公司遇到问题时必须及时修订。

1.3.3 不可控市场营销环境因素

不可控制因素是影响机构业绩且机构及营销人员不能支配的因素。任何市场营销计划，不管编制得如何完善，如果它受到不可控制因素的影响，仍然可能会失败。因此，外部环境必须不断加以监控，其影响必然深入到任何市场营销计划。另外，与不可控变数相关的应急计划必须成为市场营销计划的一个重要部分。值得留心监控和预期的不可控制因素有消费者、竞争、政府、经济、技术等。

1. 消费者

虽然营销人员可以支配目标市场的选择，但他不能控制人口的各种特征，如消费者的年龄、收入、婚姻状况、职业、种族、教育和身份等。为了应对这些不可控制因素，市场营销人员必须了解影响消费者行为的文化、社会因素。一般来说，消费者的购买决策会受到家庭、朋友、宗教、教育水平、职业、行为准则、禁忌、习俗和其他文化、社会因素的影响。例如，不同的宗教节日往往会影响到某些商品的消费量。西方国家在圣诞节时，礼品和食物的销售量会大增。宗教的饮食禁忌或提倡，也会影响到消费结构。

由于消费者购买各种产品和服务的行为互有差别，市场营销人员必须了解消费者的购买决策过程，这种决策过程说明消费者在购买产品时所需要的步骤。如在购买汽车时，消费者会仔细收集许多关于汽车的信息资料，把多种备选车子进行排队，选择喜欢的车辆，对购货条款进行讨价还价，最后完成这一购买过程。而在购买快餐时，消费者则会观看其手表，看已是用餐时间，便会走到最近的快餐店去用餐。

2. 竞争

公司面临的竞争结构常常影响市场营销策略和吸引目标市场的成败，因此必须对公司所面临的竞争结构加以界定和分析。总的来说，公司面临的竞争结构类型有4种：垄断、寡头垄断、垄断竞争、完全竞争。

（1）在垄断的情况下，只有一个公司销售某一产品或服务。这种情况在许多国家都存在，当一个公司拥有某项专利或被允许作为公用事业，如作为地方电力公司时，就产生了垄断。这些垄断经营的产品或服务的需求弹性取决于对该产品的必需程度。例如，公用事业缺乏需求价格弹性，因为不管价格上涨多少，人们还得继续消费这些服务。

由于其产品或服务的独特性，私营垄断者完全可以控制市场营销计划，因此他们的主要营销任务就是要保持这种独特性，不让其他公司进入这个市场。随着专利期的届满，通常竞争会加剧。公用事业是被政府严格管制的，其计划必须经政府批准。

（2）在寡头垄断的情况下，少数公司通常占有一个行业的大多数销售额。美国的汽车行业便是这种情况的最好说明，通用、福特和克莱斯勒的客车销售量便足足占了美国国内汽车销售总额的90%。美国其他寡头垄断行业的例子还有平板玻璃、涡轮机、家用冰箱、冷冻机、计算机、航空运输等。这些市场往往非常巨大，并分裂成各种不同的细分市场。需求弹性是相关联的，如果某公司提高其产品价格而其他公司并不跟着提价时，消费者对该公司产品的需求便会锐减；如果某公司降低其产品价格而其他公司也跟着降价时，消费者对该公司产品的需求则会略有上升。因为这些行业只有少数公司，因此每个公司都能在一定程度上对营销计划进行控制。由于资本（工厂和设备）成本较高，新公司要进入该市场较困难。

寡头垄断公司一般都力图避免花费大、不利于提高生产能力的价格战，而是推出相似的价格，力图从企业形象、产品选择权、颜色、送货和其他特点方面来区别它们的产品。寡头垄断公司为获得成功，必须使消费者把它们的品牌视为优异品牌。

（3）在垄断竞争情况下，市场上有多个公司，每个公司都试图推出独特的市场营销组合。加油站、服装厂、家具厂、美容院、鞋零售店便是在垄断竞争下运营的行业。这些行业都力图通过与竞争者不同而为消费者所期望的市场营销变数组合来获得差别优势。由于一大批公司都在制造或销售基本上相类似的商品，所以竞争绵延不绝。这些行业市场的大小主要取决于消费者认为某一品牌和商店具有多大的独特性。如果一个公司的产品被认为比竞争者的产品更具独特性，就可制定一个高于行业平均价格的高价而不会导致销量下降。一个公司通过市场营销变数的组合，有可能在一定程度上控制总体营销计划。但在垄断竞争下，新公司比较容易进入该市场，为了保持成功，公司必须不断更新自己的策略，并努力保持差异化特性。

（4）完全竞争则需要两个条件：一是买方和卖方的人数很多，每个公司供应的商品量在该商品的总供给量中只占极小比例，没有一个公司能够单独影响价格；二是每个公司供应的商品或服务都是同质的，不存在任何差别，因而购买者不会对任何一个销售者产生偏好，从而排除了销售者的任何垄断因素。这种情况通常发生在选购品生产企业及从事农产品加工、农业机械制造以及化肥生产的农业综合企业之间。这些企业的市场份额较小，需求弹性较大，如果提高价格就会导致无销售，降低价格就会使公司蒙受损失。由于各个公司的产品都是标准化的，对其他营销变数的控制也较小，新公司进入该市场较容易。在完全竞争格局下，由于各个公司的价格和产品相同，没有差别利益可言。因此重要的是各个公司必须树立可靠性的声誉，以最低的成本利润价格销售，并尽可能说服更多的分销商及零售商购买自己的商品。

公司在判断其面临的市场结构特性后，就必须判断竞争对手的市场营销策略，特别是必须断定哪些市场已经饱和、哪些市场尚未饱和、竞争者的市场营销计划和消费者群、竞争者的形象、竞争者的差别优势、消费者对竞争者所提供的服务和质量水平的满意情况。

3. 政府

作为不可控因素，政府主要指各级政府颁布的大量影响市场营销的法规是不以个别单位意志为转移的。由于我国市场经济还不发达，有关调整营销活动的法规长期以来也较滞后和不完善。但改革开放以来，随着我国经济的迅猛发展，市场交易的数量和空间不断扩大，相关的法规建设也有了长足进步。多年来中央及各级政府颁布了一大批规范和调整工商机构行为的法律和规章。例如，《刑法》、《民法通则》、《公司法》、《合同法》、《广告法》、《商标法》、《价格法》、《专利法》、《反不正当竞争法》、《产品质量法》、《消费者权益保护法》、《银行法》、《票据法》、《反垄断法》以及大量的条例、法规，而且还在继续完善之中。

在法制比较健全的西方国家，政府这一不可控因素对市场营销活动的影响更为明显。如美国，100 多年前国会便制定了大量控制和限制企业营运的法规，20 世纪早期的这些法规侧重保护小企业不受大企业的侵害，相关法律有《反托拉斯法》、《价格歧视法》、《不公平贸易法》等，从 20 世纪 60 年代初期起，则重点转向帮助消费者防范欺诈及不安全的企业行为。

4. 经济

不可控制的经济因素对公司营运的影响也是非常错综复杂的，最重要、最直接的影响有：

（1）通货膨胀。在宏观经济环境中最令人关心的一个重要因素就是通货膨胀。在通货膨胀情况下，生产和购买产品、服务的成本会随着物价的上涨而迅速提高。从市场营销的角度看，如果物价的上涨快于消费者收入的增长，消费者购买的商品数量就会减少。这种关系在许多商品的购买中都有明显的体现。例如，过去人们基本上还可以接受或颇愿惠顾的火车餐饮食品，近年来在认为人们收入已大为提高从而承受能力也大为提高的思想指导下，价格大大提高：如一盘木须肉应售价 10.6 元，实售价 25 元；一碗鸡蛋汤应售价 3 元，实售 6 元；一碗米饭应售价 0.8 元，实售价 2 元……一般实售价都高于应售价的 1～2 倍。因此，有相当部分的旅客，能不在车上用餐的尽量不在车上用餐，确需在车上用餐的，往往以自带的其他食品代替，这样致使列车餐饮品的销量大为下降，餐饮经营反而陷入困境。

（2）通货紧缩。通货紧缩也是宏观经济环境中最令人关心的因素之一。在通货紧缩的情况下，物价指数连续走低，市场销售全面疲软，商品普遍供大于求，产成品库存不断增多，资金资源占压严重，生产能力大量闲置，企业普遍开工不足，企业生产经营困难重重。

（3）消费者收入。对销售者来说，消费者收入的微观经济趋势也是一个很重要的问题。因为即使他们的产品是符合消费者需要的，如果消费者无力购买，这些产品价值实现的可能性就不大。而消费者的购买能力却是与其收入紧密联系的。消费者收入则包括总收入、个人可支配收入、可自由支配收入 3 个部分。

总收入是指个人或家庭在一个年度内从各种来源获得的或应计的货币总额。这是支撑消费者购买能力的基础，一般来说，随着一国或一地居民个人平均总收入水平的提高，人们的消费水平以及工商企业的市场销售额，即社会消费品零售额也会随之提高。反之，如果这种收入下降或增幅放缓，整个社会的零售总额则有可能下降或增幅减缓。

个人可支配收入是指个人总收入减去社会保险支出、向政府预交的所得税款和其他扣减项目后，可供个人花费和储蓄的部分。因此如果个人所得税及其他税费的税率以快于个人可支配收入增长的提高速度的话，消费者就必须节约开支。

可自由支配收入是指总收入除去完税及日常生活必需开支外的剩余部分。可自由支配收入一般用于奢华或享受的商品和服务，如海外游、高级音乐会、名牌服装、高级照相机和摄像机等。界定什么是个人可支配收入和什么是可自由支配收入的一个明显问题，就是要断定什么是奢侈品和必需品，如目前我国小汽车到底属必需品抑或奢侈品对汽车厂商来说的确是一个两难问题，或是一个考验他们营销思想水平和业务水平的尖锐问题。由于不少汽车厂的决策者一直把小汽车看做是只有少数人才能拥有的奢侈品，从而在汽车生产经营思想上强调要以高起点、高投入、高价格、高积累来创造名牌，结果是全国 100 多万辆的轿车、60 多万辆的轻型汽车生产能力年年有将近一半放空。与此同时，1000 多万辆的摩托车、200 多万辆的农用车轻而易举地占据了汽车工业认为原本属于它们的市场。

5. 技术

今天人类社会正处在技术变革的时代。技术作为一个重要环境因素，是指应用科学或工程技术研究的发明或革新。每次技术革新浪潮，都可能取代现存的产品与公司，或者说，每一项新技术都是一种"创造性破坏"力量。晶体管损害了真空管行业，复印机损害了复写纸行业，高速公路损害了铁路及内河航运业。如果老行业不采用新的技术，而是轻视或与其对抗，它们的生产经营必将衰落。

（1）技术对市场营销的影响。先进技术，特别是计算机的发展，对市场营销有着非常重大的影响。超级市场的计算机结账扫描器可监控有哪些产品销售和以什么价格正在销售。手持式计算机正被许多公司用来让其送货人员监控店内促销及直接向公司总部报告销售情况。作为服务营销重要组成部分的消费者服务，也可以借助手持计算机大力提高工作效率及经济效益。尤其是随着信息技术的发展，信息技术服务更成为了解信息技术产业的基础行业，并逐步凸现出它在经济效益和社会效益两个方面的巨大发展潜力。

（2）技术对生态学的影响。生态学在产品开发及世界资源生态平衡方面影响着社会。生态学涉及环境中各种物质资源的关系。人们越来越多地认识到，今天在利用地球资源的决策中会对社会产生长期的后果。

现在对世界各国来说，一个越来越严峻的问题就是环保问题。随着国民经济的发展及工业化、城市化进程的推进，我国城市所面临的这一问题更令人担忧。现在我国2/3的城市被白色垃圾等固体废弃物污染和大气污染，严重威胁到这些城市的社会经济发展及居民身心健康。其原因主要是商品流通领域内一些经济活动，如过度包装、一次性包装、不洁商品的流通和不合理运输等直接产生、加重了这些城市型污染。随着这些情况的加剧，也日益要求工商企业开发和销售有环保意识的产品，开展"绿色流通"的消费者新动力，即要求现代市场营销要以"绿色商品、绿色物流、绿色技术、绿色服务"为主体内容，构建城市的新流通管理体系。

近年波澜壮阔的环保运动，也给企业开展绿色营销以巨大压力，环保运动是关心社会的公民和政府为保护与改善人们的生活环境所进行的有组织的运动。环保运动关注技术发展带来的掠夺式采矿、森林滥伐、工厂烟雾、广告牌和废弃物，以及休闲机会的损失和由于受到脏空气、脏水和化学药品污染的食物对健康引起越来越严重的问题。这些问题差不多与所有公司和企业的生产和经营活动都有直接或间接关系，其对企业营销的挑战和冲击更为深远而严峻，为此企业将要承担更大的社会环保义务，付出更大的成本与努力。

1.4 消费者市场

1.4.1 消费者市场的特点

消费者市场，或叫最后消费者市场，是指个人及机构团体采购人员为了个人的使用而购买产品或劳务的市场。从这个定义可以看出，市场营销学中的所谓产业市场或消费者市场是以购买目的和动机为依据来划分的，而不是以所购产品的自然属性来划分的，因为有许多产品在上述两种市场中都可以被消费。如煤炭，既可出售给个人消费者，也可出售给生产者，很难根据其产品本身的自然属性来断定它是属于哪一种市场。因此，消费者市场的研究对象主要是消费者，要研究与消费者购买消费品有关的4个方面的问题，即消费者为何，何时，何处，如何购买。

为了更好地研究上述问题，有必要先对消费者市场的特点进行一些分析。消费者市场大致有如下几个特点：

（1）消费者的购买，绝大多数属小型购买。在现代社会中，这一特点尤为明显，主要是因为现代社会中家庭规模日益缩小，不论是资本主义还是社会主义的工业社会，没有拖累亲属只有父母、少数子女组成的核心家庭已成了现代化的、标准的家庭模式。这样受消费单位规模缩小的制约，消费者的购买遂呈现出小型购买的特点。因此，消费品包装、产品规格也必须适当缩小，以适应消费者的需要。

（2）消费者的购买属多次性购买。这在很大程度上与上述小型购买的特点相关。由于消费者家庭日趋缩小，住宅逐渐公寓化，储藏量有限，消费者购买量小，必然要经常重复购买，不像生产资料的购买，一次购买量很大，以供较长一段时期的生产所需。

（3）消费者市场差异性大。因为消费者市场包括每一个居民，范围广、人数多，个人的购买因年龄、收入、地理环境、气候条件、文化教育、心理状况等的不同而呈现很大的差异性。因此企业在组织生产和货源时，必须把整个市场加以细分，不能把消费者市场只看做一个包罗万象的统一大市场。

（4）消费者市场属非专业购买市场。大多数消费者购买商品都缺乏专业知识，尤其在电子产品、机械产品、新型产品层出不穷的现代市场，一般消费者很难判断各种产品的质量优劣与价格是否相当，他们很容易受广告宣传或其他促销方法的影响。因此，企业必须十分注意广告及其他促销工作，努力创名牌，建立良好的商誉，这都有助于扩大产品销路，巩固市场竞争地位，但要坚决反对利用消费者市场非专业购买这一特点欺骗顾客、坑害消费者。

1.4.2 消费品的分类

消费品是供最终消费者用于家庭或个人消费，而不是用于生产加工或提供服务的产品，后者则属于产业用品的范畴。消费品的分类同样是按对消费品的购买行为来划分的，而不是按消费品的自然属性来划分的。据此，消费品可大致划分为如下4类：

（1）日用品。它是指那些广大消费者经常购买，即用即买，购买时花最小精力去比较的产品。这些产品消费者一般都较熟悉，并具有一定的商品知识，所以在购买时不大愿意或不需花更多时间去比较它们的价格与品质，多数是就近、就地购买，而且也愿意接受其他代用品，没有强烈的偏好。由于日用品消费者在需要时往往希望立即购到，所以出售这些商品的商店，多数设在住宅区，或由综合商店经营，或设货摊、货亭经营，而且为便于普通消费者购买，大百货商店、超级市场、货仓商场也都经营。

日用品的广告宣传工作多数由生产企业承担。因为商业企业，尤其是零售商店，它们经营的商品往往都有许多品牌，不专营某一生产者的产品。同样，一个生产者的同一产品往往由许多商店经销，零售商店不能为一种或数种日用品花钱去做广告宣传。

日用品还可以进一步区分为常用品、冲动购买品和紧迫需要品，常用品是消费者经常购买的日用品，品牌的偏好是决定消费者迅速选择的因素，如有些人会经常购买中华牙膏、青岛啤酒等。冲动购买品是消费者事先未计划或未加努力去寻找，碰见时才临时打算购买的日用品，这些商品的销售应多设销售点以方便顾客，消费者很少会专门去寻找这些产品。这就是一些书店和超市将小报和糖果放在付款台旁边的缘故，消费者往往不会早就计划要买这些东西。紧迫需要品是当消费者紧急需要时所购买的日用品，如突遇大雨时的雨伞，生病时的各种对症药，紧迫需要品的销售应多地点销售，以免消费者想买时买不到。

（2）选购品。它是指消费者在挑选和购买过程中要特别比较其适用性、质量、价格、式样等的产品，也就是说，消费者在购买此类产品时，往往会跑多家商店去比较其品质、价格或式样。如时装、家具、耐用消费品、布料、皮鞋等均为此类商品。一般来说，选购品的价格较高，购买间隔时间较长，消费者产生需求时，并不像对日用品那样希望立刻买到，而且对于何种品牌或商店并无确定的观念。根据选购品的这一购买特点，对它们的经营应适当集中，多做专业化经营，以使经营的花色品种齐全，给消费者更多的挑选机会，而且适当集中还包括商店适当集中的含义。如果一个区域只有一家专营商店，消费者由于选购机会少，往往不愿前往，而会跑到同类商店较多的市区去购买。"只此一家，别无分店"的宣传不一定都能把生意做大。

选购品又可区分为同质品和异质品。同质品是在消费者心目中质量一样，但价格有显著差异，值得花些时间和精力去选购的产品，所以假如各品牌的电冰箱质量差不多时，消费者就会货比三家，找质价最相当的购买。异质品是同一类产品，质量差异很大，对消费者来说，产品的质量因素远比价格重要，如家具、服装等。销售异质品必须有足够的好货色以满足不同消费者的爱好；同时也必须有训练有素的销售人员，以回应顾客的提问或咨询。

（3）特殊品。它是指那些具有独特的品质、风格、造型、工艺等特性，或品牌为消费者特别偏爱，消费者习惯上愿意多花时间与精力去购买的商品。因此消费者在前去购买某一特殊品时，对于所要购买的商品已有充分的了解，这一点与日用品很相似。但消费者只愿意购买某一特定品牌的商品，并不轻易接受其他代替品。

（4）非谋求品。它是指消费者目前尚不知道，或者知道但通常不打算购买的产品。例如某些特效新药，在未做广告或有关顾客未看到这些广告之前并不知道有这种产品，这就属于非谋求品。至于已经知道而一般情况下不打算购买的产品，最典型的例子是人寿保险、墓地、墓碑和百科全书。由于这些产品非常特殊，所以要求通过广告及人员推销方式做大量的市场营销工作。

1.4.3 消费者行为模式和购买行为类型

1. 消费者行为模式

消费者行为是指消费者在寻求、购买、使用、评估和处理预期能满足其需要的产品和服务时所表现出来的行为。消费者行为研究就是研究人们如何做出花费自己可支配的资源（时间、金钱、精力）与购买有关消费品的决策。这些决策包括：谁是该产品的消费者？消费者买什么？他们为何购买？谁参与购买？在什么时候购买？在什么地方购买？如何购买？西方市场营销学将这些决策内容称为消费者市场的"70'S"架构。例如牙膏这种产品，消费者购买什么类型的牙膏（药物、水果、薄荷）？什么牌子的牙膏？为什么要买这些牙膏（防蛀牙、去牙垢、洁白牙齿）？在什么地方购买（超级市场、便利店、小百货店）？多长时间购买一次（每周、每两周、每月）？这些问题的答案可通过消费者行为研究获得，并可给有关制造商制定产品计划、设计产品规格、决定促销策略提供重要的根据。

对上述几个问题的研究，有些比较直观，诸如，消费者购买什么产品？如何购买？在什么时候购买？在什么地方购买？这些问题是消费者行为的外显现象，可以通过直接观察或访问去了解。至于人们为何购买则是一个非常复杂难以轻易得出答案的问题，因为购买者上述几个具体方面的外显购买行为，只不过是购买者对来自各方影响的反应，这是消费者复杂的内在心理作用过程的结果。而人们的内在心理，即使科学高度发达的今天，仍是不能完全认识的领域。但是这种导致各种具体购买行为形成的消费者心理过程，却是现代企业市场营销决策人员必须力求了解的问题，一个企业如果能真正弄清消费者对不同的产品、价格、广告宣传等将作出何种反应，则会比竞争者占有更大的优势。所以不少企业和学者已投入和正在投入大量的时间和精力来研究这种市场营销影响因素和消费者反应之间的关系。而他们的这种研究都是以图1-3所示的简单购买者行为模式作为起点的。图1-3中的顾客"黑箱"是指消费者的神秘心理如同黑箱一样，人们无法窥见其内容，它的作用只能由其反应看出来。市场营销决策人员对行为科学家的奢求，就是希望他们能为"黑箱"内的结构提出一个更明确的模式。这种购买者行为模式还可用图1-4更详细地表现出来。

图1-3　简单的购买者行为模式

这一详细的购买者行为模式表明，消费者的购买心理虽然是复杂的、难以捉摸的，但由于这种神秘莫测的心理作用可由其反应看出来，因而可以从影响购买者行为的某些带普遍性的方面，探讨出一些最能解释将购买影响因素转变为购买过程的行为模式。

如图1-4所示，影响消费者购买行为的主要因素是购买者特征，因此本章最后一节将就购买者特征各因素对购买行为的影响作全面阐述。

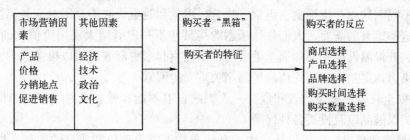

图1-4　详细的购买者行为模式

2. 消费者购买行为类型

消费者购买行为与消费者行为往往被视作同义语，但严格来说，两者仍略有差别。因为消费者行为不仅包括购买商品的行为，还包括如何使用、处理所购商品的行为。不过在一般的消费者研究中，主要的内容和重点还是放在消费者的购买行为上。消费者购买行为的类型有多种多样的划分，其中最实质或最具实际意义的则是按消费者的购买动机和个性特点的分类。因为这两个都是影响整个消费者行为的主要因素，对具体的消费者购买行为也不例外，据此，消费者的购买行为可区分为下列4类：

（1）理智型购买。这是指经过冷静思考，而非凭感情所采取的购买行动。它是从产品长期使用的角度出发，经过一系列深思熟虑之后才做出的购买决定。

一般来说，购买者在做出这种购买决定前，通常都仔细考虑下列问题：

① 是否质价相当。感情型的购买对价格高低不甚考虑，理智型的购买则很重视价格。有些商品也许感到很实用或相当急用，但往往要进行一定的质价比较，或期望降价后才购买。

② 使用开支。不仅要考虑购买商品本身所花的代价，而且还要考虑这些商品在使用过程中的开支是否合算。例如，买电炉、烘衣机，往往会考虑其耗电量大是否值得买。

③ 产品的可靠性、损坏或发生故障的频率及维修服务的价格。对可靠性的判断：一看是新产品还是老产品，是名牌还是杂牌；二看新产品质量是否过关，老产品或名牌是否倒了牌子。损坏或故障频率：一看产品本身，有些容易损坏，会经常出故障，如自动折骨伞就较传统伞容易损坏和出故障；二看不同的品牌，如品牌冰箱的故障少，杂牌的故障多。此外，维修服务价格也很受关注，这类消费者往往觉得有些产品买得起修不起，因而也就不买。现在不少耐用消费品以保修或延长保修时间作促销手段，往往可以有效招徕顾客。

④ 产品的使用寿命，包括自然寿命和社会寿命。顾客对不耐用的商品或短时的时尚商品很少买，对长命的商品则趋之若鹜；如果是真品国画挂历他们绝不会买，因价高寿命短；貂皮女童装和高级童皮鞋这些人也很少买，它们的自然寿命虽然较长，但社会寿命太短。

上述这种理智型的购买者，无论是商品生产者还是经营者都必须了解。因为那些以这类消费者为目标市场的产品，在营销上必须采取相应的合理方法，即必须使广告、销售促进、产品开发、定价及分销等活动能对理智型的购买者有号召作用。

（2）感情型购买。这是指出于感情上的理由，即因感情动机而产生的购买行动。下列是一些引起感情购买动机的主要因素：

① 感觉上的感染力。某些商品能在人们的感官上产生魅力，从而使他们产生购买的念头。所谓感官一般是指眼、耳、舌、鼻、身体等，它们具有特殊的生理结构和机能，能分别接受外界的不同刺激而产生视觉、听觉、味觉、嗅觉和触觉。它们是影响商品销售的重要因素，为满足这些感官的需要，人们往往乐意购买某些不一定有很大实用价值的商品。例如，精纺毛线衫，其保温性能并不如绵羊毛线衫，但它摸起来更舒服，所以很多人购买。时尚商品的视觉感染力，更是打开这些商品销路至关重要的因素。

② 企求安全长寿，避免痛苦和危险。人们的自卫本能和爱护家庭、亲友的情感常常驱使人们去购买保健品以及投买各种保险。

③ 显示地位和身份。在现代社会中，有些产品正成为地位和成就的象征，即所谓地位标志的产品。这些产品赋予它的使用者某种光彩，如一种有威望、身居高位、身居上层社会地位的光彩。虽然这些产品与其他相类似的竞争产品相比并不会具有更大的实用价值，但它们却可卖出更高的价钱，因为它们被看做是与成就、威望相同的东西，如豪华的住宅和家具、精巧的工艺品和古董，还有高级轿车，都属于这一类产品。

上述这些购买行为，所有的生产和经营者都必须研究和掌握，以便采取相应的营销策略，使所生产或组织来的产品，更适销对路，符合不同消费者多种多样的要求，并扩大产品销售，巩固企业的经济地位。

（3）习惯型购买。这是指消费者购买商品时，对某些商品往往只偏爱其中一种或数种品牌，多数习惯于选取自己熟知的品牌，如习惯于买中华、两面针品牌的牙膏。当然消费者的习惯不是不可改变的。如原来习惯于购买上述两种牙膏的人，现在开始转变为习惯购买蓝天六必治、黑妹、高露洁牙膏了。因此，一个精明的企业就应针对这类消费者，努力提高产品质量，加强广告宣传，创名牌，保名牌，在消费者心中树立良好的产品形象，使其成为消费者偏爱、习惯购买的对象。

（4）经济型的购买。经济型的购买模式好像与前述的理智型购买是一回事，其实不完全相同。理智型的购买，虽然价格高低也是一种决定因素，却是经过质价等比较，看是否值得买的。例如，理智型购买者打算购买一款 74 cm 的某品牌彩色电视机——2982A（800）型，定价 3340 元，它比另一款定价为 5680 元的 29F 系列产品便宜得多，但经过比较，他宁愿购买后者，而不购买优惠价的前者。而经济型的购买行为，则特别重视价格，专选廉价的东西买。只要实用，则外形、包装不一定太讲究，至于质量，虽然也作质价比较，但往往价重于质。例如，有人宁愿买 100 元的经济型手表，而不买 300 元的手表，有时还抱侥幸的心理，买便宜货试试看。对此，企业还应适应市场的需要，生产或经营经济实惠的品种，不仅可充分满足各方面的需要，而且企业本身，往往还可开创一些新局面，甚至死而复生。如当手表严重积压，手表厂商一经改产经济型手表后，却销量大增。

1.4.4 影响消费者行为的因素

从图 1-4 可看出，影响消费者行为的主要因素是购买者特征。因为面对同样的市场营销刺激因素，不同的购买者之所以有不同的反应，即表现出不同的行为，主要是受不同的购买者特征影响。影响购买者行为的特征可分为文化、社会、个人及心理 4 大因素。

1. 文化因素

文化因素对个人需求和购买行为的影响极其深广。其中，最主要的有文化、亚文化与社会阶层 3 个方面。现就其所起作用分述如下。

（1）文化。文化是人类欲求与行为最基本的决定因素，文化本身又包括语言、法律、宗教、风俗习惯、音乐、艺术、工作方式及其他给社会带来独特情趣影响的人为现象。就其对消费者行为影响的角度而言，文化是后天学习来的，是对某一特定社会成员消费行为直接产生影响的信念、价值观和习俗的总和。低等生物的行为受其本能的控制，而人类的行为则大部分是后天经验学习来的，是小孩在社会中成长，受到家庭和其他主要社会机构的潜移默化，学习到的一套基本价值观念、洞察能力、偏爱与行为。

（2）亚文化。任何文化都包含着一些较小的群体或所谓的亚文化，它们以特定的认同感和社会影响力将各成员联系在一起，使这一群体持有特定的价值观念、生活格调与行为方式。这种亚文化有许多不同的类型，其中影响购买行为最显著的有 4 种：①民族亚文化群体。世界上许多国家，除了各具有相对统一的某种文化类型外，都还存在着许多以民族传统为基础的亚文化，如美国有华裔、西班牙裔、波兰裔、意大利裔等。这些人，特别是他们中的第一代和第二代，在食品、服饰、家具和文娱要求这些方面，仍然保留着他们民族的许多传统情趣和喜好。②宗教亚文化群体。世界上许多国家往往存在着许多不同的宗教。以我国来说，就同时存在伊斯兰教、佛教、天主教、道教等。他们特有的信仰、偏好和禁忌也形成一种亚文化，在购买行为和购买种类上表现出许多特征。③种族亚文化群体。如黑人与白人，他们有不同的文化形态和态度。④地理亚文化群体。例如，我国华南地区与西北地区，沿海地区与内地偏远地区，都有不同的生活方式和时尚，从而对商品的购买也有很大不同。

总之，一个消费者对各种产品的兴趣，如对食物的偏好、衣着的选择、娱乐甚至事业的抱负，显然都受到他的民族、宗教、种族和地理背景的影响。

（3）社会阶层。差不多每一种人类社会中都有不同的社会阶层。每一阶层的成员都具有类似的行为、兴趣和价值观念。具体来说，他们具有几项特征：①同一阶层的成员，行为大致相似；②人们依据他们所处的社会阶层可排列出其地位的高低；③社会阶层不单由某一变数所决定，而是由他的职业、收入、财富、教育、价值观等综合决定；④个人可能晋升到更高阶层，也可能下降到较低的阶层。不同社会阶层的人，无论在购买行为和购买种类上都具有明显的差异性。例如，对于服饰、家具、业余活动、家用电器等，各种阶层的人在款式、风格、品牌上便分别有其不同的偏好。因此，市场营销人员可以借助这一因素的研究成果采取相应的市场营销策略，如在产品开发上，可集中全力于某些阶层的需求品；在商业网点上，可考虑建立适当类型的企业以便更有力地吸引目标市场的消费者；在促进销售上，可考虑采用不同阶层人士最易接触的广告媒体；在定价上可制定最符合不同社会阶层经济状况及心理状况的价格等，从而可以提高企业的竞争地位，获取更大的经济效益。

2. 社会因素

消费者行为不但受到文化因素的广泛影响，同时还受到社会因素的影响，如受到相关群体、家庭、社会地位的影响。

（1）相关群体。所谓相关群体就是能直接或间接影响人的态度、行为和价值观的群体。直接对人产生影响的群体称为认同群体，即人们所属和相互影响的群体。认同群体又有主要相关群体和次级相关群体之分：主要相关群体就是那些密切的经常互相发生影响作用的群体，如家庭、朋友、邻居、同事等；次级相关群体则是人们相互发生影响作用稍逊的群体，如宗教组织、专业性协会、同业公会等。

人们受相关群体影响的方式至少可分为3种：第一，相关群体向人们展示新的行为和生活方式；第二，相关群体也会影响人的自我观念，即将自己看成是相关群体同一类型的人，因为他们一般都想顺应这些相关群体的风尚和潮流；第三，相关群体能产生一种令人遵从的压力，影响人们选购与其一致的产品和偏爱相同的品牌。

总之，企业营销人员都必须利用各种相关群体的影响作用，通过各种方式有效地推销自己的产品。

（2）家庭。购买者的家庭成员对他的行为显然影响最强烈。一般人在整个人生历程中所受的家庭影响基本上都来自两方面：一是来自自己的父母，每个人都会由双亲直接教导和潜移默化获得许多心智倾向和知识，如宗教、政治、经济以及各人的抱负、爱憎、价值观等。甚至许多消费者在与父母不在一起相处的情况下，父母对其潜意识行为的影响仍然很深、很强烈。至于在那些习惯于父母与子女不分居的国家，这种影响更具有决定性的意义。二是对一个人日常购买行为更直接的影响来自自己的配偶和子女。由这一构成来看的家庭组织是社会上最重要的消费者购买组织，并早已受到广泛的重视与研究。现在大多数市场营销人员都很注意研究家庭不同成员，如丈夫、妻子、子女在许多商品购买中所起的作用和影响。

当然，家庭的购买决定并不总是由丈夫或妻子单方做出的，实际上有些价值昂贵或是不常购买的产品往往是由夫妻双方共同做出购买决定的。不过，这里仍有一个到底夫妻中哪一方对购买决定有较大影响力的问题，可能是丈夫较有影响力，也可能是妻子较有影响力或是夫妻双方具有同样影响力。

（3）身份和地位。每个人一生中都会参与许多群体，如家庭、社会、各种组织机构等。一个人在不同群体中的处境，即身份和地位是不同的。例如，一位能诗会画的女经理，在她父母的眼里，她的身份是女儿；在她的家庭里，她的身份是妻子；在她的公司里，她的身份是经理；在她兼任工作的社会组织里，她的身份是艺术家。一种身份包含着一组由自己及周围的人所期望的行为活动。一个人在各种群体中的各种身份都会影响其购买行为，每一种身份又都附着一种地位，反映社会对他的尊重。例如，一个集团公司的董事长，其地位就远比一个基层企业的部门经理高。这样这位身在高位的董事长，将会购买能够显示其身份与地位的更高级的日用品和奢侈品。正是这样，人们常常选购某些地位标志的商品来表明他们的社会地位。因此，每个市场营销人员都必须弄清哪些产品有变成地位标志商品的可能性，以便采取相应的市场营销策略打入新市场或提高原有市场的占有率。但地位标志产品不仅因阶层而异，而且也因地区而异。一个敏锐的市场营销人员还必须善于识别这种差异，才能更好地利用影响消费者购买行为的身份和地位这一因素，从中获得更大的经济效益。

3. 个人特征

除受文化因素和社会因素的影响外，消费者的购买行为还受到个人许多外在特性的影响，其中比较明显的有购买者的年龄与生命周期阶段、职业、经济环境、生活方式以及性格和自我观念等。

（1）年龄与生命周期阶段。显然，人们购买产品或对服务的需求会随其年龄的增长而变化。以食物为例，出生后吃的是婴儿食品；成年后大部分食品都能吃；到晚年则往往要禁吃一些食物或是有一定的饮食规定。此外，对于衣饰、摆设、娱乐等爱好也跟年龄大小密切相关。年龄不仅直接影响一个人的购买决策，而且还会关系到个人的婚姻状况，有无小孩以及孩子的年龄等更复杂地影响个人的购买行为。

（2）职业。职业也影响其对产品和服务的需求。普通工人与农民的需求有很大不同，一般职员与高等学校教师的需求也有许多方面不同。因此，市场营销人员有必要对各种不同职业群体的需求进行深入的调查研究，以选择产销或提供专门适合某职业群体的产品及服务。

（3）经济环境。一个人的经济环境通常会大大影响其所考虑或打算购买的产品和服务。所谓经济环境包括个人可支配的收入、存款与资产、借债能力以及对储蓄与消费的态度。正由于个人的经济环境对购买行为有极大的影响，因此经营收入效应较强产品的企业应该经常注意消费者个人收入、储蓄及存款利率的变化，根据整个社会经济状况的变化可能涉及个人经济环境的趋势，采取适当的步骤来重新设计产品，重新定价，减少生产和存货，或重新确定目标市场，以及采取其他相应的措施来维持或提高自己产品的销售量。

（4）生活方式。人们的购买行为也受生活方式的影响。虽然有些人可能都来自相同的亚文化、相同的社会阶层甚至同一职业，但却可能有很不同的生活方式。

所谓生活方式就是指人们的生活格局和格调，集中表现在他们的活动、兴趣和思想见解上。人们的生活方式勾画了人与环境相互作用后形成的更完整的人，它比单独的社会阶层或性格所表达的特性完整、深邃得多。消费者对产品和品牌的选择还是一个人生活中具体所思、所作、所为的重要表现。因此，每个企业在制定市场营销策略时，都应探明产品或品牌与生活方式之间的相互关系，并应对目标消费者的生活方式有一个清晰的把握，然后才能适应消费者各种不同生活方式的商品需求和服务需求，在整体市场营销活动中作出相应的决策，以便尽可能吸引相关生活方式下消费者的注意和购买。

（5）性格与自我观念。人都有影响其购买行为的不同性格。所谓性格就是导致一个人对其客观环境作出一贯、持久反应的明显心理特征，如刚强或懦弱、热情或孤僻、外向或内向、创意或保守、主动或被动、自恃或谦逊等。

由于某些性格形态与某些产品或品牌的选择存在着一定的相互关系，因此在分析消费者行为时，对性格的研究是很重要的。例如，一家啤酒公司发现，常饮很多啤酒的人都比较外向、自强。公司根据这种情况，就可建立一种能吸引这类消费者的品牌形象，通过广告大力宣传与这些人性格要求相符的产品特色，使得这些嗜饮啤酒的人有亲近感，觉得这正是属于他们的品牌。

现在不少市场营销人员还运用了另一个与性格相关的观念，即自我观念，或叫自我形象。自我观念是描述我们如何看待自己，或别人如何看待自己的一幅复杂心灵图画。每个人都会自认为自己是属于什么类型的人，或认为别人会把自己看做是属于什么类型的人，因而在行为表现上应与自己的身份相符。因此，市场营销人员所塑造的产品形象，必须与目标市场消费者的自我形象相符，否则人们是不会选择那些不符合其自我观念的产品和品牌的。

4. 马斯洛动机理论

一个人的购买行为还会受到心理因素的影响。心理学家曾提出许多人类行为动机理论，最著名的是马斯洛的动机理论，这种理论对消费者分析和市场营销推论有一定参考价值。

马斯洛曾试图解释为什么在某一特定时间人们会被特定的需求所驱使，为什么有些人花大量时间和精力去寻求个人安全，而另一些人则花大量时间和精力去追求令人尊重。他的答案是人类需求可以排列成从压力最大到压力最小的几个层次，或者说，人类的需求是按从较低需求到较高需求的先后顺序发展的，如图1-5所示。马斯洛指出：在面包不足的时候人类仅靠面包为生，那是千真万确的。但当有大量面包而且他的肚子长期被填饱后，人的需求会发生什么变化呢？马斯洛认为，此后较高的需求会按无穷的系列出现。一旦饥饿问题获得解决后，饥饿就不再支配个人的行为，这时他又会有新的需求要满足，如社会和文化方面的需求。

图1-5　马斯洛需求层次

马斯洛动机理论的具体要点归纳起来是：每个人都有很多需求；这些需求的重要性不同，因此可按阶梯排列；人总是首先满足其最重要的需求；当较重要的需求得到满足后，这个需求便不再是激励因素，它就失去了对行为的刺激作用，于是此人会转而追求下一个重要需求。

根据马斯洛需求层次理论，这些需求按其重要性的不同可分为5种主要类型。

（1）生理需求。它包括满足饥饿、干渴等方面的需求，这是人类最基本的需求，也是人类最首要的需求。在这类需求没有得到满足时，人们一般不会产生更高的需求，或者不认为还有什么需求比这类需求更高、更重要。在那些消费者倾注全力以获得足够食物来度日的地区市场，那里的消费者很少会对其他产品感兴趣，或有钱购买其他产品。例如，他们很少会对人寿保险或对参加什么促进艺术活动的协会感兴趣。

（2）安全需求。这是与人们为免遭肉体和心理损害有关的需求，最主要的是为保障人身安全和生活稳定。最一般的表现是对保险、保健、保安的需求，但往往还有一些不是那么明显表现的需求。例如，在一个安定的社会里，个人还可能通过提高教育和职业培训加强自己的社会地位来保证生活安定。另外，对希望不受机构庞大的商业企业欺诈钱财的消费者来说，现在世界各地正在蓬勃发展的用户第一主义运动可能是一种很大的需求。

（3）社会需求。这就是爱和归属感的需求，包括感情、亲昵、合群、爱人和被人爱等。希望被别人或相关群体承认和接纳，给予别人和接受别人的爱和友谊等这些需求恐怕是影响人们行为的最重要因素。亲昵的需求往往在礼品的购买、体育运动中的集体行动、文化的追求中表现出来，这些需求往往促使各种新式服装的开发或某一特定品牌产品的消费。

（4）受尊重需求。它包括威望、成就、自尊、被人重视和有身份等需求。这些不同的需求同样也会从不同的侧面影响人们的行为。例如，威望这种需求，既可鼓舞人们去好好完成有益的事业，也可导致人们破坏性的、反社会利益的行为。历史提供了充分的证据，证明希望受公众尊敬和诌媚、奉承的需求具有不由自己的力量。事实上，威望这种需求和利欲心及权力的要求常常是紧密相连的。在现代社会中，不少消费者正是百折不挠地去购买各种各样的产品，以要求极其广泛的服务来竭力表达他的权力和威望。许多人之所以买古董，主要是因为它的象征性价值，而不管它是否有什么实用价值。有些人暴富后为了显示自己的地位，往往迁居到更高级的住宅区，并以豪华的家具和其他摆设来显示自己的豪富。

（5）自我实现需求。这是最高层次的需求，包括个人行使自主权及获得成就的需求。人们一般都会有这样的经验，当个人完成一件工作或一项目标时，都会感到一种内心的愉悦。马斯洛阐述的这一需求层次与第四需求层次往往是不易明显区分的，因为自我实现的需求往往与受表扬、追求地位的需求密不可分。虽然自我实现的动机在自己的成就不为人所知时也会得到满足，但大多数人还是喜欢别人知道自己的成就，都试图以某种方式来显示它。因此自我实现的动机在购买行为上表现得十分明显，他们常常选购某些特定的产品，借以让人知道自己获得了某种成就和完成了某项目标。

以上就是马斯洛需求层次论从低到高的 5 个需求层次。但是应指出，个人行为也可能会出现某些变异，有的人甚至在其低级需求还未完全得到满足时，会受到为获得更高需求目标的动机影响，因为人们是可以容忍某种需求只得到部分满足的。马斯洛通过观察研究发现，可能一般人在生理需求获得 80% 满足时，其安全方面的需求也已得到 70% 的满足，归属感方面的需求得到 50% 的满足，受尊重需求得到 40% 的满足，自我实现的需求得到 10% 的满足。

案例分析：金利来的成功史

"金利来，男人的世界。"这是一句耳熟能详的广告语。著名华人企业家曾宪梓先生就是这个"世界"的创始人。

1968 年，35 岁的曾宪梓带着舅舅给的 6000 元人民币到了中国香港地区，靠着一把剪刀、一台缝纫机和一颗坚毅的恒心，开创了他的金利来。创业初期，他只能拿着手工缝制的领带沿街叫卖，每天他要卖出 60 条领带才能维持一家人的基本生活。他去洋货铺推销，却被人毫不客气地赶了出来。他的领带被大的百货公司拒之门外。他遭遇过 1973 年亚洲金融危机。但是，这些困境都被他的智慧和真诚一一化解。今天，他是身价 80 亿元的华人富豪。

曾宪梓是一位有意志和毅力的经营者，他十分注重市场调查，悉心研究消费者的心理动态和穿着习惯。凭着自己的学识和经验，探索领带的用料、款式、设计的创新，研制出自己产品的独特风格。就这样，他的小作坊逐步变成了有一定规模的工厂，他不用再上街去摆卖，而是零售商店来厂购货了。随着业务的发展，曾宪梓十分注重创立"金利来"名牌。他认为，优良的产品品质、稳定的质量是创立名牌的基本条件，因此，他在领带制作全过程中，十分讲求质量。他特别注重科学管理、专业人才的培训、设备的不断更新。金利来领带时刻保持质地优良、款式新颖、品种繁多、手工精细、美观大方的特点，深受各界人士欢迎。中国香港地区几十家大百货公司经销其产品的代销点遍布香港九龙、新界各地。

曾宪梓认为，创立名牌是一个长期艰苦的过程，需要不懈的努力。这一过程包括创立名牌意识、生产出优良产品、广泛的社会认知和品牌维护4个方面的内容。1970年，他在中国香港地区正式创立了金利来有限公司，自己设厂织染专用布料，开设专门设计和缝制部门。公司刚刚成立，资金极为有限，曾先生抽出3万港元做电视广告。虽然投入不大，但效果很好，金利来领带开始逐渐畅销。此时，随着收入的增多，他再投入10倍乃至100倍的资金继续做广告，使金利来领带的名牌地位在中国香港地区确立起来。1986年，金利来领带要进入中国内地市场，他采取"引而后发"的策略，提早三年在中央电视台推出广告，培养起公众对金利来的名牌认知与消费意识。果然又一举成功，创造了使其领带销售量连年翻番的惊人效益。

由于金利来产品形象的树立而加速了企业形象的塑造，随着金利来产品质量优良和销量稳定，社会公众认为该公司是一家恪守信誉、财力雄厚、生产名牌产品的公司。自树立优质品牌的卓越形象之后，金利来屡受侵权。金利来的各类产品均被一些企业大量仿制和违法贴牌生产。近年来，公司投放了大量人力、物力打击假冒及侵权等不法行为。公司有关人士表示，在获取中国驰名商标后，将更有效地配合全国严厉查处侵犯商标权益的行为，加强商标管理及保障消费者的权益，营造公平竞争的市场环境。

曾宪梓深有感触地认为"取之社会，用之社会"是金利来企业的一种精神。企业发达了，赚很多钱，应该回报社会、帮助社会、支持国家、救助民众。这种精神取决于创业者的价值观和社会责任感。本着这种精神，他积极解囊资助中国各种公益事业，如捐助1亿港元发展中国教育事业，对一些发生天灾人祸的地区给予巨额资金赈灾等。这些义举和善于回馈社会的精神，对金利来企业形象的塑造无疑起到了积极作用。

问题：

(1) 曾宪梓和他的"金利来"在成长的过程中分别经历了哪些市场营销导向？

(2) 在不同的发展阶段和营销环境中，企业应如何选择市场营销导向？

1.5 习题

1. 营销者是交易双方中（　　）（态度、购买、选票和捐赠）的一方，另一方则是预期顾客。

2. 总顾客价值由（　　）、（　　）、（　　）和（　　）4个方面构成。

3. 总顾客成本由（　　）、（　　）、（　　）和（　　）4个方面构成。

4. 顾客满意是指一个人通过对一种产品的可感知的效果或结果与他的期望值相比较后，所形成的（　　）的感觉状态。

5. 马斯洛通过观察研究发现，各需求层次之间存在很大的正相关关系，可能一般人在生理需求获得80%满足时，其安全方面的需求也已得到（　　）的满足，归属感方面的需求已得到（　　）的满足，受尊重需求已得到（　　）的满足，自我实现需求已得到（　　）的满足。

    6. 市场营销的概念及核心内容是什么？

    7. 简述市场营销的发展阶段。

    8. 如何理解顾客让渡价值？

    9. 顾客让渡价值与顾客满意有什么关系？

    10. 简述市场营销环境的分类。

    11. 如果你是一家以生产校服为主的童装厂主管，对政府这一不可控营销环境因素应关注哪些方面的问题？

第 2 章　网络营销基础理论

本章重要内容提示：

本章首先介绍网络营销的基本概念、特点、产生发展、内容及其评价标准，对网络营销和传统营销进行比较；接着介绍网络营销的基础营销理论，包括网络整合营销理论、软营销理论、网络关系营销理论和直复营销理论，并简单介绍了网络营销的方法；最后选取有代表性的案例来解析网络营销的理论基础。

2.1　网络营销概述

与传统营销相比，网络营销存在着很多方面的优势，给传统营销带来了巨大的冲击，带来了一场营销观念的革命。网络营销以现代电子技术和通信技术为基础，与市场的变革和竞争以及营销观念的转变密切相关，显然，网络营销是营销未来发展的方向，但是不可能完全取代传统营销，因此，将两者相结合的整合营销才能更好地实现营销目标。随着网络环境和 Internet 的发展变化，网络营销日渐成熟，对企业改善营销环境、提高核心竞争力和市场占有率的作用越来越显著。

2.1.1　网络营销的产生

进入 20 世纪 90 年代以来，Internet 的飞速发展推动了全球的互联网热潮，利用互联网提供信息服务和开拓业务范围，并且按照互联网的特点进行企业内部改组和治理，以及新营销方法的探索和推广，成为各大公司的现代管理手段之一。应运而生的网络营销为企业提供了适应全球网络技术发展与信息网络社会变革的新技术和新手段，形成了现代企业的营销策略。网络营销的产生是多种因素作用的结果，它主要基于 3 大特定基础：

1. Internet 的发展是网络营销产生的技术基础

Internet 在全球的飞速发展和广泛普及使其成为全球性迅捷和方便的信息沟通渠道。目前，商业领域成为 Internet 的最大应用领域，其应用已经显现出巨大威力和发展前景，现代网络市场的发展是迅速而巨大的。市场营销是为个人和组织实现交易而规划和实施创意、产品、服务构思、定价、促销和分销的过程。对于如此巨大和快速发展的网络市场，传统营销的理论、方法和手段是存在着一定局限性的，而依托 Internet 产生的网络营销以互联网为依托，以新的理论、方法和手段，针对网络市场的特征实施网络营销活动，就可以更有效地促成个人和组织交易活动的实现。

2. 价值观的变革是网络营销产生的观念基础

随着现在经营战略理论的发展，传统的以产品为核心的 4P（产品、价格、渠道和促销）理念已经逐步转换成以客户为中心的 4C（顾客、成本、方便和沟通）理念，满足消费者的需求越来越成为企业的经营核心。随着互联网在商业领域应用的发展，全球各企业纷纷上网为消费者提供各类信息服务，并把利用科技作为发展的重要途径。因此，消费者观念的改变为网络营销奠定了观念基础。主要可以从消费者的心理和网络营销的特点进行分析：

（1）网络社会消费者心理变化的趋势和特征。当今企业面临着前所未有的竞争，市场正在由卖方垄断向买方垄断演变，消费者主导的营销时代已经到来。在买方市场上，消费者面临的商品和品牌更为复杂，这一变化使消费者的心理呈现出以下特点和趋势：

① 个性化消费的回归。在很长的一段时间里，由于低成本的目标造成了工业化、标准化和单一化的生产方式，淹没了消费者的个性，另外，在经济短缺和几乎垄断的市场上，消费者可以选择的范围是很小的。而在市场经济充分发展的今天，产品无论是在数量上还是品种上都已极为丰富。在这种情况下，消费者完全能够以个人的心理愿望购买商品和服务。从理论上看，任何消费者的心理都不是完全一样的，每一个消费者都是一个细化市场，个性化消费正在也必将成为消费的主流。

② 消费者的主动性增强。在社会分工日益细分化和专业化的趋势下，消费者对购买的风险感随着选择的增加而上升，而且对传统营销中的单向"填鸭式"沟通感到厌倦和不信任。在网络市场中，商品信息获取的便利性极大地促使消费者主动通过各种可能的途径获取和商品有关的信息并进行分析比较，通过比较，消费者获得心理上的平衡和满足感，增加了对所购商品的信任感，减轻对风险的恐惧或是购物之后的后悔感。

③ 购物的方便性和趣味性的追求。在高效率的信息社会，有一批工作压力大、生活节奏快的消费者，他们以购物的方便性为首选，追求时间和劳动的成本最低，而又由于劳动生产率的提高，他们可供支配的时间增多，希望通过购物来进行消遣和寻找生活乐趣，而网络消费正好满足了这类人的购物的乐趣，使他们保持了和社会的联系，减少了心里孤独感。

④ 价格是影响消费心理的重要因素。在市场竞争中，企业经营者一般采用成本最低化战略、差异化战略以及专一化战略，营销活动的组织者总是希望通过各种营销手段，以差异化来降低消费者对价格的敏感度。但是价格始终是消费心理的重要因素，在先进营销技术的运用中，价格的作用仍然举足轻重。企业在运用先进技术在网络环境中指定自己的营销方案时一定要考虑到价格的营销。

（2）网络营销的优势和吸引力。随着互联网的应用和发展，以先进的信息技术为基础的网络营销的优势和吸引力主要可以从以下方面分析：

① 网络营销可以实现全程营销的互动性。传统的营销管理以 4P 理论为指导，而现代的营销管理以 4C 理论为营销理念，但是两种营销理念都是基于企业必须实行全程营销，即必须由产品设计阶段就开始充分考虑消费者的需求和意愿。传统的营销由于缺乏消费者和企业之间的有效沟通，消费者一般只能对现有产品进行批评或者建议，大多数的企业也没有足够的资金用于了解消费者的潜在需求。在网络环境下，企业可以通过诸如电子公告栏、电子邮件等现代先进信息技术以极低的成本在营销全过程中对消费者进行信息的即时收集，同时消费者有机会对产品从设计到定价以及服务等一系列问题提出自己的建议或者意见。这种双向的互动沟通提高了消费者参与的积极性，使企业的营销决策更有针对性，提高了消费者满意度，从而提高了企业核心竞争力。

② 网络营销强调个性化的营销方式。网络营销的特点之一就是以消费者为主导。消费者比过去任何时候都有更大的选择自由，他们可以根据自己的兴趣和需求在全球范围内，不受时间和地域的限制，寻找自己满意的产品和服务。消费者随意进入自己感兴趣的企业网站或者虚拟商店，随意获取产品或服务的信息，决定购买与否，使网络购物更具有个性化。比如

海尔集团生产的左开门冰箱就是个性化营销的一个很好例子。这种个性消费的发展将促使企业必须重新考虑其营销策略，以消费者的个性需求作为企业提供产品及服务的出发点，并且企业也要提高以较低成本进行多品种小批量生产的能力，为个性化营销打好基础。

③ 网络营销可以提高消费者的购物效率。信息社会的快节奏使消费者的闲暇时间越来越少，人们越来越珍惜自己的闲暇时间，进行一些更有意义的活动，故而用在购物上的时间越来越短。在传统的购物方式下，一个买卖过程需要几分钟到数小时的时间，加上往返的购物路途和逗留时间，使消费者在购买商品时必须在时间和精力上付出很多。而在网络环境下购物，在获得大量信息和乐趣的同时瞬间完成购物过程。

④ 网络营销拥有价格优势。网络营销能为企业节省巨额的促销和流通费用，消费者甚至可绕过中间商直接向生产商订货，使降低产品的成本和价格成为可能。消费者在全球范围内寻找最优惠的价格，便于以很低的价格实现购买。

3. 竞争是网络营销产生的现实基础

当今社会市场的竞争日益激烈，企业为了在竞争中取胜，总是千方百计的用各种方法招揽顾客，传统营销已经很难有新颖的方法帮助企业在竞争中出奇制胜，市场竞争已不再是依靠表层营销手段的竞争，必须在更深层次的经营上进行竞争。企业的经营者迫切地去寻找变革，尽可能地缩短整个供应链的成本来实现企业的经营。网络营销的出现正好解决了这个问题，企业开展网上营销，可以节约大量昂贵的店面租金，可以减少库存商品和资金的占用，可以使经营规模不受场地的限制，可以方便的采集客户信息等。这些都使得企业经营的成本和费用降低，运作期缩短，从根本上增强了企业的核心竞争力。

2.1.2　网络营销的概念

与许多新兴学科一样，网络营销目前并没有统一的定义，由于专家对网络营销的研究角度不同，对网络营销的理解和认识也有较大差异，不同学者对网络营销的概念也就有不同的界定。网络营销具有很强的实践性特征，从实践中发现网络营销的一般方法和规律比空洞的理论界定更有意义。一般来说，凡是以互联网为主要手段开展的营销活动都可称为网络营销。网络营销是企业营销的组成部分，是以互联网为手段展开的营销活动，是电子商务的基础和核心。它是以互联网媒体为基础，以其他媒体为整合工具，并以互联网特性和理念去实施营销活动，更有效地促成品牌的提升或个人和组织实现交易活动的营销模式。由此，从网络营销的定义中可以分解出 5 个要素。

1. 过程

与传统营销计划一样，网络营销计划伴随着一个过程。网络营销计划过程的 7 阶段包括框定市场机会、制定营销战略、设计客户体验、精心构思客户界面、设计营销计划、通过技术利用客户信息及评估整个营销计划的结果。这 7 个阶段必须协调一致。虽然该过程是以简单的直线方式描述的，营销战略家通常都会在这 7 个阶段中间来回穿梭。

2. 建立和维持客户关系

营销的目的是建立和创造持久的客户关系，所以重点从寻找客户转移到了培育足够数量立场坚定的、忠诚的客户。成功的营销计划将目标客户沿着关系建立的 3 个阶段推进：认知、探索和承诺。值得强调的是，网络营销的目标不是仅限于与在线客户建立关系。相反，其目标是既建立在线关系，也建立离线关系。网络营销计划很可能满足那些同时使用在线和离线服务客户的大型营销活动的一部分。

3. 在线

按照上述定义，网络营销是运用网络世界资源的营销手段。不过，成功的网络营销计划可能需要依靠传统的离线营销工具，例如 Monster. com 提供员工招募和找工作服务，其成功直接依赖于电视广告的效果，特别是几年前获得广泛成功的超级足球赛广告。也就是说，网络营销既注重在线销售，也注重在线影响其品牌提升，增加线下销售。

4. 交换

在线和离线营销计划的核心均是交换的概念。在网络经济中，公司必须对跨渠道交换非常敏感，也就是说，评估在线营销计划必须依据其对整体交易的影响，而不仅限于对在线交易的影响，所以在线营销可能促进零售商店的销售。如果公司需要测量在线和离线营销计划的独立影响的话，就必须对这些跨渠道影响越来越敏感。

5. 公司和客户双方需求的满足

公司应该每天查看一下自己在百度的排名，去相关网站看一下有什么好的借鉴点，综合衡量，再运用到实际中。客户经常去一个网站很显然是满意并忠实于该站点，但是，如果该公司不能偿还对员工、供应商或者股东债务的话，生产和交换就是不稳定的。客户感到愉快，而公司无法维持其收入。因此，要使交换延续下去，双方必须都感到满意。

另外，网络营销的定义中还应该注意以下问题：

（1）网络营销不等于网上销售。有人认为网络营销就等于网上销售，这种看法是片面的。网络营销是为实现最终产品销售、提升品牌形象的目的而进行的活动。网上销售是网络营销发展到一定阶段产生的结果，但不是唯一的结果，因此网络营销本身并不等于网上销售。

（2）网络营销不等于电子商务。一些人把网络营销等同于电子商务，这种观点显然是错误的。网络营销和电子商务是一对紧密相关又具有明显区别的概念，初涉网络营销领域者对两个概念很容易造成混淆。首先，网络营销与电子商务研究的范围不同。电子商务的内涵很广，其核心是电子化交易，电子商务强调的是交易方式和交易过程的各个环节，而网络营销注重的是以互联网为主要手段的营销活动。其次，网络营销与电子商务的关注重点不同。网络营销的重点在交易前阶段的宣传和推广，电子商务的标志之一是实现了电子化交易。

（3）网络营销不是孤立存在的。网络营销是企业整体营销的一个组成部分，网络营销活动不可能脱离一般营销环境而独立存在。在许多环境下，网络营销理论是传统营销理论在互联网环境下的应用和发展。网络营销和传统的营销策略之间并没有冲突，但是由于互联网的特性和优势，网络营销又有其独特的理论和方法体系。在实际的应用当中，往往是网络营销和传统营销并存使用的，并不是将其各自孤立。

（4）网络营销注重对网络营销经营环境的改造。开展网络营销需要一定的用户环境，如网络服务环境、上网用户数量、合作伙伴以及供应商、销售商相关企业等的网络环境。网络营销环境为企业开展网络营销活动提供了潜在用户，向用户传递营销信息，建立客户关系以及进行网上市场调研等各种营销的过程。网络营销的内涵和手段都在不断发展变化，网络营销的定义也会随之变化，因此，其定义有一定的适用期，不能过于教条。

（5）网络营销和传统营销并不冲突。虽然网络营销的出现对传统营销有一定的影响，但是网络营销并不是要取代、也不可能取代传统营销，二者各有所长，相辅相成。

2.1.3 网络营销的特点

市场营销中最重要、最本质的是在组织和个人之间进行信息的广泛传播和有效交换，如果没有信息的交换，任何交易都会变成无本之木，无源之水。互联网技术的成熟发展、方便性和低廉的成本使任何企业和个人都可以很容易地将自己的计算机连接到 Internet 上。遍布全球的各种企业、团体、组织和个人通过 Internet 跨时空地联系在一起。互联网的某些特性使网络营销呈现以下特点：

1. 跨时空与交互性

没有时间和地域的限制是网络营销最核心的特点，也是网络营销发挥其优势最重要的前提条件。互联网能够超越时间和空间的限制进行信息交换和沟通，使交易在任何时间、任何地点成为可能，企业有更长的时间、更大的空间进行营销，可以达到"24×7×52"的经营模式，可以占有尽可能多的市场份额，提高企业竞争力。正因为这一特点使得顾客有更多的选择空间以及更周到的服务，大大提高了顾客对网络营销的接受度。

企业可以通过互联网向客户展示商品目录；通过连接资料库提供有关商品信息的查询；可以和顾客进行双向互动式交流；可以收集市场情报；可以进行产品测试和消费者满意度调查等。因此互联网是企业进行产品设计、提供商品及服务的最佳工具。

2. 多媒体与人性化

参与交易的各方通过互联网可以传输文字、声音、图像等多种媒体的信息，从而为达成交易进行的信息交换可以用多种形式进行，能够充分发挥营销人员的创造性和能动性。

在互联网上进行的促销活动具有一对一的、理性的、消费者主导的、非强迫性的和循序渐进式的特点，这是一种低成本与人性化的促销方式，可以避免传统营销活动带来的强势推销的干扰。并且，企业可以通过信息提供与交互式沟通，与消费者建立起长期的、相互信任的良好合作。

3. 无形化

网络相关技术作为网络营销开展的基础支撑，使网络营销呈现出无形化的特点，主要体现在营销过程的电子化和数字化。网络营销的数字化和电子化使营销成本降低、营销效率提高，同时也给网络营销带来了技术等方面的新挑战。

4. 成长性与超前性

遍及全球的互联网网民数量飞速增长，而且大部分上网者是年轻的、具有较高收入和高教育水平的群体，他们购买力强，有很强的市场影响力，因此网络营销是一个极具开发潜力的市场营销渠道。互联网同时兼具渠道、促销、电子交易、互动客户服务及市场信息分析与提供等多种功能，是一种功能强大的营销工具，并且其一对一的营销能力正好迎合了定制营销与直复营销的未来趋势。

5. 整合性

在互联网上开展的营销活动可以完成从商品信息发布到交易操作完成和售后服务的全过程，这是一种全程的营销渠道。另外，企业可以借助互联网将不同的传播营销活动进行统一的设计规划和协调实施，通过统一的传播咨询向消费者传达信息，从而可以避免不同的传播渠道的不一致性产生的消极影响。

6. 高效性与经济性

网络营销应用计算机存储大量的信息，可以帮助消费者进行查询，所传送的信息数量与精确度远远超过了其他传统媒体。同时能够适应市场的需求，及时更新产品阵列或调整产品的价格，因此能及时有效地了解和满足顾客的需求。网络营销使交易双方能够通过互联网进行信息交换，代替传统的面对面的交易方式，可以减少印刷与邮递成本，进行无店面销售从而节省租金、水电费与人工销售费用等，同时也减少了由于多次交换带来的损耗，提高交易的效率。

7. 技术性

建立在以高技术为支撑的互联网的基础上的网络营销，使企业在实施网络营销时必须有一定的技术投入和技术支持，必须改变企业传统的组织形态，提升信息管理部门的功能，引进懂营销与技术的复合型人才，才能具备和增强本企业在网络市场上的竞争优势。

2.1.4 网络营销的发展趋势

网络营销以网络的发展和互联网的应用为基础，伴随着网络技术和通信技术的发展而发展，网络营销的发展趋势和互联网的发展趋势及特点是密切相关的。当今世界已经进入了一个网络信息社会，信息通信技术的发展，已经使互联网成为一个全球性的辐射广、交互性强的新型媒体，不同于广播电视等传统媒体之间能够进行单向性的信息传播，信息的发布者通过互联网络可以与媒体接受者进行双向的交互沟通和联系。互联网的信息传播和双向沟通的特点，使互联网的发展与应用呈现出以下特点：

（1）网络的使用者持续快速的增长，近几年中国网络使用者的平均年增长率近50%。据统计，2006年中国网络使用者的人数已达到1.37亿，2007年增加到2.1亿，2008年增加到2.98亿，2009年增加到3.84亿。而且网络使用者大都是具有高学历和较强经济实力的年轻人，他们是最具有市场购买力的消费群体之一。

（2）网络科技快速发展，骨干网络宽频化持续上升，光纤服务普遍化，压缩技术的发展，使多媒体信息可经过一般电话线传输。网络专用计算机的开发，可轻易处理复杂的动画与虚拟环境的应用需求。搜索工具与多媒体视听软件的开发使网络计算机功能越来越完善，而网络主要硬件设备的单位功能成本将成指数下降，为网络的发展提供了良好的机会。

（3）电子商务将成为网络的重要应用，在网络上进行交易的成本远小于传统营销的成本。互联网上的电子商务已形成规模，全球的网络零售在2000年已达到600亿美元，到2004年达到4280亿美元，而作为网络交易主要应用的企业间网上贸易的规模达到约6万亿美元，这是一个巨大的市场。我国2007年的网络销售额高达594亿元，同比增长90.4%。

（4）网络在商业、家庭和教育上的应用日趋普及，在网上的新兴虚拟社会将逐渐形成。在这个虚拟社会里，使用界面将更生活化，现今社会所需处理的各项实际事物可超越时空的限制，被瞬间平行地移到网络上，使未来社会更为方便、高效与多姿多彩，使人们的衣食住行都离不开网络。

根据互联网的上述特点以及营销环境的变化，可以看出网络营销的发展有以下趋势：

1. 搜索引擎仍然是第一网络营销工具

搜索引擎营销的发展势不可挡，并且随着多种专业搜索引擎和新型搜索引擎的发展，搜索引擎在网络营销中的作用更为突出，搜索引擎营销的模式也在不断发展演变，除了常规的搜索引擎优化和搜索引擎关键词广告、网页内容定位广告等基本方式之外，专业搜索引擎（如博客搜索引擎）、本地化搜索引擎的推广等也将促进搜索引擎营销方法体系的进一步扩大和完善。

2. Web 2.0 网络

2006 年博客营销已经取得了快速发展，2007 年的企业博客营销成为主流网络营销方法，博客营销成为企业网络营销策略的组成部分，企业博客引领网络营销进入全员营销时代。与此同时，更多 Web 2.0 网络营销模式将获得不同层次的发展，如 RSS 营销、网摘营销、博客营销、基于 SNS 网络社区的各种营销模式等。

3. 企业网站的网络营销价值将得到提高

随着 IE7 和火狐浏览器用户数量的增加，那些不符合 Web 标准的网站将无法获得正常浏览效果，这将在一定程度上促进网站建设采用 Web 标准的进程。2007 年正式发布的《中国互联网协会企业网站建设指导规范》是基于国际认可的 Web 标准和新竞争力网站优化思想并且经过大量调查研究而制定的，该规范对于提高网站建设服务商以及企业网站建设的专业水平发挥着积极作用。当越来越多的企业网站建设符合网络营销导向，企业网站的网络营销价值将得到明显提升。

4. 视频网络广告将成为新的竞争热点

受到 You Tube 等视频网站成功的刺激，将有大量视频类网站爆发性发展，而传统门户网站和搜索引擎等也将视频网络广告作为未来发展的方向之一，在 2007 年内视频广告很难发展到比较成熟的阶段，仅仅是一个值得关注的领域而已。

5. 适用于中小企业的网络广告形式更多样化

传统的展示类 BANNER 网络广告和 Rich Media 广告由于广告制作复杂、播出价格高昂，至今仍然只是大企业展示品牌形象的手段，传统网络广告难以走进中小企业。不过随着更多分类信息、本地化服务网站等网络媒体的发展，以及不同形式的 PPA 付费广告模式的出现，将有更多成本较低的网络广告，为中小企业扩大信息传播渠道提供了机会。

6. 插件类网络推广产品市场的演变

随着反流氓软件的进一步深化，与用户决定营销规则不相符的插件类网络推广产品在网络营销服务市场的地位将进一步降低，甚至存在快速边缘化的可能。另外，也将产生基于用户许可的客户端插件的网络推广产品，并且将成为插件类网络营销的主流发展方向。

7. 网站运营注重用户体验改善

网站运营进入精细化管理阶段，即体现出本书一直倡导的网络营销细节制胜理念。尽管很难详尽罗列用户体验的各项因素，也很难为用户体验下一个准确的定义，甚至对同一现象的用户体验没有统一的解决方案，但是这种听起来似乎有些空洞和玄虚的概念将通过各种细节体现出来并成为网站运营成功的法宝。"让用户可以方便地获取有价值的信息和服务，才是网络营销的精髓"，这是新竞争力网络营销管理顾问提出的用户体验的基本思想。

8. 系统的用户行为研究更受重视

以网站流量统计分析为基础的网络营销管理的基本意识在此之前已经有明显提高，以后网络营销管理的内容将进一步扩大，应用层次也将逐渐提高。互联网用户行为研究是网站运营管理必不可少的内容，同时也是网站运营中用户体验研究的基础，因此系统的用户行为研究将成为网络营销的重要研究领域。

除了以上网络营销发展中比较典型的几个方面，还有更多值得关注的领域，包括成熟的传统网络营销方法在新的网络营销环境中的发展演变、网络营销效果分析管理、网络营销与企业经营策略等。总之，网络营销将不仅仅是网站建设和网站推广等常规内容，网络营销的关注点也不仅仅是访问量的增长和短期收益，而是关系企业营销竞争力全局性的策略。

2.2 网络营销的内容

在飞速发展的网络时代，作为依托网络新营销的方式和手段，网络营销有助于企业在网络环境中实现营销目标。网络营销所包含的内容丰富，主要表现有：第一，网络营销要针对新兴的网上虚拟市场，及时了解和把握网上虚拟市场消费的特征和消费者行为模式的变化，为企业在网上虚拟市场中进行营销活动提供可靠的数据分析和营销依据。第二，网络营销依托网络开展各种营销活动来实现企业目标，网络的特点是信息交流的自由、开放和平等，而且信息交流费用低廉，沟通渠道直接高效，因此在网上开展营销活动，必须改变传统营销的方法和手段。在 Internet 的基础上的网络营销活动基本的营销目的和营销工具与传统营销没什么差别，但是其实施和操作与传统方式有着很大的区别。具体来讲，网络营销的主要内容有以下几点：

1. 信息

要管理好一个企业，必须管理好它的未来；而管理未来就是管理信息。在网络化信息时代，消费者需求的多样化、个性化趋势有增无减，卖者之间的竞争空前激烈，只有那些以闪电般的速度掌握营销环境信息，了解消费者需求和竞争发展趋势，找出对手弱点，并以最快的速度投入并占领市场的企业，才能实现网络营销的竞争优势。因此，网络营销策划要以进一步完善并充分利用企业营销信息系统为基础，利用快速高效的电子信息处理技术，对顾客、竞争者及其他环境因素进行快速、准确、全面的分析，为制定网络营销方案提供科学的依据。

2. 网上市场调查

网络市场调查主要利用 Internet 交互式的信息沟通渠道来实施调查活动，包括直接在网上通过问卷进行调查，还可以通过网络来收集市场调查中需要的一些二手资料。利用网上调查工具可以提高调查效率和加强调查效果。Internet 作为信息交流渠道，由于它的信息发布来源广泛、传播迅速，使它成为信息的海洋，因此在利用 Internet 进行市场调查时，重点是如何利用有效工具和手段实施调查和收集整理资料。获取信息不再是难事，关键是如何在信息海洋中获取想要的资料信息和分析出有用的信息。

3. 网络消费者的注意力

在信息爆炸和产品丰富的信息社会中，酒香也怕巷子深，如何抓住网络消费者的注意力这种稀缺的商业资源，便成为企业网络营销成败的关键。在目标市场确定后，网络营销管理者首当其冲应当考虑的是以何种方式和手段尽快抓住目标顾客的注意力。

4. 网上消费者行为分析

Internet 用户作为一个特殊群体，它有着与传统市场群体截然不同的特性，因此要开展有效的网络营销活动必须深入了解网上用户群体的需求特征、购买动机和购买行为模式。Internet 作为信息沟通工具，正成为许多兴趣、爱好趋同的群体聚集交流的地方，并且形成一个个特征鲜明的网上虚拟社区，因此了解这些虚拟社区的群体特征和偏好是网上消费者行为分析的关键。

5. 网络营销策略制定

不同企业在市场中处于不同地位。在采取网络营销实现企业营销目标时，必须采取与企业相适应的营销策略，因为网络营销虽然是非常有效的营销工具，但企业实施网络营销时是需要进行投入并且有风险的。同时企业在制定网络营销策略时，还应该考虑到产品周期对网络营销策略制定的影响。

6. 网上产品和服务策略

网络作为信息有效沟通的渠道，成为了一些无形产品（如软件和远程服务）的载体，它改变了传统产品的营销策略——特别是渠道的选择。

7. 网络渠道选择与直销

Internet 对企业营销活动影响最大的是营销渠道的选择。借助 Internet 交易双方可以直接互动的特性建立了网上直销的销售模式，改变了传统渠道中的多层次选择和管理与控制的问题，最大限度地降低了营销渠道中的营销费用。但是企业在建设自己的网上渠道时需要一定的投入，同时还要结合网络直销的特点改变本企业传统营销的管理模式。DELL 的巨大成功和高额利润就是网络营销成功的例子。

8. 网络促销与网络广告

Internet 具有双向的信息沟通渠道的特点，可以使沟通的双方突破时间和空间的限制进行直接沟通，操作简单、快速并且费用低廉。这一特点使得在网上开展促销活动十分有效，但是必须遵循在网上进行信息交流与沟通的规则，遵守一些虚拟社区的礼仪。网络广告是进行网络营销最重要的促销工具，它作为新兴的产业已经得到了迅猛的发展。网络广告的交互性和直接性的特点使其具有超越传统媒体的独特优势。

9. 快速反应

速度是网络营销竞争的利器之一。网络的神奇在于迅速和互动，由于网络虚拟世界与现实世界在速度上存在着巨大反差，速度对网上顾客满意度和忠诚度的影响十分明显，因此，网络营销企业的商业模式不再是传统营销环境下的推测性商业模式，而是一种高度回应需求的商业模式，即企业应站在顾客的角度及时地倾听顾客的希望、渴望和需求，并及时答复和迅速做出反应，满足顾客的需求。在策划网络营销方案时，必须把网络作为快速反应的重要工具和手段，并在协调质量与服务的基础上建立快速反应机制，提高服务水平，能够对问题做出快速反应并迅速解决，以达到企业与顾客双赢的结局。

10. 网络营销管理与控制

网络营销依托 Internet 开展营销活动，必将面临传统营销活动所没有遇到过的诸如信息的安全性以及消费者的隐私保护等新问题，这些都是网络营销必须重视和进行控制的问题，否则企业开展网络营销的效果就会适得其反。

11. 创新

网络为顾客对不同企业的产品和服务所能带来的效用和价值进行比较带来了极大的便利。在个性化消费需求日益明显的网络营销环境中，通过创新，创造与顾客的个性化需求相适应的产品特色和服务特色是提高效用和价值的关键。特别的奉献才能换来特别的回报。创新带来特色，特色不仅意味着与众不同，而且意味着额外的价值。在网络营销方案的策划过程中，必须在深入了解网络营销环境尤其是顾客需求和竞争者动向的基础上，努力创造旨在增加顾客价值和效用、为顾客所欢迎的产品特色和服务特色。

12. 资源整合

网络营销是以网络为工具的系统性的企业经营活动，在网络环境下对市场营销信息流、商流、制造流、物流、资金流和服务流进行管理。虽然网络可使企业克服进入全球市场的信息障碍，但在经济结构加速调整、全球化市场竞争日趋激烈的环境下，企业的竞争已不再局限于研究和开发某一产品、某一技术或某一特定资本运营的价值，而是要善于研究和比较某一资源的机会成本和边际收益，从而使企业资本增值最大化。而要实现这个目标，企业必须以网络的商业化应用为契机，在全球范围内寻找商业合作伙伴，建立营销战略联盟，从商品经营和自身资产的经营转向对社会资源的经营。据统计，同样的项目，美国的企业平均用28%的资本运作160%的生意，中国的企业平均用50%的资本运作100%的生意。导致这种差距的原因在于，一是我国企业管理内部资源的水平和效率还有待于进一步提高；二是我国企业不太善于吸纳、整合外部资源。所以在网络时代的营销竞争中，只有那些善于对资源进行有效配置和重组，即靠知识、智慧和少量资本进行经营的资源整合市场组成的企业，才是最大的赢家。当然，用知识与智慧整合社会资源，必须具备两个基本前提：一是必须根据市场需求进行资源整合；二是必须具有广泛真诚的合作精神。因为市场需求是利润之源，而合作则是对付激烈竞争的最佳手段。

2.3　网络营销与传统营销

随着纯网络公司的发展由盲目转入理性，是否具有赢利能力已经成为判断一个网络公司价值的基本要素，网络公司纷纷增加"水泥"的含量，一些网上零售商甚至发展实体商店来拓展销售渠道，网络公司并购传统企业的事件也时有发生。同时，传统企业上网的热潮也日益高涨，除了提高企业互联网应用程度之外，注资或并购网络公司的案例也在不断增加，网络营销已经成为许多企业的重要营销策略，一些小企业对这种成本低廉的网上营销方式甚至比大中型企业表现出更大的热情。

2.3.1　营销市场要素的变化

网络营销可以认为是借助于互联网、计算机通信和数字交互式媒体来实现营销目标的一种市场营销方式，但是把网络营销等同于市场营销的电子化是不准确的。传统的市场营销方式主要是研究卖方的产品和劳务如何转移到消费者或者用户手中的全过程，以及企业等组织在市场上的营销活动及规律性。市场营销学理论认为，营销市场是指某种商品的现实购买者和潜在购买者需求的总和，对一切既定的商品来说，营销市场是有消费主体、购买欲望和购买能力三个因素构成的，营销市场可以看做是三者的乘积。在信息时代，网络营销的发展已使营销市场的这3个因素发生了如下变化：

1. 消费主体的变化

在网络时代，网络市场中的主要购买者的显著特点是年轻化、知识型、有主见、较高的教育水平和经济收入，而具有上述特点的网络消费者的隐形特性表现为比较注重自我和个性化，遇事头脑冷静和思考理性化，兴趣爱好广泛和刻意追求新鲜事物。企业必须正视网络消费者的特征，并且采取相应的营销方法和手段，采取正确合理的营销策略，才能在网络市场上取得较大的发展。

2. 消费者购买欲望的变化

购买欲望是消费者购买商品的动机、愿望和需求，是消费者将潜在的购买力转化为现实购买力的重要条件。消费者的购买动机可以分为求实动机、感情动机、理智动机和信任动机等，购买动机均要受到当前社会的政治、经济、科技、文化和宗教等因素的影响和制约，带有时代的烙印。在网络信息时代，网上购物比实体购物更具有方便性和优越性，选择上网购物将越来越普遍，因此企业必须面对消费者购买欲望的这种改变才能在竞争中取胜。

3. 消费者购买力的变化

恩格尔定律说明，随着人均收入水平的提高，在满足了基本的生活需要的基础上，消费需求会逐渐向满足发展、智力和娱乐等方面转变。改革开放的成功使我国人均收入大幅度提高，城乡差别、地区经济发展不平衡等各种原因造就了一大批年轻有为、文化程度较高的高收入者，现代企业必须注意这批拥有可以自由支配收入的具有高购买力的网络消费者。

2.3.2 网络营销对传统营销的影响

1. 网络营销对传统营销总的影响

（1）互联网技术将营销流程简化压缩：消费者通过互联网设计和定制产品，然后以订单的形式通过互联网将信息传递给生产者，厂家按订单生产，然后通过物流配送体系直接将货发送到消费者手中。在这个过程中，营销探测和营销战略被一张订单压缩简化了，同时还省去了分销这一环节。

（2）消费者占据主动权：从这种模式可以看出，商家在互联网营销中不再居于主体，产品不再由商家调研，然后制造，并进行定位定价，最后推销给消费者。明智的消费者占据了主动权，由他们发出自己的需求信息（包括产品设计、零件配置信息等），商家只是按单生产而已。

2. 网络营销对传统营销各流程的具体影响

（1）互联网技术对营销探测的冲击：互联网技术的互动性以及消费者通过互联网设计和定制产品，使营销探测具有了互动性，商家既是信息的收集者，更是信息的接受者。传统营销探测主要面向消费者群体，定性描述消费者行为，而网络营销探测转向消费者个体，建立数据库，进行顾客关系管理（CRM）。

（2）互联网技术对营销战略的冲击：市场细分到人，顾客定制，目标顾客与企业直接沟通，导致"选择目标市场"这一传统营销中的重要环节成为多余。但市场定位依然重要，因为网络时代的消费者追求潮流，只有有个性、有企业形象的产品才能得到消费者的青睐。市场竞争的重心转向品牌、企业文化。

（3）互联网技术对营销组合的冲击：① 最明显的是分销渠道被压缩了，经销商和零售商被消除，代之的是物流配送；② 顾客定制产品，产品的设计和配置工作部分或全部转移到了消费者手中，营销职能外部化；③ 互联网信息的全球性和透明性，使同等产品价格差异趋于零，定价由市场决定；④ 网络时代消费者的个性独立，使一对一营销成为一种迫切的需求，而互联网的低成本互动性，则使消费者和商家一对一的亲密沟通成为现实。

3. 网络营销相对于传统营销量的变化和质的变化

总之，营销流程的压缩简化使得营销成本下降和营销速度加快，迅速提高营销效率，这是网络营销相对于传统营销量的变化；消费者占据主动权，营销职能外部化——顾客事实上成为了市场探测和营销战略实施的主体，使厂家生产的产品接近甚至等于市场需要，这是互联网技术相对于传统营销质的变化。

2.3.3 网络营销和传统营销的区别

在形式上，网络营销是 Internet 替代了报刊、邮件、电话、电视等中介媒体，其实质是利用 Internet 对产品的售前、售中、售后各环节进行跟踪服务，它自始至终贯穿于企业经营全过程，包括寻找新客户、服务老客户，是企业以现代营销理论为基础，利用 Internet 技术和功能，最大限度地满足客户需求，以达到开拓市场、增加盈利为目标的经营过程。它是直接市场营销的最新形式，是由 Internet 客户、市场调查、客户分析、产品开发、销售策略、反馈信息等环节构成。网络营销是借助于互联网络、计算机通信技术和数字交互式媒体来实现营销目标的一种营销方式。

显而易见，网络营销与传统营销的本质区别在于营销的手段、方式、工具、渠道及策略，但营销目的都是为了宣传、销售商品及服务，加强与消费者的沟通与交流等。虽然网络营销不是简单的营销网络化，但是其仍然没有脱离传统营销理论，4P 和 4C 原则仍在很大程度上适合网络营销理论，从而形成了"4P＋4C"的营销理论。

1. 从产品和消费者上看

理论上一般商品和服务都可以在网络上销售，实际上目前的情况并不是这样，电子产品、音像制品、书籍等较直观和容易识别的商品销售情况要好一些。从营销角度来看，通过网络是可以对大多数产品进行营销，即使不通过网络达成最终的交易，网络营销的宣传和沟通作用仍须受到重视。网络营销可真正直接面对消费者，实施差异化营销，即一对一营销，可以针对某一类型甚至一个消费者制定相应的营销策略，并且消费者可以自由选择自己感兴趣的内容观看或购买，这是传统营销所不能及的。

2. 从价格和成本上看

由于网络营销直接面对消费者，减少了批发商、零售商等中间环节，节省了中间营销费用，可以减少销售成本，降低营销费用，所以商品的价格可以低于传统销售方式的价格，从而产生较大的竞争优势。同时也要注意，减少了销售的中间环节，商品的邮寄和配送费用也会在一定程度上降低商品的销售成本和价格。

3. 从促销和方便上看

在促销方式上，网络营销本身可采用电子邮件、网页、网络广告等方式，也可以借鉴传统营销中的促销方式，促销活动一般要求要有新意、能吸引消费者，所以网络营销同样要有创意新颖的促销方式。

在方便上，一方面网络营销为消费者提供了足不出户即可挑选购买自己所需商品和服务的方便；另一方面减少了消费者直接面对商品的直观性，限于商家的诚信，不能保证网上信息的绝对真实，还有网上购物须等待商家送货或邮寄，在一定程度上给消费者又带来了不便。

4. 从渠道和沟通上看

在渠道上两者的区别是明显的，由于网络本身条件所限，离开网络便不可能去谈网络营销，而传统营销的渠道是多样的。网络有很强的互动性和全球性，网络营销可以实时地与消费者进行沟通，解答消费者的疑问，并可以通过 BBS、电子邮件快速为消费者提供信息。

2.3.4　网络营销与传统营销的整合

网络企业与传统企业、网络营销与传统营销之间也在逐步相互融合。正如英特尔总裁葛洛夫所说："五年后将不再有网络公司，因为所有公司都将是网络公司。"其实，传统营销和网络营销之间也并没有严格的界限，网络营销理论也不可能脱离传统营销理论基础，营销理论本身也无所谓新旧之分，理论用以指导实践，只要是有效的，就是正确的。

尽管网络企业和传统企业同样需要网络营销，但由于经营环境的差异，网络营销的方法也有一定差别。相对来说，传统企业的网络营销方式简单一些，一些电子商务公司特有的营销手段在传统企业中可能并不适用。对于传统企业来说，彻底的网络化还需要一个过程，网络营销是一种辅助性的营销策略，也是一个全新的领域，建立网站、网址推广、利用网站宣传自己的产品和服务等都是网络营销的内容，网站提供了一个了解企业的窗口，在初级阶段，网站形象与企业形象之间可能并不完全一致，因为在企业网站建立前，企业的供应商、合作伙伴、顾客等对企业已经有了一定的认识，企业的品牌形象在建立企业网站前就已经确立了。与传统企业不同，网站代表着纯网络公司的基本形象，人们认识一个网络公司通常是从网站开始的，因而网站的形象在一定程度上代表着企业形象，在许多人的心目中，网站就是一个网络公司的核心内容。因此，对于网络企业来说，网站的品牌形象对于企业经营远比传统企业的网站重要，网络营销也就显得更加重要。

依托互联网的环境和优越特性而产生的网络营销作为一种新的营销理念和策略，与传统营销相比有许多独有的特性与优势，并对企业的传统经营方式形成了巨大的冲击。网络营销的蓬勃发展使越来越多的企业运用网络营销进行促销活动，但由于种种原因，网络营销并不可能完全取代传统营销。事实上，网络营销和传统营销将相互影响、相互补充和相互促进，直到将来最后实现内在的融合。网络营销不可能完全取代传统营销的原因有：① 目前，在互联网上的电子商务市场仅仅是整个市场的一部分，从电子商务市场的交易额来看，还仅仅是整个市场的一小部分。② 作为网上新兴的虚拟市场，它所覆盖的消费群体仅仅是整个市场中的某一部分群体，其他群体，如老人和贫困地区的群体等还不能或不愿意使用互联网。③ 互联网作为一种有效的营销渠道有着自己的特点和优势，但许多消费者由于个人生活方式的原因不愿意接受或使用新的沟通方式和营销渠道。④ 互联网作为一种有效的沟通方式，虽然可以使企业与用户相互之间方便地直接进行双向沟通，但有些消费者因个人偏好和习惯，仍愿意选择传统方式进行沟通。⑤ 营销活动所面对的是有灵性的人，而互联网只是一种工具，因此传统营销所具有的独特亲和力是无法取代的。

虽然互联网将逐步克服其不足之处，网络营销和传统营销在很长时间里将是一种相互促进和相互补充的关系。因此，企业在进行营销活动时应该根据自己的营销目标和实际情况来整合网络营销和传统营销。在买方市场下，市场竞争日益激烈。依靠传统的营销手段，企业要想在市场中取得竞争优势也越来越难。网络营销的出现彻底改变了原有市场营销理论和实务存在的基础，营销和管理模式也发生了根本的变化。网络营销是企业向消费者提供产品和服务的另一个渠道，为企业提供了一个增强竞争优势，增加盈利的机会。在网络环境下，网络营销较之传统营销，从理论到方法都有了很大的改变。于是，如何处理好网络营销与传统营销的整合，能否比竞争对手更有效地唤起顾客对产品的注意和需要，成为企业开展网络营销能否成功的关键。网络营销与传统营销应该有以下 4 方面的整合：

1. 网络营销中顾客概念的整合

传统营销中的顾客是指与产品购买和消费直接有关的个人或组织，如购买者、中间商、政府机构等。在网络营销中他们仍然是企业最重要的顾客，网络营销面对的顾客与传统营销面对的顾客并没有什么太大的不同。虽然我国目前的网民还具有地域性和年龄性的特点，但这都将随着网络建设的进一步完善及网络资费的进一步降低而增加。据中国互联网络信息中心（CNNIC）报告显示，到 2010 年 6 月底，我国网民数量突破了 4 亿关口，已达到 4.2 亿。因此，企业开展网络营销应进行全方位的、战略性的市场细分和目标定位。

但是，网络社会的最大特点就是信息爆炸。在互联网上，面对全球不计其数的站点，每一个网上消费者只能根据自己的兴趣浏览其中的少数站点。而应用搜索引擎可以大大节省消费者时间和精力，因此，自第一批搜索引擎投入商业运行以来，网络用户急剧上升。面对这种趋势，从事网络营销的企业必须改变原有的顾客概念，应该将搜索引擎当做企业的特殊顾客，因为搜索引擎不是网上直接消费者，却是网上信息最直接的受众，它的选择结果直接决定了网上顾客接受的范围。以网络为媒体的商品信息，只有在被搜索引擎选中的情况下，才有可能传递给网上的顾客。这样，企业在设计广告或发布网上信息时，不仅要研究网上顾客及其行为规律，也要研究网络技术行为，掌握各类引擎的搜索规律。

2. 网络营销中产品概念的整合

市场营销学将产品解释为能够满足某种需求的东西，并认为完整的产品是由核心产品、形式产品和附加产品构成的，即整体的产品概念。网络营销一方面继承了整体产品的概念，另一方面比以前任何时候更加注重和依赖于信息对消费者行为的引导，因而将产品的定义扩大了：产品是提供到市场上引起注意、需要和消费的东西。

网络营销主张以更加细腻的、更加周全的方式为顾客提供更完美的服务和满足，因此，网络营销在扩大产品定义的同时，还进一步细化了整体产品的构成。它用核心产品、一般产品、期望产品、扩大产品和潜在产品五个层次来描述整体产品的构成。核心产品与原来的意义相同。扩大产品与原来的附加产品相同，但还包括区别于其他竞争产品的附加利益和服务。一般产品和期望产品由原来的形式产品细化而来。一般产品指同种产品通常具备的具体形式和特征。期望产品是指符合目标顾客一定期望和偏好的某些特征和属性。潜在产品是指顾客购买产品后可能享受到的超乎顾客现有期望、具有崭新价值的利益或服务，但在购买后的使用过程中，顾客会发现这些利益和服务中总会有一些内容对顾客有较大的吸引力，从而有选择地去享受其中的利益或服务。可见，潜在产品是一种完全意义上的服务创新。

3. 网络营销中营销组合概念的整合

网络营销过程中营销组合概念因产品性质不同而不同。对于知识产品，企业直接在网上完成其经营销售过程。在这种情况下，与传统媒体的市场营销相比市场营销组合发生了很大的变化：① 传统营销组合的 4P 中的 3 个——产品、渠道、促销，由于摆脱了对传统物质载体的依赖，已经完全电子化和非物质化了。因此，就知识产品而言，网络营销中的产品、渠道和促销本身纯粹就是电子化的信息，它们之间的分界线已变得相当模糊，以至于三者不可分。② 价格不再以生产成本为基础，而是以顾客意识到的产品价值来计算。因为传统营销中产品的最终价格是在信息不对称情况下形成的，不稳定的价格往往脱离产品价值。③ 顾客对产品的选择和对价值的估计很大程度上受网上促销的影响，因而网上促销的作用备受重视。④ 由于网上顾客普遍具有高知识、高素质、高收入等特点。因此，网上促销的知识、信息含量比传统促销大大提高。

在网络营销中，市场营销组合本质上是无形的，是知识和信息的特定组合，是人力资源和信息技术综合作用的结果。在网络市场中，企业通过网络市场营销组合，向消费者提供良好的产品和企业形象，获得满意的回报和产生良好的企业影响。

4. 网络营销对企业组织的整合

网络营销带动了企业理念的发展，也相继带动了企业内部网的发展，形成了企业内外部沟通与经营管理均离不开网络作为主要渠道和信息源的局面。销售部门人员的减少，销售组织层级的减少和扁平化，经销代理与门市分店数量的减少，渠道的缩短，虚拟经销商、虚拟门市、虚拟部门等内外组织的盛行，都成为促使企业对于组织进行再造工程的迫切需要。在企业组织再造过程中，销售部门和管理部门将衍生出一个负责网络营销和公司其他部门协调的网络营销管理部门。它区别于传统的营销管理，主要负责解决网上疑问，解答新产品开发以及网上顾客服务等事宜。同时，企业内部网的兴起，将改变企业内部运作方式及员工的素质。在网络营销时代到来之际，形成与之相适应的企业组织形态显得十分重要。

面对网络营销如此迅猛的发展，传统企业可以从以下几个方面应对：

（1）企业应该高度重视网络营销，认识到网络营销对于企业经营、发展的重要意义，尽早行动，采取相应对策。

（2）和网络公司、电子商务公司建立战略、策略联盟，大的公司可以建立自己的网站，小的公司可以与网络公司联盟，在网上安一个"家"，建立自己的网络信息展示、发布渠道，搭上网络营销的快车。

（3）建立消费者数据库。消费者是企业的战略财产，企业必须重视借助网络收集、分析消费者信息，如注册用户的信息，用户反馈的意见、建议，建立并管理消费者数据库，发掘消费者的个性化需求，分析消费者的消费行为、习惯，建立与客户发展长期的私人关系。锁定网上消费者，一方面互联网上的信息不断激增；另一方面消费者的时间有限，企业必须开展吸引消费者上网并且促使他们多次访问和长时间浏览企业网站的营销策略。

（4）强调个性化。为了赢得消费者信赖，企业必须把每个消费者看成是独立的、不同的个体。当今消费者新的购物准则是："要么按我的要求提供产品，要么我就不要" 公司的回答只能是："按他们的要求做，否则就别打扰他们。"

（5）重视差异化营销、直销。利用互联网进行差异化营销，大力开展包括 E-mail 营销在内的直销。

（6）建立快速的顾客回应机制，包括对客户意见和建议、投诉和抱怨的快速回应及快速的物流机制。要最大程度地抓住每一次与客户交流的机遇，尽可能快地提供满足顾客特有的时间和交付要求的服务。

网络营销的产生和发展使营销本身及环境发生了根本的变革，以 Internet 为核心支撑的网络营销正在发展成为现代市场营销的主流。长期从事传统营销的各类企业必须处理好网络营销与传统营销的整合。只有这样，企业才能真正掌握网络营销的真谛，才能利用网络营销为企业赢得竞争优势，扩大市场，取得利润。

2.4　网络营销的理论基础

以传统的营销理论为基础，网络营销依托互联网和网络技术的发展得到了迅猛发展。网络营销首先要求把消费者整合到整个营销过程中，从他们的需求出发开始整个营销过程。网络营销要求企业的分销体系及各利益相关者要更紧密地整合在一起，把企业利益和顾客利益整合到一起。网络营销的理论基础主要是网络整合营销理论、软营销理论、网络关系营销理论、直复营销理论和全球营销理论。

2.4.1　网络整合营销理论

企业在这种经营环境中如果以持续经营为目标，那么以销售量和利润最大化为目标的垄断性经营活动就不可能存在。企业持续发展最重要的是建立并长期维持与各利害关系者间的良好关系。为了达到这一目的，必须在经营活动中最大程度地反映利害关系者的意向和希望。市场理念、广告活动或公共关系活动在成为近代企业经营必不可少条件的过程中，逐渐与经营管理中的要求相一致。这种状况从传播角度来看，它意味着企业经营活动使利害关系者认识和理解企业存在价值和活动领域中的许多内容和方面。

整合营销是以整合企业内外部所有资源为手段，重组再造企业的生产行为与市场行为，充分调动一切积极因素，以实现企业目标的、全面的、一致化营销，简言之，就是一体化营销。整合营销主张把一切企业活动，如采购、生产、外联、公关、产品开发等，不管是企业经营的战略策略、方式方法，还是具体的实际操作，都要进行一体化整合重组，使企业在各个环节上达到高度协调一致，紧密配合，共同进行组合化营销。其基本思路如下：

1. 以整合为中心

整合营销重在整合，从而打破了以往仅仅以消费者为中心或以竞争为中心的营销模式，而着重企业所有资源的综合利用，实现企业的高度一体化营销。其主要用于营销的手段就是整合，包括企业内部的整合、企业外部的整合及企业内外部的整合等。整合营销的整合既包括企业营销过程、营销方式以及营销管理等方面的整合，也包括对企业内外的商流、物流及信息流的整合。总之，整合、一体化、一致化是整合营销最为基本的思路。

2. 讲求系统化管理

区别于生产管理时代的企业管理，那种将注意力主要集中在生产环节和组织职能上，以及混合管理时代那种基本上以职能管理为主体，各个单项管理集合的离散型管理，整合营销时代的企业所面对的竞争环境复杂多变，因而只有整体配置企业所有资源，企业中各层次、各部门、各岗位以及总公司、子公司、产品供应商与经销商及相关合作伙伴协调行动，才能形成竞争优势。所以整合营销所主张的营销管理必然是整合的管理、系统化的管理。

3. 强调协调与统一

整合营销就是要形成一致化营销，形成统一的行动。这就要强调企业营销活动的协调性，不仅仅是企业内部各环节、各部门的协调一致，而且也强调企业与外部环境协调一致，共同努力以实现整合营销，这是整合营销与传统营销模式的一个重要区别。

4. 注重规模化与现代化

整合营销是以当代及未来社会经济为背景的企业营销新模式，因而十分注重企业的规模化与现代化经营。规模化不仅能使企业获得规模经济效益，而且也为企业有效地实施整合营销提供了客观条件。与此同时，整合营销依赖于现代科学技术、现代化的管理手段，现代化可为企业实施整合营销提供效益保障。

互联网的发展已经进入了新的阶段，占主导地位的是营销者的广告、销售信息等与网络技术的结合，并且消费者利用并控制网络技术为企业的销售目标服务，运用网络技术来获取企业在经营管理上的巨大成功。

2.4.2 软营销理论

软营销理论是相对强势营销而言的。该理论认为顾客在购买产品时，不仅满足基本的生理需要，还满足高层次的精神和心理需求。因此，软营销的一个主要特征是对网络礼仪的遵循，通过对网络礼仪的巧妙运用获得希望的营销效果。网络软营销理论实际上是针对工业经济时代的大规模生产为主要特征的强势营销而提出的新理论，它强调企业在进行市场营销活动时必须尊重消费者的感受和体验，让消费者乐意地主动接受企业的营销活动。

传统营销活动中最能体现强势营销特征的是两种促销手段：传统广告和人员推销。在传统广告中，消费者常常是被迫的、被动的接收广告信息的轰炸，它的目标是通过不断的信息灌输方式在消费者心中留下深刻的印象，至于消费者是否愿意接收、是否需要则不考虑。在人员推销中，推销人员根本不考虑被推销者是否愿意和需要，只是根据推销人员自己的判断强行展开推销活动。

由于互联网的信息交流是自由、平等、开放和交互的，它强调的是相互尊重和沟通，网上使用者比较注重个人体验和隐私保护。因此，企业采用传统的强势营销手段在互联网上展开营销活动势必适得其反。网络社区和网络礼仪是网络营销理论中所特有的两个重要基本概念，是实施网络软营销的基本出发点。

网络社区是指那些具有相同兴趣、目的，经常相互交流，互利互惠，能给每个成员以安全感和身份意识等特征的互联网上的单位或个人所组成的团体。网络社区也是一个互利互惠的组织。在互联网上，今天你为一个陌生人解答了一个问题，明天他也许能为你回答另外一个问题，即使你没有这种功利性的想法，仅怀一颗热心去帮助别人也会得到回报。由于你经常在网上帮助别人解决问题，会逐渐为其他成员所知而成为网上名人，有些企业也许会因此而雇用你。另外，网络社区成员之间的了解是靠他人发送信息的内容，而不像现实社会中两人的交往。如果你要想隐藏你自己，就没人会知道你是谁、在哪里，这就增加了你在网上交流的安全感，因此在网络社区这个公共论坛上，人们会就一些有关个人隐私或他人公司的一些平时难以直接询问的问题而展开讨论。基于网络社区的特点，不少敏锐的营销人员已在利用这种普遍存在的网络社区的紧密关系，使之成为企业利益来源的一部分。

网络礼仪是互联网自诞生以来逐步形成并不断完善的一套良好、不成文的网络行为规范，如不使用电子公告牌 BBS 张贴私人的电子邮件，不进行喧哗的销售活动，不在网上随意传递带有欺骗性质的邮件等。网络礼仪是网上一切行为都必须遵守的准则。

2.4.3　直复营销理论

直复营销理论是 20 世纪 80 年代引人注目的一个概念。美国直复营销协会对其所下的定义是："一种为了在任何地方产生可度量的反应和（或）达成交易所使用的一种或多种广告媒体的相互作用的市场营销体系。"直复营销理论的关键在于它说明网络营销是可测试的、可度量的、可评价的，这就从根本上解决了传统营销效果评价的困难性，为更科学的营销决策提供了可能。网络作为一种交互式双向沟通的渠道和媒体，它可以很方便地为企业与顾客之间架起桥梁，顾客可以直接通过网络订货和付款，企业可以通过网络接收订单，安排生产，直接将产品发给顾客。基于互联网的直复营销更加符合直复营销的理念，这表现在 4 个方面：

（1）直复营销作为一种相互作用的体系，特别强调直复营销者与目标顾客之间的双向信息交流，以克服传统市场营销中的单向信息交流方式的营销者与顾客之间无法沟通的致命弱点。互联网作为开放、自由的双向式信息沟通网络，企业与顾客之间可以实现直接一对一的信息交流和直接沟通，企业可以根据目标顾客的需求进行生产和营销决策，在最大程度满足顾客需求的同时，提高营销决策的效率和效果。

（2）直复营销活动的关键是为每个目标顾客提供直接向营销人员反应的渠道，企业可以凭借顾客反应找出不足，为下一次直复营销活动做好准备。互联网的方便、快捷使顾客可以方便地直接向企业提出建议和购买需求，也可以直接获取售后服务。企业可以从顾客的建议、需求和要求的服务中找出企业的不足，按照顾客的需求进行经营管理，减少营销费用。

（3）直复营销活动强调在任何时间、任何地点都可以实现企业与顾客的信息双向交流。互联网的全球性和持续性，使顾客可以在任何时间、任何地点直接向企业提出要求和反映问题，企业可以利用互联网实现低成本的跨越空间和突破时间限制与顾客的双向交流，这是因为利用互联网可以自动的全天候提供网上信息沟通交流工具，顾客可以根据自己的时间安排任意上网获取信息。

（4）直复营销活动最重要的特性是直复营销活动的效果是可测定的。互联网作为最直接的简单沟通工具，可以很方便地为企业与顾客进行交易时提供沟通支持和交易实现平台，通过数据库技术和网络控制技术，企业可以很方便地处理每一个顾客的订单和需求，而不用管顾客的多少、购买量的多少，这是因为互联网的沟通费用和信息处理成本非常低廉。因此，互联网可以实现以最低成本、最大程度地了解和满足顾客需求，细分目标市场，提高营销效率和效果。

网络营销策略的制定可以从产品、价格、渠道和促销 4 个方面来考虑，而直复营销的策略组合也有一个包含广义产品、创意、媒体、频次和客户服务五个要素的框架体系。

网络营销作为一种有效的直复营销策略，具有可测试性、可度量性、可评价性和可控制性。因此，利用网络营销这一特性，可以大大改进营销决策的效率和营销执行的效果。

2.4.4　网络关系营销理论

关系营销理论起源于 20 世纪 70 年代一批北欧学者对服务营销和 B2B 营销的研究，它强调建立、增进和发展同顾客长期持久的关系。关系营销是 1990 年以来受到重视的营销理论，它包括两个基本点：① 在宏观上，认识到市场营销会对范围很广的多个领域产生影响，包括顾客市场、劳动力市场、供应市场、内部市场、相关者市场及影响者市场（政府、金融市场）；在微观上，认识到企业与顾客的关系不断变化，市场营销的核心应从过去简单的一次性的交易关系转变到注重保持长期的关系上来。② 企业是社会经济大系统中的一个子系统，企业的营销目标要受到众多外在因素的影响，企业的营销活动是一个与消费者、竞争者、供应商、分销商、政府机构和社会组织发生相互作用的过程，正确理解这些关系是企业营销的核心，也是企业成败的关键。

关系营销的核心是为顾客提供高度满意的产品和服务价值，通过加强与顾客的联系，提供有效的顾客服务，保持与顾客的长期关系，并在与顾客保持长期关系的基础上开展营销活动，实现企业的营销目标。实施关系营销并不是以损伤企业利益为代价的，根据研究，争取一个新顾客是维持老顾客营销费用的 5 倍多，因此加强与顾客的关系并建立顾客的忠诚度是可以为企业带来长远利益的，它提倡的是企业与顾客双赢策略。互联网作为一种有效的双向沟通渠道，企业与顾客之间可以实现低费用成本的沟通和交流，它为企业与顾客建立长期关系提供有效的保障。这是因为，首先，利用互联网企业可以直接接收顾客的订单，顾客可以直接提出自己的个性化需求。企业根据顾客的个性化需求利用柔性化的生产技术最大程度满足顾客的需求，为顾客在消费产品和服务时创造更多的价值。企业也可以从顾客的需求中了解市场、细分市场和锁定市场，最大程度降低营销费用，提高对市场的反应速度。其次，利用互联网企业可以更好地为顾客提供服务和与顾客保持联系。互联网不受时间和空间限制的特性能最大程度方便顾客与企业进行沟通，顾客可以借助互联网在最短时间内以简便方式获得企业的服务。同时，通过互联网交易企业可以实现对整个从产品质量、服务质量到交易服务等过程全程质量的控制。

通过互联网，企业还可以实现与相关的企业和组织建立关系，实现双赢发展。互联网作为最廉价的沟通渠道，它能以低廉成本帮助企业与企业的供应商、分销商等建立协作伙伴关系。如 Dell 电脑公司，通过建立电子商务系统和管理信息系统实现与分销商的信息共享，降低库存成本和交易费用，同时密切双方的合作关系。

最后应该注意的是开展网络营销的方法主要分为无网站的网络营销和基于网站的网络营销两种。开展网络营销并非一定要拥有自己的网站，在无网站的条件，企业也可以开展卓有成效的网络营销。无网站的网络营销主要依靠电子邮件营销和虚拟社区营销。基于网站的网络营销是网络营销的主体，它的主要问题是万维网站的规划、建设、维护、推广以及与其他营销方法的整合问题。如果是电子商务型网站，基于网站的网络营销还会涉及产品、价格、渠道和促销等传统营销要考虑的各类问题。此外，与传统营销一样，网络营销活动也可以划分为战略层次、管理层次和运作层次 3 个层次。

2.4.5 全球营销理论

互联网的无处不在，世界则更像一个地球村，随着欧元的正式启用和中国加入 WTO，全球经济一体化开始驶入快车道。全球营销理论试图解决同一方式向全球提供同一产品的成本优势与营销策略按区域差异化的高效率之间的两难境地。基本思想是要确定出向不同地区提供的产品或者服务必须作出哪些调整，并设法将这些必要调整的数量减到最小。全球营销策略具有以下好处：① 企业可以通过产品标准化降低成本。② 产品标准化有助于企业树立统一的品牌形象。③ 消费者也需要企业提供标准化产品或者服务。

全球营销具有一定的适应性，但其理念与网络营销非常接近，应该吸取全球营销理论的思想精髓来发展网络营销。

案例分析：海尔成功的网络营销

海尔集团是世界第四大白色家电制造商，在全球30多个国家建立了本土化的设计中心、制造基地和贸易公司，全球员工总数超过5万人，已发展成为大规模的跨国企业集团，2007年海尔集团实现全球营业额1180亿元。在首席执行官张瑞敏确立的名牌战略指导下，海尔集团先后实施名牌战略、多元化战略和国际化战略，2005年底，海尔进入第四个战略阶段——全球化品牌战略阶段。创业24年的拼搏努力，使海尔品牌在世界范围的美誉度大幅提升。2007年，海尔品牌价值高达786亿元，自2002年以来，海尔品牌价值连续六年蝉联中国最有价值品牌榜首。海尔品牌旗下冰箱、空调、洗衣机、电视机、热水器、电脑、手机、家居集成等19个产品被评为中国名牌，其中，海尔冰箱、洗衣机还被国家质检总局评为首批中国世界名牌。2005年8月，海尔被英国《金融时报》评为"中国十大世界级品牌"之首。2006年，在《亚洲华尔街日报》组织评选的"亚洲企业200强"中，海尔集团连续四年荣登"中国内地企业综合领导力"排行榜榜首。海尔已跻身世界级品牌行列，其影响力正随着全球市场的扩张而快速上升。

2008年，海尔实施全球化品牌战略进入第三年，随着全球化和信息化突飞猛进，海尔开始了信息化流程再造。海尔通过从目标到目标、从用户到用户的端到端的流程，打造卓越运营的商业模式。海尔的信息化革命，意味着"新顾客时代"的开始。海尔通过流程机制的建立和卓越商业模式的打造，创造和满足全球用户需求。海尔已经启动"创造资源，美誉全球"的企业精神和"人单合一，速决速胜"的工作作风，通过无边界的团队整合全球化的资源，创出中国人自己的世界名牌。海尔集团的网络营销是非常成功的。

1. 网络营销是海尔的必由之路

在网络经济时代，企业如何发展是一个崭新而迫切的问题。1999年达沃斯"世界经济论坛"提出了"企业内部组织适应外部变化，全球知名品牌的建立，网上销售体系的建立"三条原则。2008年的达沃斯会议又提出了人类在新世纪将面临"网络革命和基因革命"的观点，对应于这种新趋势，海尔从1999年4月就开始了"三个方向的转移"。第一是管理方向的转移（从直线职能性组织结构向业务流程再造的市场链转移）；第二是市场方向的转移（从国内市场向国外市场转移）；第三是产业的转移（从制造业向服务业转移）。这些都为海尔开展网络营销奠定了必要的基础。进军网络营销是海尔国际化战略的必由之路，国际化是海尔一个重要发展战略，而网络营销是全球经济一体化的产物，所以必须要进入，而且要进去就得做好，没有回头路。中国企业如果在网上没有拓展，传统业务与网络挂不上钩，在网络经济时代就没有生存权。在由网络搭建的全球市场竞争平台上，企业的优劣势被无情地放大，因为新经济时代下，企业就是在信息高速公路上行驶的车辆，车况好的车，能够在信息高速公路上发挥优势，而破旧的车，即使在高速公路上，也只有被远远抛在后面的结局。

新经济下海尔的特点，从我们对Haier五个字母所赋予的新含义体现出来：

H：Haier and Higher

A：@网络家电

I：Internet and Intranet

E：www. ehaier. com（Haier e-business）

R：Haier 的世界名牌的注册商标（®）

这 5 个字母的新含义涵盖了海尔网络营销的发展口号、产品趋势、网络基础、网络营销平台、品牌优势五大方面。

海尔的网络营销的特色由"两个加速"来概括：首先加速信息的增值：无论何时何地，只要用户点击 www. ehaier. com，海尔可以在瞬间提供一个 E＋T＞T 的惊喜；E 代表电子手段，T 代表传统业务，E＋T＞T 就是传统业务优势加上电子技术手段大于传统业务、强于传统业务。其次是加速与全球用户的零距离，无论何时何地，www. ehaier. com 都会提供在线设计的平台，用户可以实现自我设计的梦想。

2. 海尔与众不同的网络营销模式

（1）三个月增长 10 倍的海尔网络营销，有鲜明个性和特点的垂直门户网站。通过网络营销手段更进一步增强海尔在家电领域的竞争优势，不靠提高服务费来取得赢利，而是以提高在 B2B 的大量交易额和 B2C 的个性化需求方面的创新。2000 年 3 月 10 日，海尔投资成立网络营销有限公司。4 月 18 日海尔网络营销平台开始试运行，6 月正式运营。截至 2000 年 12 月 31 日，B2B 的采购额已达到 77.8 亿元，B2C 的销售额已达到 608 万元。海尔的网络营销为什么魅力四射，用户为什么会有如此大的热情，可以从这样几个例子看出：

例一：我要一台自己的冰箱

青岛用户徐先生是一位艺术家，家里的摆设都非常富有艺术气息，徐先生一直想买台冰箱，他想，要是有一台表面看起来像一件艺术品但又实用的冰箱就好了。徐先生从网上看到"用户定制"模块，随即设计了一款自己的冰箱。他的杰作很快得到了海尔的回音，一周内把货送到。

例二：从网上给亲人送台冰箱

北京消费者吴先生的弟弟下个月结婚，吴先生打算买一台冰箱表达当哥哥的情意。可是弟弟住在市郊，要买大件送上门，还真不太方便。海尔作为国内同行业中第一家做网络营销的信息传来后，吴先生兴冲冲地上网下了一张订单，弟弟在当天就收到了冰箱。弟弟高兴地打来电话说，他们家住 6 楼，又没有电梯，但送货人员却把这么大的冰箱送到了家里，太方便了，今后他买家电也不用跑商场了，就在海尔网站上买！

（2）优化供应链取代本公司的（部分）制造业，变推动销售的模式为拉动销售模式。提高新经济的企业的核心竞争力。海尔网络营销从两个重要的方面促进了新经济模式运作的变化。一是 B2B 的网络营销促使外部供应链取代了自己的部分制造业务，通过 B2B 业务，仅给分供方的成本的降低就收益 8%～12%。二是 B2C 的网络营销促进了企业与消费者持续深化的交流，这种交流全方位提升了企业的品牌价值。

（3）把商家也变成设计师，个性化不会增加成本。海尔网络营销最大的特点就是个性化。2007 年公司内部就提出了与客户零距离，而此前客户的选择余地是有限的，这对厂家有利，现在一上网，用户就能定制他需要的产品，这并不是所有企业都能做到的。要做到与客户之间零距离，不能忽视商家的作用。因为商家最了解客户需要什么样的商品，要与客户之间零距离，就要与商家之间零距离，让商家代替客户来定制产品。B2B2C 模式符合实际情况，也帮海尔培养了一大批产品用户的设计师。

海尔提出的商家、消费者设计商品理念是有选择的，不可能让一个普通的商家或消费者代替专家纯粹从零开始搞设计，这样他们不知从何下手，厂家也难以生产。海尔共有冰箱、空调、洗衣机等58个门类的9200多个基本产品类型，这些基本产品类型就相当于9200多种"素材"，再加上提供的上千种"佐料"——2万多个基本功能模块，这样，经销商和消费者就可在它提供的平台上，有针对性自由地将这些"素材"和"佐料"进行组合，并产生出独具个性的产品。当然，这种B2B模式若只定位在某一地方肯定不行，因为成本太大了，如着眼于全球市场，这样需求就大大增加了，成本也就大大降低了。一般来讲，每一种个性化产品如产量能达到3万台，一个企业就能保证盈亏平衡。海尔的每一种个性化产品的产量都能超过3万台。这成本平摊下来，商家和消费者所得到产品价格的增长是很微小的。

3. 海尔实施网络营销的优势

张瑞敏提出海尔实施网络营销靠"一名两网"的优势："名"是名牌，品牌的知名度和顾客的忠诚度是海尔的显著优势。"两网"是指海尔的销售网络和支付网络。海尔遍布全球的销售、配送、服务网络以及与银行之间的支付网络，解决了网络营销的两大难题。

首先，在产业方向转移方面，海尔已实现了网络化管理、网络化营销、网络化服务和网络化采购，并且依靠海尔的品牌影响力和已有的市场配送、服务网络，为向网络营销过渡奠定了坚实的基础。其次，在管理转移方面，传统企业金字塔式的管理体制绝不适应市场发展的需要，所以在管理机制上把"金字塔"扳倒建立了以市场为目标的新流程，企业的主要目标由过去的利润最大化转向以顾客为中心，以市场为中心。在企业内部，每个人要由过去的对上级负责转变为对市场负责。另外，海尔集团还成立了物流、商流、资金流三个流的推进本部。物流作为"第三利润源泉"直接从国际大公司采购，降低了成本，提高了产品的竞争力；商流通过整合资源降低费用提高了效益；资金流则保证资金流转顺畅。

海尔拥有比较完备的营销系统，在全国大城市有40多个电话服务中心，1万多个营销网点，甚至延伸到6万多个村庄。这就是有些网站对订货的区域有限制而海尔可以在全国范围内实现配送的原因。

4. 海尔网络营销平台的搭建

海尔是第一家进入网络营销业务的国内大型企业，率先推出了网络营销业务平台。这不是为了概念和题材的炒作，而是要进入一体化的世界经济，为此海尔累计投资1亿多元建立了自己的IT支持平台，为网络营销服务。

目前，在集团内部有内部网，有ERP的后台支持体系，有七个工业园区，各地还有工贸公司和工厂，相互之间的信息传递，没有内部网络的支持是不可想象的，各种信息系统（如物料管理系统、分销管理系统、电话中心、C3P系统等）的应用也日益深入。当然，进行网络营销不仅要有各方面的基础准备，还要让经销商和消费者接受，这样才能顺利实现。海尔为经销商、供应商和消费者提供了一个简单、操作性强的网络营销平台，进行了循序渐进式的培训，而且在平台设计的时候就考虑到如何为应用者提供方便和帮助，就连网络营销平台的设计也遵循了以客户为中心的原则。这样海尔才可以和业务伙伴一同发展和成长。

5. 利用信息进行发展

以"一名两网"为基础，与用户保持零距离，快速满足用户的个性化需求，网络时代是信息爆炸的时代，海尔要利用信息进行发展。通过网站，海尔可以收集到大量用户信息和反馈。用户对海尔的信任和忠诚度是海尔最大的财富。目前在海尔的网站上，除了推出产品的在线订购销售功能之外，最大的特色就是有面对用户的四大模块：个性化定制、产品智能导购、新产品在线预定、用户设计建议。这些模块为用户提供了独到的信息服务，并使网站真正成为海尔与用户保持零距离的平台。

6. 利用网络发挥海尔的优势，减低成本和培植新的经济增长点

海尔将利用网络系统，进一步优化分供方。如果上网，就可以加快这种优化的速度。一个小螺丝钉到底世界上谁生产最好，一上网马上就会知道。这不仅仅是简单的价格降低，关键是找到了最好的分供方。正是这种交流，海尔在短时间内建立了两个国际工业园，引进了国际上最好的分供方到青岛建厂，为海尔配套生产。

问题：

（1）从海尔集团成功实施网络营销的案例中我们能得到什么启示？

（2）中小企业如何借鉴大型企业网络营销的成功经验来实施自己的网络营销方案？

2.5 习题

1. 网络营销的产生三大基础有：Internet 的发展、_____和_____。

2. 网络营销定义的五要素包括：过程_____、_____、_____、_____。

3. 网络营销的 7 个特点有：跨时空与交互性、多媒体与人性化、_____、_____、_____、高效性与经济性、_____。

4. 网络营销与传统营销的整合包括：顾客概念的整合、_____、_____、_____。

5. 简述网络营销的基本概念及发展基础。

6. 简述网络营销的内容。

7. 简要比较传统营销和网络营销。

8. 简述网络营销的基础营销理论。

第2部分 网络营销赖以进行的基础设施

第3章 网络营销环境及因素分析

本章重要内容提示：

本章首先简单介绍网络营销的优势和劣势，发挥优势、避免劣势的基础是掌握好网络营销的环境；其次重点介绍了网络营销的外部环境、内部环境及其影响因素。

3.1 网络营销的优势与劣势

各种物质资源对社会经济发展起着极其重要的作用。西方经济学的生产要素是理论上把土地、劳动、资本、企业家才能等四种要素列为研究对象，研究重点着眼于有形物质资源。然而，在网络时代，作为一种新兴、无形、可再生和加工利用的重要资源，信息已经广泛地应用于当今社会并受到企业的高度重视。企业对这种资源的收集能力和把握情况将直接影响着企业对市场营销环境的适应水平和敏感程度。网络时代的重要标志是知识经济的出现，它是继农业时代、工业时代之后人类社会发展的新阶段。这一特殊时代客观上决定了知识更新与行为创新是今后相当长一个时期企业经营战略管理的重中之重。企业不断地创新是应对市场环境变化的最佳方法，企业营销只有不断变革与创新才能使企业适应知识经济时代市场环境的变化。虚拟社区、虚拟市场、虚拟企业、虚拟经济的出现应当说是网络时代最重要的一个特征，这使人类传统社会活动形态和经济活动方式跨入了一个崭新的世纪。虚拟市场的出现为买卖双方提供了一种前所未有的、特殊的、高效率的商业社区。互联网广泛应用之后，许多公司纷纷建立自己的网站，并通过它与自己的商业伙伴或消费者直接进行接触和洽谈业务。因此，企业不再是一个实体或一个地点，公司的业务活动可以随时随地通过简单操作完成。总之，虚拟概念的出现扩展了企业营销的空间，企业接受和应用这些新生事物的基本态度和基本方法决定了谁将成为网络时代企业市场营销的弄潮儿。计算机信息技术、互联网及相关技术使企业生产经营活动电子化、虚拟化、数字化，其结果是企业生产经营活动的效率大大提高，成本大幅度降低。

企业生产经营活动的信息化、自动化、虚拟市场的产生与迅速膨胀，网络在线交易品种和数量的增长，数字化产品的出现和普及，政府电子政务平台的建立与网上业务的开展，数字货币的出现与电子支付方式的普遍采用等，无不展现着社会生产、经营、消费方式的变化。随着科学技术的迅猛发展，电脑已进入了千家万户，图形界面让人们远离了枯燥乏味的指令，Internet带来丰富的信息资源吸引着人们在网上遨游，网吧的兴起无疑让上网成为一种时尚并走入人们的日常生活。网络的普及是一种必然趋势，许多商家盯上了这块沃土，把营销做到了网上，于是出现了网上书店、网上花店、网上礼品店等，其市场潜力巨大。

3.1.1　网络营销的优势

与传统的营销手段相比，网络营销无疑具有许多明显的优势。

1．有利于取得未来的竞争优势

利用互联网从事市场营销活动可以进入过去靠人进行销售所不能达到的市场。网络营销可以为企业创造更多新的市场机会，获得更多的竞争优势。网络营销可以突破地理分割，企业很轻松地将市场拓展到世界任何一个地方，网络营销成为企业新的营销渠道，可以吸引到那些在传统营销渠道中无法吸引的客户，此外，还可以创造新市场并进一步进行细分和深化市场，这些优势都是传统营销所不能比拟的，企业抓住了这些优势就等于抓住了未来的竞争优势。中国的许多家庭购买计算机都为了供孩子学习，使他们能跟上时代的脚步，而好奇心极强的孩子大都对计算机甚为着迷，如果能抓住他们的心，十几年以后，当他们成长为消费者时，早先为他们所熟知的产品无疑会成为他们的首选，也就是说，抓住了现在的孩子，也就抓住了未来的消费主力，也就能顺利占领未来的市场。从长远来看，网络营销能带给企业长期的利益，在不知不觉中培养一批忠实顾客。这将给企业带来巨大的竞争优势。

2．决策的便利性、自主性

现在人们生活在信息充斥的社会中，无论是报纸、杂志、广播，还是电视，无不充满着广告，而最让人痛恨的莫过于精彩的电视剧中也被见缝插针地安进了广告，让人们躲都躲不开，不得不被动地接受各种信息，在这种情况下，广告的记忆率之低也就可想而知了。于是，商家感慨广告难做，消费者抱怨广告无处不在，而好广告则太少。网络营销则全然不同，人们不必面对广告的轰炸，人们只需根据自己的喜欢或需要去选择相应的信息，如厂家、产品等，然后进行比较，作出购买决定。这种轻松自在的选择不必受时间、地点的限制，24 小时皆可进行，浏览的信息可以是国内外任何企业的信息，不用一家家商场来回跑比较质量、价格，更不必面对售货员的"热情"推销，完全由自己做主，只需操作鼠标而已，这样的灵活、快捷与方便是实体商场购物无法比拟的，尤其受到许多没有时间或不喜欢逛商场人士的喜爱。

3．成本优势

在网上发布信息代价较小，可将产品直接向消费者推销，减少分销环节，发布的信息谁都可以自由索取，可拓宽销售范围，这样可以节省促销费用，降低成本，使产品具有价格竞争力。前来访问的大多是对此类产品感兴趣的顾客，受众准确，避免了许多无用的信息传递。还可根据订货情况来调整库存量，降低库存费用。如网上书店，其书目可按通常的分类，分为社科类、文学类、外文类、计算机类等，还可按出版社、作者、国别等来进行索引，以方便读者的查找，还可以辟出专栏介绍新书及内容简介，且信息的更新也很及时、方便，以较低的场地费、库存费提供更多更新的图书，来争取客源。

4．良好的沟通

可以制作调查表来收集顾客的意见，让顾客参与产品的设计、开发、生产，使生产真正做到以顾客为中心，从各方面满足顾客的需要，避免不必要的浪费。而顾客对参与设计的产品会倍加喜爱，如同是自己生产的一样。商家可设立专人解答疑问，帮助消费者了解有关产品的信息，使沟通人性化、个别化。如汽车生产厂家可提供各式各样的发动机、方向盘、车身颜色等供顾客挑选，然后在电脑上试安装，使顾客能看到成型的汽车并加以调整，从而汽车也可大量定制，商家也可由此得知顾客的兴趣、爱好，进行新产品的开发。

5. 优化服务

人们最怕遇到两种售货员：一种是冷若冰霜，让人不敢买；另一种是热情似火，让人被迫买，虽推销成功，顾客却心中留怨。网络营销的一对一服务，却留给顾客更多自由考虑的空间，避免冲动购物，可以更多地比较后再作决定。网上服务是 24 小时的服务，而且更加快捷。例如，一个人买了一台打印机，老是出问题，通过咨询得知是打印程序的问题，他于是找到该公司的站点，下载了打印程序，问题便解决了，该公司也因此节省了一笔费用。不仅是售后服务，在顾客咨询和购买的过程中，商家也可及时地提供服务，帮助顾客完成购买行为。通常售后服务的费用占开发费用的 67%，提供网络服务可降低此项费用。

6. 多媒体效果

网络广告既具有比平面媒体信息承载量大的特点，又具有电视媒体的视听觉效果，可谓图文并茂、声像俱全。而且，广告发布不需印刷，节省纸张，不受时间、版面限制，顾客只要需要就可随时索取。

3.1.2 网络营销的劣势

事物都有两面性，网络营销也是如此。依托于互联网的网络营销有着传统营销无法比拟的优势，但是也有其与生俱来的劣势。

1. 信任感缺失

人们仍然信奉眼见为实的观念，买东西还是要亲眼瞧瞧、亲手摸摸才放心。这也难怪，许多商家信誉不好，虽是承诺多多，却说一套、做一套，让消费者不得不货比三家，只怕买回家的和介绍的不同，虽是麻烦一点，总比退、换货时看人脸色要强。还有那句"本活动之解释权归本公司所有"更让人不得不三思而后行。网上购物，人们看不到实物，没有质感，万一上当怎么办，打官司，费时又费钱，赢了也多是得不偿失，不如买的时候费点事儿省去后顾之忧。网上购物要发展，保证质量是一个重要的方面。

2. 缺乏生趣

网上购物，面对的是冷冰冰、没有感情的机器，它没有商场里优雅舒适的环境氛围，缺乏三五成群逛街的乐趣，也没有精美的商品可供欣赏，有时候逛街的目的不一定非得是购物，它可以是一种休闲和娱乐，是享受。网上购物还存在着试用的不便，消费者没有实地的感受，也没法从推销者的表情上来判断真假，实物总是比图像来得真实和生动，所以对许多人来说，网上购物缺乏足够的吸引力。

3. 技术与安全性问题

我国网络发展水平不高，覆盖率低，截至 2010 年 6 月底，我国互联网普及率为 31.8%。硬件环境的低下、技术人员的不足以及信息管理分析能力的缺乏在很大程度上制约了网络发展。如果通过电子银行或信用卡付款，一旦密码被人截获，消费者损失将会很大，这也是网络购物发展所必须解决的大难题。

4. 价格问题

网上信息的充分，使消费者不必再东奔西走比较价格，只需浏览一下商家的站点即可货比三家，而对商家而言，则易引发价格战，使行业的利润率降低，或是导致两败俱伤。对一些价格存在一定灵活性的产品，如有批量折扣的，在网上不便于讨价还价，可能贻误商机。

5. 广告效果不佳

虽然网络广告具有多媒体的效果，但由于网页上可选择的广告位以及计算机屏幕等限制，其色彩效果不如杂志和电视，声音效果不如电视和广播，创意有很大的局限性。

6. 被动性

网上的信息只有等待顾客上门索取，不能主动出击，只能实现点对点的传播，而且它不具有强制收视的效果，主动权掌握在消费者手中，他们可以选择看与不看，商家无异于在守株待兔。

作为一种全新的营销和沟通的方式，网络营销还有待于完善和发展，相信随着网络技术的发展和 Internet 的普及，网络必将成为除报纸、杂志、广播、电视 4 大媒体之外的第 5 大媒体，成为商家做广告的选择之一。

3.2 网络营销环境概述

营销环境是一个综合的概念，由多个方面的因素组成。环境的变化是绝对的、永恒的。因此，网络营销环境是指对企业的生存和发展产生影响的各种外部条件，即与企业网络营销活动有关联因素的集合。随着社会的发展，特别是网络技术在营销中的运用，使营销环境变得更加复杂。对营销主体而言，虽然环境因素是不可控制的，但它也有一定的规律性，可通过营销环境的分析对其发展趋势和变化进行预测和事先判断。企业营销理念、消费者的需求和行为都在一定经济社会环境中形成并不断变化着。因此，必须分析、把握网络营销环境。

3.2.1 网络营销环境的 5 大要素

互联网络自身构成了一个市场营销的整体环境，它在环境构成上具有 5 大要素。

（1）提供资源：信息是市场营销过程的关键资源，是互联网的血液，通过互联网可以为企业提供各种信息，指导企业的网络营销活动。

（2）全面影响力：环境要与体系内的所有参与者发生作用，而非个体之间的互相作用。每一个上网者都是互联网的一分子，他可以无限制地接触互联网的全部，同时在这一过程中要受到互联网的影响。

（3）动态变化：整体环境在不断变化中发挥其作用和影响，不断更新和变化正是互联网的优势所在。

（4）多因素互相作用：整体环境是由互相联系的多种因素有机组合而成的，涉及企业活动的各因素在互联网上通过网址来实现。

（5）反应机制：环境可以对其主体产生影响，同时，主体的行为也会改造环境。企业可以将自己的信息通过公司网站存储在互联网上，也可以通过互联网上的信息进行决策。

因此，互联网已经不只是传统意义上的电子商务工具，而是成为独立的、新的市场营销环境。而且它以其范围广、可视性强、公平性好、交互性强、能动性强、灵敏度高、易运作等优势给企业市场营销创造了新的发展机遇与挑战。

3.2.2 网络营销环境概述

互联网络作为一种全新的信息沟通与产品销售渠道，其迅猛发展使传统的有形市场发生了根本性的变革，网上销售的企业所面对的顾客群、虚拟市场的空间以及竞争对手与传统市场都有质的不同，企业将在一个全新的营销环境下生存。网络营销的崛起与全球营销环境的新变化也有密切的联系。20世纪90年代以后，营销环境出现了5大新特点。

1. 市场全球化

在这种背景下，各国、各地区的经济联系更加紧密，交易的规模和范围更大。厂商与购买者在时间、空间、质量、价格等方面的背离也更明显。交易中个体的信息搜寻超出了国界，而在全球范围内进行。市场交易规模、范围和环境的改变要求新的交易方式与之适应，网上交易是人们对交易方式选择的结果。

2. 消费者更加强调自我

消费者对自身地位的认识与收入有着直接的关系，在消费者收入较低的情况下，大批量的生产有助于降低成本，使产品廉价实用。随着社会的发展、物质产品的丰富和消费者收入的提高，人们对价格的敏感性降低而更加强调自身的价值，重视个性化。技术的发展，特别是柔性制造系统的应用又使这种个性化消费成为可能。消费个性化要求生产厂家与消费者建立一对一的信息沟通，随时了解消费者的需求变化和差异。新的信息交流工具必须能同时进行大量点对点的信息交流，计算机网络正是满足这一要求的最佳选择。

3. 关系营销理论被众多企业接受

关系营销强调的是厂家与用户之间建立与维持长期的良好关系。由于竞争激烈、需求变化快，争取新的顾客比维持老的顾客困难得多，争取更多的回头客是新时代市场竞争的重要内容。对消费者来说，购物不仅是生理需要，更希望得到尊重与承认，让消费者感到被重视是留住顾客的重要手段。对厂商而言，随时与消费者保持信息交流，让他们感到被厂商关注，自己的意见被厂家重视是有效的营销手段。互联网作为一种即时互动的交流工具，具有这方面的优势。

4. 营销环境更复杂，对信息处理的要求更高

经济的发展使信息量激增，对企业的信息处理与分析预测能力提出了更高的要求。计算机的出现和普及为信息处理提供了高效的手段，处理手段的提高要求信息收集活动的高效率。传统的信息搜集方法不仅范围小、效率低而且不适应计算机处理，计算机的处理功能得不到充分发挥。互联网的使用使这一状况得到改变，从网上收集信息来源更广，传递迅速，更重要的是这些信息都是数字化的信息，便于计算机处理，使得企业能做出更灵活的反应。

5. 社会信息化程度提高

20世纪70年代以来，随着信息技术的发展与普及，社会信息化程度不断提高。在企业中EDI、CAD等技术使计算机在生产和管理的各个领域得到应用；在商业领域，POS系统被广泛采用；在金融领域，金融电子化、数字化已经成为一种趋势；在制造业，柔性制造系统的使用使网上定制成为可能；在家庭，电话、计算机的普及率也不断提高，这些变化都为互联网在市场营销中的应用提供了较为充分的物质基础和社会条件。

在全球营销环境变化的基础上，企业应该分析自己所处的环境，进行高效的营销活动。站在企业网络营销应用的角度，可将网络营销环境分为内部环境和外部环境。研究网络营销环境的目的在于充分认识环境因素对于网络营销活动与效果的影响，从而更好地把握网络营销的本质，为制定有效的网络营销策略提供指导，使企业成功地开展网络营销，提高其核心竞争力。开展网络营销需要一定的外部环境和企业内部条件，外部环境和内部条件构成了网

络营销的基本环境。网络营销的外部环境为开展网络营销提供了一定的社会经济基础，提供了潜在的客户，以及向用户传递营销信息的各种手段和渠道，而内部环境为有效地营造网络经营环境奠定了一定的基础。合理的建设和挖掘企业内部环境的资源，有效地适应、协调和利用各种外部环境的资源，是网络营销得以有效开展的基础。

3.3 网络营销的外部环境

从广义上讲，网络营销的外部环境包括政治环境、法律环境、经济环境、人文与社会环境、科技与教育环境、自然环境。从狭义上讲，网络营销的外部环境是与网络营销有密切关系的环境因素，这些因素包括上网用户的数量及人口特征、上网用户的网络营销行为、上网企业的数量和结构、带宽等基础服务状况、网络营销专业服务市场状况等。外部环境对企业的短期利益可能影响不大，但对企业的长期发展有着很大的影响，因此，企业一定要重视网络营销环境的分析研究。

3.3.1 广义的网络营销外部环境

企业是处在一个无法控制的外部环境中从事业务经营，广义的外部营销环境可以提高企业的营销效果，从而提高企业竞争力。广义的外部营销环境有时也称宏观环境。广义的网络营销环境包括6个方面。

1. 政治法律环境

政治法律环境是指一个国家或地区的政治制度、体制、方针政策、法律法规等方面，包括国家政治体制、政治的稳定性、国际关系、法制体系等。在国家和国际政治法律体系中，相当一部分内容直接或间接地影响着经济和市场，这些因素常常制约影响企业的经营行为，尤其是影响企业的长期投资行为，所以要进行认真的分析和研究。

了解了政治对企业影响的特点，才能对政治环境有更好的认识和分析，政治环境对企业的影响特点是：①直接性，即国家政治环境直接影响着企业的经营状况。②难于预测性。对于企业来说，很难预测国家政治环境的变化趋势。③不可逆转性。政治环境因素一旦影响到企业，就会使企业发生十分迅速和明显的变化，而这一变化企业是驾驭不了的。

政治环境主要分析国内政治环境和国际政治环境。国内政治环境包括政治制度、政党和政党制度、政治性团体、党和国家的方针政策和政治气氛。国际政治环境主要包括国际政治局势、国际关系和目标国的国内政治环境。

法律环境分析的主要因素有：①法律规范，特别是和企业经营密切相关的经济法律法规，如《公司法》、《合同法》、《专利法》、《商标法》、《反不正当竞争法》等。②国家司法执法机关。在我国主要有法院、检察院、公安机关以及各种行政执法机关。与企业关系较为密切的行政执法机关有工商行政管理机关、税务机关、物价机关、计量管理机关、技术质量管理机关、专利机关、环境保护管理机关、政府审计机关。此外，还有一些临时性的行政执法机关，如各级政府的财政、税收、物价检查组织等。③企业的法律意识。企业的法律意识是法律观、法律感和法律思想的总称，是企业对法律制度的认识和评价。企业的法律意识最终都会落实为一定性质的法律行为，并造成一定的行为后果，从而构成每个企业不得不面对的法律环境。④国际法所规定的国际法律环境和目标国的国内法律环境。

2. 经济环境

经济环境是指企业开展网络营销活动所面临的社会经济条件，其运行状况及发展趋势会直接或间接对企业营销活动产生影响。经济环境是广义的网络营销外部环境中最重要的因素，也是内部分类最多、具体因素最多并对市场具有广泛和直接影响的环境内容。经济环境不仅包括经济体制、经济增长、经济周期与发展阶段及经济政策体系等宏观内容，也包括收入水平、市场价格、利率、汇率、税收等经济参数和政府调节趋向等具体内容。人均国内生产总值和个人收入的提高有利于网络消费的普及，我国网民数量世界排名第一，并且实行网络营销是与国际化接轨的。随着消费者收入水平的提高，大多数消费者具备了上网的条件，也为消费者接受和使用网络营销服务奠定了基础。随着市场经济的高速发展，越来越多的企业开始利用互联网开展营销，这极大地促进了在线营销业务的繁荣，造就了日趋丰富的网络营销环境。金融市场的电子化趋势、网络银行业务的发展、虚拟货币的产生都对网络营销的发展起了很大的作用。WTO 打开了中国 13 亿多人口的市场，一大批外国网络公司以收购、兼并或直接投资等方法进入中国市场，极大吸引了全球各类网络营销企业进入中国，越来越多具有全球战略眼光的中国企业将利用网络推销，中国网络营销将百花齐放。

3. 人文与社会环境

一个国家、地区或民族的传统文化和受其影响而长期形成的消费观念、风俗习惯、伦理道德、家庭观念以及开放和国际化带来的现代文化，构成了营销活动的人文与社会环境。企业存在于一定的社会环境中，同时又是社会成员所组成的一个小社会团体，不可避免地受到社会环境的影响和制约。人文与社会环境的内容很丰富，在不同的国家、地区、民族之间差别非常明显。在营销竞争手段向非价值、使用价值型转变的今天，营销企业必须重视人文与社会环境的研究。网络的发展使企业营销活动处于更加复杂的人文与社会环境中，企业必须更加谨慎地对待跨国家、跨民族、跨地区的观念和行为差别等，更加全面地考察人文与环境因素，改善与顾客的关系，使企业的营销活动更有成效。

4. 科技与教育环境

科学技术是社会生产力最新和最活跃的因素，它对经济社会发展的作用日益显著，作为营销环境的一部分，科技环境不仅直接影响企业内部的生产和经营，同时还与其他环境因素相互依赖、相互作用。随着网民数量增加和宽带应用的不断增加，宽带技术已经渗透到网络的各个环节。

科技的基础是教育，因此，科技与教育是客观环境的基本组成部分。在当今世界，企业环境的变化与科学技术的发展有着非常大的关系，特别是在网络营销时期，两者之间的联系更为密切。在信息等高新技术产业中，教育水平的差异是影响需求和用户规模的重要因素，已被提到企业营销环境分析的议事日程上来。

5. 自然环境

自然环境是指一个国家或地区天然的客观环境因素，主要包括自然资源、气候、地形地质、地理位置等。虽然随着科技进步和社会生产力的提高，自然状况对经济和市场的影响整体上是趋于下降的趋势，但自然环境制约经济和市场的内容、形式则在不断变化。

6. 人口

人是企业营销活动直接的、最终的对象，市场是由消费者来构成的。所以在其他条件固定或相同的情况下，人口的规模决定着市场容量和潜力；人口结构影响着消费结构和产品构成；人口组成的家庭、家庭类型及其变化，对消费品市场有明显的影响。在网络环境下，消费者年轻、受教育程度高的特点使人对电子商务的认可和使用，是网络营销成功与否的一个重要因素。

3.3.2　狭义的网络营销外部环境

狭义的网络营销外部环境是与网络营销有着密切关系的环境因素。这些因素包括上网用户数量及人口特征、网民的网络营销行为、上网企业数量和结构、带宽等基础服务状况、网络营销专业服务市场状况等。狭义的网络营销环境与网络营销的关联度更高，此处重点介绍。

1. 上网用户数量及人口特征

从1995年互联网完成商业化以来，利用互联网及内联网、外联网开展网络营销逐渐成为信息时代市场营销的一个热点。据统计，全球电子商务交易总额约为：2002年23000亿美元，2004年58000亿美元，2006年128000亿美元。中国电子商务交易总额为：2007年21700亿元，2008年31000亿元，2009年38000亿元，2010年超过45000亿元。因此，上网用户数量是影响企业网络营销效果的关键因素。网民人数、上网计算机数、域名数、网站数、网络国际出口带宽以及IP地址数等信息可以从整体上反映一个国家的互联网络发展程度与普及程度。

（1）网民人数。

据CNNIC报告显示，中国网民规模呈现持续快速发展的趋势。2008年年底，我国网民数达到2.98亿人，互联网普及率以22.6%的比例首次超过21.9%的全球平均水平。2008年比2007年增长了约9000万人。截至2010年6月底，中国网民规模达到4.2亿人，比2009年底增加3600万人，互联网普及率攀升至31.8%，比2009年底提高了2.9个百分点。2008年12月，全球互联网用户总数突破10亿，中国互联网用户占到了所有用户的大多数，占17.8%，网民规模跃居世界第一，美国和日本分别占16.2%和6%，分列二、三位。越来越多的居民认识到互联网的便捷作用，随着上网设备成本的下降和居民收入水平的提高，互联网正逐步走进千家万户。图3-1说明了2005~2010年中国网民的增长情况和普及率。

图3-1　2005~2010年中国网民规模与普及率

截至2010年6月底，中国互联网普及率达到31.8%，这一普及率略高于目前全球30%的平均普及率，网民仍只占总人口的不到1/3。目前，从全球各地区来看，互联网用户占总人口的比例，欧洲为65%，美国为55%，俄罗斯为46%，亚洲地区为21.9%，非洲地区最低，仅为9.6%，东非最大经济体肯尼亚有600万以上互联网用户，约占总人口的8.4%。[①]从国家来看，排在第1位的是丹麦，因为该国政府在信息及通技术应用上有明确的看法和正确的引导，并创造了良好的政策环境。排在第2位的是瑞典，随后依次是新加坡、芬兰、瑞士和荷兰。美国因政治和政策环境的相对滞后，名次已经滑落到第7位。中国和印度的排名也分别下降了9位和4位，跌到第59位和第44位。[②] 一方面，中国互联网与互联网发达国家还存在较大的发展差距，中国整体经济水平、居民文化水平再上一个台阶，才能够更快地促进中国互联网的发展；另一方面，这种互联网普及状况说明，中国的互联网处在发展的上升阶段，发展潜力较大。

我国互联网迅速发展，网民数量迅速增加，但是其增长率呈现下降的趋势，图3-2为2004～2008年我国互联网用户数量增长率的变化。CNNIC发布的《第26次中国互联网络发展状况统计报告》显示，互联网的普及率增长迅速，如图3-3所示，这为网民增长以及电子商务的发展都奠定很好的基础，也为网络营销的实施做好了准备。该报告还显示，手机上网在中国发展迅速，2010年6月底中国的手机上网网民数已达到27678万人，占网民总数的65.9%，比2009年底增加4334万人。

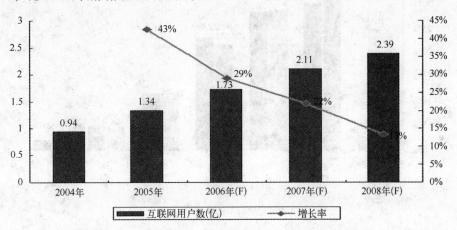

图3-2　2004～2008年我国互联网用户增长率的变化

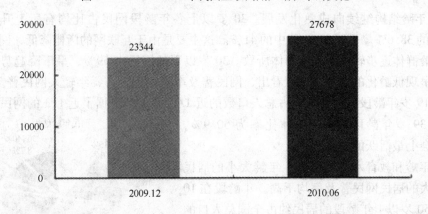

图3-3　2010年上半年与2009年手机上网网民规模对比

① 新华网，2010－10－22。
② 该数据为2009年3月日内瓦的"世界经济"发布的"网络普及度指数"排名。

该报告还显示，2010年6月底，中国宽带网民规模为36381万人，使用计算机上网的群体中宽带普及率已经达到98.1%。台式计算机仍居上网设备首位，占73.6%，手机上网占比攀升至65.9%，笔记本电脑上网的比例达到36.8%，20%网民上网设备多样化程度加深，笔记本电脑和手机已经成为网民的重要选择，分别有30%以上的网民使用这两种设备上网。2008年以来，台式计算机的使用比例在下降，笔记本计算机和手机的使用比例在上升。网民使用上网设备的复合比例从2007年12月的144.7%上升到2008年7月的147.1%，网民对上网设备的选择趋于多样化。

　　（2）网民结构特征分析。

　　① 年轻网民依然是中国网民的主力军。调查结果显示，2010年上半年，我国网民中10～19岁的年轻人所占比例最高，达到29.9%；其次是20～29岁的网民（28.1%）和30～39岁的网民（22.8%）；40岁以上的网民所占比例都比较低，40～49岁的占11.3%，50～59岁的占4.9%，60岁以上的占2.0%；10岁以下的最低，占1.1%，如图3-4所示。

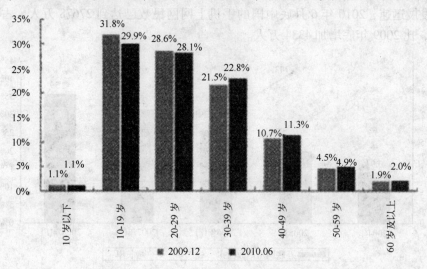

图3-4　2010年上半年我国网民年龄结构变化

　　网民年龄结构继续向成熟化发展。30岁以上各年龄段网民占比均有所上升，整体从2009年底的38.6%攀升至2010年中的41%。这主要是由于互联网的门槛降低，网络渗透的重点从低龄群体逐步转向中高龄群体所致。30岁以下的网民占59%，呈下降趋势，网民在结构上仍呈现低龄化的态势。可以看出，网民普及率呈偏态分布，年轻人网民普及率偏高。尤其10～19岁年龄段的人，他们占总人口数的近1/10，但却占据了近1/3的网民份额。其次是20～39岁年龄段的人，整体比率为50.9%，他们是社会上最活跃的人群。

　　由于年龄和教育水平的限制，年龄太小的居民和年龄太大的居民网民普及率均不高。年龄段在10岁以下和50岁以上年龄段的居民约占全国总人口的40%，这部分人显著拉低了我国的网民普及率水平。如图3-5所示，随着占人口近1/3的18岁以下人群的渐渐长大和互联网的普及，我国网民人数将

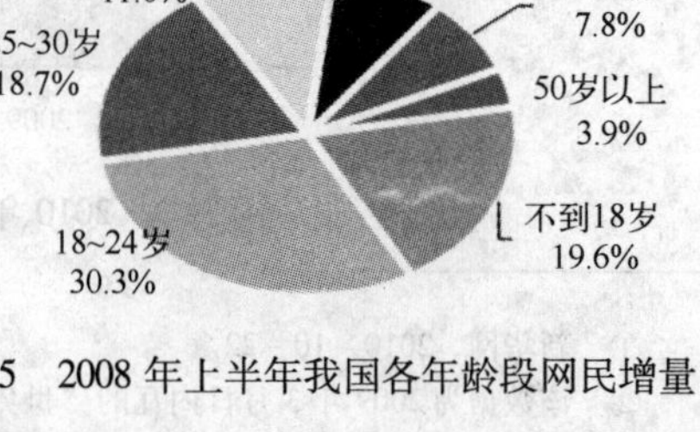

图3-5　2008年上半年我国各年龄段网民增量

呈现持续增长趋势。

从上述网民增量分布情况可以推断，以年轻人为消费主体的电脑产品、消费数码类产品、食品、饮料等快速消费品以及音像制品、游戏休闲产品等均适合于网上推广。

② 中国网民逐渐走向性别均衡。调查结果显示，截至2010年6月底，我国网民男女性别比例为54.8∶45.2，男性群体占比高出女性近10个百分点，女性互联网普及程度相对较低，如图3-6所示。从发展趋势来看，受中国整体居民性别比例影响，中国网民逐渐走向性别均衡。男女性互联网普及率均在上升，女性互联网普及率上升略快，女性互联网普及率的上升对网络营销具有很大的意义。

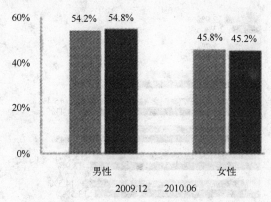

图3-6　2010年上半年我国网民性别结构比较

③ 学历和收入与网民的普及率和增长率成正比。调查结果显示，网民学历结构呈低端化变动趋势。截至2010年6月底，初中和小学以下学历网民分别占到整体网民的27.5%和9.2%，增速超过整体网民；高中学历网民占比最大，为40.1%，略有下降；大专及以上学历网民占比继续降低，下降至23.3%，如图3-7所示。随着网民规模的逐渐扩大，网民的学历结构正逐渐向中国总人口的学历结构靠拢，这是互联网大众化的表现。高中和初中学历的网民总占比为67.6%，他们对互联网以及新生事物具有极大的推动，在步入成年后将是网络营销的主力军。

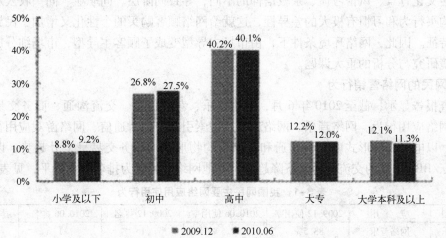

图3-7　2010年上半年网民学历结构变化

调查结果显示，互联网进一步向低收入者覆盖。与 2009 年底相比，个人月收入在 500 元以下的网民占比从 18% 上升到 20.5%；月收入在 1501～2000 元和 3001～5000 元的网民群体占比也有所上升；无收入群体网民占比有所下降。个人月收入在 500 元以下的网民占比最高；其次是月收入为 501～5000 元的各段网民，比例都在 10% 以上；个人月收入在 5000 元以上的网民占比较小。网民月收入结构如图 3-8 所示。收入影响网民增长速度，收入越高，增长速度越快。虽然低收入网民仍然占据主体，但其原因是学生网民普及率比较高，他们在步入社会后，学历高、收入高的网民普及率将会在短期内有很大提高。

由学历和收入结构的分析可见，网络营销的发展潜力非常巨大。

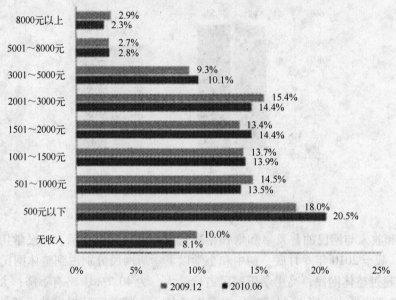

图 3-8 我国网民的月收入结构变化

④ 地域和民族性特征。因为互联网突破了空间和地域的界限，企业面对的是不同国家、地区和民族的网络顾客。不同国家或地区的政治环境、经济条件、技术发展水平、法律制度、社会文化背景、风俗习惯、宗教信仰的不同，导致同阶层、同职业、同一收入水平网络顾客的购买行为和习惯有极大的差异性，这就给网络顾客购买的个性化又增加了民族性、地域性的特征。因此，网络环境条件下，由市场主导型变成了顾客主导型，市场细分成为网络营销环境研究与分析的重大课题。

2. 网民的网络营销行为

调查报告显示，截至 2010 年 6 月，网络娱乐、获取信息、交流沟通、商务交易是网民的主要网络应用行为。网络音乐、网络新闻、搜索引擎、即时通信、网络游戏应用行为排在前 5 名，以电子邮件形式的交流沟通和以网络购物形式的商务交易呈上升趋势，以博客应用、论坛/BBS 形式的交流沟通呈下降趋势，其他网络应用行为排名基本持平，见表 3-1。

表 3-1 我国网民主要网络应用使用行为

类　　型	应　　用	2009.12 使用率	2010.06 使用率	2009.12 排名	2010.06 排名	排名变化
网络娱乐	网络音乐	83.5%	82.5%	1	1	→
信息获取	网络新闻	80.1%	78.5%	2	2	→

类　　型	应　　用	2009.12 使用率	2010.06 使用率	2009.12 排名	2010.06 排名	排名变化
信息获取	搜索引擎	73.3%	76.3%	3	3	→
交流沟通	即时通信	70.9%	72.4%	4	4	→
网络娱乐	网络游戏	68.9%	70.5%	5	5	→
网络娱乐	网络视频	62.6%	63.2%	6	6	→
交流沟通	电子邮件	56.8%	56.5%	8	7	↑
交流沟通	博客应用	57.7%	55.1%	7	8	↓
交流沟通	社交网站	45.8%	50.1%	9	9	→
网络娱乐	网络文学	42.3%	44.8%	10	10	→
商务交易	网络购物	28.1%	33.8%	12	11	↑
交流沟通	论坛/BBS	30.5%	31.5%	11	12	↓
商务交易	网上支付	24.5%	30.5%	13	13	→
商务交易	网上银行	24.5%	29.1%	14	14	→
商务交易	网络炒股	14.8%	15.0%	15	15	→
商务交易	旅行预订	7.9%	8.6%	16	16	→

网民 56.11% 的信息来自网上。从获取信息的途径看，70.69% 的上网用户主要从国内获取，10.31% 从国外获取，19% 从国内和国外共同获取。从用户希望在网上获得的信息来看，新闻占 82%，软件信息占 59.08%，金融证券信息占 31.07%，商贸信息占 23.28%。商贸信息比例偏低，说明我国网络营销发展程度不高。

从网民上网经常使用的网络服务调查可以看出，浏览新闻、搜索引擎、收发邮件成为网民最常使用的三大网络服务，三者的使用率均在 60% 以上，领先其他的网络服务 20 个百分点以上，它们构成网民经常使用网络服务的第一阵营。

使用率在 30% ~50% 之间的网络服务构成了网民经常使用的网络服务的第二阵营，主要包括即时通信、论坛、BBS、讨论组、获取信息等，也包括网络游戏。

网上校友录、网上购物、网络聊天室等共同组成了网民经常使用的网络服务的第三阵营，使用率都在 30% 以下。2008 年 6 月比 2007 年 12 月网上购物的比例增加了 2.9%，增加了 1688 万人，这预示着电子商务的增长潜力很大，也预示着网络营销发展速度将会加快。

通过上述对网民上网行为分析，可以推断企业增加在搜索引擎的可见度将会收到良好的网络推广效果。综合网络受众分析可以看出，我国网民具有年轻化，男性网民居多，高收入、高学历阶层普及率高，网民总体收入水平普遍较低的特点。像浏览新闻、获取信息、收发电子邮件等基本的网络应用仍是网民使用最多的服务，另外，网络即时通信、互动交流、休闲娱乐及在线购物等也逐渐成为越来越多网民的上网需求。企业网络营销活动的开展应在充分分析上述因素的基础上进行。

3. 上网企业数量和结构

互联网的发展为企业尤其是中小企业发展提供了时空上的惊人突破，在网络环境下，企业将产品的品牌、式样、规格、性能介绍、包装以及价格制成图文并茂的页面，载入互联网服务器，便能覆盖世界 100 多个国家和地区，让各地客商直接、随时查询企业信息，扩大产品的对外宣传力度。可见，互联网已经成为企业全面走向世界舞台的有力工具。

以互联网、知识经济、高新技术为代表，以满足消费者的需求为核心的新经济迅速发展，给市场带来了新的营销法则：借助互联网、计算机通信和数字交互媒体的威力来实现企业的整体目标。网络的诞生也推动了电子商务、网络经济的飞速发展，网络营销也因此成为企业角逐市场的必备手段，成为企业营销的必然趋势。近年来，我国企业纷纷触网，上网的中小企业数量也大幅度增加，网络营销已获得初步应用。同时，中小企业网络营销的进一步发展既存在着不少障碍，也有营销环境趋于成熟等难得的机遇。

根据对美国和加拿大5000家企业的调查，企业上网除了收集资料、对外联络外，还逐渐开展销售产品与服务、购买产品与服务和为顾客提供服务与支持等活动。企业上网主要有五方面的优势：①降低企业营销成本。企业上网一方面可以降低企业的采购成本，另一方面还可以降低企业的销售成本。②提供适销对路的产品和服务。③扩大销售额。④更好地服务顾客。⑤加强企业与外界的沟通。

一般来说，目前企业的入网形式主要有两种：一种是企业借助一些有影响力、有知名度的网站平台，设置自己的网页，或通过加入这些平台开设的搜索引擎、企业黄页、电子商务系统或发布网络广告等开展各种形式的网络营销活动。这种方式企业投资相对较少，企业更改、发布信息也较方便，只是不直接由企业自己管理而且，企业网上信息传输及浏览要受各种平台存储服务器传输带宽的影响。另一种是企业自己投资购置计算机服务器及网络设备，并通过专线接入互联网。在这种方式下，企业在网上的信息传输可以较少受到地方电信局服务器的传输带宽限制，而且由于企业网页存储在企业自己的服务器上，因此便于更改，可以随时在网上发布最新信息，由自己对网络信息发布及更新、传输进行管理。这种方式投资比较大，一般较大型的企业才有这种实力。

随着互联网的快速发展，中国的电子商务蓬勃发展，庞大的企业用户群体逐渐认识到互联网营销的价值。各类体育赛事营销，如世界杯、奥运会等均带动了网络营销市场。特别是中小企业是中国电子商务发展的主力军，中国有3000多万家的中小企业，随着互联网的普及，以及企业营销的需求有效性和跨区域性需求的增长，庞大的中小企业营销资源将得到撬动，上网中小企业数量大幅度增加。据CNNIC统计，拥有域名和独立站点的企业数量大幅度上升。中国企业上网工程大大促进了中小企业的上网速度，通过各种电子商务平台上网的中小企业的数量迅猛增加。2006年下半年，中国2300万家中小企业上网数量及电子商务应用概况如下：①有自己网站或网页的企业130万~160万家，约占6%~7%。②正在应用电子商务的企业20万~30万家，约占1%。③电子商务运行较佳的企业2万~3万家，约占0.1%。④有网站但不运行电子商务的企业100多万家，约占4.4%。⑤其余企业与互联网不沾边，约占90%。

可以看出中国企业上网的情况还不是很乐观，但其发展势头迅猛。公司在电子商务化过程中，要分析自己产品的生命周期、自己的核心竞争能力，并且清楚自己距离电子商务有多远，这样企业才能很好地电子商务化。不要以为企业电子商务化后能够解决企业的所有问题，一定要有选择地去做。

4. 带宽等基础服务状况

根据互联网基础服务的产业范围显示，现阶段基础服务包括了以域名相关服务、网络空间相关服务、企业基础应用相关服务为主的三大类主体，涉及域名申请、虚拟主机服务、邮局服务、网站托管服务、网络存储服务、企业管理应用托管服务、在线支付、身份认证服务等领域，涉及了网络基础运营的方方面面和各个层次。域名、网络空间、企业基础应用相关服务的发展趋势显示，未来互联网基础服务领域拥有良好的市场前景和潜力，同时，由于市场的相对空白，行业的开拓者将获得良好的市场收益和品牌效益。

5. 网络营销专业服务市场状况

总体来讲，网络专业服务市场发展处于初级阶段，但一些领先的服务商已经形成一定的规模，其提供的服务主要包括8个方面：

① 咨询与规划。帮助客户规划网络营销的目标，分析网络营销的优势、机会和威胁，确定网络营销的主要和次要的目标市场，量身定做客户的网络营销规划。

② 搜索引擎优化。帮助客户面向搜索引擎进行关键词的筛选和确定，确定合适的域名和登录适当的目录，帮助客户在网站设计的开始就进行搜索引擎的优化。

③ 交换链接。帮助客户建立网络战略联盟，创建目标链接群，衡量参与者的链接价值，设计专业的链接页面，并提供详细的跟踪报告。

④ 在线广告。帮助客户确定战略广告的时机，选择合适的在线广告投放媒体，寻求多样的在线广告模式，并设计在线广告的内容，提供周期性的访问报告。

⑤ 邮件营销。帮助客户确定邮件名单的采集方法，确保邮件名单的可用性，帮助客户准时发送营销邮件，并跟踪营销邮件的效力，并避免垃圾邮件的嫌疑。

⑥ 网站规划与建设。帮助客户进行面向网络营销的网站规划，除了在设计中采用传统的网页的审美标准和最新的网站设计技法外，偏重帮助客户建立面向营销的电子商务功能。

⑦ 网站跟踪与分析。提交给客户定期的综合网站访问的报告，综合评价和分析网络营销的效果，并对网站访问报告作详细的营销分析，协助调整网络营销的方向。

⑧ 竞争对手研究。通过软件和网络专家帮助客户收集竞争对手的各种信息，定期提交竞争对手的分析报告，并根据竞争对手的变化调整网络营销的方向。

3.4　网络营销的内部环境

企业营销需要一定的外部环境和企业内部条件，同样，外部环境和内部条件也构成了网络营销的基本环境。从企业内部环境来看，影响网络营销的主要因素主要有广义和狭义两个方面。广义的内部环境因素包括产品特性、财务状况、企业领导人对待网络营销的态度、拥有网络营销人员的状况等；狭义的网络营销内部环境因素包括企业网站的专业水平、对网站推广的方法和力度、对企业拥有和利用状况等。在广义的网络营销内部环境因素对于开展网络营销具备必要支持的情况下，网络营销的实际效果取决于狭义的内部环境因素。

3.4.1　企业的微观环境

网络营销的内部环境不可能单独存在，是与企业的微观环境密切相关的。微观环境由企业及周围的活动者组成，直接影响着企业为顾客服务的能力。它包括企业内部环境、供应者、营销中介、顾客或用户、竞争者等因素。

1. 企业内部环境

企业内部环境包括企业内部各部门的关系及协调合作。它是指市场营销部门之外的部门，如企业最高管理层、财务、研究与开发、采购、生产、销售等部门，与市场营销部门密切配合、协调，构成了企业市场营销的完整过程。市场营销部门根据企业最高决策层规定的任务、目标、战略和政策，做出各项营销决策，并在得到上级领导的批准后执行。研究与开发、采购、生产、销售、财务等部门的相互联系，为生产提供充足的原材料和能源供应，并对企业建立考核和激励机制，协调营销部门与其他各部门的关系，以保证企业营销活动的顺利开展。

2. 供应者

供应者是指向企业及其竞争者提供生产经营所需原料、部件、能源、资金等生产资源的公司或个人。企业与供应者之间既有合作又有竞争，这种关系既受宏观环境影响，又制约着企业的营销活动，企业一定要注意与供应者搞好关系。供应者对企业的营销业务有实质性的影响。

3. 营销中介

营销中介是协调企业促销和分销其产品给最终购买者的公司。它包括中间商，即销售商品的企业如批发商和零售商；代理中间商（经纪人）；服务商，如运输公司、仓库、金融机构等；市场营销机构，如产品代理商、市场营销咨询企业等。

由于网络技术的运用，给传统的经济体系带来巨大的冲击，流通领域的经济行为产生了分化和重构。消费者可以通过网上购物和在线销售自由地选购自己需要的商品，生产者、批发商、零售商和网上销售商都可以建立自己的网站并营销商品，所以一部分商品不再按原来的产业和行业分工进行，也不再遵循传统的商品购进、储存、运销业务的流程运转。网上销售一方面使企业间、行业间的分工模糊化，形成产销合一、批零合一的销售模式；另一方面随着凭订单采购、零库存运营、直接委托送货等新业务方式的出现，服务与网络销售的各种中介机构也应运而生。一般情况下，除了拥有完整分销体系的少数大公司外，营销企业与营销中介组织还是有密切合作与联系的。因为若中介服务能力强，业务分布广泛合理，营销企业对微观环境的适用性和利用能力就强。

4. 顾客或用户

顾客或用户是企业产品销售的市场，是企业直接或最终的营销对象。网络技术的发展极大地消除了企业与顾客之间地理位置的限制，创造了一个让双方更容易接近和交流信息的机制。互联网真正实现了经济全球化、市场一体化。它不仅给企业提供了广阔的市场营销空间，同时也增强了消费者选择商品的广泛性和可比性。顾客可以通过网络得到更多的需求信息，使他的购买行为更加理性化。虽然在营销活动中企业不能控制顾客的购买行为，但它可以通过有效的营销活动给顾客留下良好的印象，处理好与顾客的关系，促进产品的销售。

5. 竞争者

竞争是商品经济活动的必然规律。开展网上营销不可避免地要遇到业务与自己相同或相近的竞争对手，研究对手，取长补短，是克敌制胜的好方法。

（1）竞争对手的类型。

① 愿望竞争者：满足消费者目前各种愿望的竞争者。

② 一般竞争者：以不同的方法满足消费者同一需要的竞争者。

③ 产品形式竞争者：满足消费者某种愿望的同类商品在质量、价格上的竞争者。

④ 品牌竞争者：能满足消费者某种需要的同种产品不同品牌的竞争者。

（2）如何研究竞争对手。

在虚拟空间中研究竞争对手，既可借鉴传统市场中的一些做法，但更应有自己的独特之处。首先要利用全球最好的 8 大导航网查询竞争对手，这 8 大导航网是 yahoo、altavista、infoseek、excite、hotbot、webcrawler、lycos、planetsearch。

研究网上的竞争对手主要从其主页入手，一般来说，竞争对手会将自己的服务、业务和方法等方面的信息展示在主页上。从竞争的角度考虑，应重点考察以下 8 个方面：

① 站在顾客的角度浏览竞争对手网站的所有信息，研究其能否抓住顾客的心理，给浏览者留下好感。

② 研究其网站的设计方式，体会它如何运用屏幕的有限空间展示企业形象和业务信息。

③ 注意网站设计细节方面的东西。

④ 弄清其开展业务的地理区域，以便能从客户清单中判断其实力和业务的好坏。

⑤ 记录其传输速度特别是图形下载的时间，因为速度是网站能否留住客户的关键因素。

⑥ 察看在其站点上是否有别人的图形广告，以此来判断该企业与其他企业的合作关系。

⑦ 对竞争对手的整体实力进行考察，全面考察对手在导航网站、新闻组中宣传网址的力度，研究其选择的类别、使用的介绍文字，特别是图标广告的投放量等。

⑧ 考察竞争对手是开展网上营销需要做的工作，而定期监测对手的动态变化则是一个长期性的任务，要时时把握竞争对手的新动向，在竞争中保持主动地位。

总之，每个企业都需要掌握、了解目标市场上自己的竞争者及其策略，力求扬长避短，发挥优势。

3.4.2 广义的网络营销内部环境

广义的网络营销内部环境因素包括产品特性、财务状况、企业领导人对待网络营销的态度、拥有网络营销人员的状况 4 个方面。

1. 产品特性

无论大小企业都以企业的产品为本，传统的 4P 营销理论就是以此为本的，虽然现在的营销理论转向 4C，但是以产品为本依然不能忘记。一个企业具有与众不同的产品是这个企业在激烈的竞争中取胜的最关键因素。

2. 财务状况

企业财务状况的好坏不仅被企业的每个财务人员所关心，也是投资人、企业管理者、企业的其他利益相关者时刻关心的一件大事。财务管理是企业管理的中心，财务状况的好坏是企业经营好坏的晴雨表。决定企业财务状况好坏的主要因素包括以下 4 点：

（1）企业经营策略。很多专家都强调企业经营战略，如何来编制预算、计划、制定流程，强调尽力提高员工的责任心，但即使是预算、计划定得再完美，员工的责任心再强，要将战略、计划变为实现还得有企业的经营策略。经营策略是完成企业的总体经营目标、经营计划、预算的具体谋略。条条大路通罗马，如何在最短的时间、以最小的费用到达罗马不讲究策略是不行的。企业制定战略、计划、预算仅是企业经营工作的初始，为达到预期目标，还应有一系列具体的经营策略。从财务上说，企业经营策略决定企业的所有财务状况，它既决定企业如何组织生产、如何控制成本、产品如何定价等直接关系到经营业绩的重要策略，也决定企业技术装备和资产周转速度等一系列财务策略。

（2）技术装备状况。企业技术装备的先进程度往往决定着企业产品性能、材料消耗、质量与产品的市场价值。企业技术装备如何与企业财务状况是息息相关的，企业技术装备先进的话，用的人可能就少，单位产品工资费用就低，材料用量也可能就低于同行，材料利用率高，人工成本又少，单位变动成本自然就会低，另外企业技术装备先进，其生产产品一致性、稳定性一般要高于装备差的同行，在同等条件下，产品也可能较易被客户所接受，但技术装备先进，装备投入也就高，同时也带来企业较高的固定成本和较低的固定资产周转速度，这样如果没有足够的生产规模来消化较高的固定成本，单位产品固定成本可能会高于同行，总之，技术装备状况是给企业财务状况带来变化的关键因素。

（3）存货。资金是企业的命根子，资金的使用效率如何，关键在其周转速度，而资金周转速度的快慢，在很大程度上决定了企业财务状况的好坏。无论是工业企业还是商业企业，存货都占用企业大量资金，企业对存货风险偏好、存货的多少、存货周转速度快慢，直接关系到企业资金占用量和资金周转速度，企业经营比较保守，存货量可能就大，缺货成本就可能低些，但存货周转速度肯定就慢；企业经营比较激进，存货量控制的就低，缺货成本就会高些，但存货周转速度会加快，此外，企业对存货态度不但关系到企业资金运用效率的高低，还直接关系到企业的经济效益。

（4）企业的信用控制体系。企业财务状况的好坏，除上面提到的经营策略、技术装备和存货外，另一个重要因素是企业的现金流量，现金流量的重要性不言而喻，企业账面利润不等于现金流，没有足够的现金流，即使有再多的利润，企业也有可能破产。如何在赚得了利润的同时保证企业有足够的现金流，使利润不变成一个空数，关键在于企业的信用控制体系。为保证企业有利润同时也有足够的现金流来维系企业持续经营，只有建设一个完善的信用控制体系，并很好地运用这个体系以压缩企业的应收账款，减少呆坏账的发生，不至于使企业良好的效益都放在别人的皮包里，这是影响企业的财务状况的重要因素之一。

总之，企业经营过程反映到财务上就是一个资金的流动过程，从现金开始流到资产（包括固定资产和流动资产），再到现金，周而复始不断循环，循环的好与坏，是获利还是亏损，是顺畅还是梗阻，其反映的都是企业的财务状况，这是以上四个要素共同作用的结果。

3. 企业领导人对待网络营销的态度

企业领导人的态度是网络营销取得成功的又一关键性因素。企业领导人的积极态度有可能导致网络营销效果事半功倍。此外，对下属的激励也是永恒的课题。企业领导与其他方面的领导相比，激励下属的方式方法有重大差别。激励下属必须注意以下几个方面：

（1）要注意给下属描绘共同的愿景。从基本面来观察，企业的共同愿景主要回答两个方面的问题：一是企业存在的价值；二是企业的共同愿景必须回答员工依存于企业的价值。

（2）要注意用行动去昭示部下。语言的巨人、行动的矮子在现实生活中比比皆是，此种做法乃企业领导之大忌。正如日本东芝总裁士光敏夫所言：部下学习的是上级的行动。对企业领导来说，希望下属做什么时，请拿出自己的示范行为来。

（3）要注意善用影响的方式。影响方式是一种肯定的思维，它肯定人的主观能动性，强调以人为本，承认个性都会有意识地追求自身价值。作为领导者，主要任务就是运用组织的目标与自身的人格魅力去感召他们，启发他们，让下属产生自我感知，迸发工作的原动力，从而产生巨大的行动能量。

（4）要注意授权以后的信任。授权以后不信任下属的突出表现是授权以后再横加干涉，下属觉得无所适从，只好静坐观望，领导反过来又认为下属无主动性，要推动，因而愈加有干涉的理由，下属愈发感到寸步难行，由此形成恶性循环。

（5）要注意公正第一的威力。

（6）要注意沟通的实质性效果。沟通对于领导者来说更具有特殊意义，沟通的过程是争取支持的过程，是汲取智慧的过程，沟通是激励下属最好且最廉价的方式。

4. 拥有网络营销人员的状况

企业的网络营销人员是企业网络营销成功与否最直接、最关键的因素，企业拥有网络营销队伍是非常重要的。好的网络营销人员需要具备以下基本能力：

（1）文字表达及资料收集的能力。把问题说清楚是作为网络营销人员的基本能力。很多网站对用户希望了解的问题其实都是没有说清楚的。收集资料主要有两个方面的价值：一是保存重要的历史资料；二是尽量做到某个重要领域资料的齐全。如果能在自己的工作相关领域收集了大量有价值的资料，那么对于自己卓有成效的工作将是一笔巨大的财富。

（2）了解代码的能力。网络营销与网页制作、数据库应用等常用程序密不可分，网络营销人员不一定能成为编程高手，但是对于一些与网络营销直接相关的基本代码，应该有一定的了解，尤其是 HTML、ASP、JSP 等。即使不会熟练地用代码编写网页文件，也应该了解其基本含义，并且在对网页代码进行分析时可以发现其中的明显错误，这样才能更好地理解和应用网络营销。

（3）网页制作的能力。网页制作本身涉及很多问题，如图片处理、程序开发等，这些问题不可能都包括在网络营销课程中，但是一个网络营销人员对网页设计应该有初步的知识，起码对于网页设计的基本原则和方法有所了解。这些能力在进行网站策划时尤其重要，因为了解网页制作的一些基本问题，才能知道策划的方案是否合理，是否可以实现。

（4）参与交流与总结思考的能力。从本质上来说，网络营销的最主要任务是利用互联网的手段促成营销信息有效传播，而交流本身就是一种有效的信息传播方式，互联网上提供了很多交流的机会，如论坛、博客、专栏文章、邮件列表等。

网络营销现在还没有形成非常完善的理论和方法体系，同时也不可能保持现有理论和方法的长期不变。目前一个很现实的问题是网络营销的理论与实践还没有有效结合起来，已经形成的基本理论也并未在实践中发挥应有的指导作用，因此在网络营销实际工作中，很多时候需要依靠自己对实践中发现问题的思考和总结。

（5）适应变化的能力。由于互联网环境和技术的发展变化很快，如果几个月不上网，可能就已经落伍了，对网络营销学习和应用尤其如此。一本书从出版到读者手中已经两年过去了，然后从学习到毕业后的实际应用可能又需要两年甚至更长的时间，因此一些具体的应用手段会发生很大变化，但网络营销的一般思想并不会随着环境的变化而发生根本的变化。

（6）深入了解网民的能力。中国网民阶层众多，得从最低阶层了解起，且要始终将自己置入广大网民中去了解最新动态和热点。

（7）具备整合的能力。以后的企业内外信息流程必定统一、完整的结合在一起，完美整合才能发挥最大效益。

（8）熟悉企业架构的能力。电子商务部门将成为主流部门，但公司不一定是电子商务公司，所以要了解各个部门和各类公司基本运作。

（9）控制传统媒体的能力。网络营销不是唯一的目的，能完美结合各类媒体，了解其操作方式和推广技巧才能达到最佳效果。

（10）敢于求变及建立品牌的能力。改变始终是电子商务的特点，主动寻求改变才能领先。以后网站的数目不会比网民数目少，要有保持品质、力求特色的能力。

此外，一个好的网络营销人员还应该敏感、细致、踏实、坚韧，并且具有掌握政策、政治尺度的能力。

3.4.3 狭义的网络营销内部环境

狭义的网络营销内部环境因素主要包括两个方面。

1. 企业网站的现状和发展

企业网站是企业开展电子商务和网络营销的基础，网站建设的专业水平直接决定了企业网络营销的效果。根据调查，目前企业网站最严重的问题就是专业水平不高，因此建立企业网站建设指导规范，全面提升企业网站的专业性对网络营销发展具有重要意义。

中国互联网协会网络营销管理指南工作组通过对网络营销服务市场及企业网站专业性的深入研究，并与国内多家著名网络营销服务商进行深入调研和交流，得出的一致结论是：企业互联网应用水平的提高，尤其是企业网站专业性的提高，需要一套系统的、真正具有指导意义和可操作性的企业网站建设规范。

建立企业网站建设指导规范，以专业的网站建设规范从事网站建设服务，已经成为网络营销发展的必然要求，并且将对网络营销服务市场的发展、对企业网络营销应用水平的提高发挥巨大的推动作用。2006 年 5 月 20 日召开的中国互联网协会网络营销指南工作会议上，中国互联网协会发布企业网站建设指导规范，多家知名网络营销服务企业加入到网站规范发起单位行列，共同推动中国网络营销服务的发展。在近期内，推动企业网站建设规范制定和深入应用将是中国互联网协会网络营销指南工作的重要任务之一。

归纳起来，建立企业网站指导规范的意义主要表现在以下几个方面：

（1）对企业客户的价值：让企业网站真正成为有效的网络营销工具，在降低营销成本的同时，通过网站、搜索引擎等渠道获得更多的客户。

（2）对网站用户的价值：方便获得有效的信息和服务，便于选择值得信任的产品或服务提供商。

（3）对网站建设服务商的价值：提升网站建设服务专业水平，树立服务商的专业形象，避免低层次的价格竞争。

（4）对网络营销服务市场发展的价值：专业的企业网站能够提供更加专业的营销服务，使营销服务市场的价值增加。

（5）对网站开发设计人员的价值：遵循具有指导意义的网站规范，从企业营销策略需要角度建设具有网络营销功能的网站，避免重大遗漏，解决企业网站建设长期存在的问题。

（6）对中国网络营销发展的价值：从大的方面可以说，建立并实施网站建设规范对企业网络营销整体水平的发展具有深远意义。

2. 企业网站建设与网络营销

企业进行网站建设与网络营销可以分为 3 个层次：

（1）信息发布层次。在网页上提供关于企业及产品特性的一般信息，让用户可以访问站点、浏览信息。交互性体现在企业提供了信息，而顾客通过主动输入域名、搜索或单击看到了企业网站并浏览其页面信息，这是互联网最初级的交互性。

（2）培养兴趣层次。网页内容与形式设计尽量考虑潜在客户的特征与需求，提供与企业行业、产品相关的各种信息，潜在顾客访问页面后，可以通过点击按钮、搜索信息和发现兴趣点，培养起对产品、公司、服务的进一步兴趣。这一层次的交互性体现在企业向顾客提供相关信息，满足顾客的兴趣需求，以吸引顾客、刺激需求；顾客通过必要的参考信息的支持，更充分地认识企业产品并确认自己的需求。

（3）建立关系层次。企业网站运用各种 Web 交互性技术，使网站访问者可以通过数据库搜索、发送邮件、网上交谈、定购、实时付款、货物派送等方式，与企业建立起有效的商品交易的信息流与物流关系。

不同层次的技术网站对营销效果是不同的，具体有以下几个方面：

① 交互层次的不同，技术上就有层次差异。信息发布层次的交互，要求有基本的网页制作技术和网站宣传手段；培养兴趣层次，要求在网站建设中有效地结合市场调查与网站经营效果分析技术，合理设计网站内容；建立关系层次，不仅要求利用数据库，电子邮件与 BBS、网上实时付款等技术，还要求网站的经营机制制度化。

② 交互层次不同，营销效果也不同。从信息沟通上看，网络营销可以给企业带来四个方面收益：直接、高速、低成本和信息充分，而网站交互层次不同，这些收益大小也就不同。例如，在信息发布层次，网站提供的内容有范围限制，交互性不足，效果也受到限制，如有利于顾客作出决策的信息就可能不足；而在建立关系层次，企业就可以快速响应顾客的问题，提供较充分的信息，强化企业形象。

③ 从实现销售的角度来看，低层次的交互功能只能提供信息上的方便，没有充分减少传统销售方式的整体成本，比如顾客通过网站信息刺激产生购买欲望后，可能会由于要通过汇款或亲自到店铺去的精神成本或时间成本而放弃了这次购买，对于这个企业来说，这个需求被阻碍或被遗失了；而高层次的交互可以立即将顾客的需求转化为购买行为，减少了顾客需求遗失，促进了营销的实现。

国内现有很多上网的企业没有认识到不同交互层次的网上营销对于企业或产品在作用上有差异，建立了网站后效果并不明显，投入没有得到预期的回报。其中，有的网站建立的层次过低，对于产品的营销根本不会有大的影响；有的网站对于交互性所要求的人员、制度保障和资金投入没有正确的估计，也没有正式的计划和预算，结果不能正常运行；有的网站对于相同层次，即使是较低层次上的交互性技术也利用不足，没有达到应有的效果；更多的企业在建立网站时，对于网络特性理解不足，没有对企业建立网站所应达到的交互层次进行必要的研究和咨询，没有完整的营销方案和计划，因此也就没有对未来企业网上营销交互性层次的走向制定较为合理的步骤和时间表，不能有效地利用互联网的交互性。在未来的网络营销发展和研究中应该注意网站的交互性的重要性，使中国的网络营销事业更上一层楼。

案例分析：云南国际探险旅行社

开展网络营销，取信于人至关重要。由于人们对一个公司的初步了解完全来自网站中的信息，要让访问者把钱从键盘上敲到公司的口袋里，就要在信息内容的规划和咨询交流过程中用各种方法让对方信任你，从产品或服务的品质、规格、数量到报价和售后服务等，都要用相应的技术手段尽可能现实地展示出来。也就是在虚拟空间中提供服务要将每个环节都落在实处，即虚拟服务现实化。这里介绍一下云南国际探险旅行社的成功案例。

目前该旅行社几乎所有的客户都来自网上，每个客户每天的消费都在100美金以上，获利颇丰。可以将他们的成功归结为几个方面：①项目本身有特色。②选择互联网作为广告媒体经济、快捷、有效。③清醒地找到了营销环节中真正的关键之处。

一、营销环境分析

从旅行社开展的业务可以看出，云南丰富的探险旅游资源是旅行社销售的服务产品，对外国探险爱好者有足够的吸引力。再看互联网上的虚拟市场，海外，特别是美国有几亿网民，全球加在一起超过10亿人，其中不乏探险爱好者，不乏寻求刺激的旅游度假者，同时很多科学考察项目也对云南情有独钟。凡此种种，证明旅行社的市场主要在海外，而且通过互联网招徕国外客户的营销环境已经完全具备，剩下的就是怎么做的问题了。

二、确定营销环节的重点

服务项目具有特色和吸引力，市场有相应的强大需求，这是定位准确的表现。在此基础上，经营者根据项目本身和互联网虚拟化的特点，着重抓了营销环节中的两个方面：一是导航台上的网址注册；二是取信于客户。把握住这两个环节就可以盘活整盘棋。在导航台注册方面，着重抓的是排位，即当浏览者用诸如 China adventure travel 之类的关键词在导航台上进行检索时，旅行社的网址始终显示在第一屏。这样的网址注册会获得非常好的点击率。来访的人多了，要靠丰富而有质量的信息留住他们，要让他们将这个网址加到 Bookmark 中或者传播给其他人。同时对于萌生咨询念头的要牢牢抓住，怎么抓，先要取信于人。

三、取信于客户

远隔万里不能谋面，不能实地考察，这是网上营销的劣势之一。对此，旅行社从几个方面入手来显示自己的实力与信誉。充分利用网页图文并茂的特点，将公司形象地、全方位地展示给客户。在构造信息空间时，严格遵循全面、客观、真实地反映自己和中国旅游环境的原则，不粉饰，不夸张。努力塑造诚信的企业形象，如旅行路线、潜在危险、饭店软硬件条件、天气、饮食等，事无巨细，只要是旅游者应该知道的信息，几乎都能提供。

对客户的电子邮件咨询快速回答，对所有问题给予翔实的答案。如导游的照片、接机人的照片、旅行用车、卫星电话、紧急救援等，全部落实到细微之处，想客户之所想，急客户之所急。这样就可以打消客户的很多疑虑，获得最大程度的信任。

取信客户最有效的一招是利用旁证。经过一段时间的积累，旅行社已经积累了40多面旅游者所在国的国旗。当新的潜在客户还在犹豫时，旅行社可以给出数十个电子邮件地址，让其自由取证。

从这个案例可以看出，网上营销并不是虚幻的，是看得见摸得着的，也不是高不可攀的。任何人只要用心去思考，路子对，方法正确，抓住要害，都会获得相应的回报。

问题：企业在进行网络营销时应如何把握营销环境？

3.5 习题

1. 企业的微观环境有：企业内部环境、_____、_____、_____、_____。
2. 广义的网络营销内部环境因素包括：_____、_____、_____、_____。
3. 企业进行网站建设与网络营销的 3 个层次有：_____、_____、_____。
4. 简述网络营销的优势和劣势。
5. 简述构成网络营销环境的 5 要素。
6. 影响网络营销的外部环境有哪些？
7. 影响网络营销的内部环境有哪些？

第4章 网络市场调研

本章重要内容提示：

本章以网络市场调研为中心，介绍了它极富时代性的内涵、高速、高效的特征。同时通过对其目的及对象的研究，并运用了不同的调查方法，明确了整个调研的过程及其相关的注意事项。通过对相关案例的剖析，将网络市场调研的优势最直接、最全面的展示出来。

4.1 网络市场调研概述

网络市场调研以互联网为媒介，融合现代技术手段开展网络营销，而且具有成本低、问卷回收率高、调查周期短等优势。因此合理的利用网上调研手段对整个企业的营销策略的制定和调整有着非常重要的指导意义。

4.1.1 网络市场调研的概念

1. 市场调研的概念

企业的全部经营活动都是围绕客户需要来组织的，那么，客户需要什么？企业应当提供什么样的产品或者服务来满足客户需要？在企业满足客户需求的同时，有没有竞争者争夺顾客？在满足客户需要的过程中，企业能否保持较高的盈利性？这些问题都关系到市场营销的许多重要决策，没有可信的信息，管理者就难以制定正确的决策，企业就难以更好地满足客户的需要，而在现实条件下，市场调研往往是获得可靠信息的主要手段。

市场调研是以科学的方法系统地、有目的地收集、整理、分析和研究所有与市场有关的信息，特别是有关消费者的需求、购买动机和购买行为等方面的信息，从而有目的地把握市场发展状况，有针对地制定营销策略，取得良好的营销效果。市场调研对企业来说是必不可少的，它能促使公司生产适销对路的产品，并及时调整营销策略。用菲利普·科特勒的话来说，市场调研就是在公司所面临的特定营销环境下，对有关资料及研究成果进行系统的设计、搜集、分析和报告的活动。

2. 网络市场调研的内涵

互联网作为新兴的信息传播媒体，它的高效、快速、开放是无与伦比的。伴随着这种新的传播方式，产生了一种新的调查方式——网络市场调研。网络市场调研就是利用互联网系统进行营销信息的搜集、整理、分析和研究的调查方式。

与传统的市场调研一样，进行网络市场调研主要是探索以下几个方面的内容：市场的可行性研究、分析不同地区的销售机会、渠道和潜力、影响销售的各种因素、竞争分析、产品研究、企业品牌及文化研究、消费者研究和市场动态变化的分析。

4.1.2 网络市场调研的特征

与传统市场调研相比，网络市场调研作为一种新兴的调研方法，具有很强的优越性。由于 Internet 具有开放性、自由性、平等性、广泛性及直接性等特点，以此为媒介，它可以高速高效地完成调研的目标。网络市场调研与传统市场调研的比较见表4-1。

表4-1　网络市场调研与传统市场调研的比较

	网上市场调研	传统市场调研
调研费用	较低，主要是设计费用和数据处理费用。当样本数量很大时，分摊到每份问卷上的费用几乎为零	昂贵，需要支付的费用包括问卷设计、印刷、发放、回收、聘请和培训访问员、录入调查结果、由专业市场调研公司对问卷进行统计分析等
调查范围	全国乃至全世界	受到成本、调查地区和样本数量的限制
运作速度	很快，只需搭建平台，数据库可自动生成，几天就可能得到有意义的结论	慢，至少需要2~6个月才能得出结论
调查的时效性	全天候进行	对不同的被访问者进行访问的时间不同
被访问者的方便性	非常便利，被访问者可以自行决定时间进行回答	不方便，需要跨越空间障碍，到达访问地点
调查结果的可信度	相对真实可靠	一般有督导对问卷进行审核，措施严格，可信度较高
实用性	适合长期的大样本调查；适合要迅速得出结论的情况	适合面对面的深度访谈

表4-1说明网络市场调研具有6大特性。

1. 及时性和共享性

由于网络的传输速度非常快，网络信息能够迅速传递给网上的任何用户，网上调研是开放的，任何网民都可以参加投票和查看结果，这保证了网络信息的及时性和共享性。另外，网上投票信息经过统计分析软件初步处理后，可以看到阶段性结果，而传统的市场调研得出结论须经过很长的一段时间。如人口抽样调查统计分析需三个月，而 CNNIC 在对 Internet 进行调查时，从设计问卷到实施网上调查和发布统计结果总共只有一个月时间。

2. 便捷性和低费用

网上市场调研可节省传统的市场调研所耗费的大量人力和物力，调查者在企业站点上发出电子调查问卷，网民自愿填写，然后通过统计分析软件对访问者反馈回来的信息进行整理和分析；网上市场调研在收集过程中不需要派出调查人员，不受天气和距离的限制，不需要印刷调查问卷，调查过程中最繁重、最关键的信息收集和录入工作将分布到众多网上用户的终端上完成；网上调查可以无人值守和不间断地接受调查填表，信息检验和信息处理工作均由计算机自动完成。

3. 交互性和充分性

网络的最大优势是交互性。在网上调查时，被访问者可以及时就问卷相关的问题提出自己的看法和建议，可减少因问卷设计不合理而导致的调查结论出现偏差等问题。被访问者可以自由地在网上发表自己的看法，同时没有时间的限制。而传统的市场调研是不可能做到这些的，例如，面谈法中的路上拦截调查，它的调查时间较短，不能超过10分钟，否则被调查者肯定会不耐烦，因而对访问调查员的要求非常高。

4. 调研结果的可靠性和客观性

由于企业站点的访问者一般都对企业产品有一定的兴趣，所以这种基于顾客和潜在顾客的市场调研结果是客观和真实的，当然不排除对奖品感兴趣者，但不会对调研结果产生较大的影响，它在很大程度上反映了消费者的消费心态和市场发展的趋向。

5. 无时空和地域的限制

网上市场调研可以 24 小时全天候进行，这与受区域和时间制约的传统市场调研方式有很大的不同。

6. 可检验性和可控制性

利用 Internet 进行网上调研收集信息，可以有效地对采集信息的质量实施系统的检验和控制；网上市场调查问卷可以附加全面规范的指标解释，有利于消除因对指标理解不清或调查员解释口径不一致而造成的调查偏差；问卷的复核检验由计算机依据设定的检验条件和控制措施自动实施，可以有效地保证对调查问卷的 100% 的复核检验，保证检验与控制的客观公正性；通过对被调查者的身份验证技术可以有效地防止信息采集过程中的舞弊行为。

4.1.3 网络市场调研方向及对象

作为企业制定、调整营销策略的依据，网络市场调研对企业发展有着至关重要的作用，也是现代企业经营活动中必不可少的一个重要环节。我们在进行网络市场调研时，首先要明确调研的目的，才能确定调查对象，进一步选择合适的调查方式，最终达到调查的最佳结果。

1. 网络市场调研的方向

现代企业进行网上市场调研一般有 5 个方向。

（1）识别企业站点的访问者。了解企业站点的访问者是企业需要首先解决的一个问题。访问者的性别、年龄、经济收入、文化层次、爱好等对企业的经营来说都是相当重要的信息资源，只有掌握了这些信息之后，才能展开有针对性的营销活动。

（2）客户/员工满意度调查。一家企业提供的产品或服务在客户心中的位置就是通过客户的满意度与忠诚度来衡量的，而客户正是企业的利润之源，对这一指标进行有效的调查和评估，对企业的日常操作行为与长期策略的制定有着重要意义。

（3）新产品的测试。企业不断推出的新产品、新概念或者新的服务方式是否确实给客户提供了方便，满足了客户的需要？这些产品或者服务是否存在缺陷以及如何改进？顾客心中的理想产品是什么？这些都是需要通过调查才能弄清楚的。在新产品的投放过程中，这种调查报告会使企业在第一时间里得到信息反馈，从而制定应变策略。

（4）价值评价。企业网站在客户甚至于所有网民的心目中有着怎样的形象，是每一个注重效益的企业所必须关注的，而这一点是必须通过网上调查来完成的。网站价值也是网络广告主投放广告的依据之一。因此，对网站价值的评估十分重要。通过调查之后，再对网站进行优化，无疑对促进产品的销售、提高企业的形象有着现实的意义。

（5）竞争对手及行业状况。竞争对手的定价、促销策略对企业来说有着很强的借鉴性，正所谓知己知彼，百战不殆，知道了对手和行业的现状，对于企业更好地制定生产和营销策略有着举足轻重的作用。

2. 网络市场调研的对象

现阶段，我国上网的人群以年轻人为主，45 岁以上的人也占有一定比例，但相对来说不构成网络人群的主力军，在上网的人群当中，以文化层次较高的城市青年为主，他们能更为积极地接受网络调查，而要对其他对象进行调研，比如农民或者中老年，就不太合适。根据调研对象所处的立场，可以将人群细分为 3 类。

（1）企业产品的消费者。产品的消费者尤其是网络产品的消费者，可以通过网上购物的方式来访问企业的站点，通过网络跟踪消费者的行为、了解消费者对产品的意见、对服务的看法将对企业调整营销策略、塑造企业形象进而提高销售量产生积极的作用。

（2）企业的竞争者。通过互联网进入竞争对手的网站，查询面向公众的所有信息，如年度报告、季度报告、公司决策层个人简历、产品信息、公司简讯以及公开招聘职位等信息，通过对这些信息的分析，判断出企业的优势和劣势，以便对营销策略进行调整。

（3）企业的合作者和行业内的中立者。这些企业可能会提供一些极有价值的信息和评估分析报告。

这三类对象在市场调研过程中既应兼顾又应有所侧重。当今市场竞争趋于白热化，对于同行业竞争对手的调查对企业战略制定方面越发起着举足轻重的作用，网络调研为这些信息的获得提供了切实的便利。

4.2 网络市场调研的分类

虽然网络市场调研与传统市场调研在调查介质方面存在较大的差异，但二者在调查分类上还是一致的。与传统的市场调研类似，网上市场调研的内容可大致分为 3 个方面：一是对消费者的调查，包括对商品的满意度以及消费爱好、倾向等项目的调查；二是对企业产品及竞争对手的调查，包括自有产品分析以及竞争企业品牌及其文化的调查；三是对市场客观环境，包括相关政策、法律、法规等内容的调查。

4.2.1 对顾客的网络市场调研

随着市场营销模式的转变，人们正在逐渐走出传统价值链系统的思想误区，市场正在由以供应者为中心的卖方市场向以消费者为中心的买方市场过渡。特别是在电子商务提倡个性化服务的环境下，针对顾客进行的市场调查已经受到越来越多企业的重视，成为企业网上调查的重头戏。

网上直接调查法通过互联网来了解消费者的需求及偏好。在互联网上，调查人员可以向各个私人网站或公众站点发出询问请求，不定时地查看企业的电子邮件信箱，及时收集来自各个方面的反馈信息。

通过互联网了解消费者的偏好，首先要识别消费者的个人特征，如年龄、性别、地址、E-mail 地址、职业等基本信息。在调研的过程中，为避免信息的重复统计，可以在已经统计过的访问者的计算机上放置一个 cookie，它会记录下访问者的编号和个性特征，这样既可以使消费者下次接受调查时不必填写重复的信息，又可以避免重复调查。另外，如果需要对消费者调查一些敏感的信息，应注意使用技巧，如要了解消费者的个人收入情况，可以通过了解其所在地区的邮政编码和他的职业这些不敏感的信息进行，然后根据邮政编码了解当地的收入水平，这样既达到了调查的目的，又不至于引起消费者的反感情绪。

4.2.2 对产品及竞争对手的网络市场调研

对于产品的市场调查一直以来都为企业所重视，产品的质量关系到用户的购买和满意度，并对企业的知名度和信誉度产生直接的影响。传统的市场调查大多局限于对同类产品的信息搜集，以及对顾客使用后的满意度调查。随着营销观念的转变，顾客也可参与到产品的设计、生产过程中来，而不仅仅是被动地接受。因而对产品的网上市场调研应充分突出顾客参与这一宗旨，如在网上进行问卷调查，对新产品进行宣传和新产品概念测试，分析产品的优缺点和市场份额，还可以让用户参与产品的在线设计，对产品的外观、性能等提出自己的要求，如有的汽车公司将汽车的最新款式通过网络展示，并调查用户对性能、颜色等方面的需求，从而决定生产销售以及开发的策略。这与电子商务提出的个性化服务和量身定做是相一致的。

实验法通常用来调查产品的使用情况，即在产品正式投放市场前，先生产一小批产品投放到市场上进行销售试验，测试产品的使用效果，这种方法也称为贝塔测试。目前，在网上进行的产品试用调查，多表现在企业与客户通过 E-mail 进行的交流和意见的反馈。

鉴于网络产品（如软件、游戏等）的日益丰富，生产该类产品的企业可以考虑将其投放到网上进行网上测试。例如，一些软件公司在自己的站点上发布所开发的软件试用版，供用户下载使用，而后通过 E-mail 等手段收集使用后的信息，从而进一步改进性能，为市场提供强有力的依据。

商场如战场。在激烈的市场竞争中，任何企业只有充分地掌握竞争对手的各种信息，才能做到知己知彼，百战不殆。市场追随者要收集的主要是行业领导者和具有成长性补充者的信息；市场挑战者主要收集的是行业领导者的信息；市场补充者由于力量较弱，不可能直接参与对抗竞争，利用互联网往往是搜集被市场领导者和挑战者所忽视的或者不重视的信息，从中寻找市场机会。在互联网上搜集竞争者信息的途径主要有：

（1）访问竞争者的网站。注意竞争者网站中有哪些是值得借鉴的，有什么疏漏或错误应该避免，竞争者是否做过类似的市场调研等。一般来说，领导型企业由于竞争需要都设立网站，如我国的海尔、联想、华为等大型企业，这正是市场挑战者及追随者获取竞争者信息的最好途径。

（2）收集竞争者网上发布的各种信息，如产品信息、促销信息、电子出版物等。

（3）收集其他网上媒体摘取的竞争者的信息。如通过政府机关网站（如统计局、发改委、知识产权局等）、网上电子版报纸（如《人民日报》、《中国青年报》等）、各大门户网站（如新浪、搜狐、网易、雅虎等）搜集竞争者的各种信息。

（4）从有关的新闻组和 BBS 中获取竞争者的信息。如微软为了提防 Linux 对其操作系统 Windows 的挑战，就经常访问有关 Linux 的 BBS 和新闻组站点，以获取最新的资料。

（5）利用百度、搜狐、网易、雅虎等搜索引擎，通过设定与自己产品或服务相关的关键词来寻找与竞争对手相关的各种信息。

4.2.3 对市场客观环境的网络市场调研

企业在进行市场调查时除了搜集产品、竞争者和消费者这些紧密关联的信息外，还必须了解当地的政治、法律、人文、地理等环境信息，其中要特别注重对导向性政策信息的搜集研究和利用，这有利于企业从全局高度综合考虑市场变化，寻求市场商机。

对此类信息的调查可以通过搜索引擎搜索政府及商贸组织等机构的站点，然后进行登录查询，既方便又快捷，这是传统调查方式所无法比拟的。

4.3 网络市场调研的过程及方法

4.3.1 网络市场调研的过程

网络市场调研与传统市场调研一样，应遵循一定的方法和步骤，以保证调查结果的质量。网络市场调研的具体实施过程如图 4-1 所示。

1. 明确问题及调查目标

进行网络市场调查，首先要明确调查的问题是什么？调查的目标是什么？谁有可能在网上查询你的产品或服务？什么样的客户最有可能购买你的产品或服务？在这个行业，哪些企业已经上网？他们在干什么？客户对竞争者的印象如何？公司在日常运作中可能要受哪些法律法规的约束？如何规避？具体要调查哪些问题事先应考虑清楚，只有这样，才可能做到有的放矢，提高工作效率。

2. 确定市场调查的对象

网络市场调查的对象主要分为企业产品的消费者、企业的竞争者、企业的合作者和行业内的中立者 3 大类。

（1）企业产品的消费者。他们可以通过网上购物的方式来访问公司站点，厂商可以通过 Internet 来跟踪消费者，了解消费者对产品的意见和建议。

图 4-1　网络市场
调研的具体步骤

（2）企业的竞争者。美国哈佛大学著名战略学家、研究企业竞争战略理论的专家迈克尔·波特提出了行业竞争的结构模型："在任何产业里，无论是国内还是国外，无论是生产一种产品还是提供一种服务，竞争规则都寓于以下 5 部分力量之中，即竞争者的加入、替代产品的威胁、现有企业之间的竞争、购买方的讨价还价能力以及供应方的讨价还价能力。"图 4-2 为行业竞争的 5 种力量示意图。

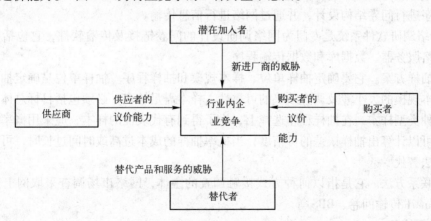

图 4-2　行业竞争的 5 种力量示意图

现有企业之间的竞争、新竞争者的加入与替代品的出现形成了主要的行业竞争力，他们之间相互影响、互相制约。通过对行业竞争力的分析可以了解企业在行业中所处的位置，所具有的竞争优势与不足，以便企业制定战胜各种竞争力量的对策。

（3）企业的合作者和行业内的中立者。这些公司可能会提供一些极有价值的信息和评估分析报告。

市场调研应兼顾以上 3 类对象，但也必须有所侧重，特别在激烈竞争的市场中，对竞争者的调研显得格外重要，竞争者的一举一动都应引起营销人员的高度重视。

3. 制定调查计划

网络市场调查的第三步是制定有效的调查计划，包括资料来源、调查方法、调查手段、抽样方案和联系方法 5 部分内容。

（1）资料来源。市场调查首先须确定是收集一手资料还是二手资料，或者两者都要。在互联网上，利用搜索引擎、网上营销和网上市场调查网站可以方便地收集到各种资料。

（2）调查方法。调研过程中具体应采用哪一种方法，要根据实际目标和需要而定。需要注意的是，网上调研应注意遵循网络规范和礼仪。网上市场调查可以使用专题讨论法、问卷调查法和实验法。

① 专题讨论法是借用新闻组、邮件列表讨论组和网上论坛（也称 BBS，电子公告牌）的形式进行。

② 问卷调查法可以使用 E-mail 分送问卷（主动）和在网站刊登问卷（被动）等形式进行。

③ 实验法则是选择多个可比的主体组，分别赋予不同的实验方案，控制外部变量，并检查所观察到的差异是否具有统计上的显著性。这种方法与传统市场调查所采用的原理是一致的，只是手段和内容有差别。

（3）调查手段。网络市场调查可以采取在线问卷和软件系统两种方式进行。软件系统分为两种：一种采用交互式计算机辅助电话访谈系统；另一种采用网络调研软件系统。

① 在线问卷，在互联网上即可发布问卷，其特点是制作简单、分发迅速、回收方便，但要注意问卷的设计水平，避免引发调查者的反感。

② 计算机辅助电话访谈（CAIT）是中心控制电话访谈的计算机化形式，是利用一种软件语言程序进行问卷结构设计，并通过网络进行信息传输。

③ 网络调研软件系统是专门为网络调研设计的问卷链接及传输软件，它包括整体问卷设计、网络服务器、数据库和数据传输程序。

（4）抽样方案。它要确定抽样单位、样本规模和抽样程序。抽样单位是确定抽样的目标总体：样本规模的大小涉及调查结果的可靠性，样本需足够多，必须包括目标总体范围内所发现的各种类型样本。在抽样程序选择上，为了得到有代表性的样本，应采用概率抽样的方法，这样可以计算出抽样误差的可信度，当概率抽样的成本过高或时间过长时，可以用非概率抽样方法替代。

（5）联系方法。它是指以何种方式接触调查的主体，网络市场调查采取网上交流的形式，如 E-mail 传输问卷、BBS 等。

4. 收集信息

利用互联网做市场调查，不管是一手资料还是二手资料，可同时在全国或全球进行，收集的方法也很简单，直接在网上递交或下载即可，这与受区域制约的传统市场调研方式有很大的不同。如某公司要了解各国对某一国际品牌的看法，只需在一些著名的全球性广告站点发布广告，把链接指向公司的调查表就行了，无需像传统市场调查那样，在各国找不同的代理者分别实施，此类调查如果利用传统方式是无法想象的。

在问卷的回答中，访问者经常会有意无意地漏掉一些信息，这可以通过在网页中嵌入一些脚本或者 CGI 程序进行实时监控。如果访问者遗漏了一些内容，调查表会拒绝提交或者验证后重发给访问者要求补填，最终访问者会收到证实问卷已完成的公告。在线问卷的缺点是无法保证问卷上所填信息的真实性。

5. 分析并集成信息

信息收集结束后，接下来的任务是信息分析。这一步非常关键，"答案不在信息中，而在调查人员的头脑中"。调查人员如何从数据中提炼出与调查目标相关的信息，直接影响最终的结果。要使用一些数据分析技术，如交叉列表分析技术、概括技术、综合指标分析和动态分析等。目前国际上较为通用的分析软件有 SPSS、SAS 等。网上信息的一大特征是即时呈现，而且很多竞争者还可能从一些知名的商业网站上看到同样的信息，因此分析信息的能力相当重要，它能使分析者在动态的变化中捕捉到商机。

6. 提交调查报告

调研报告的填写是整个调研活动的最后一个阶段。报告不是数据和资料的简单堆砌，调查员不能把大量的数字和复杂的统计技术扔到管理人员面前，而应把与市场营销关键决策有关的主要调查结果写出来，并以调查报告正规格式书写。

4.3.2　网络市场调研的方法

当确定了调研主题之后，最重要的任务就是资料收集和处理调查数据。在市场调研的整个过程中，收集市场信息资料是工作量最大，耗时最长的程序，借助互联网，这个过程可以大为缩短。传统市场调研根据获取信息资料的过程，将市场信息的来源分为第一手资料和第二手资料。第一手资料是指调研人员通过现场实地调查，直接向有关对象收集的资料；第二手资料则是指经过他人搜集、记录和整理的各种数据资料。互联网不仅为获得第一手资料提供了良好的途径，而且增加了获取第二手资料的渠道，因此互联网在市场调研中的优势在收集市场资料阶段更加明显。

网络市场调研方法可以分为网络市场直接调研法和网络市场间接调研法两大类。

1. 网络市场直接调查方式

网络直接调研是指为了当前特定的目的在互联网上搜集一手资料或者原始信息的过程。直接调研的方法有四种：网上问卷调查法、专题讨论法、网上观察法和网上实验法，常用的是网上问卷调查法和专题讨论法。调研过程具体采取哪种方法，要根据实际目标和需要而定。下面具体对这几种方法进行介绍。

（1）网上问卷。网上问卷法是将问卷在网上发布，调查对象通过 Internet 完成问卷调查。网上问卷调查一般有两种途径：在线调查表和 E-mail 调查。

前者是将问卷放置在 www 站点上，等待访问者访问时填写问卷，如 CNNIC 每半年进行一次的中国互联网络发展状况调查就是采用这种方式。这种方式的好处是填写者一般是自愿的，缺点是无法核对问卷填写者的真实情况。为达到一定问卷数量，站点还必须进行适当宣传，以吸引大量访问者。

后者是在线调查的另一种表现形式，同传统调查中的邮寄调查表的道理一样，将设计好的调查表通过 E-mail 方式将问卷发送到调查对象的邮箱中，或者在邮件的正文中给出一个网址链接到在线调查的页面上。这种方式的好处是，可以有选择性地控制被调查者，缺点是容易遭到被调查者的反感，有侵犯个人隐私之嫌。因此，用该方式时首先应争取被调查者的同意，或者估计他不会反感，并向他提供一定补偿，如有奖回答或赠送小件东西，以降低被调查者的敌意。

（2）专题讨论。专题讨论法可通过 Usenet 新闻组、BBS 或邮件列表讨论组进行，从而获得资料和信息的一种调研方法。

专题讨论法要遵循一定的步骤：第一步，确定要调查的目标市场；第二步，识别目标市场中要加以调查的讨论组；第三步，确定可以讨论或准备讨论的话题；第四步，登录相应的讨论组，通过过滤系统发现有用的信息，或创建新的话题让大家讨论，从而获得有用的信息。具体地说，目标市场的确定可根据 Usenet 新闻组、BBS 或邮件列表讨论组的分层话题选择，也可向讨论组的参与者查询其他相关名录。还应注意查阅讨论组上的 FAQ（常见问题），以便确定能否根据名录来进行市场调查。

问卷调查方法比较客观、直接，但是不能对某些问题进行深入调查并分析原因，因此，许多企业设立了 BBS 和新闻组供访问者对企业产品进行讨论，或者参与某些专题的新闻组进行讨论，以更多深入调查获取有关资料。及时跟踪和参与新闻组和公告栏，有助于企业获取一些问卷调查无法发现的问题，因为问卷调查是从企业角度出发考虑问题，而新闻组和公告栏是用户自发的感受和体会，他们传达的信息也是最接近市场和最客观的，缺点是信息不够规范，专业人员应该进行整理和挖掘。

（3）网上观察。网上观察法是一种实地研究方法，不过在网络中，实地特指一些具体的网络空间。一般是指调研人员通过电子邮件向互联网上的个人主页、新闻组或邮件列表发出相关查询进行网上观察的一种调研方法。

（4）网上实验。网上实验法则是选择多个可比的主体组，分别赋予不同的实验方案，控制外部变量，并检查所观察到的差异是否具有统计上的显著性。这种方法与传统的市场调查所采用的原理是一致的，只是手段和内容有差别。

2. 网络市场间接调查方式

网络市场间接调研指的是网上二手资料的收集。二手资料的来源有很多，如政府出版物、公共图书馆、大学图书馆、贸易协会、市场调查公司、广告代理公司和媒体、专业团体、企业情报室等。其中许多单位和机构都已在互联网上建立了自己的网站，各种各样的信息都可通过访问其网站获得，再加上众多综合型 ICP（互联网内容提供商）、专业型 ICP，以及成千上万个搜索引擎网站，因此互联网上二手资料的收集非常方便。

互联网上虽有海量的二手资料，但要找到自己需要的信息，首先必须熟悉搜索引擎的使用；其次要掌握专题型网络信息资源的分布。网上查找资料主要通过三种方法：利用搜索引擎；访问相关网站，如各种专题性或综合性的网站；利用相关的网上数据库。

（1）利用搜索引擎查找资料

搜索引擎是互联网上使用最普遍的网络信息检索工具。在互联网上，无论您想要什么样的信息，都可以请搜索引擎帮您找。目前，几乎所有的搜索引擎都有两种检索功能，主题分类检索和关键词检索。

① 主题分类检索。它通过各搜索引擎的主题分类目录查找信息。主题分类目录是这样

建成的：搜索引擎把搜集到的信息资源按照一定的主题分门别类建立目录，先建一级目录，一级目录下面包含二级目录，二级目录下面包含三级目录……依此类推，建立一层层具有概念包含关系的目录。用户查找信息时，先确定要查找的信息属于分类目录中的那一主题或那几个主题；然后对该主题采取逐层浏览打开目录的方法，层层深入，直到找到所需信息。当需要查找某一类主题的资料，但又不是很明确具体是哪一方面的资料时，可以采用主题分类检索。著名的搜索引擎 Yahoo 的主题分类目录如图 4-3 所示。

图 4-3　Yahoo 的主题分类

　② 关键词检索。它是用户通过输入关键词来查找所需信息的方法。搜索引擎百度、Yahoo 的搜索框如图 4-4、图 4-5 所示。

图 4-4　百度的搜索框

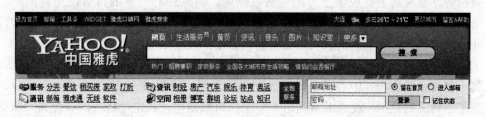

图 4-5　Yahoo 的搜索框

这种方法方便直接，十分灵活，既可以使用布尔算符、位置算符、截词符等组合关键词，也可以缩小和限定检索的范围、语言、地区、数据类型、时间等。该方法可对满足选定条件的资源进行准确定位。使用关键词法查找资料一般分为以下三个步骤：

第一步，明确检索目标，分析检索课题，确定几个能反映课题主题的核心词作为关键词，包括它的同义词、近义词、缩写或全称等。如查阅国外人口统计资料，可以使用的关键词为 census（人口调查）、demographic（人口统计）、population（人口数）及所要调查的国家名。

第二步，采用一定的逻辑关系组配关键词，输入搜索引擎检索框，点击检索（或 Search）按钮，即可获得想要的结果。

第三步，如果检索效果不理想，可调整检索策略，结果太多的，可进行适当的限制，结果太少的，可扩大检索的范围，取消某些限制，直到获得满意的结果。

关键词法适合于主题明确、细小或狭窄的查询，或者检索目标和要求较为复杂的查询。如想要查询"2008 年北京奥运会开幕式的总导演是谁"，可以选用的关键词为"北京奥运、开幕式、导演"；再比如想找一部具体的小说，可以用关键词检索的方法，在"题名"字段直接输入小说的名称。用关键词法检索资料需要一定的技巧，检索技巧越熟练，对搜索引擎的使用越熟悉，检索结果就越理性。

选择搜索引擎时最好区分一下是查中文信息还是外文信息，如果是中文信息，使用较多的中文搜索引擎是：百度（www. baidu. com）、新浪（www. sina. com. cn）、搜狐（www. sohu. com）、中文雅虎（www. yahoo. com. cn）、网易（www. 163. com）。如果是外文信息，使用较多的搜索引擎是：百度（www. baidu. com）、Yahoo（www. yahoo. com）、Excite（www. excite. com）、Lycos（www. lycos. com）和 AltaVista（www. altavista. com）。

（2）访问相关网站收集资料

如果知道某一专题的信息主要集中在哪些网站，可直接访问这些网站，获得所需资料。例如，想了解中国互联网的发展状况、域名的统计资料等信息可以访问中国互联网络信息中心（http：//www. cnnic. net. cn），立刻可以查到相关的信息；想要了解中国粮油市场的价格行情、供求商机、行业动态等信息，可以访问天下粮仓粮油资讯（http：//www. cofeed. com）来了解相关的行业信息；可靠的人口统计资料对市场营销十分重要，对新企业尤其如此，如果想要了解某一国家的人口统计资料，可以直接访问该国家政府人口调查局的网站，如访问美国人口调查局网站的数据库可以获得美国的人口统计资料。

（3）利用相关的网上数据库查找资料

在互联网上，除了借助搜索引擎和直接访问有关网站收集市场二手资料外，第三种方法就是利用相关的网上数据库，即 Web 版的数据库，如著名的 US Patent（美国专利）、MED-LINE（Medicine Online）、CA（Chemical Abstracts，化学文摘）等。网上数据库一般有免费和付费两种，互联网上有成千上万的免费数据库，当然还有更多的付费使用数据库。在国外，市场调查用的商情数据库一般都是付费的。我国的数据库近 10 年来有了较大的发展。下面介绍几个目前国际上影响较大的主要商情数据库检索系统。

① Dialog 系统（www. dialog. com）。这是目前国际上最大的国际联机情报检索系统之一，原来属于洛克希德公司，中心设在美国加利福尼亚州，1988 年被 Knight—Ridder 公司收购，其数据库学科覆盖范围广泛，共有将近 600 个联机数据库，其中经济与商业方面的数据库文档有 149 个。

② ORBIT 系统（http：//www. questel. orbit. com）。ORBIT（Online Retrieval of Bibbio-graphic Information Timeshared）是 1963 年由美国系统发展公司（SDC）与美国国防部共同开发的联机检索系统，1986 年被 MCC 集团（Max Well 联合公司）兼并。ORBIT 是仅次于 DI-ALOG 的国际联机检索系统，提供科学、技术、专利、能源、市场、公司、财务方面的服务，它约有 120 个文档，0.6 亿篇文献，约占世界机读文献总量的 25%

③ ESA—IRS 系统（http：//www. eins. org）。该系统隶属于欧洲空间组织情报检索服务中心，主要向 ESA 各成员国提供信息。到 1986 年，已有文档 80 个，其中有 28 个文档与 Di-alog 系统的 35 个文档相同。经济方面的文档有四个：商业信息，文档 30 的训练文档，原材料的价格，文本、新闻、数据。

④ STN 系统（www. stn. com）。该系统由德国、日本、美国于 1983 年 10 月联合建成，1984 年开始提供联机服务，有远程通信网络连接着三国的计算机设备。至 1992 年底共有 72 个数据库，其中涉及商业与经济信息的数据库有 13 个。

⑤ FIZ Technik 系统（http：//www. fiz-technik. de/en/）。该系统属德国 FIZ Technik 专业情报中心，总部设在法兰克福，专门从事工程技术、管理等方面的情报服务。在目前使用的 60 个数据库中，商业与经济数据库有 21 个。

⑥ DATA—STAR 系统（http：//www. datastarweb. com）。该系统属瑞士无线电有限公司。1992 年共有数据库 250 余个，其中商业与经济数据库近 150 个，提供商业新闻、金融信息、市场研究、贸易统计、商业分析等方面的信息。

⑦ DUN&BRADSTREET 系统（http：//www. dundb. co. il）。该系统属邓伯氏集团，是世界上最大的国际联机检索系统之一，也是专门的商业与经济信息检索系统。它通过一个全球性的网络将各国的商业数据库连接起来，共存储 1600 多万家公司企业的档案数据。

⑧ DJN/RS 系统（http：//www. dowjones. com）。DJN/RS 即道·琼斯新闻/检索服务系统，是美国应用最广泛的大众信息服务系统之一，由道·琼斯公司开发，于 1974 年开始提供联机服务。DJN/RS 提供的信息服务范围十分广泛，侧重于商业和金融财经信息。

4.3.3 传统调研与网络调研的关系

当今互联网调研发展迅速，以互联网为唯一调查媒介的网上市场调研公司不断应运而生并取得了引人瞩目的成绩。然而传统调研法仍是不可或缺的。在一些经济欠发达的地区，仍然需要调查人员手工的进行问卷调查并获得反馈。传统调研与网络调研相辅相成，有利于调查目标的实现。

1. 定位测试

在测试网站目标受访者集中的地区，如面向学生的网站可以在学校里，面向消费者的网站可以在社区或商场里，面向职业人员的网站可以在办公区摆放计算机，并装载测试网站和竞争网站，邀请符合条件的受访者参加访问。可以根据要求，让其一边浏览网站一边发表意见，或者在完全自由的情况下，让其选择不同的网站，并记录其浏览情况和评价意见。这种方法可以记录访问者的浏览行为和基本变量（如年龄、性别）的关系，从而为网站的测试提供有针对性的意见。

2. 入户调查

传统的入户访问调查结果具有统计推断的意义，可以用于不需要浏览网站的研究，如网站品牌的研究、市场定位、新网站的开发等。一种改进的方法是由调查人员持笔记本计算机进行入户访问，对受访者进行现场的演示，这是具有代表性的网站测试的唯一方法，缺点是需要准备较多的笔记本计算机和丰富计算机经验的访问员，而且所需费用较高。

3. 计算机辅助电话调查

应用计算机辅助电话访谈进行调查时，每一位访问员都坐在一台计算机终端或者个人计算机前，同时每一位访问员都有一部总机对其可以随时进行监控的电话供其使用。当被调查者的电话接通并经过甄别合格后，访问员即开始按照计算机屏幕上出现的问题提问被调查者，由访问员读出问题和答案，并输入被调查者回答的答案，一道问题回答完毕后，计算机会自动显示下一道问题。电话调查的优点在于其目标总体有效涵盖在家上网的网民总体，调查的结果具有统计意义，可以低成本的快速获得被调查者的信息。其局限性在于访问时间和调查内容受到限制。

4.4 网络市场调研的注意事项

在我们进行网络市场调研的时候，往往会遇到样本选择、问卷设计、问卷回收等一系列问题，这些问题也都是我们应当解决的。只有注意并处理好这些问题，整个网络市场的调研才会获得成功。

4.4.1 网络市场调研的样本选择

调查样本的选择根据是否随机可以分为随机抽样和非随机抽样。

1. 随机抽样

随机样本是指按照随机原则组织抽样，任意从互联网网址中抽取样本。随机抽样对样本总体不进行任何的分组、排列，即按照随机原则直接从样本总体中抽取样本，使被调查总体中的任何一个样本都有同样被选中的机会，它建立在机会均等的基础上，能够保证被调查样本在总体中的均匀分布不致出现倾向性的错误。随机抽样包括简单随机抽样、等距随机抽样、整体抽样和分段抽样。

（1）简单随机抽样。简单随机抽样是指总体中的每个基本单位（子体）都有相等的被选中的机会。即对总体不经任何分组、排列，完全客观地从中抽取调查单位。

（2）等距随机抽样。等距随机抽样就是将总体各单位按一定标志排列起来，然后按照固定和一定间隔抽取样本单位的一种方法。

（3）整群抽样。整群抽样就是依据总体的特征，将其按一定标志分成若干不同的群组，然后对抽中的群组中的单位进行调查的方法。

（4）分段抽样。分段抽样就是先将总体按一定的标志分层（类），然后在各层（类）中采用简单随机抽样，综合成一个调查样本。

上述四种方法各自有独特的地方，但其共同点是事先能够计算抽样误差，不致出现倾向性偏差。例如，网站自身发展的需求调研，可以采用随机抽样，以所有网民的注册地址为样本总体进行随机抽样，以保证网站经营者可以了解来自各方面的关于网站的需求详情。

2. 非随机抽样

由于客观条件的限制，不可能在一切抽样中都依据随机原则进行，而常常要采用随机抽样或者非随机抽样两种抽样类型相结合的办法。

非随机抽样包括任意抽样、判断抽样和配额抽样。网上进行的关于产品或服务等方面的调研，常常用到非随机抽样。

（1）任意抽样。任意抽样即在偶然的机会或方便的情况下，由调查者根据自身的需要或兴趣任意选取样本。例如，许多企业设立了BBS以供访问者对企业产品进行讨论，或参与某些专题新闻组的讨论，以便更深入地获取有关资料。如果调查部门对某个用户的问题或观点有兴趣，就可以随时联系该用户进行个案调查。虽然新闻组和BBS的信息不够规范，需要专业人员进行整理和归纳，但由于是用户自发的感受和体会，因此传达的信息也最接近市场和最客观，有助于企业获取一些问卷调查无法发现的信息，要特别引起注意。

（2）判断抽样。判断抽样是根据调查者的主观判断来抽取样本。判断抽样主要适用于两种情况：一是总体范围较小，总体各单位之间差异较小；二是用于探索性研究，如为问卷设计、进行正式抽样调查等打下基础。在进行大规模正式网上调查之前，调研机构通常会根据需要按照一定的比例选取一些样本，向他们发送网上问卷，请他们填写问卷并了解他们对问卷的意见，以便进一步修改和完善问卷。

（3）配额抽样。配额抽样是将总体中的所有单位按其属性或特征，以一定的分类标准划分成若干层次或类型，然后在各层中由调查者主观确定各层中抽样的样本，并且保持适当的比例。配额抽样简便易行，快速灵活，无论是传统市场调查还是网上市场调研都经常被使用。配额抽样的适用范围有两种：①根据过滤性问题立即进行市场分类，确定受访者所属类型，然后根据受访者的不同类型提供适当的问卷。②调研者创建了样本数据库，将填写过分类问卷的被调查者进行分类重置。最初问卷的信息是用来将被调查者进行归类分析，将被调查者按照专门的要求进行分类，在正式市场调查开始时，可以从不同分类中按照一定的比例选取样本进行配额，只有那些符合调查条件的被调查者才能填写适合该类特殊群体的问卷。

4.4.2　在线调查问卷的设计

利用在线调查表搜集信息需要经过3个基本环节：调查表的设计、投放和回收。设计高质量的在线调查表是在线调研获得有价值信息的基础。

为了说明在线调查问卷的一般要素及其设计要点，先来看一个在线调查表的案例。

案例分析一：儿童生长发育调查

随着人们生活水平的不断提高，孩子的生长发育、身高情况、青春期以及第二性征的出现等成为家长十分关心的问题。家长希望了解哪些方面的问题？希望在孩子发育期得到哪些及时的、有针对性的指导？首都儿科研究所专家门诊部生长发育中心开展此次调查，以便更好地服务社会。衷心感谢您的参与！

注：带 * 为必填项

1. 您的孩子几岁了？
   - 0~3岁
   - 3~6岁
   - 6~12岁
   - 12岁以上

2. 您是在孩子几岁时开始关注他（她）身高长势的？
   - 3~6岁
   - 6~12岁
   - 12岁以上
3. 您是在孩子几岁时开始关注他（她）第二性征发育情况的？
   - 3~6岁
   - 6~12岁
   - 12岁以上
4. 您的孩子何时出现窜个的？
   - 6~12岁
   - 12岁以上
5. 您的孩子何时出现身高增长缓慢期或相对停滞期的？
   - 6~12岁
   - 12岁以上
6. 您的孩子何时出现喉结或乳房发育等第二性征的？
   - 8岁以下
   - 9~12岁
   - 12岁以上
7. 您是否认为您的孩子长得矮？
   - 是
   - 否
   - 不清楚
8. 您知道孩子每年至少长多少才算正常吗？
   - 4 cm/年
   - 5 cm/年
   - 6 cm/年
9. 您是否认为矮小会影响孩子的未来发展？
   - 会
   - 不会
   - 不清楚
10. 孩子身材矮小是否需要看医生？
    - 是
    - 否
    - 不清楚
11. 如果您的孩子属于医学正常范围，但比同龄儿童偏矮，您是否希望孩子再长高些？
    - 是
    - 否
    - 无所谓
12. 您认为影响孩子身高的主要因素是什么？

- 遗传
- 营养
- 后期干预

13. 您是通过什么方式获得此方面健康知识的?
- 电视、报纸
- 网络
- 科普资料
- 专家讲座

14. 如果您的孩子身高偏矮,您将采取何种治疗方式?
- 到医院咨询
- 任其自然发展
- 购买广告增高保健品

15. 您相信广告上宣传的增高产品吗?
- 是
- 否
- 不清楚

16. 如果有健康增高门诊,您会带孩子去咨询吗?
- 会
- 不会
- 不一定

感谢您对此次调查的配合,如方便留下您的联系方式,我们会把相关最新医学信息及时传递给您,希望能给您带来帮助。对您的支持表示感谢!

姓名:　　　　　　　电话:　　　　　　　　　　　E-mail:

(资料来源 http://health.sohu.com)

由该案例可以看出,一个完整的在线调查表包括3个组成部分:关于调查的说明、调查内容、被调查者的个人信息。其中调查内容是主体,调查说明是为了增加被调查者的信任,以及对调查问卷做必要的解释以免产生歧义,从而影响参与者的积极性或对调查结果产生不良影响。要求被调查者提供个人信息的目的一方面在于了解被调查者的基本状况,另一方也是为了向参与调查者提供奖项、感谢等,这部分内容通常为可选项目。

设计高质量的在线调查表不是一件轻而易举的事情,对一些网站上的在线调查表进行认真分析不难发现,许多在线调查表设计都存在一定的问题,有些甚至是很明显的错误,这种状况不仅影响调查数据的可信度,也可能直接影响调查问卷的回收率,使在线调查的总体效果不理想。归纳起来,在线调查表设计存在6个方面的常见问题。

(1) 调查内容过多,使参与者没有耐心完成全部调查问卷。这是在线调查最常见的误区之一,应引起高度重视。如果一个在线调查在10分钟之内还无法完成,一般的被调查者都难以忍受,除非这个调查对他非常重要,或是为了获得奖品才参与调查,即使完成了调查,也隐含一定的调查风险,比如被调查者没有充分理解调查问题的含义,或者没有认真选择问题选项,最终会降低调查结果的可信度。

(2) 对调查的说明不够清晰。一份完整调查问卷在调查问题之前首先应该对调查做出必要的说明，如果对调查说明不够清晰，将会降低被调查者的信任和参与兴趣，结果是参与调查的人数减少，或者问卷回收率低。

（3）调查问题描述可能造成歧义或者不够专业。这种情况会造成被调查者难以决定最适合的选项，不仅影响调查结果的可信度，甚至可能使得参与者未完成全部选项即中止调查。例如，CNNIC 在 2000 年 1 月发布的调查表中关于"哪一种网络广告形式最能吸引您点击"的选项分别为动画式广告、横幅式广告、跳出窗式广告、文字式广告、邮件式广告、插播式广告，最终的调查结果是动画式广告以 66.50%的比例位居首位，其实这种调查结果就是因为对网络广告形式的分类不合理所造成的结果，因为动画式广告实际上并不是一种广告形式，而是网络广告内容的一种表达方式，横幅式广告、跳出窗式广告、邮件式广告、插播式广告等形式的网络广告都可以设计为动画式。CNNIC 在 2001 年 7 月发布的调查表对这个问题做出了改进，2002 年 7 月之后的调查表直接取消了本项调查。

（4）遗漏重要问题选项。有些问题可能的回答很难全部罗列出来，使参与者从中无法选择自己认为最合适的条目，这种状况会降低调查结果的可信度，但是至少不能遗漏重要的问题选项，尤其是倾向性的"遗漏"。例如，在上例搜狐健康关于儿童生长发育调查的第13项，选项中只有电视、报纸，网络，科普资料，专家讲座四个选项，这样的调查结果肯定把通过与父母和朋友进行交流获得育儿知识的方式排除在外了。这与实际情况有很大的差别，调查结果自然也很难让人信服。对于相对专业的调查问题选项，对在线调查表的设计者提出了更高的要求，因为任何一项重要信息的遗漏都可能意味着调查结果价值的降低。对于这个问题的弥补办法之一是，在调查表中设置一个"其他"选项，当然这不是最好的办法，如果最终的调查结果中选择"其他"的比例较高，那么就说明对于这个问题的选项设置不尽合理，甚至有可能遗漏了某些重要问题。

（5）调查数据没有实际价值。有些调查问卷在设计时缺乏严密的考虑，尽管将认为有必要的问题都罗列出来，但在调查结果统计处理时发现，有些调查数据并没有实际价值，或者与调查报告所需要的信息不尽一致，这样不仅造成了调研资源的浪费，也会影响调查报告的价值。

（6）过多收集被调查者的个人信息。有些在线调查对参与者的个人信息要求较多，从真实姓名、出生年月、学历、收入状况、地址、电话、电子邮箱甚至连身份证号码也要求填写，由于担心个人信息被滥用，甚至因此遭受损失，很多人会拒绝参与这样的调查，或者填写虚假信息，其结果问卷的回收率较低，影响在线调查的效率，并且可能影响调查结果的可信度。一般来说，收集用户的个人信息应尽可能简单。

4.4.3　在线调查表的投放和回收

设计好了在线调查表，还需要通过一定的方式让被调查者看到调查表并参与调查，这样才能完成调查工作。在传统市场调查中，调查问卷的发放和回收是一项工作量巨大的工作，占用了大量的人力，而且效率比较低。网上市场调研则方便得多，只需要在网站上发布调查表即可，其前提是网站具有在线调查所需的功能，如调查表的设置、发布、结果分析和输出等。在一个完善的在线调查系统中，调查表的回收则是自动完成的。参与调查者完成调查后，单击"提交"按钮，这份调查表就被回收了。通过在线调查的后台管理功能，即可看到调查的结果。这也是在线调查的优越性之一，不需要等到调查和问卷统计结束即可了解调查中的动态结果。调查结束，全部的统计工作随之完成，无需用人工方式对大量的调查表进行统计，也避免了统计过程中一些人为的失误，减少了数据处理的误差。

从功能上说，在线调查表的投放非常简单，在实际应用中，调查表的投放并不仅仅是发布在网站上，而是考虑到更多的因素。为了保证在线调查的质量，在调查表的投放和回收过程中应对以下几个方面予以必要的考虑。

（1）在线调查发布之后，应该进行必要的宣传。将一个在线调查表发布在网站上后，并不一定马上受到很大的关注，尤其是访问量比较小的网站，为了获得尽可能多的用户参与调查，还有必要对调查进行一定的宣传，如在网站的显著位置发布通告，通过传统媒体（如报纸、杂志、海报等）进行宣传。如果希望在短期内获得尽可能多的用户参与，还可能利用一些外部网络营销资源，如在访问量大的网站发布网络广告、利用专业服务商的邮件列表直接向用户发送调查表等。

（2）对调查数据进行备份。在线调查一般需要几天甚至几个月的时间，随着在线调查的展开，获得的调查资料逐渐增加。在这个过程中，需要对这些资料备份，以免发生意外数据丢失。可根据实际情况设定备份周期，如果参与人数较多，可以每天备份一次，否则可以适当放宽备份资料的周期。

（3）跟踪调查进展，及时处理无效的问卷。在调查过程中，可能会出现一些意外情况，如同一用户多次提交，在线调查系统功能工作不正常造成无法提交调查表等。通过在线调查的后台管理系统，对调查进展进行跟踪分析，便于尽早发现问题，提高在线调查的质量。

4.4.4　在线调查问卷的局限性

在线调查是一种便利而且费用低廉的调查形式，已经为企业市场调研及其他调查统计机构所普遍采用，但是由于在线问卷调查存在一定的局限性，需要在实际应用中尽量避免由此造成的不利影响。

1. 问卷设计的限制

由于在线调查需要访问者填写在线表单，因此，相对于一般问卷调查来说，更应该具备简洁明了的特点，尽可能少占用填写表单的时间和上网费用，对问卷的设计有更高的要求，例如，调查目的明确，问题容易回答，尽量采用选择性的问题，与调查目的关系不大的问题不要出现在问卷中。

例如，在某机构对关于实施《反垄断法》对汽车消费影响的调查中涉及一个问题：

您认为《反垄断法》影响最大的是哪些行业？
- 石油等能源行业
- 通信等大型国有企业
- 水电气等行政性垄断行业
- 汽车行业
- 其他（请注明）

（资料来源 http：//auto. sina. com. cn）

这样的问题就让人难以回答，对于没有过多法律、经济和贸易知识的大众来说，恐怕很难有人确切的知道《反垄断法》对各大行业的影响，像这样的问题就难以得到准确的反馈信息，因此，据此调查信息得出的统计结果也很难有什么实际价值。

对于这些问题，如果一定要出现在问卷中，应该给人以其他选择的方式，如增加一项可选内容：不知道。

2. 样本数量难以保证

样本数量难以保证也许是在线调查最大的局限之一，目前还没有权威的统计资料说明有多大比例的访问者愿意参与在线调查。美国主要比较购物网站之一的 bizrate.com 有一项统计资料，为了对购物网站进行顾客满意度的调查，它在所有的会员网站设置了一个自动弹出窗口调查表，刚刚完成网上购物的人会立即看到这个调查表，据该网站公布，有约 25% 的网上购物者参与了调查，当然不能否认其中一些人参与调查是为了 5 000 美元的奖金。根据2000 年 1 月 CNNIC 发布的《中国互联网络发展状况统计报告》，当时全国的上网人数为 890万人，回收的问卷是 36 万份，其中有 16 万份是无效的或作弊的，也就是说，参与调查的有效人数占全部网民的比例只有 2.25%。

如果一个网站有 25% 的访问者愿意参与在线调查，当然是比较理想的状况了，实际情形也许要低得多。这样，对于一些访问量较低的网站来说，如何吸引人参与调查是一种挑战，因为如果没有足够数量的样本，调查结果就不能反映总体的实际状况，也就没有实际价值，所以足够的访问量是网站进行在线调查的必要条件之一。

3. 人口统计信息的准确性

由于人们担心个人信息被滥用，通常不愿在问卷调查中透露准确的个人信息，有时甚至因为涉及过多的个人信息而退出调查。而对许多调查者来说，人口统计信息是必要的内容，为了尽量在人们不反感的情况下获取足够的信息，在线调查应尽可能避免调查最敏感的资料，如住址、家庭电话、身份证号码等。如果十分必要，也应该在个人信息保护声明中明确告诉被调查者个人信息的应用范围和方式，以免造成不必要的误会。

在线调查是为了获取一定的统计信息，而不是为了收集参与调查者的个人资料，这种关系应该非常明确，不应舍本逐末，为了一些不必要的信息而影响整体统计信息的准确性。

4. 被调查者的作弊行为

由于网上调查需要占用用户的时间和上网费用，因此，作为补偿或者刺激参与者的积极性，问卷调查者一般都会提供一定的奖励措施，有些用户参与调查的目的可能只是为了获取奖品，甚至可能用作弊的手段来增加中奖的机会。相对而言，网下的问卷调查作弊行为要少得多。因此，奖项的设置对问卷的有效比例具有重要影响，同时，筛选无效问卷是在线调查的必要环节之一。

可见，在线调查并非仅仅在网站放置一份调查表那样简单，要获得有价值的调查结果，需要从优化问卷设计、吸引尽可能多的参与者、反馈结果的复查等多方努力。

4.4.5 在线调查注意事项

如何提高在线调查结果的质量，是开展网上市场调研每个环节都要考虑的问题，具体应该在下面几个方面引起足够的重视。

1. 认真设计在线调查表

前面已经分析过在线调查表本身可能存在的问题，综合起来，在线调查表应该主题明确，简洁明了，问题便于被调查者正确理解和回答，同时，调查表也应该方便调查人员的工作，且便于调查结果的处理。其实这也是所有问卷设计中应该遵循的基本原则。对于调查问卷的设计仍然可以参考一般问卷的设计技巧。

2. 在线调查表的测试和修正

在正式发放在线调查表之前，可以在小范围内（如同事、朋友等）对调查表进行测试，让同事和朋友作为被调查者，认真回答各项问题并选择合适的选项，收集测试过程中发现的问题，对调查表进行必要的修正，以确保正式调查的顺利进行，避免在正式调查开始后才发现问题。

3. 公布保护个人信息声明

无论在哪个国家，对个人信息都有不同程度的自我保护意识，让用户了解调研目的并确信个人信息不会被公开或者用于其他任何场合。这一点不仅在市场调研中很重要，在网站推广、电子商务等各个方面都非常关键。但好像国内的一些网上调查对此还没有足够的重视，有些网站利用在线调查的机会收集到用户的电子邮件地址，从而大量发送商业广告，甚至将这些信息出租给电子邮件服务商，给参与调查的用户带来很大烦恼，这是对被调查者个人隐私的侵犯。

4. 利用技术手段尽量减少无效问卷

除了问题易于回答之外，大部分在线调查都利用 Javascript 等电脑程序在问卷提交时给予检查，并提醒被调查者对遗漏的项目或者明显超出正常范围的内容进行完善。为了避免同一用户重复提交调查表，可以利用 cookies 来做一定的限制。当然，这只能在一定程度上有效，如果出现了蓄意的破坏，是很难完全杜绝的。这也是在线调查的弊端之一。

5. 吸引尽可能多的人参与调查

参与者的数量对调查结果的可信度至关重要，问卷设计水平对此也有一定影响，问卷内容中体现出"你的意见对我们很重要"，让被调查者感觉到，填写调查表就好像帮助自己或所关心的人，这样往往有助于提高问卷回收率。当然，这也离不开有力的宣传推广，网上调查与适当的激励措施相结合会有明显的作用，必要时还应该和访问量大的网站合作以增加参与者数量。

6. 样本结构和分布不均衡对网络调研的影响

网上调查结果不仅受样本数量少的影响，样本分布不均衡同样可能造成调查结果的误差。样本分布不均衡表现在用户的年龄、职业、教育程度、用户地理分布及不同网站的特定用户群体等方面，因此，在进行市场调研时要对网站用户结构有一定的了解，尤其是样本数量不是很大的情况下。

7. 奖项设置合理

作为补偿或者刺激参与者的积极性，问卷调查机构一般都会设计一定的奖励措施，有些用户参与调查的目的可能只是为了获取奖品，甚至可能用作弊的手段来增加中奖的机会，虽然在传统问卷调查中也会出现类似的问题，但由于网上调查无纸化的特点，为了获得参与调查的奖品，同一个用户多次填写调查表的现象常有发生，即使在技术上给予一定的限制条件，但也很难杜绝。合理设置奖项有助于减少不真实的问卷。

案例分析二：安徽特酒集团网络营销市场调研案例

一、集团网络营销调研的思路

1. 明确调研方向

安徽特酒集团是我国特级酒精行业的龙头企业，全套设备及技术全部从法国引进。其主要产品是伏特加酒及分析级无水乙醇。其中，无水乙醇的销量占全国的 50% 以上，伏特加酒通过边境贸易向俄罗斯等国家出口达1万吨，总销售额超过1亿元。伏特加酒作为高附加值的主打产品，是安特集团的主要利润来源。但是，随着俄罗斯等国家经济形势的日趋恶化，出口量逐年减少，形势不容乐观。安特集团审时度势，决定从1998年下半年开始通过互联网进行网络营销调研，并在此基础上开辟广阔的欧美市场。集团确定了营销调研的三个方向：①价格信息，包括生产商报价、批发商报价、零售商报价、进口商报价。②关税、贸易政策及国际贸易数据，包括关税、进口配额、许可证等相关政策，进出口贸易数据，市场容量数据。③贸易对象，即潜在客户的详细信息，包括贸易对象的历史、规模、实力、经营范围和品种、联系方法等。

2. 制定信息收集途径

(1) 价格，主要有两种：一是生产商报价，包括厂方站点、生产商协会站点、讨论组和TradE-Lead（有按国家分别检索、常用站点每周例行检索两种方式）；二是销售商报价，包括销售商站点、政府酒类专卖机构和商务谈判信息。

(2) 关税、贸易政策和数据，主要包括检索大型数据库、向已经建立联系的各国进口商发E-mail、相关政府机构站点和新闻机构站点查询。

(3) 交易对象的详细信息，包括目录型、数量型、地域型搜索引擎、黄页、专业的管理机构及行业协会站点和各国酒类专卖机构站点。

二、集团网络营销调研的步骤

1. 价格信息的收集

价格信息的收集是至关重要的，是制定价格策略和营销策略的关键。通过对价格信息的分析，可以确定世界上各种伏特加酒的质量与价格之间的比例关系，可以摸清世界各国伏特加酒的总体消费水平，可以确定国际伏特加酒的贸易价格，其中最主要的作用还是为安特牌伏特加酒的出口定位。对价格信息的收集从以下几个方面入手：

(1) 生产商的报价。由于安特集团是生产企业，因此来自其他生产企业的价格可比性很强，参考价值很高。特别是世界知名的伏特加酒生产企业的报价，更具有参考价值。这是因为世界著名的伏特加酒在国际贸易中占的比例很大，其价格能左右世界市场的价格走向。

生产商的报价从以下几个方面入手：

① 搜索厂商站点。这种方法的关键是如何查找到生产商的互联网站点，找到了厂商的站点也就找到了报价。有的站点还提供最新的集装箱海运的运价信息，也有很高的参考价值。

搜寻厂商站点常用的方法是利用搜索引擎，即依靠利用关键字进行数据检索。一般来说，商业性的检索都需要利用该搜索引擎的高级功能。在检索之前应仔细阅读其关于检索的说明，真正掌握其检索的规律。另外，任何一个搜索引擎都有其局限性，应该把多个搜索引擎结合起来使用，才能达到事半功倍的效果。

② 利用生产商协会的站点。这类站点也可通过搜索引擎查询到。通常生产商协会的网站上都列出了该生产商协会所有会员单位的名称及联系办法，但是一般都没有列出这些会员单位的网站。主要原因是这类协会的网站建立时，绝大部分的协会会员还没有建立网站。此时，向这些机构发出请求帮助的电子邮件，一般都会得到满意的结果。

③ 利用讨论组。讨论组中的报价也大都是生产企业的直接报价。从事国际贸易的企业一般是加入Business中的Import-Export（进出口）组，在这个专业的讨论组中，可以发现大

量关于进出口贸易的信息，然后输入关键字进行查询，可以寻找到所需要产品的报价。

在讨论组中发布信息的生产商一般规模较小、知名度也较低，它们往往借助专业的Import-Export组来宣传它们的产品，并希望以其低价格来打动进口商。这里的报价对于中国的出口企业具有特别的参考意义。

（2）销售商的报价。销售商包括进口商和批发商。它们报出的价格都是国内价格，一般都含有进口关税。对于生产企业而言，可比性不是很强。但是它们所提供的十几甚至几十种产品，都来自不同的国家，参考价值很高。厂商可以据此确定每种产品的档次，确定不同档次产品的价格水平。

另外，还可以对不同国家的关税水平也有一个大概的了解。收集销售商的报价可以从几个方面入手：

① 销售商站点中的报价。找到销售商的站点，也就找到了它们的报价。也可利用各种搜索引擎的关键词来查找销售商站点。例如，vodak or spirits or alcohol or liquor or wine and wholesales or agent or distributor or import or importer or imported or trade。

② 政府酒类专卖机构的价格。在某些国家或地区，政府的酒类专卖机构是唯一的进口商和批发商。这些机构中酒类品种多达上百种，价格中的虚头也最少，所以参考价值很高。

下面分别是安徽特酒集团利用的美国加州、加拿大安大略省和瑞典的酒类专卖机构的站点：www. abc. ca. gov，www. lcbo. com，www. systembolagetse. com。

③ 在商务谈判中定价。商品的最终价格往往要通过商务谈判才能确定，这种方式非常复杂，耗费的时间和金钱也最多，但它却是现阶段商业定价的最重要的方法，也最能体现供需双方的信息。然而，商务谈判中的定价极难获得，有的企业甚至视其为高度的商业机密。安特集团在实践中发现，搜索各种博览会、交易会的信息公告以及从经济类媒体的报道中可以发现有用的信息。

从生产商、销售商及商务谈判得到的价格信息，应该再加以整理、分析，才能确定它们之间的相互关系，最后得出完整的价格体系。

2. 关税及相关政策和数据的收集

关税及相关政策信息在国际营销活动中占有举足轻重的地位。进口关税的高低影响着最终的消费价格，决定了进口产品的竞争力；有关进口配额和许可证的相关政策关系到向这个国家出口的难易程度；海关提供的进出口贸易数据能够说明这个国家每年的进口量，即进口市场空间的大小；人均消费量及其他相关数据则说明了某个国家总的市场容量。要从世界上160多个国家来选择重点的销售地区、确定重点突破的目标，就必须依靠这些信息。这类信息的收集有以下几种方案：

① 通过大型数据库检索。互联网中包含大量的数据库，其中大型的数据库有数百个，与国际贸易有关的数据库至少有几十个，其中有的收费，有的免费。收费的数据库商业价值最高，一般来说，想要的信息都能从其中查到，免费的数据库通常都是某些大学的相关专业建立起来的，其使用价值也很高。

世界百科信息库（www. dialog. com）是世界上最大的数据库检索系统，它包括了全球大多数的商用数据库资源。另外，它提供了一套专门的信息检索技术，有专用的命令，初次使用者需要认真学习才能掌握。该网站的大多数服务是收费的，但是网站提供的一个免费的扫描程序，可以帮助访问者得到扫描结果，若要得到具体的内容则须付费。

通过对数据库的查询，安特集团得到了欧洲各国人均的烈酒消费量，尤其北欧、中欧和英国的人均消费量很高，而地中海沿岸各国的消费量则相对小得多，据此可以确定欧洲是重点的潜在市场。

② 向已建立联系的各国进口商询问。这是一种非常实用、高效而且一举两得的方法，不但考察了进口商的业务水平，确认其身份，而且可以收集到最直接有效的信息。企业拟定一份商业公函，发一个 E-mail 给对方，其中详细列出询问的内容，请求对方在最短的时间内给予答复。但是，进行这种询问的前提是：双方已经彼此了解，建立起了相互信任的关系。如果没有这种关系，国外的进口商一般是不愿回答的，因为这种方式有恶意收集信息之嫌。

③ 查询各国相关政府机构的站点。随着互联网的高速发展，很多政府机构都已经上网，建立了独立的网站。用户可以针对不同的问题去访问不同机构的站点，许多问题都可以得到非常详尽的解答。对于没有查到的内容，还可以发 E-mail 请求相关的职能部门或咨询部门给予答复。安特集团发出去的此类信件，基本上都得到了较为详尽的答复。

④ 通过新闻机构的站点查询。世界上各大新闻机构的站点是宝贵的信息库，特别是国际上著名的几家新闻机构（如 BBC、CNN、Reuter 等），其每天 l0 万字以上的新闻是掌握实时新闻和最新信息的捷径，而且有的站点还提供过去一两年的信息，并且支持关键词的检索。另外，一些关键的贸易数据、关税或人均消费量在某些新闻稿中也可以查到，这对信息的掌握常常是很重要的。

3. 各国进口商的详细信息的收集

收集进口商的信息是网络营销的一个重要环节，其目的是建立一个潜在客户的数据库，从中选出真正的合作伙伴和代理商。需要收集的具体内容包括：进口商的历史、规模、实力，经营的范围和品种，联系方法（电话、传真、电子邮件）。对于已经建立了网站的进口商，只要掌握其网址就可以掌握以上信息。对于没有建立网站的进口商，可以先得到其联系方法，建立起联系后再询问。具体方法有以下几种：

① 利用 Yahoo 等目录型的搜索工具。Yahoo 的优势在于其分类目录，把信息按主题建立分类索引，按字母顺序列出了 14 个大类，可以按照类别分级向下查询。Yahoo 共汇集了约 30 万个的分类 URL，信息充沛、准确率高。

② 利用数量型的搜索工具。数量型的搜索引擎，都支持关键词的检索。对于支持布尔逻辑搜索的引擎，还可以把词义相近的词语组合起来进行一次性的查询，如一般使用 vodka and import or agent or wholE-sales or distributor or trade 进行搜索，可以得到较好、较全面的结果。

③ 通过地域性的搜索引擎。互联网上的 URL 浩如烟海，各大搜索引擎所能收列的毕竟是少数。这就要求检索者学会利用各种地域性的、规模较小的搜索。例如，每个国家都有几个甚至十几个较知名的搜索引擎，可以搜索到当地的大部分 URL，如 www. solo. ru、web-list. ru、www. cesnet. cz、www. eckorea. net、www. euronline. fr 等。这对于针对某个国家的信息收集是最有帮助的。这些地域性 URL 也可以通过类似 Yahoo 的目录型搜索引擎按国家/互联网/服务（如 German/Internet/Search）一级一级地向下找。

④ 通过 YellowPage 等商业工具在电话号码簿上商业机构用黄色的纸张，故而得名商业黄页。比较著名的搜索引擎都提供商业黄页服务。一般来说，这些商业黄页服务都不是自成

一体的，都链接着某一个专业的商业搜索引擎。目前，世界上比较著名的商业搜索引擎主要有 BigBook、BigYellow、SwitchBoard、WofldPages. com。

⑤ 通过专业的管理机构及行业协会。这是一种高效快捷的查询手段，不但命中率相当高，而且信息的利用价值也相当高。作为网络营销检索的重要手段，应该得到高度的重视。安特集团在收集美国的生产商及进口商的信息时，这种方法就收到了奇效。

在美国的酒类管理体制中，酒基本上被分成了啤酒、葡萄酒和烈酒三类，而且每种酒的进口或批发都需要专门的许可证或执照。这就带来了很大的麻烦，因为无法确定哪一家公司到底是经营葡萄酒还是伏特加酒，到底是进口商还是批发商，在黄页中查询到的最小分类是酒，而没有更细的分类。当找到美国加州酒类管理中心的网站时，这些问题都迎刃而解了。这里不仅按酒的类别、字母的顺序、不同的地域对每个公司进行了分类，而且对于每个公司的信息都有详尽的记录，包括公司名称、申请人姓名、地址、许可证的种类、许可证的使用期限、经营历史、电话号码等。

⑥ 通过最大的进口商——各国的酒类专卖机构。在酒类控制严格的国家，往往酒类专卖机构是唯一的进口商。它们也是世界上最大的购买集团。如瑞典酒类专卖机构，每年都要向全世界招标进口某一种类的酒，其进口量也是很大的，最低为每年 150 个集装箱。所以应该特别注意定期访问其站点，以获得最新的招标信息。

有的酒类专卖机构并不直接进口酒，而是通过一批中介公司。它们也是经过酒类管理机构签发许可证的专业公司，其积极性比起专卖机构高得多。一般来说，它们会很高兴地向你介绍该国、该州的有关贸易情报。这也是信息的一个重要来源。

三、网络营销调研过程评价

安特集团利用半年左右时间收集了这些信息，对世界上伏特加酒的贸易状况有了基本的了解，掌握了世界伏特加酒交易的价格走势，认清了安特牌伏特加酒所处的档次水平，也联系了上百家进口商、经销商，可以说基本上把握了国际伏特加酒市场的脉搏，圆满地完成了市场营销调研工作。这为以后的网上谈判、选择代理商等网络营销工作打下了良好的基础。

4.5 习题

1. 行业竞争的 5 种力量分别是_____、_____、_____、_____、_____。
2. 网络市场调研的样本选择包括_____、_____两种方法。
3. 在线调查的局限性包括_____、_____、_____、_____、_____。
4. 比较传统市场调研和网络市场调研说明网络市场调研的含义及特点。
5. 网络市场调研的实施步骤是什么？
6. 网络市场调研的内容有哪些？
7. 网络市场调研的方法有哪些？
8. 如何设计在线调查问卷？
9. 假设某网上商城品牌产品有下滑趋势，拟定进行一次大规模的调研，以了解销售下滑原因，希望能从中得到解决的方法。根据实际情况作一份《××品牌网上市场调研方案》。

第5章 企业网站建设

本章重要内容提示：

本章以企业网站建设为中心，结合网络营销的特点，介绍了企业网站的特征，并阐明了网络营销效果与网站建设之间的关系；同时详细讲解了网站建设重要性、建设原则、过程及在过程中所采用的主要技术，网站维护及推广。

5.1 企业网站与网络营销

网站作为企业在互联网上展示自己的一个窗口和平台，在整个企业经营策略中占据着举足轻重的地位。所以研究网络营销，我们不能不关注企业网站建设的专业性，离开企业网站，许多网络营销方式将无用武之地，企业的网络营销整体效果也将大打折扣。网站建设已成为最基础的网络营销服务内容之一，几乎所有的网络营销服务商和许多不同类型的网络公司都提供企业网站建设服务，一些大中型企业甚至有自己的网络营销部门来建设和维护企业网站，在这样的部门往往需要一个或多个内行网络营销专家来策划指导，经常会起到事半功倍的效果。

5.1.1 企业网站的特征

从企业营销策略来看，企业网站是一个开展网络营销的综合性工具。只不过这个工具有一定的特殊性。与搜索引擎、电子邮件等网络营销工具相比，企业网站有5大特征。

1. 企业网站具有自主性和灵活性

企业网站完全是根据企业本身需要建立的，并非由其他网络服务商经营，导致其在功能上有较大的自主性和灵活性，因此，不同企业网站的内容和功能会有较大的差别。企业网站效果的好坏，主动权掌握在自己手里，其前提是对企业网站有正确的认识，这样才能适应企业营销策略的需要，并且有经济上、技术上的实现条件。

2. 企业网站是主动性与被动性矛盾的统一体

企业通过自己的网站可以主动发布信息，这是企业网站主动性的一面，但是发布在网站上的信息不会自动传递给用户，只能被动地等待用户自己来获取信息，这说明企业网站有被动性的一面。具有主动性与被动性也是企业网站与搜索引擎和电子邮件等网络营销工具在信息传递方式上的主要差异。从网络营销信息的传递方式来看，搜索引擎完全是被动的，只能被动地等待用户检索，只有用户检索使用的关键词和企业网站相关，在检索结果中的信息可以被用户看到并被点击的情况下，这一次网络营销信息的传递才得以实现。电子邮件传递信息则基本上是主动的，发送什么信息，什么时间发送，都是营销人员决定的。

3. 企业网站的功能通过其他网络营销手段来体现

企业网站的网络营销价值是通过网站的各种功能以及各种网络营销手段体现出来的，网站的信息和功能是基础，网络营销方法的应用是条件。如果建设一个网站而不去合理应用，企业网站这个网络营销工具将不会发挥应有的作用，无论功能多么完善的网站，如果没有用户来浏览和应用，企业网站也就成了摆设，这也就是为什么网站推广作为网络营销首要职能的原因。在实际应用中，一些企业由于缺乏专业人员维护管理，于是呈现给浏览者的网站内容往往数年如一日，甚至用户的咨询邮件也不回复，这样的企业网站没有发挥其应有的作用也就不足为怪了。

4. 企业网站的功能具有相对稳定性

企业网站功能的相对稳定性有两方面的含义：一方面，一旦网站的结构和功能被设计完成并正式开始运作，在一定时期内将基本稳定，只有在运行一个阶段后进行功能升级的情况下，才能拥有新的功能，网站功能的相对稳定性无论是对于网站的运营维护还是对于一些常规网络营销方法的应用都很有必要，不断变化的企业网站不利于网络营销开展。另一方面，功能的相对稳定性也意味着如果存在某些功能方面的缺陷，在下次升级前的一段时间内，将影响网络营销效果的发挥。因此，企业网站策划应充分考虑到网站功能的这一特点，尽量做到在一定阶段内功能适用并具有一定的前瞻性。

5. 企业网站是其他网络营销手段和方法实现的基础

企业网站是一个综合性的网络营销工具，这也就决定了企业网站在网络营销中的作用不是孤立的，不仅与其他营销方法具有直接的关系，也构成了开展网络营销的基础。整个网络营销方法体系可分为无站点网络营销和基于企业网站的网络营销，后者在网络营销中居于支配地位，这也是在网络营销体系中不能脱离企业网站的根本原因。研究企业网站的意义在于企业网站与网络营销之间所存在的内在关系，搞清楚这些关系，才能为建立网络营销导向的企业网站奠定基础，保证网络营销各项职能的实现，最大程度地发挥网络营销的作用。

5.1.2 企业网站与网络营销的关系

企业网站是企业进行电子商务及网络营销的工具与窗口，故企业网站与网络营销有密切关系，主要可以从以下几个方面理解：

（1）从企业开展网络营销的一般程序来看，网站建设完成不是网络营销的终结，而是为网络营销各种职能（如网站推广、在线顾客服务等）的实现打下了基础，一些重要的网络营销方法如搜索引擎营销、邮件列表营销、网络会员制营销等也才具备了基本条件。一般来说，网络营销策略制定之后，首先应开始进行企业网站的策划和建设。

（2）从企业网站在网络营销中所处的地位来看，网站建设是网络营销策略的重要组成部分，有效地开展网络营销离不开企业网站功能的支持，网站建设的专业水平同时也直接影响着网络营销的效果，表现在品牌形象、搜索引擎中被检索到的机会等多个方面。因此在网站策划和建设阶段就要考虑到将要采用的网络营销方法对网站的需要，如网站功能、网站结构、搜索引擎优化、网站内容、信息发布方式等。

（3）从网络营销信息来源和传递渠道来看，企业网站内容是网络营销信息源的基础。企业网站也是企业信息的第一发布场所，代表了企业方的形象和观点，在表现形式上应该是严肃而认真的。其他网络营销方法对网络营销信息传递不外乎两种方式，它们都是以企业网站的信息为基础：一种是通过各种推广方法，吸引用户访问网站从而实现信息传递的目的；另一种则是将营销信息源通过一定的手段直接传递给潜在用户。

（4）从企业网站与其他网络营销方法的关系来看，网站的功能决定着营销方法的选择。

同时，由于网站的功能不会自动发挥作用，是通过其他网络营销方法才得以体现出来的，因此，企业网站与其他网络营销方法是互为依存、互相促进的关系。

5.1.3　企业网站的功能与网络营销效果

从应用的角度看，比较完善的网站并不多，即使一些国际知名公司和咨询公司，也不同程度存在着查找信息不方便、联系方式不完备等问题，有些网站虽然"看起来很美"，内容也很丰富，可并不一定真正能满足用户需要的信息，也不一定能够最大程度地发挥网络营销的作用。从网络营销的角度看，这样的网站都是不成功的。

究竟是什么原因造成大多数网站的缺陷呢？从根本上来说，是设计者缺乏对网站功能的全面理解。网站是一个综合性的营销工具，是开展网络营销的根据地，网站建设的水平直接决定着网络营销的效果，网站功能是否可以从网站上表现出来是网站专业化的重要标志。

1．产品展示功能

产品展示功能是企业网站最重要的功能。顾客访问网站的主要目的是为了对公司的产品和服务进行深入地了解，企业网站的价值也就在于灵活地向用户展示产品说明及图片甚至多媒体信息，即使一个功能简单的网站也应相当于一本可以随时更新的产品宣传资料。过时的产品信息或者产品信息不完善不仅无法促进销售，同时也影响顾客的信心。

2．信息发布功能

产品展示是信息发布的一种形式，但信息发布的含义显然要更广泛一些，网站是一个信息载体，在法律许可的范围内，可以发布一切有利于企业形象、顾客服务及促进销售的企业新闻、产品信息、各种促销信息、招标信息、合作信息，甚至人员招聘信息等。因此，拥有一个网站就相当于拥有一个强有力的宣传工具。但并非每个网站都认识到这一点，没有充分发挥网站的信息发布功能，显然是对营销资源的浪费。

3．顾客关系与服务功能

网站可以为顾客提供各种在线服务和帮助信息，如常见问题解答、详尽的联系信息、在线填写寻求帮助的表单、通过聊天实时回答顾客的咨询等。同时，利用网站还可以实现增进顾客关系的目的，如通过发行各种免费邮件列表、提供有奖竞猜等方式吸引用户的参与。

4．网上调查功能

网站上的在线调查表可以获得用户的反馈信息，用于产品调查、消费者行为调查、品牌形象调查等，是获得第一手市场资料有效的调查工具。

此外，网站的功能还表现在品牌展示、销售促进等方面。网站的功能越完善，对促进整体营销效果也越有利，否则，即使网站推广投入的人力和财力很多，网络营销效果仍然不理想，因为网络营销是一个系统工程，一个小问题就可能影响到最终的效果，而网站建设对网站功能的发挥尤其重要。

5.2　企业网站建设

5.2.1　企业网站建设的重要性

作为企业网络营销系统工程的主要展示平台，企业网站建设的重要性不言而喻，它主要包括 7 个方面。

（1）拥有自己的域名并建立自己的网站，树立企业的完美形象。作为第四媒体的互联网，其主要特点就是跨时空性。在正常情况下，网站无时无刻不在工作，通过企业的网站，用户可以更直观地了解企业，利用多媒体技术，企业可以向用户展示产品、技术、经营理念、企业文化、企业形象，树立现代企业形象，增值企业无形资产。

（2）宣传企业，创造销售机会。据调查，有超过 30% 的人是通过上网查询企业的电话和地址的，这一比例和通过 114 查询的比例相接近，可见企业网站已成为许多人首次接触企业、了解相关信息的选择。

（3）加强客户沟通，宣传企业产品，企业可以通过网站建立与客户沟通的便捷渠道，全面展示企业的所有产品。网络科技足以使产品与品牌形象更加立体地呈现在用户面前，就算企业仅仅把网站当成电子宣传册来使用，也较传统的宣传模式更加多姿多彩，更易于发布与传播信息，更经济与环保。

（4）丰富营销手段，扩大产品销售渠道，企业网站可以满足一部分客户网上查询与采购的需要，抓住网络商机。企业通过网站可以开展电子营销，首先，电子营销是传统营销的补充；其次，电子营销可以拓展新的空间，增加销售渠道，接触更大的消费群体，获得更多的新顾客，扩大市场；最后，电子营销可以减少环节，减少人员，节约费用，降低成本，有利于提高营销效率。

（5）了解顾客的意见，掌握顾客的需求。在不干扰顾客正常工作和生活的条件下，企业通过网站上的调查表、留言簿、定制服务以及 E-mail 可以倾听顾客的心声，了解顾客的意见，加强企业与顾客间的联系，建立良好的客户关系。

（6）改善企业服务，提高业务含金量。利用网站，通过电子沟通方式，企业开展的在线服务是传统的沟通方式（如邮件、电话、传真等）所无法比拟的，在线服务能够更加及时准确地掌握用户的需求，通过网站的交互式服务使被动提供和主动获得统一起来，从而实现售前、售中、售后全过程和全方位的服务。

（7）突破时空限制。一个网站能同时服务于世界各地的用户，同时网络无休息日，一年365 天，一天 24 小时，永远忠实地服务于所有客户。

5.2.2 企业网站建设的原则

企业建立自己的网站应该遵循一定的原则，有利于企业自身目的和目标的实现。具体说来，企业建站主要有 10 个原则。

1. 明确网站建设的目标和用户需求

Web 站点的设计是展现企业形象、介绍产品和服务、体现企业发展战略的重要途径，因此必须明确设计站点的目的和用户需求，从而做出切实可行的设计计划。要根据消费者需求、市场状况、企业自身情况等进行综合分析，牢记以消费者为中心，而不是以"美术"为中心进行设计规划。在设计规划之初同样考虑：网站建设的目的是什么？为谁提供服务和产品？企业能提供什么样的产品和服务？网站建设的目标消费者和受众的特点是什么？企业产品和服务适合什么样的表现方式？

2. 确定总体设计方案主题

在目标明确的基础上，完成网站建设的构思创意，即总体设计方案。对网站建设的整体风格和特色做定位，规划网站建设的组织结构。Web 站点应针对所服务对象（机构或人）的不同而具有不同的形式。有些站点只提供简洁文本信息；有些则采用多媒体表现手法，提供华丽的图像、闪烁的灯光、复杂的页面布置，甚至可以下载声音和录像片段。好的 Web 站点把图形表现手法和有效的组织与通信结合起来。要做到主题鲜明突出，要点明确，以简单明确的语言和画面体现站点的主题。调动一切手段充分表现网站的个性、情趣和特色。

Web 站点主页应具备的基本成分包括：页头准确无误地标识站点和企业标志；用来接收用户垂询的 E-mail 地址；联系信息，如普通邮件地址或电话；版权信息，如声明版权所有者等；注意重复利用已有信息，如客户手册、公共关系文档、技术手册和数据库等可以轻而易举地用到企业的 Web 站点中。

3. 合理编排网站的版式设计

网站建设设计作为一种视觉语言，要讲究编排和布局，虽然主页的设计不等同于平面设计但它们有许多相近之处，应充分加以利用和借鉴。版式设计通过文字图形的空间组合，表达出和谐与美。一个优秀的网页设计者也应该知道哪一段文字图形该落于何处，才能使整个网页生辉。多页面站点页面的编排设计要求把页面之间的有机联系反映出来，特别要处理好页面之间和页面内秩序与内容的关系。为了达到最佳的视觉表现效果，应讲究整体布局的合理性，使浏览者有一个流畅的视觉体验。

4. 使用合适的网页设计色彩

色彩是艺术表现的要素之一。在网页设计中，根据和谐、均衡和重点突出的原则，将不同的色彩进行组合. 搭配来构成美丽的页面。根据色彩对人们心理的影响，合理地加以运用。按照色彩的记忆性原则，一般暖色较冷色的记忆性强；色彩还具有联想与象征的物质，如红色象征血、太阳；蓝色象征大海、天空和水面等。所以设计出售冷食的虚拟店面，应使用淡雅而沉静的颜色，使人心理上感觉凉爽一些。网页的颜色应用并没有数量的限制，但不能毫无节制地运用多种颜色。

在运用过程中，还应注意一个问题：由于国家和种族、宗教和信仰的不同，以及生活的地理位置、文化修养的差异等，不同的人群对色彩的喜恶程度有着很大的差异。如儿童喜欢对比强烈、个性鲜明的纯颜色；生活在草原上的人喜欢红色；生活在闹市中的人喜欢淡雅的颜色；生活在沙漠地区的人喜欢绿色。在设计中要考虑主要读者群的背景和构成。

5. 保证网页内容形式统一

要将丰富的意义和多样的形式组织成统一的页面结构，形式语言必须符合页面的内容，体现内容的丰富含义。运用对比与调和、对称与平衡、节奏与韵律以及留白等手段，通过空间、文字、图形之间的相互关系建立整体的均衡状态，产生和谐的美感。如对称原则在页面设计中，它的均衡有时会使页面显得呆板，但如果加入一些富有动感的文字、图案，或采用夸张的手法来表现内容往往会达到比较好的效果。点、线、面作为视觉语言中的基本元素，要使用点、线、面的互相穿插、互相衬托、互相补充构成最佳的页面效果。网页设计中点、线、面的运用并不是孤立的，很多时候都需要将它们结合起来，表达完美的设计意境。

6. 构建网站空间与虚拟现实

网络上的三维空间是一个假想空间，这种空间关系须借助动静变化、图像比例关系等空间因素表现出来。在页面中，图片、文字位置前后叠压，或页面位置变化所产生的视觉效果都各不相同。图片、文字前后叠压所构成的空间层次目前还不多见，网上更多的是一些设计比较规范、简明的页面，这种叠压排列能产生强节奏的空间层次，视觉效果强烈。网页上常见的是页面上、下、左、右、中位置所产生的空间关系，以及疏密的位置关系所产生的空间层次，这两种位置关系使产生的空间层次富有弹性，同时也让人产生轻松或紧迫的心理感受。现在，人们已不满足于 html 语言编制的二维 Web 页面，三维世界的诱惑开始吸引更多的人，虚拟现实要在 Web 网上展示其迷人的风采，于是 VRML 语言出现了。VRML 是一种面向对象的语言，它类似 Web 超级链接所使用的 HTML 语言，也是一种基于文本的语言，并可以运行在多种平台上，只不过能够更多地为虚拟现实环境服务。

7. 利用多媒体功能

网络资源的优势之一是多媒体功能。要吸引浏览者注意力，页面的内容可以用三维动画、Flash 等来表现。但要注意，由于网络带宽的限制，在使用多媒体的形式表现网页的内容时应考虑客户端的传输速度。

8. 及时测试和改进网站

测试实际上是模拟用户询问网站建设的过程，用以发现问题并改进设计。要注意让用户参与网站建设测试。

9. 随时更新网站内容与加强客户沟通

企业 Web 站点建立后，要不断更新内容。站点信息的不断更新可以让浏览者了解企业的发展动态和网上事务等，同时也会帮助企业建立良好的形象。要认真回复用户的电子邮件和传统的联系方式如信件、电话垂询和传真，做到有问必答。最好将用户的用意进行分类，如售前一般了解、售后服务等，由相关部门处理，使访问者感受到企业的真实存在并由此产生信任感。注意不要许诺实现不了的东西，在真正有能力处理回复前，不要恳求用户输入信息或罗列一大堆自己不能及时答复的电话号码。如果要求访问者自愿提供个人信息，应公布并认真履行个人隐私保护承诺。

10. 合理运用新技术

新的网站建设制作技术几乎每天都会出现，如果不是介绍网络技术的专业站点，一定要合理地运用网页制作的新技术，切忌将网站建设变为一个制作网页的技术展台，永远记住用户方便快捷地得到所需要的信息是最重要的。对于网站建设设计者来说，必须学习跟踪掌握网页设计的新技术，如 DHTML、XML 等，根据网站建设内容和形式的需要合理地应用到设计中去。

5.2.3 网站建设的步骤

1. 目标规划

网站建设首先要有一个关于要建网站的想法，一般来说，建一个商务网站应考虑以下几个问题：服务对象、建站的目的、开发目标、应用领域、规格描述、实现要求等。

2. 系统分析

它包括：对网页主题意义的分析；对网页内容的分析；对制作者已有资源的分析；对网站的软硬件环境的分析；对网页可能访问者的分析；在此基础上网站建设的合理性及可行性，进一步明确建站的目标。

3. 系统设计

一般网页设计类似于软件开发的设计，有自顶向下、自底向上和不断增补等设计方法。主要任务是网页内容的设计，包括网页的信息组织结构、外观、内容分块、导航与链接、目录结构等的设计。系统设计是网站具体实现前的准备，对网页的实现进一步提出更具体的要求，对网页的整体效果、局部细节能有更明确的想法。这个过程是整个网站规划中的关键。

4. 网站实现

网站的实现包括网页的实现和 www 服务器的实现两部分。前者主要使用 html 语言，另外用到 JavaScript、图像制作、CGI 编程等具体的技术；后者则用到各种基于不同操作系统的 www 服务器软件的安装、调试。这个阶段是整个过程中最主要、最耗时的一部分。

5. 网页发布

这个阶段网页制作接近尾声，主要工作是把做好的网页发布到网络上（Internet 或 Intranet），对网页做最后的修改、测试，保证网页能在网络上正常地运行。

6. 网页调试

网页发布后将对网页进行各个方面各种情况的测试，包括网页能否在任何不同的浏览器中浏览；对于任何不同的访问者都表现正常，JavaScript、CGI 程序能否正常工作等。这个阶段称为网页的试运行期，此时应把网页的各种缺陷尽量弥补，使网页更为完善。

7. 维护与管理

这个阶段网站进入正常运行期，主要工作是及时更新网页过时的信息，及时对访问者的留言作出反馈，进一步完善网页，不断采用新的技术更新升级网页，使网页的访问更迅速，外观更美观，信息资源更丰富。

5.2.4 网站建设的成功因素

设计一个网站应该考虑 9 条基本因素，这些因素对网站的成功与否有着重要影响。

1. 整体布局

网站主页就好像是宣传栏或者店面——对访问者产生第一印象，都希望给人留下好印象。一般来说，好的网站应该给人有这样的感觉：干净整洁、条理清楚、专业水准、引人入胜。网页应该力求抓住而不是淹没浏览者的注意力，过多的闪烁、色彩、下拉菜单框、图片等会让访问者无所适从——离开是最好的选择，就像一些商店，播放震耳欲聋的音乐，顾客要做的唯一决定很有可能就是离开那里，越快越好。

2. 高价值信息

无论商业站点还是个人主页，必须给人们提供有一定价值的内容才能留住访问者。企业网站，需要提供关于产品或服务的信息：容易理解、容易查询、容易订货。

3. 访问速度

页面下载速度是网站留住访问者的关键因素，如果 20 ~ 30 秒还不能打开一个网页，一般人就会没有耐心。至少应该确保主页速度尽可能快，最好不要用大的图片。应该时时提醒自己，网站首页就像一个广告牌，当开车经过一个广告牌时，没有时间阅读上面的详细说明，也不可能欣赏复杂的图案，广告标志从眼前一闪而过，必须在一瞬间给人留下印象。

4. 图形和版面设计

图形和版面设计关系对主页的第一印象，图像应集中反映主页所期望传达的主要信息。

商业站点不必让过分显眼的动画出现在首页；但如果网站是游戏站点，动画将是必不可少的。图片是影响网页下载速度的重要原因，根据经验，把每页全部内容控制在 30 KB 左右可以保证比较理想的下载时间。图像在 6~8 KB 之间为宜，每增加 2 KB 会延长 1 秒钟的下载时间。颜色也是影响网页的重要因素，不同的颜色对人的感觉有不同的影响。

5．文字可读性

我们仍然用广告牌的比喻来说明，文字要在广告牌上突出，周围应该留有足够的空间。也许你曾到过一些网站，要么拥挤不堪的文字觉得好像只有把脑袋钻进去才能阅读，要么深色的背景给人的感觉好像处于非常狭窄的空间里，而且让人的心情感觉很压抑。文字的颜色也很重要，不同的浏览器有不同的显示效果，有些在自己浏览器上很漂亮的颜色在其他浏览器上可能无法显示。能够提高文字可读性的因素还有所选择的字体，通用的字体最易阅读，特殊字体用于标题效果较好，但是不适合正文，因为阅读费力，眼睛很快就会疲劳，就不得不转移到其他页面。

6．网页主题可读性

必须尽量使网页易于阅读，除了分栏之外，也需要利用标题和副标题将文档分段。为所有标题和副标题设置同一字体，并将标题字体加大一号，所有标题和副标题都采用粗体，这样便于识别标题和副标题，使浏览者一眼就可以看到要点，以便继续阅读感兴趣的内容。标题的重要性可见一斑，要认真写好每个标题，也可以将整句采用粗体或用不同的颜色突出某些内容，不过不要用难以阅读的颜色。

7．网站导航条

人们的阅读习惯是从左到右、从上到下，主要的导航条应放置在页面左边，对于较长的页面，在最底部设置一个简单导航也很有必要（只要两项就够了：主页 | 页面顶部）。确定一种满意的模式后，最好将这种模式应用到同一网站的每个页面，这样便于浏览者寻找信息。

8．个人隐私保护和客户推荐信

对于商业网站，最重要的事情之一是确保潜在客户的信心，应该明确地告诉人们，如何对其兴趣、爱好，尤其个人隐私保密，很有必要专门用一个页面详细陈述保护个人信息的声明，包括对访问者的 E-mail 地址保密、如何接受订单、如何汇总信息、汇总这些信息的目的、谁可以看到这些信息等基本内容。访问者也想知道现有客户对产品或服务的反映，所以如果能引用关系融洽客户的积极评价，对企业的可信度有很大帮助。可以把客户的推荐信另设计为一个网页，作为对客户提供推荐信的回报，把它链接到客户的网站，这也是一种双赢。

9．准确用词

一个网站如果只有漂亮的外观，而词语错误连篇、语法混乱，同样是失败的，对于网站所有者和负责人将产生很坏的影响，人们会用许多贬义词来评价你：粗心大意、懒惰、外行、没水平等。

5.2.5 网站建设的内容

由于大多数传统企业离开展电子商务还很远，信息发布型网站仍然是企业网站的主流形式，这里对这类网站的内容进行较为详细的介绍。信息发布型网站包括以下主要信息：

（1）公司概况。它包括公司背景、发展历史、主要业绩及组织结构等，让访问者对公司情况有一个概括的了解，作为在网络上推广公司的第一步，也可能是非常重要的一步。

（2）产品目录。提供公司产品和服务的目录，方便顾客在网上查看，并根据需要决定资料的详简程度，或者配以图片、视频和音频资料。但在公布有关技术资料时应注意保密，避免为竞争对手利用，造成不必要的损失。

（3）荣誉证书和专家用户推荐。作为一些辅助内容，这些资料可以增强用户对公司产品的信心，其中，第三方作出的产品评价、权威机构的鉴定或专家的意见更有说服力。

（4）公司动态和媒体报道。公司动态可以让用户了解公司的发展动向，加深对公司的印象，从而达到展示企业实力和形象的目的，因此，如果有媒体对公司进行了报道，应及时转载到网站上。

（5）产品搜索。如果公司产品种比较多，无法在简单的目录中全部列出，那么，为了让用户能够方便地找到所需要的产品，除了设计详细的分级目录之外，增加一个搜索功能不失为有效的措施。

（6）产品价格表。用户浏览网站的部分目的是希望了解产品的价格信息，对于一些通用产品及可以定价的产品，应该标注产品价格，对于一些不方便报价或价格波动较大的产品，也应尽可能为用户了解相关信息提供方便，比如设计一个标准格式的询价表单，用户只要填写简单的联系信息，点击"提交"就可以了。

（7）网上订购。即使没有方便的网上直销功能和配套服务，针对相关产品为用户设计一个简单的网上订购程序仍然是必要的，因为很多用户喜欢提交表单而不是发电子邮件。当然，这种网上订购功能和电子商务的直接购买有本质的区别，它只是用户通过一个在线表单提交给网站管理员，最后的确认、付款、发货等仍然需要通过网下来完成。

（8）销售网络。实践证明，用户直接在网站订货不一定多，但网上看货网下购买的现象比较普遍，尤其是价格比较贵重或销售渠道比较少的商品，用户通常喜欢通过网络获取足够信息后在本地的实体商场购买。应充分发挥企业网站这种作用，因此，尽可能详尽地告诉用户在什么地方可以买到所需要的产品。

（9）售后服务。质量保证条款、售后服务措施以及售后服务的联系方式等都是用户比较关心的信息，而且，是否可以在本地获得售后服务往往是影响用户购买决策的重要因素，应该尽可能详细。

（10）联系信息。网站上应该提供足够详尽的联系信息，除了公司的地址、电话、传真、邮编、网站、E-mail 地址等基本信息之外，最好能详细地列出客户或者业务伙伴可能需要联系的具体部门的联系方式。对于有分支机构的企业，同时还应当有各地分支机构的联系方式，在为用户提供方便的同时，也起到了对各地业务的支持作用。

（11）辅助信息。有时由于一个企业产品品种比较少，网页内容显得有些单调，可以通过增加一些辅助信息来弥补这种不足。辅助信息的内容比较广泛，可以是本公司、合作伙伴、经销商或用户的一些相关新闻、趣事，或者产品保养、维修常识、产品发展趋势等。

（12）内容之外的内容。在很多企业网站的首页都是一个漂亮的欢迎页面，展示一些图片、动画或者其他多媒体文件，所表现出的信息大多和企业形象或者核心业务无关。据了解，一些企业喜欢这种方式的主要原因是觉得直接进入产品介绍页面，会显得内容贫乏，而且不够专业。其实这种担心是不必要的，因为用户浏览一个网站的目的是要了解有关产品或服务的信息，而不是来欣赏美术作品，那些无关的内容往往会占用访问者的时间，甚至将用户的视线转移。如果一定要采用一个漂亮网页作为首页时，不妨通过一些多媒体手段，在展示企业品牌形象方面下点工夫，尽量不要放置与企业毫无关系的内容。

当然，上述信息仅仅是企业网站应该关注的基本内容，并非每个企业网站都必须涉及，同时也有一些内容并没有包括进去，在规划设计一个具体网站时，主要应考虑企业本身的目标所决定的网站功能导向，让企业上网成为整体战略的一个有机组成部分，让网站真正成为有效的品牌宣传阵地、有效的营销工具，或者有效的网上销售场所。

网站的内容对于企业来说无疑是非常重要的，在具备了企业网站的内容之后，如何布局网站内容也是至关重要的。网站的内容对于整个网站来说就是生命，是灵魂。综观当前的企业网站，除了产品、企业介绍之外几乎别无他物，这样的企业网站显然非常空洞，没有黏合性。企业网站不能过于直接叫卖自身的产品，而是应该合理地利用企业网站这个平台，站在客户的立场去想客户之所想，切实解决用户的问题。如何布局企业网站内容可以参考5点。

(1) 内容关键字。关键词就是用户在使用搜索引擎查找信息时输入搜索框中的文字。为了让用户通过搜索引擎的查询能到达企业网站，就得想办法让企业网站在搜索引擎结果的排名中靠前，越靠前点击进入网站的用户就越多。提高这个排名一个重要的因素就是"内容关键字的比重"。网站文章内容如果跟企业性质相去甚远，就算搜索引擎能带来用户，也是无效的用户，他们是不可能转化为真正有效客户的。例如，如果你的企业是生产茶叶的，那么最好网站所有的内容都围绕"茶叶"来开展，内容越是紧密，那么搜索引擎中输入"茶叶"二字，网站排名肯定是越靠前，当然最好是优秀的原创内容。

网页关键字密度是指在一个页面中，关键字或关键字段占所有页面中总文字的比例，该指标对搜索引擎的优化能起到关键的作用。为自然提高在搜索引擎中的排名位置，网站中页面的关键字密度不能过高，也不要过低，一般在1% ~7%较为合适。千万别把所有的关键字或关键字段堆积在一起，否则搜索引擎便是一种人为恶意行为，直接降低网站的排名位置。

(2) 网站内容标题。根据用户使用搜索引擎的习惯，都是希望能直接命中搜索目标，比如"什么是安度网"、"为什么是安度网"等类似的关键字，那么网站内容的合理布局就应该考虑用户的这个迫切需求。还是以茶叶为例，如"什么是好茶叶"、"如何鉴别茶叶好坏"等。一是考虑用户使用搜索引擎而急于快速命中目标的特性；二是切实为用户解决问题，从而提高网站访问者向有效客户的转变。因此，网站文章内容的标题最好是包含明确意图，而且搜索引擎也对此类文章标题有所偏爱，充分保证搜索引擎结果中的排名位置。

(3) 网站内容黏合。网站内容的黏合性就是指网站文章与文章之间关系应该相对紧密。让用户一旦到达网站后就自然而然的继续阅读其他文章，就能进一步了解企业和产品，从而提高客户转换率。例如，如果用户通过搜索引擎"什么是好茶叶"这一关键字到达网站，当用户阅读完一篇文章后，能提示用户相关的文章还有"如何鉴别茶叶质量"，这个用户是无法拒绝的。用户在网站上停留的时间越长，阅读的文章越多，那么他们就越有可能转化为客户，从而产生经济效益。

(4) 网站栏目导航。网站内容如何分类是一个关键的问题，好的分类就是让用户不要晕头转向，栏目名称要和栏目下面的内容完全吻合。用户在网站停留的时间就在于网站栏目如何合理分类，让用户产生进一步点击的欲望。栏目标题不应该大而泛，也不应该追求简短，而是应该细致具体，说不清楚的地方就多用几个字来做栏目名称，栏目名称不是为了叫响亮，也不是为了工整押韵，而是让用户明白他找对了地方。

（5）内容软广告链接。当网站有了合理的内容，文章之间也有合理的关联，文章标题足够吸引人，栏目清晰明了，那么最好就是让网站的访客转化为客户。安度网多次提出过软性广告要比直接叫卖的效果好得多。文章内容中应该无意中向用户提及产品，或是侧面证明企业产品的质量等，这就可以穿插一些相关的链接，来指向产品链接。从而将网站的流量真正的转化为经济收入。

5.2.6 网站建设的技术

1. 网站设计与规划

（1）系统结构设计。

网站系统通常采用三层结构设计：前台展现层、业务处理逻辑层和数据层。前台展现层主要由动态或静态网页构成，是系统的交互窗口，用户的访问请求和结果展示都由这部分实现。业务处理逻辑层主要是按照业务关系，完成各种计算、数据组织、展现结果转换等。数据层由数据库作为存储支持，完成数据的存储、加工提取，按照访问端的要求提交数据给逻辑层处理。这种结构设计的主要优点是：业务与网站分离，逻辑与数据分离，保证了系统的可扩展性和安全性，当用户业务逻辑发生变化时，只需更改中间层即可。在系统开发平台选择方面，目前的主流开发平台是 J2EE 和 .NET 两种，J2EE 适合于大型的商业网站，在速度和安全性方面相对较好，.NET 更适合于信息发布量不大的中小型网站，开发界面友好，可以和 Windows 系统很好地结合，Web 服务器可以直接采用 Windows 的 IIS，开发成本较低。

（2）系统整体规划。

网站的总体规划直接涉及网站的整体性能，要充分考虑系统的实用性、功能完备性及安全性等。

① 实用性。充分调研网站的需求，制定实现目标。对展现内容及栏目设置进行全面的把握和研究，明确相关信息的总体范围、种类及数量规模。在整体框架相对固定的基础上，尽量考虑栏目的可扩展性，要有预留栏目或模板界面，便于栏目的增减。

② 完备性。功能完备性包括两个方面：一是前台内容栏目展现，它包括 3 种类型，即信息发布、信息上传或下载和信息交互。二是后台维护，要按版面栏目设定账号权限，实现按不同的角色分配维护不同的栏目信息。

③ 安全性。涉及网站安全的隐患有很多，通常有 3 个方面的因素要重点考虑：一是网络服务器安全；二是远程管理等的账号安全；三是脚本安全。前两方面可以通过布置防火墙、远程登录验证等手段加以防范。脚本安全是指在网站上的 ASP、JSP、CGI 等服务器端运行的脚本代码安全问题，这要求在程序设计过程中要有所考虑，主要是 SQL 语句问题。SQL 语句的一些变量是通过用户提交的表单获取，如果对表单提交的数据没有做好过滤，对敏感字段进行了数据加密，攻击者就可以通过构造一些特殊的 URL 提交给系统，或者在表单中提交特别构造的字符串，造成 SQL 语句没有按预期的目的执行。另外，在程序中不要直接写入 SQL 语句，要通过服务器的存储过程调用来访问数据库，避免直接受到攻击。

2. 功能模块实现技术

（1）数据库。

① Access。Access 是 Microsoft 公司推出的 Microsoft Office 组件之一。它是一些关于某个特定主题或者目的的信息集合，适合于简单小型信息系统。其优点是简单、易用、灵活，缺点是不支持大型应用。目前主流的动态网页已经很少使用了。

② MySQL。MySQL 是一个真正的多用户、多线程 SQL 的开放源代码关系型数据库服务器，支持标准的 SQL 语言。SQL 是世界上最流行的标准化数据库语言。MySQL 是以一个客户机/服务器结构实现的，它由一个服务器守护程序 mysqld 和很多不同的客户程序和库组成。其优点是快速、灵活和易用，可以极大地降低系统的开发成本，完全免费，开发代码源，并且可以跨平台。它更适合中小型企业，尤其是在 Unix 平台上配合 PHP 或者 JSP 搭配使用，应用于 Unix 平台上的网站系统和企业小型业务系统具有良好的跨平台性。其缺点是，作为非商业软件，不支持存储等。

③ SQL Server。SQL Server 是 Microsoft 公司的商业数据库产品，也是目前 Windows 平台使用最多的数据库。其优点是界面友好，具有强大的 GUI，具备良好的易用性、商用稳定性，功能性比较强大。它支持存储过程、游标、C/S 架构与分布式运算，具备良好的安全性，价格适中。其缺点是运行平台单一，目前只可以在 Win32 平台上运行，多用户时性能不佳。它适用于部署在 Windows 平台的中型应用项目，目前企业中 Windows 平台中小项目大多使用该数据库。

④ Oracle。Oracle 是甲骨文公司推出的大型商用关系型数据库，是数据库产品中的典范。其优点是 Oracle 数据库从性能、安全性、开放性、可伸缩性上都非常出色，尤其是在性能上保持了 Windows NT 下的 TPC-D 和 TPC-C 的世界纪录；良好的多平台支持性，能在所有主流平台上运行，规范的标准化，多层次网络计算，支持多种工业标准，采用完全开放策略；可以使客户选择最适合的解决方案，对开发商全力。其缺点是，作为商用软件，价格昂贵，小规模企业很少使用，Oracle 数据库专业人才比较少，开发成本高。Oracle 适合于中型大型应用项目的开发。目前在电信、银行、电力、保险等大中型企业都广泛使用。

⑤ DB2。DB2 是 IBM 公司推出的企业级商用关系型数据库软件。其优点是具有广泛的应用性，全球 500 强企业 85% 以上使用它，而我国使用较少；性能较高，适合于数据仓库和在线事物处理；能够在所有主流平台上运行，最适合海量数据，向下兼容性非常好，适合于大中型应用项目的开发。其缺点是，作为商用软件，价格较高，专业人才少，开发成本高。它一般同 IBM 的管理系统一起使用。

可见，选择数据库非常重要，而选择合适的数据库除了考虑性能、安全性等方面以外，更重要的是必须结合项目的规模、用户数量、应用部署的平台、开发所使用的技术等。

（2）技术体系架构。

了解了数据库技术之后，还应该了解一下动态网站的体系架构，这里主要说明 JAVA 体系架构和 . NET 体系架构。

① JAVA 体系架构。JAVA 是一种简单的、面向对象的、分布式的、解释型的、健壮安全的、结构中立的、可移植的、性能优异的、多线程的动态语言。1995 年 SUN 公司推出 Java 语言之后，全世界的目光都被这个神奇的语言所吸引。

JAVA 语言这些年涉及各个领域、无处不在，从电子商务、金融、电信等行业到移动电子产品、消费品领域都发挥着强大作用。JAVA 的整体应用架构如下：

J2SE 现在也称 JAVA SE 体系，为基本的 JAVA 2 SDK 并提供工具、运行机制和供开发者编写、交付和使用的 Applet 和 Application 的 API。其主要产品包括：Java 2 SDK Standard Edition，Java 3Runtime Environment，Java Plug-in，JavaBeans Development Kit，Java HotSpot Server Virtual Machine。

J2EE 又称 JAVA EE 体系，这个体系组合中组合了许多技术，提供了广泛的应用编程模型和兼容性测试套件，以便建立企业级的服务器端应用。其主要体系包括：Enterprise Java-Beans，Java Server Pages，Java Servlet，Java Naming And Directory InterfaceTM，Java ID，JD-BC，Java Message Service，Java Transaction，JavaMail 和 RMI – HOP。

J2ME 有高度化的 JAVA 运行环境，面向广泛的消费品，包括手机、蜂窝电话、掌上电脑、电视、导航设备等。此体系包括 J2EMTM Technology，Connected Limited Device Configuration，KWM，Personal Java Technology，Personal Java Application Environment，Embedded Java Technology，Embeded Java Application Environment，Java Phone API，Java TV API，Jini Connection Technology 和 MIDP。

②.NET 体系架构。.NET 不是单纯的编程语言，也不是单纯的开发工具，它是从底层平台构建起来的一个整体框架：.NET Framework。

其中，VB. net、Asp. net 等都是在过去 VB、Asp 等语言的基础上，支持 CLR、CLI，增加许多特性后演变而来的，而 C#则是由 Yurbo Pascal、Delphi 和 Visual J++ 的首席设计师 Anders 倾心三年设计的，是完全面向组件的编程语言，也是.NET 框架下编程语言的核心。

CLR（Common Language Runtime，公共语言运行库），几乎每种语言都有自己的运行库。VB 的运行库名为 VBRUN，而 VC++ 的运行库为 MSVCRT。使用.NET，所有支持的语言都有一个公共的运行库 CLR，与其他运行库一样，CLR 也管理内存。另外它还简化了其对象可以进行跨语言交互的应用程序和组建的设计。CLI 是指.NET 所支持的任何语言编程的程序都将由其各自的编译器编译为中间语言，也称为 IL 或 MSIL。

3. 网络编程语言

（1）PHP。PHP 是一种嵌入在 HTML 并由服务器解释的脚本语言，其语法借鉴了 C、Java、PERL 等语言，但只需要很少的编程知识就能使用 PHP 建立一个真正交互的 Web 站点。它可以用于管理动态内容、处理会话跟踪等，支持许多流行的数据库，包括 MySQL、PostgreSQL、Oracle、Sybase、Informix 和 Microsoft SQL Server，它与 HTML 语言具有非常好的兼容性，使用者可以直接在脚本代码中加入 HTML 标签，或者在 HTML 标签中加入脚本代码从而更好地实现页面控制。PHP 提供了标准的数据库接口，数据库连接方便，兼容性强，扩展性强，可以进行面向对象编程。PHP 的优点是，它是专为基于 Web 的问题而设计的，是开放源码，可以支持 Windows NT、Linux 或 Unix 等多种平台。

（2）ASP。它是微软开发的一种类似 HTML 与 CGI 的结合体，它没有提供自己专门的编程语言，而是允许用户使用许多已有的脚本语言编写 ASP 的应用程序，ASP 的程序编制比 HTML 更方便且更有灵活性。它是在 Web 服务器端运行，运行后再将运行结果以 HTML 格式传送至客户端的浏览器。ASP 的最大好处是可以包含 HIML 标签，也可以直接存取数据库及使用无限扩充的 ActiveX 控件，因此在程序编制上要比 HTML 方便且更富灵活性。通过使用 ASP 的组件和对象技术，用户可以直接使用 ActiveX 控件，调用对象方法和属性，以简单的方式实现强大的交互功能。由于它基本上是局限于微软的操作系统平台上的，主要工作环境是微软的 IIS 应用程序结构，又因 ActiveX 对象具有平台特性，所以 ASP 技术不容易实现在跨平台 Web 服务器上工作。

（3）JSP。JSP 即 Java Server Pages，它是由 SUN 公司于 1999 年 6 月推出的新技术，是基于 JavaServlet 以及整个 JAVA 体系的 Web 开发技术。JSP 和 ASP 在技术方面有许多相似之处，不过两者来源于不同的技术规范组织，ASP 一般只应用于 Windows NT 平台，而 JSP 则可以在 85% 以上的服务器上运行，而且基于 JSP 技术的应用程序比基于 ASP 的应用程序易于维护和管理，所以被许多人认为是未来最有发展前途的动态网站技术。

以上几种主流技术在建设动态网站方面可谓各有特色，具体采用哪种方式，还要视具体的需求、财力物力以及技术能力而定。JSP 技术可以跨平台、速度、安全性方面较好，但相对技术水平要求较高，而且要求有 Web 服务器中间件的支持；ASP 或 ASP. NET 技术，相对来讲实现较为方便，而且可以利用 Windows 系统本身的 IIS 作为服务中间件服务器，所以 ASP 技术越来越成为现代网站建设的主要技术。

5.3　网站测试及维护

5.3.1　网站测试

网站测试主要包括以下 5 个方面。

1. 网站功能测试

它主要包括链接测试、表单测试、Cookies 测试、设计语言测试、数据库的测试。

（1）链接测试。链接是 Web 应用系统的一个主要特征，它是在页面之间切换和指导用户查找一些不知道地址页面的主要手段。链接测试可分为三个方面：一是测试所有链接是否按指示的那样确实链接到应该链接到的页面；二是测试所链接的页面是否存在；三是保证 Web 应用系统上没有孤立页面，即只有知道正确的 URL 才能访问的页面。链接测试可以自动进行，现在很多工具可以采用。

（2）表单测试。当用户给 Web 应用系统管理员提交信息时，就需要使用表单操作，如用户注册登录等。这就必须测试提交操作的完整性，以检验提交给服务器的信息的正确性。

（3）Cookies 测试。Cookies 通常用来存储用户信息和用户在某应用系统的操作，当一个用户使用 Cookies 访问一个应用系统时，Web 服务器将发送关于用户的信息，把该信息以 Cookies 形式存储在客户端的计算机上，这可用来创建动态和自定义页面或者存储登录等信息。如果使用了 Cookies，就必须对 Cookies 是否能正常工作进行测试。测试的内容包括是否起作用、是否按预定的时间进行保存、刷新对其有什么影响等。

（4）设计语言测试。Web 设计语言版本的差异可以引起客户端或者服务器端严重的问题，所以应对 HTML 的版本以及不同的脚本语言如 Java、JavaScript、ActiveX 等也要进行验证。

（5）数据库的测试。在使用数据库的 Web 应用系统中，一般情况下可能发生两种错误：数据一致性错误和输出错误。数据一致性错误主要是由于用户提交的表单信息不正确造成的；而输出错误主要是由于网络速度或者程序设计问题等引起的，这两种情况可分别测试。

2. 网站性能测试

它主要包括连接速度测试、负载测试、压力测试。

（1）连接速度测试。用户上网的方式不同，有电话拨号、宽带上网等，如果连接时间长，用户便会因没有耐心而离开。另外还有页面超时的限制，如果相应太慢，用户可能还没有来得及浏览内容，就需要重新登录。此外，连接速度太慢还可能造成数据丢失。

（2）负载测试。为了测量 Web 系统在某一负载级别上的性能，以保证 Web 系统需求范围内能够正常工作。负载级别可以是某个时刻同时访问 Web 系统的用户数量，也可以是在线数据处理的数量。

（3）压力测试。负载测试应该安排在 Web 系统发布以后，在实际的网络环境中测试。压力测试是指实际破坏一个 Web 应用系统，测试系统的反应。压力测试是测试系统的限制和故障恢复能力，也就是测试 Web 应用系统会不会崩溃，在什么情况下会崩溃。黑客常常提供错误的数据负载，直到 Web 应用系统崩溃，接着当系统重新启动时获得存取权。压力测试的区域包括表单、登录和其他信息传输页面等。

3. 可用性测试

它主要包括导航测试、图形测试、内容测试、整体界面测试。

（1）导航测试。导航描述了用户在一个页面内的操作方式，它可以在不同的用户接口控制之间，如按钮、对话框、列表和窗口等，也可以在不同的链接页面之间。导航易用性可以通过以下几个问题判断：导航是否直观？Web 应用系统的主要部分是否可以通过主页进行提取？Web 应用系统是否需要站点地图、搜索引擎或其他的导航帮助？

在一个页面上放太多的信息往往会起到相反的效果，因此，Web 应用系统导航往往要尽可能准确。导航的另一个重要方面是 Web 应用系统的页面结构、导航、菜单、链接的风格是否一致。Web 应用系统的层次一旦确定，就要着手测试用户导航功能，让最终用户参与这种测试，效果将更加明显。

（2）图形测试。在 Web 应用系统中，适当的图片和动画应用既能起到广告宣传的作用，又能起到美化页面的功能。图形测试的内容包括：要确保图像有明确的用途，图片或动画不要胡乱地放在一起，以免浪费传输时间；图片尺寸要尽量小，并且能清楚地说明某件事情。验证所有页面字体的风格是否一致。验证图形颜色是否与字体的颜色和背景颜色相搭配。图片的大小和质量也是一个很重要的因素，一般采用 JPG 和 GIF 两种格式。

（3）内容测试。内容测试用来检验 Web 应用系统提供信息的正确性、准确性和相关性。信息的正确性是指信息是可靠的还是误传的。信息的准确性是指是否有语法或者拼写错误，这种测试可以用一些文字处理软件来进行。信息的相关性是指是否在当前页面可以找到与当前浏览信息相关的信息列表或入口，也就是一般 Web 站点中所谓的"相关文章列表"。

（4）整体界面测试。整体界面是指整个 Web 应用系统的页面结构世界，应该给用户一个整体感。对整体界面的测试过程，其实是一个对最终用户进行调查的过程。一般 Web 应用系统采取在主页上做一个调查问卷的形式来得到最终用户的反馈信息。

对于所有的可用性测试来说，都需要有外部人员的参与，最好是有最终用户参与。

4. 兼容性测试

它包括平台测试和浏览器测试。

（1）平台测试。市场上有许多不同的操作系统类型，最常见的有 Windows、UNIX、

Macintosh、Linux 等。Web 应用系统的最终用户究竟使用哪一种操作系统，取决于用户系统的配置。这样就可能会发生兼容性问题，同一个应用可能在某些操作系统下能正常运行，而在另外的操作系统可能会运行失败。因此，在 Web 系统发布之前，须在各种操作系统下对 Web 系统进行兼容性测试。

（2）浏览器测试。浏览器是 Web 客户端最核心的构件，来自不同厂商的浏览器对 Java、JavaScript、ActiveX 或不同的 HTML 规格有不同的支持。另外框架的层次结构风格在不同的浏览器中也会有不同的显示，甚至根本不显示。不同的浏览器对安全性及其设置都是不一样的。测试浏览器的一个方法是创建一个兼容性矩阵。在这个矩阵中，测试不同厂商、不同版本的浏览器对某些构件和设置的适用性。

5. 网站安全测试

安全测试范围主要有以下 5 个方面：

（1）现有的 Web 应用系统基本上是采用先注册、后登录的方式，因此，必须测试有效和无效的用户名和密码，要注意到是否大小写敏感，可以试多少次的限制，是否可以不登录而直接浏览某个页面等。

（2）Web 应用系统是否有超时限制，也就是说，用户登录后在一定时间内没有任何点击，是否需要重新登录才能正常使用。

（3）为了保证 Web 应用系统的安全性，日志文件是至关重要的。需要测试相关信息是否写进了日志文件，是否可以追踪。

（4）当使用了安全套接字时，还需要测试加密是否正确，检查信息的完整性。

（5）服务端脚本常常构成安全漏洞，这些漏洞又常常被黑客利用，所以还要测试没有经过授权，就能在服务器端放置和编辑脚本的问题。

5.3.2 网站维护

作为企业，建立安全管理和系统使用管理制度尤为重要，到目前为止，大多数网站事故不是由于技术不成熟，而是因为工作人员在意识上没有重视网站维护的重要性造成的。网站的维护主要从 6 个方面实施。

（1）数据备份。现代企业对数据的依赖性越来越强，一旦发生大规模的信息丢失或者泄露会对企业造成致命的打击，所以备份是企业抵御风险的一个必备措施。

（2）网站优化。如果企业已经有了网站，但是网站没有达到预期的效果，就应当定期进行网站优化，使网站结构和内容在面向浏览者和搜索引擎时更友好，从而达到目的。

（3）网站改造。随着网络技术的发展以及网站服务器环境的改变，企业原有网站可能会出现兼容性、整体浏览、功能实现等方面的缺陷，网站改造将迅速弥补以上不足。

（4）企业信息更新。网站应该成为企业的信息发布平台，利用这个已经建立的工具为自身树立良好而持续的互联网形象，从而也提供自身在互联网用户心中的可信度。

（5）产品与服务更新。在企业的运营中，总会有产品或者服务更新、价格及其他变动情况，将这些信息及时发布在自己的网站上，创造和把握更多的互联网商机。

（6）日常数据监控。针对在线交互性的企业网站，要定期监控站点论坛、留言板以及专题社区等区域的信息回馈，及时删除无用信息。

5.4 网站推广

网站推广是网络营销的基本职能之一，也是网络营销工作的主要内容，网站推广的基本思想就是利用各种尽可能的方法为用户发现网站建立广泛的途径，也就是建立尽可能多的网络营销传递渠道，为用户发现网站并吸引用户进入网站提供方便。网站推广通常在网站正式发布之后进行，但网站推广方法并不是待网站建设完成之后才去考虑的问题，在网站建设过程中就需要考虑到将要应用的推广方法，并为网站推广提供技术和设计方面的支持，否则将影响网站推广的效果。这里简单介绍一下网站推广，详细内容在第 10 章中介绍。

作为一种新兴的媒体，与传统媒体（如报纸、杂志、广播、电视等）相比，互联网有 5 个特点：主动与互动、信息无限延伸、降低成本、全面的功能、广告优势独特。

目前企业网站应用过程中一个最大的弊端就是不知道如何宣传自己的网站。一般来说，网站推广计划至少应包含下列主要内容：

（1）确定网站推广的阶段目标。如在发布后一年内实现每天独立访问用户数量、与竞争者相比的相对排名、在主要搜索引擎的表现、网站被链接的数量、注册用户数量等。

（2）在网站发布运营的不同阶段所采取的网站推广方法。最好能详细列出各个阶段的具体网站推广方法，如登录搜索引擎的名称、网络广告的主要形式和媒体选择、需要投入的费用等。

（3）网站推广策略的控制和效果评价。如阶段推广目标的控制、推广效果评价等。对网站推广计划的控制和评价是为了及时发现网络营销过程中的问题，保证网络营销活动的顺利进行。

常用的网站推广方法主要有以下几种：

（1）搜索引擎推广方法。搜索引擎是常用的互联网服务之一，基本功能是为用户查询信息提供方便。常见的搜索引擎推广方法有登录分类目录、搜索引擎优化、关键词广告、关键词竞价排名、网页内容定位广告等。

（2）电子邮件推广方法。电子邮件推广主要以发送电子邮件为网站推广手段，常用的方法有电子刊物、会员通信、专业服务商的电子邮件广告等。

（3）信息发布推广方法。这种方法将有关的网站推广信息发布在其他潜在用户可能访问的网站上，利用用户在这些网站获取信息的机会实现网站推广的目的，用于这些信息发布的网站有在线黄页、分类广告、论坛、博客网站、供求信息平台、行业网站等。

（4）网络资源合作推广方法。网站推广常常是利用外部资源，当网站具备一定的访问量以后，网站本身也拥有了网络营销的资源，而这样的网站之间可以进行资源合作，通过网站交换链接、交换广告、内容合作、用户资源合作等方式实现互相推广的目的。

此外，非正常的网站在推广中也出现了一些方法，这些方法采用一定强迫性的方式或者非法的方式来达到推广的目的，这里称为非正常的网站推广方法。常见方法有：

（1）垃圾邮件。它是指在未经用户许可的情况下，强行向邮件用户发送大量广告信息。

（2）流氓软件。它是指在未明确提示用户或未经用户许可的情况下，在用户计算机或其他终端上安装运行，侵犯用户合法权益的软件。

（3）弹出广告。弹出广告在一定程度上可以起到丰富网站内容，吸引访问者注意力的效果，但是大量的弹出广告会让用户不知所措，甚至产生反感情绪。

（4）带来法律纠纷的一些方法。这主要集中在一些侵犯他人版权、商标权等方法，如恶意抢注域名来获取高访问量，不正常利用搜索引擎引起的商标权诉讼等。

案例分析：强生企业的网站与网络营销

今天，强生已发展成为拥有180多个公司、近10万员工的世界大家庭，生产婴儿护理、医疗用品、家庭保健产品、皮肤护理用品、隐形眼镜和妇女卫生品等系列产品。著名的邦迪牌创可贴更是人人居家外出的必备品之一。

显然，策划这类企业网站比策划通用汽车、戴尔和高露洁之类企业网站要难得多。因为设计单一产品企业网站时，当以纵横捭阖为旨，而建立多种产品企业网站时，则以聚敛收缩为要。这有点类似于书法要诀中"小字贵开阔，大字贵密集"之辩证关系。面对旗下众多的企业、产品和品牌，强生网站如果不厌其烦地一味穷举，就可能做成"医疗保健品大全"之类。当然，"大全"本身并无不好，问题是互联网生来就是"万类霜天竞自由"的寥廓天地，人们稀罕的不是遍地"山花烂漫"，而是在寻觅哪边"风景独好"。今日网上谁主一方沉浮，谁就为一方豪杰，可谓英雄割据正当时。

所以强生以"有所为，有所不为"为建站原则，以企业"受欢迎的文化"为设计宗旨，明确主线，找准切入点后便"咬住青山不放松"，将主题做深做透，从而取得极大成功。

1. 站点主题及创意

管理学者素来对强生公司"受欢迎的文化"推崇备至。该企业文化的内涵体现在公司信条中。这是自其成立之初就奉行的一种将商业活动与社会责任相结合的经营理念：第一，公司须对使用其产品和服务的用户负责；第二，对公司员工负责。明确这些边界条件后，强生就选择其婴儿护理品为其网站的形象产品，选择"您的宝宝"为站点主题，整个站点就成了年轻网民的一部"宝宝成长日记"，所有的营销流程自然就沿着这本日记悄然展开。将一家拥有百年历史、位居《财富》500强企业的站点建成"您的宝宝"网站，变成一部"个人化的、记录孩子出生与成长历程的电子手册"。这一创意是否太花边、太离谱了？先别急下结论，任何人只要客观地顺其网站走上一遭，就会发现这的确是个"受欢迎"和充满"育儿文化"气息的地方。在这里，强生就像位呵前护后、絮絮叨叨的老保姆，不时提醒着年轻父母们该关注宝宝的睡眠、他的饮食、他的哭闹、他的体温、如何为他洗澡……年轻父母们会突然发现，在这奔波劳顿、纷乱繁杂的社会中，身边倒确实需要这样的不断指点。尽管随着孩子的日日成长，这位老保姆会时时递来强生沐浴露、强生安全棉、强生尿片、强生围嘴、强生二合一爽身粉、强生Ve保湿蜜，以及其他几十种"强…、强…、强…"。

虽然不尽强生滚滚来，但这份育儿宝典会告诉您这些用品正是孩子现在必需的。而且这时的网站又成了科学与权威的代言人，每种产品都是科学研究成果的结晶，还有各项最新研究报告为证，只需按这吩咐去做准没错！一个站点做到这样，能说它不成功吗？

2. 内容与功能

进入强生网站，左上角著名的公司名标下是显眼的"您的宝宝"站名。每页可见的是各种肤色婴儿们的盈盈笑脸和其乐融融的年轻父母，这种亲情是化解人们对商业站点敌意的利器。首页上"如您的宝宝××时，应怎样处理"、"如何使您的宝宝××"两项下拉菜单告诉来访者，这是帮人们育儿答疑解难的地方。整个网站页面色调清新淡雅，明亮简洁。设有"宝宝的书"、"宝宝与您及小儿科研究院"、"强生婴儿用品"、"咨询与帮助中心"、"母亲交流圈"、"本站导航"、"意见反馈"等栏目。

"宝宝的书"由电子版的"婴儿成长日记"和育儿文献交织组成。前者是强生在网上开设的日记式育儿宝典，任何用户登录后，站点就生成一套记录册，并可得到强生"为您的宝宝专门提供的个性化信息服务"，具体为：育儿日记（网上电子版），记事及提醒服务（重要数据与预约项目），可打印的格式化婴儿保健记录，成长热线（提供与年龄相关的成长信息），研究文献（输入婴儿的周、月数，站点就提供相应内容的育儿文章；也可按主题查询）。

事实上，育儿宝典的服务是从孕期开始的，其中有孕期保健、孕期胎儿发育、娱乐与情绪控制、旅行与工作、产前准备、婴儿出生、母婴保健……然后是初生婴儿的1周、2周、3周……4月、5月……使用者按此时序记录婴儿发育进展时，站点就不断提供各类参考文章，涉及婴儿的知觉、视觉、触觉、听力系统，对光线的反应、如何晒太阳、疾病症状等。各项操作指导可谓细致周全。如如何为婴儿量体温，居然分解出六个步骤进行；至于如何为孩子洗澡，更是先论证一番海绵浴和盆浴不同的道理，然后再要求调节室内温湿度，再分解出浴前准备六步骤和浴后处理六步骤……一个网站认真到了这种地步，不由得不叹服其"对服务负责"信条的威力，相信其进入《财富》500强绝非偶然。

网站还为年轻父母提供了心理指导，这对某些婴儿的父母来说具有特别重要的意义。如"我的宝宝学得有多快"栏目就开导人们，不要将自己的孩子与别人的孩子作比较，"将一个婴儿与其兄弟姐妹或其他婴儿比较是很困难的，只有将他的现在和他的过去作比较，而且你们的爱对婴儿来说是至关重要的。因此，无条件地接受他，爱他，就会培养出一个幸福、自信的孩子来"。促进人们的交流是互联网的主导功能，强生参与运作了一个"全美国母亲中心协会"的虚拟社区。该中心分布于各州的妇女自由组织，目的是"使参加者不再感到孤立无助，能展示其为人之母的价值，切磋夫妇在育儿方面的经验，共同营造出一个适合孩子生长的友善环境"。如今，强生助其上网并归入自己站中，除保留原来交流作用外，还从相关科研动态与信息方面来帮助她们解决问题。强生网站提供服务时，客户输入的数据也进入其网站服务器，这是一笔巨大的资产，将对企业经营起着不可估量的作用，这也是对其认真服务的回报。当然，网站对任何登录的客户数据均有保密的承诺，但这些信息对该公司却是公开的。它需要登录者提供自己与婴儿的基本信息，并说明其与婴儿间的关系（母子、父子、祖孙……）。对于愿意提供"婴儿皮肤类型"、"是否患尿布疹"、"如何喂养（母乳、牛乳、混合、固体食品）"者，就可获得皮肤保健、治疗尿布疹和喂养方面的专项信息服务。当然，对顾客主动从反馈栏发来的求助与问询，网站的在线服务自会给予相应解答。同样，凡参加母亲中心论坛的妇女在被正式接纳前，也须按"极感兴趣"、"有兴趣"、"不太感兴趣"、"不感兴趣"的选项对各种讨论题作出回答，如"母亲工作"、"残疾儿童"、"抚养婴儿"、"取名字"、"孩子出生前后家庭关系变化"、"孕妇保健"、"婴儿用品"、"我的宝宝做得如何"、"趣闻轶事"等。

上述这些客户登记及回答信息到了公司营销专家、心理学家、市场分析家等手中，自然不久就会形成一份份产品促销专案来，至少对企业与顾客保持联系起相当重要的作用。由于这些方案具有极强的家庭服务需求针对性，故促销成功率应当高。

3. 网站点评

面对庞大的企业群和无数产品，强生网站若按一般设计，可能就会陷入"前屏页面查询 + 后台数据库"的检索型网站之流俗格局。从网络营销角度上看，这类企业站点已呈"鸡肋"之颓势。这就如同各种典籍类工具历来都有，但任何时候都不会形成阅读热潮和建立起忠实的顾客群体，且对强生来说，那样做还无助于将其底蕴深厚的企业文化传统发挥出来。

如今，企业站点在设计上作了大胆的取舍，毅然放弃了所有品牌百花齐放的方案，当然，强生为旗下每家公司注册了独立域名，并能从站点 Websites 目录中方便地查到，只以婴儿护理用品为营销主轴线。选择"您的宝宝"为站点主题，精心构思出"宝宝的书"为其与客户交流及开展个性服务的场所。力求从护理层、知识层、操作层、交流层、情感层、产品层上全面关心顾客痛痒，深入挖掘每户家庭的需求，实时跟踪服务。

于是，借助于互联网络，强生开辟了丰富多彩的婴儿服务项目；借助于婴儿服务项目，强生建立了与网民家庭的长期联系；借助于这种联系，强生巩固了与这一代消费者间的关系，同时又培养出新一代的消费者。

"强生"这个名字必然成为最先占据新生幼儿脑海的第一品牌，该品牌可能将从其记事起，伴随其度过一生。网络营销做到这一境界，已是天下无敌。

问题：我们从强生的案例中得到什么启示？

5.5　习题

1. 企业网站功能包括_____ _____ _____ _____4 个方面。
2. 电子营销在整个市场营销中占据着重要地位。首先电子营销是_____的补充；其次，电子营销可以拓展新的空间，增加_____，接触更大的_____，获得_____，扩大市场；最后，电子营销可以_____ _____ _____ _____，有利于提高营销效率。
3. 与传统媒体相比，互联网有 5 个特点：①_____；②_____；③_____；④_____；⑤_____。
4. 简述企业网站与网络营销的关系。
5. 简述网站建设的内容。
6. 企业建站中要用到哪些技术？
7. 网站测试包括哪些内容？
8. 简述网站推广的方法。

第 3 部分　网络营销的策略和方法

第 6 章　网络营销策略

本章重要内容提示：

本章首先总体介绍了企业开展网络营销活动中应用的一系列营销策略，列举 Web1.0 时代与 Web2.0 时代下多种不同的网络营销方式。然后分别重点阐述了产品、价格、渠道、促销四大网络营销策略。最后针对我国目前企业开展网络营销情况，提出具有我国特色的 3 大网络营销策略，即 E-mail 营销、网站营销和提供个性化服务营销。

6.1　网络营销策略综述

6.1.1　网络营销策略简介

网络营销策略是指企业为了自身发展的需要，根据其在该行业中所处地位的不同而采取的一系列网络营销方法的组合，主要包括产品策略、价格策略、渠道策略和促销策略。在采取网络营销实现企业营销目标时，必须采取与企业相适应的营销策略，因为网络营销虽然是非常有效的营销工具，但企业实施网络营销时是需要进行投入的和有风险的。同时企业在制定网络营销策略时，还应该考虑到产品周期对网络营销策略制定的影响。网络营销并不仅仅是一些操作方法的简单组合，而是一个关系到多个层面的系统性工程，如果缺乏网络营销总体策略的指导，常规的网络营销方法所带来的效果是很有限的，有些甚至无法取得明显效果，因此很有必要将网络营销的研究提升到总体营销策略层面。

网络营销策略就是为有效实现网络营销任务、发挥网络营销应有的职能，从而最终实现销售增加和持久竞争优势所制定的方针、计划，以及实现这些计划需要采取的方法。

互联网作为企业整体营销推广的最前哨、最重要的一环，根据互联网的特点制定相应的网络营销策略是成功的前提，可以从 5 个方面思考。

（1）产品性质。网络上最适合的营销产品是流通性高的产品，如书籍报刊、软件信息、消费性产品等。如果是推土机、车床等较冷门产品的网站，建议网站定位在公司的形象与品牌的推广上，而产品本身的营销就需要特别加以推广或借助于其他媒体工具。

（2）网络特性。目前最热门的网站就是浏览人数最多的网站，其内容都以丰富的信息为基础，因此营销模式应以产品情报、产品趋势、生活和教育信息运用等为主导，再进一步开展商业行为。

（3）整体营销的考虑。积极的营销策划除需要网络营销的运作外，更需要促销活动及其他媒体的共同运作才能发挥整体效益。众多网站借助发布会、人才招聘等活动进行推广，同时通过平面广告来推动。

（4）网络的创意营销。1996 年我国台湾地区创造了"一元买汽车"活动，将一台欧宝汽车由网友通过网络公开投标，在活动期间一个月内创造了近万人的投标纪录，成为一时的热门话题。目前，网络上有许多产品营销项目，如机票、旅游、家电、证券、信息、食品等，正通过在线游戏、猜谜、设计竞赛等营销手段进行。这些方式不但吸引众多网友上网、制造卖点，而且还可以取得许多潜在客户的名单。

（5）网上推广技巧。在越来越多的网络竞争下，网页的设计与推广也日益重要。网站、网页的推广往往在互联网中相互合作，营销规划时可考虑与适合营销产品或消费群体相近的网站合作，如搜索引擎的登录、一般广告交换和 WebRing 等。另外，网络上的广告版面和表达形态也是重点考虑的因素，一个简单又吸引人的广告链接才是成功的网络营销。

在当今竞争日益激烈的市场环境下，企业应该及早建立网站并进行网络营销规划，以便通过网站推广产品信息，开发潜在的客户，准确地把握商业机会，从而立于竞争的不败之地。

6.1.2　常用网络营销方式

企业网络营销是借助目标客户认可的网络服务平台，开展一系列营销活动的行为，通过这些活动实现引导消费者在线购买产品、扩大企业品牌影响力的目的。在互联网 Web 1.0时代，常用的网络营销有搜索引擎营销、电子邮件营销、即时通信营销、BBS 营销、病毒式营销等。但互联网发展至 Web 2.0 时代，网络应用服务不断增多，网络营销方式也越来越丰富起来，包括博客营销、播客营销、RSS 营销、SN 营销、创意广告营销、口碑营销、体验营销、趣味营销、知识营销、整合营销、事件营销等。企业需要深刻理解众多的网络营销策略，并结合自身资源广泛应用到产品推广和品牌建设中去。下面简单介绍一下各种营销策略。

1. 搜索引擎营销

搜索引擎营销分两种：SEO 与搜索引擎广告营销。

SEO 即搜索引擎优化，是通过对网站结构（内部链接结构、网站物理结构、网站逻辑结构）、高质量的网站主题内容、丰富而有价值的相关性外部链接进行优化而使网站对用户及搜索引擎更加友好，以获得在搜索引擎上的优势排名为网站引入流量。

搜索引擎广告是指购买搜索结果页上的广告位来实现营销目的。各大搜索引擎都推出了自己的广告体系，相互之间只是形式不同而已。搜索引擎广告的优势是相关性，由于广告只出现在相关搜索结果或相关主题网页中。因此，搜索引擎广告比传统广告更加有效，客户转化率更高。

2. 电子邮件营销

电子邮件营销是以订阅的方式将行业及产品信息通过电子邮件的方式提供给需要的用户，以此建立与用户之间的信任与信赖关系。大多数公司及网站都已经利用电子邮件营销方式。毕竟邮件已经是互联网基础应用服务之一。

3. 即时通信营销

顾名思义，即利用互联网即时聊天工具进行推广宣传的营销方式。这种策略本身并无益于品牌建设，也许获得了不小的流量，可用户也许没有认可品牌名称，甚至已经将品牌名称拉进了黑名单。所以有效的开展营销策略要求为用户提供有价值的信息。

4. 病毒式营销

病毒式营销并非利用病毒或流氓插件来进行推广宣传，而是通过一套合理有效的积分制度引导并刺激用户主动进行宣传，是建立在有益于用户基础上的营销模式。

5. BBS 营销

这个应用的已经很普遍了，尤其是对于个人站长，大部分到门户站论坛灌水时留下自己网站的链接，每天都能带来几百 IP。当然，对于企业来说，BBS 营销更要专且精。

6. 博客营销

博客营销是建立企业博客，用于企业与用户之间的互动交流以及企业文化的体现，一般以诸如行业评论、工作感想、心情随笔和专业技术等作为企业博客内容，使用户更加信赖企业深化品牌影响力。

博客营销可以是企业自建博客或者通过第三方 BSP 来实现，企业通过博客来进行交流沟通，达到增进客户关系，改善商业活动的效果。企业博客营销相对于广告是一种间接的营销，企业通过博客与消费者沟通、发布企业新闻、收集反馈和意见、实现企业公关等，这些虽然没有直接宣传产品，但是让用户接近、倾听、交流的过程本身就是最好的营销手段。企业博客与企业网站的作用类似，但是博客更大众随意一些。另一种，也是最有效而且可行的是利用博客进行营销，这是博客界始终非常热门的话题，与新浪博客的利益之争，KE-SO 的博客广告，和讯的博客广告联盟，最近瑞星的博客测评活动等等，这其实才是博客营销的主流和方向。博客营销有低成本、分众、贴近大众、新鲜等特点，博客营销往往会形成众人的谈论，达到很好的二次传播效果，这个在外国有很多成功的案例，但在国内还比较少。

7. 播客营销

播客营销是在广泛传播的个性视频中植入广告或在播客网站进行创意广告征集等方式来进行品牌宣传与推广，例如：前段时间"百事我创，网事我创"的广告创意征集活动；国外目前最流行的视频播客网站 www.youtube.com（世界网民的视频狂欢），知名公司通过发布创意视频广告延伸品牌概念，使品牌效应不断地被深化。

8. RSS 营销

RSS 营销是一种相对不成熟的营销方式，即使在美国这样的发达国家仍然有大量用户对此一无所知。使用 RSS 的以互联网业内人士居多，以订阅日志及资讯为主，而能够让用户来订阅广告信息的可能性是微乎其微。

9. SN 营销

SN：SocialNetwork，即社会化网络，是互联网 Web 2.0 的一个特制之一。SN 营销是基于圈子、人脉、六度空间这样的概念而产生的，即主题明确的圈子、俱乐部等进行自我扩充的营销策略，一般以成员推荐机制为主要形式，为精准营销提供了可能，而且实际销售的转化率偏好，例如：GOOGLEGMAIL 邮箱即采用推荐机制，只有别人发给你邀请，你才有机会体验 GMAIL。同时，当你拥有了 GMAIL 又可以给其他人发邀请，用户通过邀请机制扩展了其社交网络，同时，GOOGLEGMAIL 通过人的不断传递与相互关联实现了品牌的传递。这也可以说是病毒式营销的升华，这对于用户认可产品的品牌起到很强的作用。

10. 创意广告营销

创意广告营销，也许看完优酷网热播的"潘婷"泰国励志广告后会深有体会，企业通过这种创意型的广告可以深化品牌影响力。

11. 知识型营销

知识型营销就像百度的"知道"，通过用户之间提问与解答的方式来提升用户粘性，你扩展了用户的知识层面，用户就会感谢你，试想企业不妨建立一个在线疑难解答这样的互动频道，让用户体验企业的专业技术水平和高质服务，或是不妨设置一块区域，专门向用户普及相关知识，每天定时更新等。

12. 事件营销

事件营销可以说是炒作，可以是有价值的新闻点或突发事件在平台内或平台外进行炒作的方式来提高影响力，例如，Discuz论坛刚被黑客攻击几分钟被人就发现了，于是最短时间内写出一篇文章简单介绍事件，并发给了几个经常活动的QQ群及论坛上，当然，如果能根据该事件写出一篇深度报道会更好，会使更多人注意到其Blog。

13. 口碑营销

所谓口碑营销就是指企业在调查市场需求的情况下，为消费者提供需要的产品和服务，同时制定一定的口碑推广计划，让消费者自动传播公司产品和服务的良好评价，从而让人们通过口碑了解产品、树立品牌、加强市场认知度，最终达到企业销售产品和提供服务的目的。

口碑营销并非Web 2.0时期才有的，但是在Web 2.0时代表现得更为明显，更为重要。比如2010年，中国本土最大的公共关系机构——蓝色光标针对联想ideapad Y450笔记本彪悍的性能和主流的价位所策划的"彪悍的小Y"就是一次成功的网络口碑营销，它抓住了网民猎奇的心理，在短短20天内凭借着"抢沙发"和"凡帖必复"的彪悍行径引发了公众的广泛关注和追捧，在天涯搭起了"万丈高楼"，并创下千万点击量，也使得"彪悍的小Y"成为超越"贾君鹏"事件之后的又一口碑营销的成功经典案例。

6.2 网络营销产品策略

6.2.1 网络营销产品层次划分

所谓产品是指能够提供给市场从而引起人们注意，供人们使用或消费，并能够满足某种需要和欲望的任何东西，是连接企业利益和消费者利益的纽带。网络产品是指企业在网络营销过程中为满足网络消费者的某种欲望和需要而提供给他们的企业网站、相关资讯、企业生产的产品与服务的总和。网络营销产品的内涵与传统商品内涵有一定的差异性，主要是网络营销产品的层次比传统营销产品的层次大大拓展了。传统营销将产品划分为3个层次：核心产品、实际产品、外延产品。核心产品是指消费者在购买一样产品或一项服务时所寻找的能够解决问题的核心利益。实际产品是指围绕核心产品制造出来的产品，具有质量水平、特色、设计、品牌名称和包装5大特征。外延产品是指围绕核心和实际产品，通过附加的消费者服务和利益，建立起的产品。

网络营销的产品在原有基础上附加了两个层次：顾客期望产品层次和潜在产品层次，以满足顾客的个性化需求特征，如图 6-1 所示。

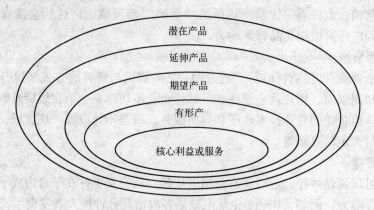

图 6-1　网络营销产品层次

（1）期望产品。在网络营销中顾客占主导地位，不同消费者对产品的要求不一样，产品的设计和开发必须满足顾客的个性化消费需求。顾客在购买产品前对所购产品的质量、方便性、特点等方面的期望值，就是期望产品。为满足这种需求，企业对设计、生产、供应等环节实行柔性化生产和管理。如 Dell 公司为满足顾客对自己电脑的个性化需求，允许顾客在互联网上组装、设计自己满意的电脑（硬件配置、软件配置、价格等），然后定制生产，由配送公司将电脑送给顾客。

（2）潜在产品。它是指在外延产品层次外，由企业提供能满足顾客潜在需求的产品层次，是产品的增值服务。在高新技术发展日益迅猛的时代，许多潜在需求、利益和服务还没有被顾客及时意识到，需要企业通过引导和支持更好地满足顾客的潜在需求。如联想公司在网络时代推出天禧系列电脑时，不但提供顾客需要功能，还提供了直接上网的便捷服务。

6.2.2　网络营销产品特性

适合在网络环境下销售的产品与传统环境下的产品相比呈现出一定的独特性，下面从产品的性质、质量、式样、品牌及包装 5 个角度来探讨网络营销产品的特性。

（1）产品性质。由于网上用户在初期对技术有一定要求，用户上网大多与对网络等技术的偏爱和依赖有关，因此网上销售的产品最好是与高技术、电脑或网络有关。一些信息类产品如图书、音乐等也比较适合网上销售。还有一些无形产品如服务也可以借助网络的作用实现远程销售，如远程医疗。

（2）产品质量。网络的虚拟性使顾客可以突破时间和空间的限制，实现远程购物和网上直接订购，这使网络购买者在购买前无法尝试或只能通过网络来了解产品。

（3）产品式样。通过互联网对所有国家和地区进行营销的产品要符合该国家或地区的风俗习惯、宗教信仰和教育水平。同时，由于网上消费者的个性化需求，网络营销产品的式样还必须满足购买者的个性化需求。

（4）产品品牌。在网络营销中，生产商与经营商的品牌同样重要，一方面，要在浩如烟海的网络信息中吸引浏览者的注意，必须拥有明确、醒目的品牌；另一方面，由于网上购买者可以面对很多选择，网上的销售无法进行购物体验，因此，购买者对品牌比较关注。

（5）产品包装。作为通过互联网经营的针对全球市场的产品，其包装必须适合网络营销的要求。

（6）目标市场。网上市场是以网络用户为主要目标的市场，在网上销售的产品要适合覆盖广大的地理范围。如果产品的目标市场比较狭窄，可以采用传统营销策略。

（7）产品价格。互联网作为信息传递工具，一方面，在发展初期是采用共享和免费策略发展而来的，网上用户比较认同网上产品价格低廉的特性；另一方面，由于通过互联网络进行销售的成本低于其他渠道的产品，在网上销售产品一般采用低价位定价。

随着科学技术的发展和进步，将有越来越多的产品在网上销售。为提高企业产品和服务的针对性，应分析企业产品的性质、形态、特点，划分不同网络营销类别，采取适合的营销方式。按照产品的特性将网络营销产品划分为两大类：实体产品和虚体产品。实体产品是指有具体物理形状的物质形态产品，很难通过网络直接交货，需要利用传统渠道运送。虚体产品是指无形的，即使表现出一定形态也是通过其载体体现出来的，它又进一步划分为软件和服务。服务又可以划分为普通服务和信息咨询服务，详见表6-1。虚体产品可以跨越时空界限进行快捷的交易，可以直接在网络上完成交易。

表6-1　网络营销产品分类

产品形态	产品品种		产　　品
实体产品	普通产品		消费品、工业品、旧货等实体产品
虚体产品	软件		电脑软件、电子游戏等
	服务	普通服务	远程服务，法律援助，航空、火车订票，入场券预定，饭店、旅游服务预约，医院预约挂号，网络交友，电脑游戏等。
		信息咨询服务	法律咨询，医药咨询，股市行情分析，金融咨询，资料库检索，电子新闻，电子报刊，研究报告，论文等

6.2.3　网络营销产品属性

理论上任何产品都可以实施网络营销，但从实际出发，考虑消费者购物心理、物流配送、产品属性等因素，有些产品不适合在网络上销售，而有些产品拥有通过网络传播的属性，易于得到网络用户的关注和认同。一般而言，IT类产品、远程服务产品、信息类产品和标准化产品比较适合在网上销售。下面将影响网络产品适销的属性归纳为以下5类。

1. 产品的技术含量

由于网上用户在初期对技术有一定要求，用户上网大多与对网络等技术的偏爱和依赖有关，因此网上销售的产品多是与高技术、电脑或网络有关，这些产品容易引起网上用户的认同和关注，目前在网上销售最多的企业是信息技术类企业，如 Intel 公司、Csico 公司、Dell公司，其产品与信息的密切程度高。由于数字化技术和信息技术的发展，网络可以对许多信息产品直接通过网络进行配送，因此一些信息类产品如图书、音乐等也比较适合于网上销售。

2. 产品的标准化程度

标准化是指产品具有统一的规格，其功能简单、容易被了解掌握。网络的虚拟性使顾客可以突破时间和空间的限制，实现远程购物和在网上直接订购，同样这也使网络购买者无法像亲临现场购物那样亲身体验，因此顾客对产品质量尤为重视，正是因为对产品质量的担心，许多购买者只愿意购买那些标准化的产品，如图书、光盘等标准化商品。

3. 产品的目标市场

网络营销是以网民为主要目标的市场，跨越了地理局限性。补缺市场的产品和现实空间难以实现的产品，一些需求量小、顾客地理分布疏散的产品，如残疾人用品，以及一些现实世界无法实现的产品，如远程医疗服务，在网络上销售具有更大的可行性。

4. 产品品牌的知名度

品牌是商品属性、利益、价值、文化、个性和用户的集合，是企业不能忽视的无形资产，在网络营销中尤为重要。一方面，要在网络浩如烟海的信息中得到浏览者的注意，必须拥有明确、醒目的品牌；另一方面，由于网络购买过程中，客户和产品存在着一段"距离"，无法直接感触产品，使网络客户对企业产品的质量、信誉提出了更高的要求，客户更加看重产品的品牌、知名度和信用。

5. 产品的式样

网上市场是全球性的，由此激发的需求也是全球性的，因此通过互联网对所有国家和地区进行营销的产品要符合该国家或地区的风俗习惯、宗教信仰和教育水平。网上销售产品策略的制定一定要兼顾一般性与个性化、全球性与地域性的关系，在式样上充分考虑网络营销区域的特定情况，尊重其历史和风俗习惯。

6.2.4 网络营销产品策略

1. 产品策略

（1）新产品开发策略。

新产品开发是许多企业市场取胜的法宝，但互联网的发展，使今后新产品开发成功的难度增大。其原因有：①在某些领域内缺乏重要的新产品构思。②不断分裂的市场。激烈的竞争正在导致市场不断分裂，而互联网的发展加剧了这种趋势，市场主导地位正从企业主导转为消费者主导，个性化消费成为主流，未来的细分市场必将是以个体为基准的。③社会和政府的限制。网络时代强调的是绿色发展，新产品必须以满足公众利益为准则，诸如消费者安全和生态平衡。④新产品开发过程中的昂贵代价。⑤新产品开发完成的时限缩短。⑥成功产品的生命周期缩短。当一种新产品成功后，竞争对手立即就会对之进行模仿，从而使新产品的生命周期大为缩短。

网络时代，特别是互联网的发展带来的新产品开发的困难，对企业来说既是机遇也是挑战。企业开发的新产品如果能适应市场需要，可以在很短时间内占领市场，打败竞争对手。

与传统新产品开发一样，网络营销新产品开发策略也有以下几种类型，但策略制定的环境和操作方法是不一样的。

① 新问世的产品，即开创了一个全新市场的产品。

② 新产品线，即使公司首次进入一个现有市场的新产品。

③ 现有产品线外新增加的产品，即补充公司现有产品线的新产品。

④ 现有产品的改良品或更新，即提供改善了功能或较大感知价值并且替换现有产品的新产品。

⑤ 降低成本的产品，即提供同样功能但成本较低的新产品。

⑥ 重定位产品，即以新的市场或细分市场为目标市场的现有产品。

（2）网络虚体产品策略。

常见的虚体产品主要包括以下几种：行业和企业的信息以及产品的型号和技术、资料，方便客户获取所需的企业资讯；网上虚拟社区，提供给客户发表评论和相互交流学习的园地；媒体产品（电子报刊、杂志等）以及网络软件；提供客户数字化资讯与媒体产品；常见问题解答，帮助客户解决疑难问题；在线服务（在线订购、金融、旅游服务），方便客户进行网上交易；音乐、体育、电影、游戏等，提供客户休闲和娱乐的专业资讯；客户邮件列表，方便客户自由登记和了解网站最新动态，企业及时发布的消息。

① 网络虚体产品的剥离策略。除了一些数字化的产品，网络并不是实体产品的分销渠道，所以网络营销从实质上说是服务的营销，因此，配合企业的销售，将企业的核心产品与其附加信息做适当的分离，或将产品的售前、售中、售后服务的信息从产品中剥离出来，或广泛收集与本企业所提供的产品和服务密切相关的信息内容提供给消费者，是企业网络产品策略一个重要的内容。

② 网络虚体产品的相关性策略。所谓虚体产品的相关性就是指网站所提供的虚体产品最好能和网络的实体产品有一定的联系，或者是以网站的实体产品为基础。这样虚体产品不但拥有它本身的价值，同时也能为促销实体产品提供帮助。相关策略又分为直接相关策略（即资讯产品直接为实体产品服务）和间接相关策略（即不直接为实体产品服务，但是资讯产品的接受者与实体产品的目标顾客相重合）。

③ 网络虚体产品的开放性策略。虚体产品开放性策略是指利用互联网，提供网络消费者一个开发性的平台来进行信息的交流和互动的一种策略。信息产品的开放性策略不仅增强了顾客的互动程度，还从另一方面将网站建设者从资讯的完全提供者角色中解放出来，减少网站管理的人力资源。

④ 网络虚体产品的定制策略。网络虚体产品的提供者应了解顾客的要求和愿望，将大规模营销改进为小众，甚至是一对一的营销，为消费者提供极大个性化的信息产品。这就使企业营销具有更多的人性化关怀，也使顾客和公司之间的关系变得越来越紧密，公司对顾客的了解越来越深刻，顾客对公司也越来越信任，忠诚度也就越高。

（3）网络实体产品策略。

网络实体产品是开展网络营销的企业所期望在互联网上销售的没有进行信息延伸的有形原始产品。实体商品销售的品种多为民用品、工业品、农产品等。因为购物方式的改变，并不是所有的产品都适合放到网上去销售，一般放到网上去销售的产品均有资讯丰富、规范化、顾客自主性强的特点。

① 网络实体产品的开发策略。网络在创意形成、概念测试、产品开发以及市场检验等环节，可以有效帮助企业开发适销对路的产品。通过互联网企业可以实现宽范围、低成本、交互式的市场调研，通过设置讨论区、留言板以及开展有奖竞赛等方式，发现顾客的现实需求和潜在需求，形成原始创意，从而形成产品构思。此外，互联网也为企业快速跟踪科技前沿，掌握竞争者动向，加强与供应商和经销商的联系，收集各种信息提供了极大的方便。

② 网络实体产品的包装策略。对于网络实体产品的包装，并不是仅仅在网站上展示原有产品的包装图案，而是充分利用网络和多媒体技术，通过图片、动画、音响、交互工具等整合化的信息载体给消费者造成强烈的视觉冲击和心灵震撼，强化消费信心，刺激购买欲望。另外，网页也是实体产品的包装工具，精良和专业的网页设计，如同制作精美的印刷

品，会大大刺激消费者的购买欲望。逻辑清晰的产品目录或创意独特的广告会使得消费者在一定程度上对有关的产品形成一种好感，即使不会购买，也必然对这些产品形成一定的认同度。

③ 网络实体产品的解剖图策略。利用网页引人入胜的图形界面和多媒体特性，企业可以全方位地将产品的外观、性能、品质以及产品的内部结构一层层解剖出来，使消费者对产品有一个客观、冷静、不受外界干扰的理性了解。

④ 网络实体产品的定制策略。充分利用网络技术的多媒体展示、交互性的特点，给消费者一个个性化定制产品的自由空间。企业可以由此了解和满足消费者的个性化需求，同时也为新产品开发和产品延伸提供了一条崭新的思路。

企业网络营销产品策略中采取哪一种具体的新产品开发方式，可以根据企业的实际情况决定。但结合网络营销市场特点和互联网特点，开发新市场的新产品是企业竞争的核心。对于相对成熟的企业采用后几种新产品策略也是一种短期较稳妥策略，但不能作为企业长期的新产品开发策略。

2. 品牌策略

品牌是由产品品质、商标、企业标志、广告口号、公共关系等融合交织形成的一种信誉，是企业从事经营和商务活动中形成的一种无形资产。与传统环境相比，网络环境下品牌的经营和运作变得更为复杂，因而树立企业的品牌意义更加重大。但是由于交易环境不同，网上品牌和传统品牌有着较大的不同，传统的优势品牌不一定是网络的优势品牌，网络优势品牌的创立需要重新规划和投资，其中域名品牌尤为重要。

（1）网上市场品牌内涵。

① 网上市场品牌。在中国传统的商业中，品牌的概念就类似于金字招牌；在现代西方的营销领域，品牌是一种企业资产，涵盖的意念比表象的正字标记或是注册商标更胜一筹。品牌是一种信誉。根据市场研究公司 Opinion Research International1998 年对 5 000 万名美国民众的调查，AOL, Yahoo, Netscape, Amazon. com, Priceline. com, Infoseek, Excite 称得上是网络七大超级品牌。而另外一家市场研究公司 Intelliquest 则以随机抽样的方式，请 1 万名美国网友就下列几项产品进行品牌的自由联想，结果 1/2 的受访者看到书籍，脑中就首先浮现Amazon. com；1/3 的人看到电脑软件，立刻想到微软；1/5 的网友看到电脑硬件，很快就想到戴尔。

② 网上品牌的特征。网上品牌与传统品牌有着很大不同，传统优势品牌不一定是网上优势品牌，网上优势品牌的创立需要重新进行规划和投资。美国咨询公司 Forrester Research在 1999 年 11 月发表了题为 "Branding For A Net Generation" 的调查报告，该报告指出："知名品牌与网站访问量之间没有必然的联系。"通过对年龄 16～22 岁青年人的品牌选择倾向和他们的上网行为进行比较，研究人员发现了一个似是而非的现象，尽管可口可乐、耐克等品牌仍然受到广大青少年的青睐，但是这些公司网站的访问量却并不高。既然知名品牌与网站访问量之间没有必然的联系，那么公司到底要不要建设网站就是一个值得考虑的问题。从另一角度看，这个结果也意味着公司要在网上取得成功，绝不能指望依赖传统的品牌优势。

（2）企业品牌域名问题。

域名是连接企业和 Internet 网址的纽带，是企业在网络上生存的标志，它担负着表示站点和导向公司站点的双重作用。域名是网络营销企业提供给消费者的识别和选择标志，是一种有限的资源，具有专属性和唯一性。一个好的域名应该具有独占性、识别性、传播性、延伸性的特点。域名策略的重要性日益显现，企业要力求做好域名的规划和管理。企业域名的选定一般要本着简捷易记和表意明确的原则，具体可参照以下几点：

① 优先选择国际顶级域名。国际顶级域名不仅显得大气、简洁，而且可彰显企业的全球化理念。

② 行业性域名优先选用".com"。全球大部分企业都首先选择".com"域名，企业应努力拥有一个与其商标冠名相同的永久性".com"域名作为其网域标识的主域名。

③ 独创性部分的选择。独创性部分的选择是域名的核心，域名应该简明易记，具有通用性，便于输入和具有视觉冲击力，这是判断域名好坏最重要的标准。

④ 域名要有一定的内涵和意义。具有一定意义和内涵的词或词组作为域名，不但好记忆，而且有助于实现企业的营销目标。如企业名称、产品名称、商标名、品牌名等都是不错的选择，实现企业名称、商标、域名的完整统一，有利于企业网络营销工作的拓展。

⑤ 避免域名的相似性。有些企业在选取域名时，喜欢注册与知名企业相似的域名以装点门面，殊不知这样既不会给网站带来更多的访问量，也不会提高客户对网站的信任，反倒有可能招至相关知名企业的诉讼。

（3）互联网域名的商业作用。

互联网上的商业应用将传统的以物质交换为基础的交易带入以信息交换替代物质交换的虚拟交易世界，实施媒体由原来的具体物理层次上的物质交换上升为基于数据通信的逻辑层次上信息交换。随着互联网上商业的增长，交易双方识别和选择范围增大，交易概率随之减少，因此互联网上同样存在一个如何提高被识别和选择概率的问题，及如何提高选择者忠诚度的问题。传统解决问题的办法是借助各种媒体树立企业形象，提高品牌知名度，通过在消费者中树立企业形象来促使消费者购买企业产品，企业的品牌就是顾客识别和选择的对象。企业上互联网后进行商业活动，同样存在被识别和选择的问题，由于域名是企业站点联系地址，是企业被识别和被选择的对象，因此提高域名的知名度，也就是提高企业站点知名度，提高企业被识别和选择的概率，域名在互联网上可以说是企业形象化身，是在虚拟网上市场环境中商业活动的标识，所以必须将域名作为一种商业资源来管理和使用。也正因为域名具有商标特性，与商标一样具有域名效应，使得某些域名已具有潜在价值。如以 IBM 作为域名，使用者很自然联想到 IBM 公司，联想到该站点提供的服务或产品同样具有 IBM 公司一贯承诺的品质和价值，如果被人抢先注册，注册者可以很自然利用该域名所附带的一些属性和价值，被伤害企业不但丧失商业利润还冒着品牌形象受到无形损害的风险。

（4）商标的界定与域名商标。

根据美国市场营销协会（AMA）定义，商标是名字、术语、标志、符号、设计或者它们的组合体，用来识别某一销售者或组织所营销的产品或服务，以区别于其他竞争者。商标从本质上说是用来识别销售者或生产者的一个标识，依据商标法，商标拥有者享有独占权，单独承担使用商标的权利和义务。另外，商标还携带一些附加属性，它可以给消费者传递使用该商标的产品所具有的品质，是企业形象在消费者心理定位的具体依据，可以说商标是企业形象的化身，是企业品质的保证和承诺。

① 商标定义内涵与域名的商标特性。对比商标的定义，域名则是由个人、企业或组织申请的独占使用的互联网上标识，并对提供的服务或产品的品质进行承诺和提供信息交换或

交易的虚拟地址。域名不但具有商标的一般功能，还提供互联网上进行信息交换和交易的虚拟地址。

② 域名命名与企业名称和商标的相关性。目前许多商业机构纷纷上网，虽然大多数企业还未能从中获取商业利润，但作为未来的重要商业模式而具有战略意义，这些企业审时度势依然投资上网，并对上网注册尤其重视，考虑企业现在的发展和未来的机遇，有的企业为获取一个好名字不惜代价，大多数商业机构注册域名与企业商标或名称有关，如微软、IBM、可口可乐等，根据对互联网域名数据库网上信息中心的商业域名进行分析，有直接对应关系的占58%，有间接关系的也占很大比例。可见，许多企业已经意识到域名的商标特性，为适应企业的现代发展，才采取这种命名策略。

(5) 域名商标的商业价值。

互联网上的明星企业网景公司（Netscape）和雅虎公司（Yahoo），由于其提供的 www 浏览工具和检索工具享有极高的市场占有率和市场影响力，公司成为网上用户访问最多的站点之一，使其域名成为网上最著名域名之一，由于域名和公司名称的一致性，公司的形象在用户中的定位和知名度水到渠成，甚至超过公司的专门形象策略和计划。因此，域名的知名度和访问率就是公司形象在互联网商业环境中的具体体现，公司商标的知名度和域名知名度在互联网上是统一和一致的，域名从作为计算机网上通信的识别提升为从商业角度考虑的企业商标资源，与企业商标一样，它的商业价值是不言而喻的。

(6) 域名抢注问题。

在互联网上日益深化的商业化过程中，域名作为企业组织的标识作用日显突出，越来越多的企业纷纷注册，据统计目前在顶级域名 .com 下注册的占注册总数 65.2%，可见域名的商业作用和识别功能已引起注重战略发展企业的重视。

互联网域名管理机构没有赋予域名以法律上的意义，域名与任何公司名、商标名没有直接关系，但由于域名的唯一性，因此任何一家公司注册在先，其他公司就无法再注册同样的域名，因此域名已具有商标、名称的类似意义。由于世界上著名公司大部分直接以其著名产品名命名域名，域名在网上市场营销中同样具有商标特性，加之大多数使用者对专业知识知之甚少，很容易被一些有名的域名所吸引，因此一些显眼的域名很容易博得用户的青睐，如美国著名打火机公司域名为 www.lighter.com。正因为域名具有潜在的商业价值，有些人非法抢先注册一些著名公司的商标或名称作为自己的域名，并向这些公司索取高额转让费，由此引起法律纠纷。

(7) 网上域名品牌发展战略。

企业除提供网站丰富的内容和良好的服务，还要注重域名及站点的发展，以便尽快发挥域名的品牌特性和站点商业价值。创建网上域名品牌其实与建立传统品牌的手法大同小异。

① 多方位宣传。域名是一种符号和识别，企业在开始进入互联网时域名还鲜为人知，这时企业应善于运用传统的平面与电子媒体，并舍得耗费巨资打品牌广告，利用各种机会对网址进行多方位宣传。互联网的一大特色就是众多站点之间的关联性，企业要想提高被访问率，应与多个不同站点的页面建立链接，同时还应在有关检索引擎登记，提供多个转入点，提高域名站点的被访问率。

② 高度重视用户的网站使用体验。这一点对于网站品牌格外重要。两大网上顾问公司 Jupiter Commucations 和 Forrester 都不约而同地指出，广告在顾客内心激发出的感觉固然有建

立品牌的功效，但却不如网友上网站体会到的整体浏览或者购买经验。Amazon.com 就坚定地指出，其品牌基石不是任何形式广告或者赞助活动，而是网站本身。

③ 利用公关造势。这对新兴网站非常重要。新兴网站可以通过举行一些大型活动等提高网站知名度。

④ 遵守道德规范。互联网开始是非商用的，其遵循费用低廉、信息共享和相互尊重的原则。商用后企业提供服务最好是免费或者收费非常低廉，注意发布信息的道德规范，未经允许不能随意发布顾客信息，否则会引起顾客反感。

⑤ 持续不断塑造网上品牌形象。创建品牌其实就是在网民心目中树立良好的形象，顾客观念的改变可能在一夕之间，也可能是很长时间，但是市场的扩张是无止境的，因此，创造品牌也是终身事业。一些年轻的网上企业可以很快建立品牌，但在传统营销的世界里没有一家企业的品牌是一天造就的。在瞬息万变的网上世界中，只有掌握住这个不变的定律，才能建立起永续经营的基石。

3. 产品组合策略

为了满足市场的需要、增加利润、分散风险，企业往往经营多种产品，形成产品组合。产品组合是指某一企业所生产的或者销售的全部产品大类、产品项目的组合。产品项目是指企业产品目录上列出的各种不同质量、品种、规格和价格的特定的具体产品。凡企业在其产品目录上列出的每一个产品，就是一个产品项目。产品线，即产品大类，是指一组具有密切关系，能满足同类需要，使用功能相近的产品。

企业开发产品是为了满足消费需求的，产品组合中的每一个项目都要能满足市场需求，生产的产品要具备一定的市场规模，不论是产品开发还是产品线调整都要考虑企业的利润。建立产品组合时，要从竞争的角度出发，采取与竞争者避实就虚或者针锋相对的策略，必须考虑企业本身的资源利用问题。产品组合策略主要有：

① 扩大产品组合。它包括拓展产品组合的宽度和加强产品组合的深度。前者是指在原产品组合中增加产品线，扩大经营范围；后者指在原有产品线内增加新的产品项目。

② 缩减产品组合。较长较宽的产品组合在市场繁荣时期能够为企业带来更多的盈利机会，但是在市场不景气或原材料、能源供应紧张时期，缩减产品组合反而可能增加利润。因为剔除那些获利小甚至亏损的产品线或者产品项目，企业就可以集中力量发展获利多的产品线和产品组合。

③ 淘汰产品策略。这是企业对一些已确认进入衰退期的老化产品线和产品项目所采取的策略。这些产品已经不能满足市场需要，也不能为企业带来经济效益，因此企业应作出果断的决定，淘汰和放弃这些产品，避免更大的损失。

6.3 网络营销价格策略

网络营销产品价格是企业在网络营销过程中买卖双方成交的价格，它的形成是极其复杂的，受到多种因素的影响和制约，对于商家、消费者和中间商而言都是敏感的因素。与传统营销一样，它也是由市场这只"看不见的手"来决定的，但是由于依附于网络这一虚拟环境，产品定价又呈现出新的特点，需要企业开展新的价格策略。

6.3.1 网络营销定价概述

1. 网络营销定价的内涵

（1）网络时代需求方地位提升。著名经济学家帕累托考察了资源的最优配置和产品的最优分配问题，提出通过改变资源的配置方法来实现最优供需配置状态，又称帕累托最优状态。要实现帕累托最优状态，需要同时满足以下三个条件：生产的最优条件、交换的最优条件和生产与交换的最优条件。

生产的最优条件就是在生产要素存量一定的情况下，使产出达到最大的条件。在不考虑需求弹性或认为需求无止境时，从生产者角度出发，力求达到产出和利润最大化的过程。随着 Internet 得到日益广泛的应用，特别是 Intranet 和 Extranet 的引入，使生产者逼近最优条件的速度和程度都得以显著提升。由 Intranet 引发的管理革命和由 Extranet 支撑的产业联盟体系使生产者能够极大地提升效率，降低成本，不断逼近生产的最优条件。

交换的最优条件是使交换双方得到最大满足和最高效率的条件。与生产的最优条件相反，交换的最优条件是不考虑供应弹性或认为供应无止境时，从需求者角度出发，力求达到支出不变而效果最佳的过程。Extranet 和 Internet 的引入使交换的最优条件得以快速建立，通过 Extranet 采购，可以加速生产工具和原材料市场的资源分配；同时，Internet 导致需求多样、市场容量激增、消费特征变迁并使替代品数量增多。

生产与交换的最优条件，即社会生产结构与需求结构相一致，生产出来的产品都是社会需要的，不存在滞销和积压。也可以说，任何生产者都有能力快速应付需求的变化。

在工业经济时代，需求方特别是消费者，由于信息不对称，并受市场空间和时间的隔离，不得不处于一种被动地位，从属于供应方来满足需求。买方由于对价格信息所知甚少，所以在讨价还价中总是处于不利地位。互联网的出现不但使收集信息的成本大大降低，而且还能得到很多的免费信息。网络技术发展使得市场资源配置朝着最优方向发展。

（2）网络营销产品的定价目标。企业的定价目标一般有生存定价、获取当前最高利润定价、获取当前最高收入定价、销售额增长最大量定价、最大市场占有率定价和最优异产品质量定价。企业的定价目标一般与企业的战略目标、市场定位和产品特性相关。企业在制定价格时主要是依据产品的生产成本，这是从企业局部来考虑的。企业价格的制定更主要是从市场整体来考虑的，它取决于需求方的需求强弱程度和价值接受程度，也来自替代产品的竞争压力程度。需求方接受价格的依据则是商品的使用价值和商品的稀缺程度以及可替代品的机会成本。

在网络营销中，市场还处于起步阶段的开发期和发展时期，企业进入网络营销市场的主要目标是占领市场求得生存发展机会，然后才是追求企业的利润。目前网络营销产品的定价一般都是低价甚至是免费，以求在迅猛发展的网络虚拟市场中寻求立足机会。

2. 网络营销定价基础

从企业内部来说，企业产品的生产成本总的是呈下降趋势，而且成本下降趋势越来越快。在网络营销战略中，可以从降低营销及相关业务管理成本费用和降低销售成本费用两个方面分析网络营销对企业成本的控制和节约。

（1）降低采购成本费用。采购过程中之所以经常出现问题，是由于过多的人为因素和信息闭塞造成的，通过互联网可以减少人为因素和信息不畅通的问题，在最大程度上降低采购成本。首先，利用互联网可以将采购信息进行整合和处理，统一从供应商订货，以求获得最大的批量折扣。其次，通过互联网实现库存、订购管理的自动化和科学化，可最大程度减少人为因素的干预，同时能以较高效率进行采购，可以节省大量人力和避免人为因素造成不必要损失。最后，通过互联网可以与供应商进行信息共享，可以帮助供应商按照企业生产的需要进行供应，同时又不影响生产和不增加库存产品。

（2）降低库存。利用互联网将生产信息、库存信息和采购系统连接在一起，可以实现实时订购，企业可以根据需要订购，最大程度降低库存，实现零库存管理，这样的好处是，一方面减少资金占用和减少仓储成本；另一方面可以避免价格波动对产品的影响。

（3）生产成本控制。利用互联网可以节省大量生产成本，一方面利用互联网可以实现远程虚拟生产，在全球范围寻求最适宜生产厂家生产产品；另一方面利用互联网可以大大节省生产周期，提高生产效率。使用互联网与供货商和客户建立联系能使公司比从前大大缩短用于收发订单、发票和运输通知单的时间。

3. 网络营销定价特点

（1）透明化。在传统的商业环境中，交易双方的信息是不对称的，卖方可以为产品制定较高的价格，获取超额利润，也可以根据市场情况采取差别定价。在网络营销中，买方拥有的信息越来越多，用户的资源空前丰富，顾客可以全面掌握同类产品的不同价格信息，甚至是同一产品在不同地区或不同零售商的价格信息，消费者可以找到满足他们需要的质量和价格结合最好的卖方。买方开始处于主动地位，掌握了定价的主动权，企业必须正视这种价格透明化的结构性的转变，重新思考并制定新的适合网络销售的价格策略。

（2）趋低化。互联网是从科学研究应用发展而来的，因此互联网使用者的主导观念是网上信息产品是免费的、开放的、自由的。网络营销使企业的产品开发和促销等成本降低，中间环节减少，企业拥有成本费用降低的基础。同时由于互联网的开放性和互动性，市场是开放和透明的，消费者可以就产品的价格进行充分地比较、选择，因此要求企业以尽可能低的价格向消费者提供产品和服务。

（3）动态化。在传统营销模式下，交易各方都已形成一种观念，商品的价格或多或少比较稳定。因为价格的相对稳定对卖方而言易于管理和成本收益核算，对于买方而言方便购物、减少购物程序。网络经济时代，借助互联网的帮助，产品和服务的价格则呈现出动态变化的特点，许多企业网站使用动态定价软件，采取动态定价策略。动态定价系统可以开展市场调查，及时获得相关信息，并可以根据季节变动、市场供需情况、竞争产品价格变动、促销活动等因素迅速计算调整价格。

（4）定制化。网络营销强调个性化服务。从理论上讲，由于消费者个体的差异，每个消费者都是一个细分市场。在传统营销模式下，由于信息、生产成本与经营费用的制约，为顾客量身定做是不切实际的，而在网络营销模式下，根据网络调研和对消费者数据库的利用，在充分了解目标市场的需求情况下，企业可以针对不同消费者的特点开展一对一营销。

（5）全球化与本地化相结合。网络营销面对的是开放的、全球化的市场，目标市场不再受到地理位置的限制，可以拓展到世界范围。企业在制定价格时，必须考虑国际化因素，针对国际市场的需求状况和产品价格状况，确定本企业的价格对策。

6.3.2 网络营销定价策略

企业制定的营销策略是多种多样的，但无论是在传统环境下还是网络环境下，价格策略的应用都是最富有灵活性和艺术性的，是企业营销组合策略中的最重要组成部分。企业在制订网络营销策略时必须对各种影响因素进行综合考虑，从而采用相应的定价策略。网络营销中的定价策略很多都借鉴了传统营销的定价策略，在继承的基础上根据营销环境的变化也有了极大的创新。根据影响价格因素的不同，网络营销中定价策略有4种。

1. 竞争定价策略

通过顾客跟踪系统经常关注顾客的需求，时刻注意潜在顾客的需求变化，才能保持网站向顾客需要的方向发展。在大多网上购物网站上，经常会将网站的服务体系和价格等信息公开申明，这就为了解竞争对手的价格策略提供方便。随时掌握竞争者的价格变动，调整自己的竞争策略，时刻保持同类产品的相对价格优势。

2. 个性化定价策略

消费者往往对产品外观、颜色、样式等方面有具体的内在个性化需求，个性化定价策略就是利用网络互动性和消费者的需求特征，来确定商品价格的一种策略。网络的互动性能即时获得消费者的需求，使个性化营销成为可能，也将使个性化定价策略有可能成为网络营销的一个重要策略。这种个性化服务是网络产生后营销方式的一种创新。

3. 自动调价、议价策略

根据季节变动、市场供求状况、竞争状况及其他因素，在计算收益的基础上，设立自动调价系统，自动进行价格调整。同时，建立与消费者直接在网上协商价格的集体议价系统，使价格具有灵活性和多样性，从而形成创新的价格。这种集体议价策略已在的一些中外网站中采用。

4. 特殊定价策略

这种价格策略需要根据产品在网上的需求来确定产品的价格。当某种产品有它很特殊的需求时，不用更多地考虑竞争者，只要去制定自己最满意的价格就可以。这种策略是一种创意独特的新产品，它是利用网络沟通的广泛性、便利性，满足了那些品味独特、需求特殊顾客的"先睹为快"。

（1）捆绑销售策略。捆绑销售这一概念在很早以前就已经出现，但是引起人们关注的原因是由于20世纪80年代美国快餐业的广泛应用。这种传统策略已经被许多精明的网上企业所应用。网上购物完全可以通过Shopping Cart或者其他形式巧妙运用捆绑手段，使顾客对所购买产品的价格感觉更满意。采用这种方式，企业会突破网上产品的最低价格限制，利用合理、有效的手段去减小顾客对价格的敏感程度。

（2）折扣定价策略。在实际营销过程中，网上商品可采用传统的折扣价格策略，主要有两种形式：

① 数量折扣策略。企业在网上确定商品价格时，根据消费者购买商品的数量给予不同的折扣，购买量越多，折扣可越多。在实际应用中，折扣可采取累积和非累积数量折扣策略。

② 现金折扣策略。在B2B方式的电子商务中，由于目前网上支付的缺欠，为了鼓励买主用现金购买或提前付款，常常在定价时给予一定的现金折扣。例如，某项商品的成交价为

360元，交易条款注明"3/20净价30"，意思是：如果在成交后20天内付款可享受3%的现金折扣，但最后应在30日内付清全部货款。随着网上支付体系和安全体系的健全，这种定价策略将逐步消失。此外，还包括同业折扣、季节折扣等技巧，如为了鼓励中间商淡季进货，或激励消费者淡季购买，也可采取季节折扣策略。

（3）声誉定价策略。企业的形象、声誉成为网络营销发展初期影响价格的重要因素。消费者对网上购物和订货往往会存在着许多疑虑，比如在网上所订购的商品，质量能否得到保证，货物能否及时送到等。如果网上商店的店号在消费者心中享有声望，则它出售的网络商品价格可比一般商店高些。反之，价格则低一些。

（4）品牌定价策略。产品的品牌和质量会成为影响价格的主要因素，它能够对顾客产生很大的影响。如果产品具有良好的品牌形象，那么产品的价格将会产生很大的品牌增值效应。名牌商品采用优质高价策略，既增加了盈利，又让消费者在心理上感到满足。对于这种本身具有很大品牌效应的产品，由于得到人们的认可，在网站产品的定价中，完全可以对品牌效应进行扩展和延伸，利用网络宣传与传统销售的结合，产生整合效应。

（5）撇脂与渗透定价策略。在产品刚介入市场时，采用高价位策略，以便在短期内尽快收回投资，这种方法称为撇脂定价。相反，价格定于较低水平，以求迅速开拓市场，抑制竞争者的渗入，称为渗透定价。在网络营销中，往往为了宣传网站，占领市场，采用低价销售策略。另外，不同类别的产品应采取不同的定价策略。如日常生活用品，对于这种购买率高、周转快的产品，适合采用薄利多销、宣传网站、占领市场的定价策略。而对于周转慢、销售与储运成本较高的特殊商品、耐用品，网络价格可定高些，以保证盈利。

（6）产品生命周期定价策略。这种网上定价是沿袭了传统的营销理论：每一产品在某一市场上通常会经历导入、成长、成熟和衰退四个阶段，产品的价格在各个阶段通常要有相应反映。网上进行销售的产品也可以参照经济学关于产品价格的基本规律，并且由于对于产品价格的统一管理，能够对产品的循环周期进行及时的反映，可以更好伴随循环周期进行变动。根据阶段的不同，寻求投资回收、利润、市场占有的平衡。

6.3.3 免费价格策略

传统营销方式中免费价格策略是一种短期、临时的策略，主要用于促销和推广产品；在网络营销中则是一种有效的产品和服务定价策略。因为免费价格策略在网络营销活动中的特殊性和重要性，本节单独介绍。

1. 实施免费价格策略目的

免费价格策略就是将企业的产品和服务以零价格形式提供给顾客使用，满足顾客的需求。在网络营销中，免费价格不仅仅是一种促销策略，它还是一种非常有效的产品和服务定价策略。目前，企业在网络营销中采用免费策略，其主要目的是先占领市场，然后再在市场上获取收益。如Yahoo公司通过免费建设门户站点，经过4年亏损经营后，在2002年第四季度通过广告收入等间接收益扭亏为盈。而Yahoo的免费策略恰好是占领了未来市场，具有很大的市场竞争优势和巨大的市场盈利潜力。其另一个目的是让用户免费使用形成习惯后，再开始收费，如金山公司允许消费者在互联网下载限次使用的WPS 2000试用软件，就是想让消费者使用习惯后，再掏钱购买正式软件，这种免费策略主要是一种促销策略。

2. 实施免费价格策略产品的特性

在网络营销中实行免费策略是受到一定的制约的，并不是所有的产品都能适合免费策略。一般来说，适合免费策略的产品具有如下特点：

（1）零制造成本。它是指产品开发成功后，只需要通过简单复制就可以实现无限制的生产。

（2）冲击性。采用免费策略的产品主要目的是推动市场成长，开辟出新的市场领地，同时对原有市场产生巨大的冲击。

（3）易于数字化。互联网是信息交换的平台，它的基础是数字传输。对于易于数字化的产品都可以通过互联网实现零成本的配送。企业通过较小成本就实现产品推广，可以节省大量的产品推广费用。

（4）无形化特点。通常采用免费策略的大多是一些无形产品，只有通过一定的载体才能表现出一定的形态，如软件、信息服务、音乐制品、电子图书等。这些无形产品可以通过数字化技术实现网上传输。

（5）间接收益特点。采用免费价格的产品或服务，可以帮助企业通过其他渠道获取收益。这种收益方式也是目前大多数 ICP 的主要商业运作模式。

（6）成长性。采用免费策略的产品一般都是利用产品成长推动占领市场，为未来市场发展打下坚实基础。

3. 实施免费价格策略原因

传统经济理论认为：需求与供给弹性不大的产品，其价格也很稳定；产品质量的提高，总会使该产品价格上涨；商品的价格越高，需求会越少。而在网络经济条件下，一旦某种产品的价值和不可或缺性形成，厂商几乎都会免费提供或差不多是免费提供，厂商的利润在于与其同时销售的服务；一个产品或服务的价格取决于已经使用该产品或服务的消费者或潜在消费者的数量；随着产品质量的提高，该产品的价格每年都在下降。它在网络营销中得以广泛应用主要有两个原因：一是互联网的迅速发展得益于免费策略的实施；二是互联网的发展速度和增长潜力带来了巨大成长机会，占领市场是企业第一要务，然后再从市场上获利，而免费营销策略则是市场占领的有效手段。

4. 实施免费价格策略风险

Internet 使人们产生了疯狂的想象力，大家都在思考怎样才能在网上迅速扩大自己的知名度。Internet 上最早出现这样的机会是浏览器，Netscape 把它的浏览器免费提供给用户，开创了 Internet 上免费的先河。Netscape 当时允许用户免费下载浏览器，目的是在用户使用习惯之后就开始收钱，这是 Netscape 提供免费软件的背后动机，但是 IE 的出现打碎了 Netscape 的美梦。对于这些公司来说，为用户提供免费服务只是其商业计划的开始，商业利润还在后面，但是并不是每个公司都能顺利获得成功。所以对于这些实行免费策略的企业来说必须面对承担很大风险的可能。

5. 成功实施免费价格策略的要素

互联网作为成长性的市场，获取成功的关键是要有一个成功的商业运作模式。要获得市场认可，通过免费策略已经获得成功的公司都有一个特点，就是提供的产品或服务受到市场的极大欢迎；要选择合适的推出时机，在互联网上推出免费产品是为抢占市场，如果市场已经被占领或者已经比较成熟，则要审视推出的产品或服务的竞争能力；要精心策划和推广，如 3721 网站通过新闻形式介绍中文域名概念，宣传中文域名的作用和便捷性，然后与一些著名 ISP 和 ICP 合作，建立免费软件下载链接，同时还与 PC 制造商合作，提供捆绑预装中文域名软件；要考虑产品或服务是否适合，互联网是信息海洋，对于免费的产品或服务，网上用户已经习惯。因此，要吸引用户关注免费产品或服务，应当与推广其他产品一样有严密营销策划。

6. 免费价格策略的主要形式

免费营销策略就是将企业的产品和服务以零价格形式提供给顾客使用，满足顾客的需求，主要有四种形式：

（1）产品和服务完全免费，即从购买、使用到售后服务的所有环节都免费。这主要用于树立企业形象，扩大知名度，如许多报刊的电子版都可以在网上免费浏览。

（2）限制免费，即产品和服务可以限次数使用，超过一定期限和次数后则开始收费。这主要是为了使消费者了解、熟悉产品，再刺激购买，如很多新推出的软件都可以允许顾客免费使用若干次。

（3）分免费，如某些科研机构发布部分研究成果，如要获得全部成果必须付款。

（4）捆绑式免费，即购买某产品或服务时赠送其他产品和服务，如国内一些 ISP 服务商推出上网免费送 PC 的市场活动。免费策略是受到一定条件制约的，不是所有产品都适合，而且伴有较大的风险，通常适于免费定价策略的产品具有无形性、易于数字性、零制造成本、只需简单复制、成长性和间接收益的特点。

6.4　网络营销渠道策略

6.4.1　网络营销渠道概述

美国市场营销学权威专家菲利普·科特勒对营销渠道做出如下定义："营销渠道是指某种货物或劳务从生产者向消费者移动时，取得这种货物或劳务所有权或帮助转移其所有权的所有企业或个人。简单地说，营销渠道就是商品和服务从生产者向消费者转移过程的具体通道或路径"。传统的营销渠道由生产商、批发商、代理商、零售商等共同组成，这种流通渠道是单向、静止、实体的。网络渠道是指借助互联网技术提供产品或服务信息，以供消费者信息沟通、资金转移和产品转移的一整套相互依存的中间环节。两种营销渠道存在着较大的差异性，如后者业务人员与直销人员减少、组织层次减少、分销商与分店的数量减少、渠道缩短、虚拟分销商、虚拟营销部门等企业内外部的虚拟组织盛行、分销系统结构更为开放等；营销渠道由宽变窄、由实变虚、由单向变成互动、消费者的主动性大大增加。网络营销渠道疏散、细化、整合了传统营销渠道，并降低渠道成本，增加渠道的透明度，其优势和局限见表6-2。

表6-2　网络营销优势和局限一览表

优　势	局　限
充分展示产品的性能	不能试用，对质量无亲身感受
及时收集反馈信息	忽略许多隐含信息，过于依赖顾客反应

优　　势	局　　限
克服市场壁垒和文化障碍	政府对经济的保护作用减弱
通过电子通信高效管理分销商	企业商业秘密容易泄漏
对企业及产品进行商业宣传	宣传对象限于网民
顾客在虚拟商场自由选择货物	受顾客网络操作技能限制
及时签订无纸订单	送货、安装仍需中间机构完成
信用卡结算	结算安全性较差
快捷省力	适于网上直接销售的产品种类有限

1. 网络营销渠道功能

以互联网为支撑的网络营销渠道与传统营销渠道类似，涉及信息沟通、资金转移和事物转移等多个环节。传统的营销渠道具有三大功能：订货功能、结算功能和配送功能。网络营销渠道在此基础上还具有信息功能和促销功能。

（1）订货功能。它是指网络营销渠道为消费者提供产品信息，同时方便厂家获取消费者的需求信息，以达到供求平衡。一个完整的订货系统，可以最大限度降低库存，减少销售费用，降低销售成本。

（2）结算功能。它是指消费者在购买产品或服务后，可以有多种方式方便地进行付款，因此商家应有多种结算方式。目前国外流行的方式有信用卡、电子货币、网上划款等，而国内付款结算方式主要有邮局汇款、货到付款、信用卡等。

（3）配送功能。一般来说产品分为有形产品和无形产品，无形产品如服务、软件、音乐等可以直接通过网络进行配送；有形产品的配送涉及运输和仓储等问题。国外已经形成了专业的配送公司，专业配送公司的存在是网上商店迅速发展的原因之一，如美国联邦快递，它的业务覆盖全球，开展全球的专递服务，从事网上直销的 Dell 公司全美货物的配送业务。

（4）信息功能。它是指生产者通过网络向消费者提供产品的种类、价格、性能等信息，获取消费者的需求信息。

（5）促销功能。它是指通过网络发展和传播有关产品的、富有说服力的、吸引消费者报价的沟通材料等。

2. 网络营销渠道特点

网络营销渠道可以大大减少传统分销渠道中的流通环节，有效降低成本，网络营销渠道的特点主要有：

（1）由于网络的实时性和交互性，网络营销渠道从过去单向信息沟通变成双向直接信息沟通，对销售商品几乎没有时空限制，查找方便，可以随时随地购买，每周 7 天，每天 24 小时运作。

（2）通过互联网实现的从生产者到使用者的网络直接营销渠道，改变了传统中间商的功能，他们由过去环节的中坚力量变成提供服务的中介机构，如专业配送公司、网上银行和电子商务商。

（3）网络间接营销渠道与传统间接分销渠道有着很大不同。传统间接分销渠道可能有多个中间环节，如一级批发商、二级批发商、零售商，而网络间接营销渠道只需要少数中间环节。

（4）网络营销渠道可以提供更加便捷的相关服务。一是生产者可以通过互联网提供支付服务，顾客可以直接在网上订货和付款，然后等着送货上门；二是生产者可以通过网络营销渠道为客户提供售后服务和技术支持，既方便顾客，又能够以最小成本为顾客服务。

3. 网络营销渠道类型

在传统营销渠道中，中间商是营销渠道的重要组成部分，凭借其业务往来关系、经验、专业化和规模经营，带给生产者高于设立自营商店所能获取的利润。互联网的发展和商业应用，使传统中间商凭借地缘获得的优势被互联网的虚拟性所取代，同时互联网的高效信息交换改变了传统营销渠道的多环节，将错综复杂的关系简单化，如图6-2、图6-3所示。

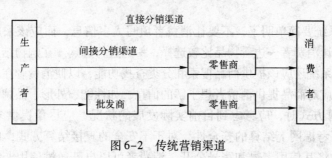

图 6-2　传统营销渠道

图 6-3　网络营销渠道

网络营销渠道主要有三大类：①直接营销渠道，即网络直销，通过互联网实现从生产者到消费者的网络渠道。此时，中间商由过去的中坚力量变为提供服务的中介机构，如提供产品信息发布和网站建设的网络服务商、提供货物运输配送的专业配送公司、支持网上支付的网上银行等。②间接营销渠道，即通过信息中介或者商务中心来沟通买卖双方的信息。此时中间商融合了互联网技术，会大大提高交易效率和专门化程度，实现规模经济效益，从而比某些企业通过网上营销更有效，如 Amazon 网上商店吸引了众多出版商在其网上销售产品。③双渠道，是比较理想的网络营销渠道，顾名思义就是指企业同时使用网络直接和间接营销渠道，以更好地渗透市场，达到最大量销售。

4. 网络营销渠道建设

针对不同网上销售对象，网上销售渠道有很大区别。一般来说，网上销售主要有两种方式：一是 B2B，即企业对企业的模式，这种模式每次交易量很大、交易次数较少，并且购买方比较集中，因此网上销售渠道的建设关键是建设好订货系统，方便购买企业进行选择。一方面，由于一般信用较好，企业通过网上结算实现付款比较简单；另一方面，由于量大次数少，因此配送时可以进行专门运送，既可以保证速度，也可以保证质量，减少因中间环节多造成的损失。二是 B2C，即企业对消费者模式，这种模式的每次交易量小、交易次数多，而且购买者非常分散，因此网上渠道建设的关键是结算系统和配送系统，这也是目前网上购物必须面对的门槛。由于国内的消费者信用机制还没有建立起来，加之缺少专业配送系统，因此开展网上购物活动时，特别是面对大众购物时必须解决好这两个环节才会获得成功。

在选择网络销售渠道时还要注意产品的特性，有些产品易于数字化，可以直接通过互联网传输；而大多数有形产品还必须依靠传统配送渠道来实现货物的空间移动，部分产品依赖的渠道可以通过对互联网进行改造以最大程度提高渠道的效率，减少渠道运营中的人为失误和时间耽误造成的损失。在具体建设网络营销渠道时，还要考虑以下几个方面：

① 从消费者角度设计渠道。只有采用消费者比较放心、容易接受的方式才有可能吸引消费者使用网上购物，以克服网上购物"虚"的感觉。如在中国，目前采用货到付款方式比较被人认可。

② 设计订货系统要简单明了，不要让消费者填写太多信息，而应该采用现在流行的购物车方式模拟超市，让消费者一边看物品比较选择，一边进行选购。在购物结束后，一次性进行结算。另外，订货系统还应该提供商品搜索和分类查找功能，以便消费者在最短时间内找到需要的商品，同时还应对商品提供消费者想了解的信息，如性能、外形、品牌等重要信息。

③ 在选择结算方式时，应考虑到目前实际发展的状况，应尽量提供多种方式方便消费者选择，同时还要考虑网上结算的安全性，对于不安全的直接结算方式，应换成间接的安全方式，如某些网站将其信用卡号和账号公开，消费者可以自己通过信用卡终端自行转账，避免了网上输入账号和密码被盗的风险。

④ 关键是建立完善的配送系统。消费者只有看到购买的商品到家后，才真正感到踏实，因此建设快速有效的配送服务系统是非常重要的。在现阶段我国配送体系还不成熟的时候，网上销售要考虑到该产品是否适合于目前的配送体系，因此，目前网上销售的商品大多是价值较小不易损坏的商品，如图书、小件电子类产品等。

6.4.2　网络营销渠道策略

本文根据营销渠道类型将网络营销渠道策略划分为三种，分别是网上直销渠道（直接营销）、间接营销渠道和双渠道营销策略。

1. 网上直销渠道策略

（1）网上直销概述。

网上直销与传统直接分销渠道一样，都是没有中间商。网上直销渠道一样也要具有上面营销渠道中的订货功能、支付功能和配送功能。网上直销与传统直接分销渠道不一样的是，生产企业可以通过建设网络营销站点，让顾客可以直接从网站进行订货。通过与一些电子商务服务机构如网上银行合作，可以通过网站直接提供支付结算功能，简化了过去资金流转的问题。对于配送方面，网上直销渠道可以利用互联网技术来构造有效的物流系统，也可以通过互联网与一些专业物流公司进行合作，建立有效的物流体系。与传统分销渠道相比，不管是网上直接营销渠道还是间接营销渠道，网上营销渠道有许多更具竞争优势的地方。

① 利用互联网的交互特性，网上营销渠道从过去单向信息沟通变成双向直接信息沟通，增强了生产者与消费者的直接连接。

② 网上营销渠道可以提供更加便捷的相关服务。一是生产者可以通过互联网提供支付服务，顾客可以直接在网上订货和付款，然后等着送货上门，这一切大大方便了顾客的需要。二是生产者可以通过网上营销渠道为客户提供售后服务和技术支持，特别是对于一些技

术性比较强的行业，如 IT 业，提供网上远程技术支持和培训服务，既方便顾客，同时生产者可以以最小成本为顾客服务。

③ 网上营销渠道的高效性可以大大减少过去传统分销渠道中的流通环节，有效降低成本。对于网上直接营销渠道，生产者可以根据顾客的订单按需生产，实现零库存管理。同时网上直接销售还可以减少过去依靠推销员上门推销的销售费用，最大程度地控制营销成本。

（2）网上支付。

① 网上支付系统。传统交易中个人购物时的支付手段主要是现金，即一手交钱一手交货，双方在交易过程中可以面对面的进行沟通和完成交易。网上商店的交易是在网上完成的，交易时交货和付款在空间和时间上是分割的，消费者购买时一般必须先付款后送货，付款时可以用网上支付系统完成网上支付。网上支付系统包括 4 个主要部分：一是电子钱包，负责客户端数据处理，包括客户开户信息、货币信息以及购买交易的历史记录。二是电子通道，这里主要指从客户端电子钱包到收款银行网关之间的交易部分。三是电子银行，这里的电子银行不是完整意义上的电子银行，而是在网上交易过程中完成银行业务的银行网关，包括接受转账卡、信用卡、电子现金、微电子支付等支付方式；保护银行内部主机系统；实现银行内部统计管理功能。四是认证机构，负责对网上商家、客户、收款银行和发卡银行进行身份的证明，以保证交易的合法性。

网上支付系统是一个系统工程，它需要银行、商家、消费者和信息技术企业的共同参与，系统中缺少任何一个环节都无法正常运行。由于网上商店面对的是千千万万的个体消费者，要将这些消费者纳入电子支付系统是比较困难的，一方面它要求个体消费者必须有良好的信用，另一方面消费者对网上支付的隐私安全存在顾虑。因此，目前电子支付面临的最大问题是引导和教育消费者对电子支付了解和认同。

② 网上支付方式。网上支付是指电子交易的当事人，包括消费者、厂商和金融机构，使用安全电子支付手段通过网络进行的货币支付或资金流转。它主要有三类：一是电子货币类，如电子现金、电子钱包等；二是电子信用卡类，包括智能卡、借记卡、电话卡等；三是是电子支票类，如电子支票、电子汇款（EFT）、电子划款等。

③ 网上支付的安全控制。在网上商店进行网上购物时，消费者面对的是虚拟商店，对产品的了解只能通过网上介绍完成，交易时消费者需要将个人重要信息如信用卡号、密码和个人身份信息通过网上传送。由于互联网的开放性，网上信息存在被非法截取和非法利用的可能，存在一定的安全隐患。同时，在购买时消费者将个人身份信息传送给商家，可能被商家掌握消费者的个人隐私，有时这些隐私信息被商家非法利用和被侵犯的危险。

随着技术的发展和网上交易的规范，现在出台了一系列的网上交易安全规范，如 SET 协议，它通过加密技术和个人数字签名技术，保证交易过程信息传递的安全和合法，可以有效防止信息被第三方非法截取和利用。为防止个人隐私受到侵犯，避免交易中泄露个人身份信息，电子现金的出现是一有效的匿名电子支付手段，它的原理很简单，就是用银行加密签字后的序列数字作为现金符号，这种电子现金使用时无须消费者签名，因此在交易过程中消费者的个人身份信息可以不被泄露，从而保护个人隐私。

（3）物流管理与控制。

菲利普·科特勒在《市场营销管理》中对物流做如下定义："物流是指计划、执行与控制原材料和最终产品从产地到使用地点的实际流程，并在盈利的基础上满足顾客的需求。"

物流的作用是管理供应链，即从供应商到最终用户的价值增加的流程。因此，物流管理者的任务是协调供应商、采购代理、市场营销人员、渠道成员和顾客之间的关系。

对于开展网上直销的生产企业而言，可以有两种途径管理和控制物流。第一种是利用自己的力量建设自己的物流系统，如 IBM 公司的蓝色快车拥有自己的 e 物流。在物流方面做好靠的是严密的管理和组织，包括新的运作方法、新的经营观念。从货物的管理、货物的分发、货物的跟踪，蓝色快车有一套完整的信息系统，可以确定货物上的是第几次列车，什么时候可以到达这个城市，谁可以签收，是否签收等。IBM 之所以重视货物的派送，是为在未来网上营销的竞争打下基础，因为物流方面的服务已经成为竞争的"瓶颈"。第二种是通过选择合作伙伴，利用专业的物流公司为网上直销提供物流服务。这是大多数企业的发展趋势。Dell 公司就是与联邦快递公司合作，利用它的物流系统配送电脑给客户，Dell 公司只需要将要配送计算机的客户地址和电脑的装备厂址通过互联网传输给联邦快递，联邦快递直接根据送货单将货物从生产地送到客户家里。作为专业化的物流服务公司，联邦快递拥有自己最先进的 Internet Ship 物流管理系统，客户可以通过互联网直接送货、查货、收货，足不出户就可以完成一切货物配送。

（4）网上直销的优势。

① 促成了产需直接见面，企业可以从网上直接搜集到真实的第一手市场信息，合理地有针对性地安排生产。

② 给买卖双方都带来了直接的经济利益。由于网络直销降低了企业的营销成本，企业能够以较低的价格销售自己的产品，消费者也能够买到低于传统市场价格的产品。

③ 营销人员可利用网络工具，如电子邮件、公告牌等，随时了解用户的愿望和需要，并据此开展各种形式的促销活动，迅速扩大产品的市场占有率。

④ 企业能通过网络及时了解到用户对产品的意见和建议，并针对这些意见和建议提供技术服务，解决疑难问题，提高产品质量，改善经营管理。另外，通过这种一对一的销售模式，企业可以与消费者在心理上建立良好的关系。

⑤ 与分销模式相比，企业的统一定价以及运作的规范化避免了经销商的恶意竞争。

2. 间接营销渠道策略

由于网络的信息资源丰富、信息处理速度快，基于网络的服务可以便于搜索产品，但在产品（信息、软件产品除外）实体分销方面却难以胜任。目前出现许多基于网络的提供信息服务中介功能的新型中间商，可称为电子中间商。它主要提供以下服务：

（1）目录服务。利用 Internet 上目录化的 Web 站点提供菜单驱动进行搜索，现在这种服务是免费的，将来可能收取一定的费用。现在有 3 种目录服务：一是通用目录，如 Yahoo，可以对各种不同站点进行检索，所包含的站点分类按层次组织在一起；二是商业目录，如 Internet 商店目录，提供各种商业 Web 站点的索引，类似于印刷出版的工业指南手册；三是专业目录，针对某个领域或主题建立 Web 站点。

（2）搜索服务。与目录不同，搜索站点（如 Lycos、Infoseek）为用户提供基于关键词的检索服务，站点利用大型数据库分类存储各种站点介绍和页面内容。搜索站点不允许用户直接浏览数据库，但允许用户向数据库添加条目。

（3）虚拟商业街。它是指在一个站点内连接两个或以上的商业站点。虚拟商业街与目录服务的区别是，虚拟商业街定位某一地理位置和某一特定类型的生产者和零售商，在虚拟商业街销售各种商品、提供不同服务。站点的主要收入来源依靠其他商业站点对其的租用。

（4）网上出版。由于网络信息传输及时而且具有交互性，网络出版 Web 站点可以提供大量有趣和有用的信息给消费者，目前出现的联机报纸、联机杂志属于此类型。

（5）虚拟零售店（网上商店）。虚拟零售店不同于虚拟商业街，虚拟零售店拥有自己的货物清单和直接销售产品给消费者。通常这些虚拟零售店是专业性的，定位于某类产品，它们直接从生产者进货，然后折扣销售给消费者，如 Amazon 网上书店。目前网上商店主要有三种类型：一是电子零售型；二是电子拍卖型；三是电子直销型，这类站点是由生产型企业开通的网上直销站点，它饶过传统的中间商环节，直接让最终消费者从网上选择购买。

（6）站点评估。消费者在访问生产者站点时，由于内容繁多站点庞杂，往往显得束手无策，不知该访问哪一个站点。提供站点评估的站点可以帮助消费者根据以往数据和评估等级选择合适站点访问。通常一些目录和搜索站点也提供一些站点评估服务。

（7）电子支付。电子商务要求能在网络上交易同时能实现买方和卖方之间的授权支付。现在授权支付系统主要是信用卡，如 Visa、Mastercard；电子等价物，如填写的支票、现金支付如数字现金或通过安全电子邮件授权支付。这些电子支付手段通常对每笔交易收取一定佣金以减少现金流动风险和维持运转。目前，我国的商业银行也纷纷上网提供电子支付服务。

（8）虚拟市场和交换网络。虚拟市场提供一虚拟场所，任何只要符合条件的产品可以在虚拟市场站点内进行展示和销售，消费者可以在站点中任意选择和购买，站点主持者收取一定的管理费用。

（9）智能代理。智能代理是这样一种软件，它根据消费者偏好和要求预先为用户自动进行初次搜索，软件在搜索时还可以根据用户自己的喜好和别人的搜索经验自动学习优化搜索标准。用户可以根据自己的需要选择合适的智能代理站点为自己提供服务，同时支付一定的费用。

此外，选择电子服务中间商的时候必须考虑成本、信用、覆盖、特色、连续性 5 个方面的因素，这 5 个因素通常称为"5C"因素。

① 成本。这里的成本是指使用中介商信息服务时的支出。这种支出可分为两类：一是在中间商网络服务站建立主页的费用；二是维持正常运行时的费用。其中，维持费用是主要的、经常的，不同的中间商之间有较大的差别。

② 信用。这里的信用是指网络信息服务商所具有的信用程度的大小。相对于其他基本建设投资来说，建立一个网络服务站所需的投资较小，因此，信息服务商如雨后春笋般地出现。目前，我国还没有一个权威性的认证机构对这些服务商进行认证，因此在选择中间商时应注意他们的信用程度。

③ 覆盖。覆盖是指网络宣传所能波及的地区和人数，即网络站点所能影响的市场区域。对于企业来讲，站点覆盖并非越广越好，而是要看市场覆盖是否合理、有效，是否能够最终给企业带来经济利益。

④ 特色。每一个网络站点都要受到中间商总体规模、财力、文化素质、服务态度、工作精神的影响，在设计、更新过程中表现出各自不同的特色，因而具有不同的访问群。因此，企业应当研究这些顾客群的特点、购买渠道和购买频率，为选择不同的电子商务交易商打下一个良好的基础。

⑤ 连续性。网络发展的实践证明，网络站点的寿命有长有短。如果一个企业想使网络

营销持续稳定地运行，那么就必须选择具有连续性的网络站点，这样才能在用户或者消费者当中建立品牌信誉、服务信誉。为此，企业应该采取措施密切与中间商联系，防止中间商把别的企业的产品放在经营的主要位置。

3. 双渠道营销策略

双渠道是指企业同时使用网络直接销售渠道和网络间接销售渠道，以达到销售业绩最大化的目的。在买方市场条件下，通过两条渠道销售产品比通过一条渠道更容易开拓市场。

企业在互联网上建站，一方面为自己打开了一个对外的窗口；另一方面也建立了自己的网络直销渠道。一旦企业的网页和信息服务商链接，其宣传作用是不可估量，不仅可以覆盖全国，而且可以传播到全世界，这种优势是任何传统的广告宣传都不能比拟的。对于中小企业来说，网上建站更有优势，因为在网络上都是平等的，只要网页制作精美，信息经常更换，一定会有越来越多的顾客光顾。

在现代化大生产和市场经济条件下，企业在网络营销活动中除了自己建立网站外，大部分都是在积极利用网络间接销售渠道销售自己的产品，通过中介商的信息服务、广告服务和撮合服务，扩大企业的影响，开拓企业产品的销售空间，降低销售成本。因此，对于从事营销活动的企业来说，必须熟悉研究国内外电子商务交易中间商的类型，顺利地完成商品从生产到消费的整个转移过程。

6.5 网络营销促销策略

促销策略是指企业通过人员推销、广告、公共关系和营业推广等各种促销方式，向消费者或用户传递产品信息，引起他们的注意和兴趣，激发他们的购买欲望和购买行为，以达到扩大销售的目的。促销策略是市场营销组合的基本策略之一。网络促销是指利用现代化的网络技术向虚拟市场传递有关商品和服务的信息，以激发需求，引起消费者购买欲望和购买行为的活动。它具有三个明显的特点：一是网络促销是借助网络这一虚拟市场进行的；二是网络促销通过网络技术传递产品和服务的存在、性能、功效和特征等信息；三是网络促销的目标市场是全球范围。传统市场营销属于强制性营销，最能体现强制性特点的两种促销手段就是广告和人员推销。传统广告企图以一种信息灌输的方式在客户心中留下印象，根本不考虑是否需要这类信息，而是内容固定，信息传递和反馈隔离、滞后；人员推销根本不经过允许和同意，推销人员主动敲开客户的门，进行强势信息灌输，容易引起反感。传统营销中企业占主动地位，而网络营销则与其相反，它的促销是充分尊重顾客的意愿，使顾客成为主动方。

6.5.1 网络促销概述

1. 网络促销形式

传统的促销形式主要有4种：广告、销售促进、宣传推广和人员推销。与其对应的网络促销形式有：网络广告、销售促进、站点推广和关系营销4种形式，其中网络广告和站点促销是常用形式。

网络广告集声、光、色、文字等多种广告媒体功能，充分满足消费者求新、求变的心理，同时网络广告最突出的特点就是互动性。网络广告的类型很多，根据不同形式可以分为旗帜广告、电子邮件广告、电子杂志广告、新闻组广告、公告栏广告等。销售促进是指企业利用可以直接销售的网络营销站点，采用一些短期宣传行为，鼓励消费者购买，如价格折扣、有奖销售、实物奖励、赠送礼物等方式。站点推广是一个系统性的工作，是指通过对企业网络营销站点的宣传吸引用户访问，同时树立企业网上品牌形象，为企业的营销目标实现打下坚实基础。关系营销是指通过借助互联网的交互功能吸引用户与企业保持密切关系，培养顾客忠诚度，提高企业收益率。

2. 网络促销与传统促销区别

虽然传统促销和网络促销都能引导消费者认识商品，引起消费者的注意和兴趣，激发他们的购买欲望，并最终实施购买行为，但由于互联网强大的通信能力和覆盖面积，网络促销在时间和空间概念上、在信息传播模式上及在顾客参与程度上都与传统的促销活动有很大的区别。二者的不同点可以从以下几个方面来理解：

（1）时空观念的变化。目前，社会正处于两种不同的时空观交替作用时期。在这个时期内，人们将要受到两种不同的时空观念的影响。传统的产品都有一个时间的限制，而在网络上，订货和购买可以在任何时间进行。这就是现在最新的电子时空环境。时间和空间环境的变化要求网络营销者调整自己的促销策略和具体实施方案，人们必须在以现实为基础的虚拟世界与各种人沟通。

（2）信息沟通方式的变化。促销的基础是买卖双方信息的沟通。在网络上，信息的沟通渠道是单一的，所有信息都必须经过有线或者无线通路传递，然而，这种沟通又是十分丰富的。多媒体信息处理技术提供了近似于现实交易过程中的商品表现形式，尤其是网络可视化的发展；双向的、快捷的信息传播模式将买卖双方的意愿表达得淋漓尽致，也留给对方充分思考的时间。在这种情况下，传统的促销方法显得软弱无力，网络营销者需要掌握一系列新的促销方法和手段，撮合买卖双方的交易。

（3）消费群体和消费行为的变化。在网络环境下，消费者的概念和客户的消费行为都发生了很大的变化。相对于传统的消费行为模式，网络消费者便形成了一个特殊的消费群体，具有不同于传统消费大众的消费需求。这些消费者直接参与生产和商业流通，他们普遍实行大范围的选择和理性的购买。这些变化对传统促销理论和模式产生了重要的影响。

（4）网络促销与传统促销手段要相互补充。网络促销虽然与传统促销在观念和手段上有较大区别，但由于它们最终的目的是相同的，就是把自己的商品推销出去，因此，整个促销过程的设计具有很多相似之处。对于网络促销的理解，一方面应当站在全新的角度去认识这是一个新型的促销方式，理解这种依赖现代网络技术、不与顾客见面、完全通过网络交流思想和意愿的商品推销形式；另一方面则应当通过与传统促销的比较去体会两者之间的差别，吸收传统促销方式的整体设计思想和行之有效的促销技巧，打开网络促销的新局面。

3. 网络促销功能

不管采取何种形式，网络促销都力求达到特定的功能，其功能主要表现在以下几个方面：

（1）告知功能。网络促销能够把企业的产品、服务、价格等信息传递给目标公众，引起他们的注意。

（2）说服功能。网络促销的目的在于通过各种有效的方式，解除目标公众对产品或服务的疑虑，说服目标公众，坚定购买决心。例如，许多同类产品往往只有细微的差别，用户难以察觉，网络促销活动可以详细宣传自己产品的特点，使用户认识到本企业产品可能给他们带来的特殊效用和利益，进而乐于购买。

（3）反馈功能。网络促销能够通过电子邮件及时地搜集和整理顾客的需求和意见，迅速反馈给企业管理层。由于网络促销所获得的信息准确、可靠性强，对企业经营决策有较大的参考价值。

（4）创新需求。运作良好的网络促销活动，不仅可以诱导需求，而且可以创造需求，发掘潜在的顾客，扩大销售量。企业的产品由于种种原因，可能销售量时高时低，波动较大，这是市场不稳定的反映。通过网络促销活动，树立良好的产品形象和企业形象，可以改变用户对本企业产品的认识，形成品牌偏好和忠诚，达到稳定销售的目的。

6.5.2 实施网络促销的步骤

对于任何企业来说，如何实施网络促销都是一个新问题，网络促销人员必然面对众多的挑战。每一个营销人员都必须摆正自己的位置，深入了解商品信息在网络传播的特点，分析网络信息的接收对象，设定合理的网络促销目标，通过科学的实施程序，打开网络促销的新局面。网络促销的实施步骤有 6 个：确定网络促销对象、设计网络促销内容、确定网络促销组合、制定网络促销预算方案、评价网络促销效果、网络促销过程的综合管理和协调。

1. 确定网络促销对象

网络促销的对象是虚拟市场上产生购买行为的消费群体。随着互联网的迅速普及，这一群体也在不断膨胀与发展。作为一个企业来说，就是要明确自己的目标市场，当然还考虑到其他相关的人员，包括产品使用者、产品购买的决策者和产品购买的影响者。

产品的使用者是指使用或者消费的人。实际的需求构成了这些顾客购买的直接动因。抓住了这一部分消费者，网络销售就有了稳定的市场。产品购买的决策者是指实际决定购买的人。大多数情况下产品的购买者和使用者是统一的，特别是在虚拟市场更是如此，因为大部分的上网人员都有独立的决策能力和一定的收入。但在另外一些情况下，产品的购买者和消费者是分离的，如婴儿用品等，所以网络营销同样应该把购买决策者放在重要的位置上。产品购买的影响者是指对最终购买决策可以产生一定影响的人。在低价、易耗日用品的购买决策中，产品购买者的影响力小，但在高价耐用消费品的购买决策上，产品购买影响者的影响力较大。

2. 设计网络促销内容

网络促销的最终目标是希望引起购买，这个最终目标是要通过设计具体的信息内容来实现的。消费者的购买过程是一个复杂的、多阶段的过程，促销内容应当根据购买者目前所处的购买决策过程和产品所处的生命周期的不同阶段来决定。一般来讲，一线产品完成试制定型后，从投入到退出市场大体上要经历 4 个阶段：投入期、成长期、成熟期和衰退期。在新产品刚刚投入市场的开始阶段，消费者对这种产品还非常生疏，促销活动的内容应重点在于宣传产品的特点，引起消费者的注意。当产品在市场上已有一定的影响力，促销活动的内容则应该侧重于唤起消费者的购买欲望，同时还需要创造产品品牌的知名度。当产品进入成熟阶段后，市场竞争非常激烈，促销活动的内容除了针对产品本身的宣传外，还需要对企业形象做大量的宣传工作，树立消费者对企业产品的信心。在产品的衰退阶段，促销活动的重点在于密切与消费者之间的感情沟通，通过各种让利促销，以延长产品的生命周期。

3. 确定网络促销组合

促销组合是一个非常复杂的问题。网络促销活动主要通过网络广告销售、网络站点促销、电子邮件等多种方式展开。由于企业的产品种类不同、销售对象不同，促销方法与产品种类和促销对象之间将会产生多种网络促销的组合方式。企业应当根据促销方式各自的特点和优势，根据自己产品的市场情况、顾客情况，扬长避短，合理组合以达到最佳促销效果。

网络广告促销主要实施推战略，其主要功能是将企业的产品推向市场，获得广大消费者的认可。网络站点促销主要实施拉战略，其主要功能是将顾客牢牢吸引过来，保持稳定的市场份额。图6-4、图6-5显示两者不同的运作过程。

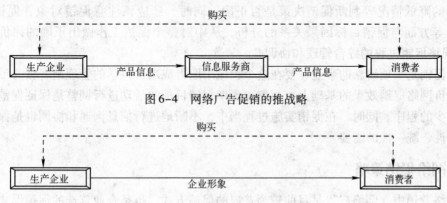

图6-4 网络广告促销的推战略

图6-5 网络站点促销的拉战略

一般来说，日用消费品，如化妆品、食品饮料、医药制品、家用电器，网络广告促销的效果比较好；而大型机械产品、专用品则采用站点促销的方法比较有效。在产品的成长期应侧重于网络广告促销，宣传产品的新性能、新特点；在产品的成熟期，则应加强自身站点的建设，建立企业形象，巩固已有的市场。企业应该根据自身促销的能力确定两种网络促销方法的配合使用。

4. 制定网络促销预算方案

在网络促销实施过程中，让企业感到最困难的是预算方案的制订，所有的价格、条件都需要学习、比较和体会，不断地总结经验。只有这样，才可能用有限的精力和时间收到尽可能好的效果。制定网络促销预算方案应该注意以下几点：

（1）必须明确网上的促销方法及组合办法。选择不同的信息服务商，宣传的价格就不同。企业应该认真比较投放站点的服务质量和服务价格，从中筛选适合于本企业的质量和价格的信息服务站点。

（2）需要确定网络促销的目标是树立形象、宣传产品还是宣传售后服务。围绕这些目标再来策划投放内容的多少，包括文字的数量、图案的多少、色彩的复杂程度、投放时间、频率和密度、广告宣传的位置、内容更换的时间间隔以及效果检测的方法等。这些细节把握好了，对整体的投资数额就有了预算的依据，与信息服务商谈判时也就有把握了。

（3）明确希望影响的群体类型。在服务对象上，各个站点的侧重点有较大的区别。有的站点侧重于中青年，有的侧重于学术界，有的则侧重于消费者。一般来讲，侧重于学术性的站点的服务费用低，专门从事商品推销的站点的服务费很高，而某些综合网站的费用最高。在宣传范围上，单纯的中文促销费用较低，使用中英文促销费用则较高。企业促销人员应该熟知自己产品的销售对象和销售范围，从而选择合适的促销形式。

5. 评价网络促销效果

网络促销的实施过程进行到这一阶段，是对已经执行的促销内容进行评价，评价一下促销的实际效果是否达到了预期的促销目标。对促销效果的评价主要依赖于两方面的数据：①要充分利用互联网的统计软件，及时对促销活动的好坏做统计。这些数据包括主页访问人数、点击次数、广告投入成本等。促销人员可以利用这些统计数字了解自己在网上的优势、劣势以及与其他促销者差距。②效果评价要建立在实际效果全面调查的基础上，通过调查市场占有率的变化情况、产品销售量的增加情况、利润的变化情况、促销成本的降低情况等判断促销决策是否正确。同时，还应该注意促销对象，促销内容、促销组合等方面与促销目标因果关系的分析，从中对整个促销工作做出正确的评价。

6. 网络促销过程的综合管理和协调

网络促销是一项崭新的事业，要在这个领域中取得成功，科学的管理起着极为重要的作用。在评价网络促销效果的基础上，对偏离预期促销目标的活动进行调整是保证促销最佳效果必不可少的程序。同时，在促销实施过程当中，不断地进行信息沟通和协调也是保证企业促销连续性、统一性的需要。

6.5.3 网络促销策略

在网络营销中，网络广告是目前较为普遍的促销方式，也是企业首选的促销形式，目前已经形成了一个很有影响力的产业市场。网络广告类型很多，根据形式不同可以分为旗帜广告、电子邮件广告、电子杂志广告、新闻组广告、公告栏广告等。站点推广是利用网络营销策略向用户推介自己的网站，扩大站点的知名度，吸引更多的上网者访问网站，从而起到宣传和推广企业以及企业产品的效果。网络促销的核心问题是如何吸引消费者，为其提供具有价值诱因的商品信息。网络销售促进就是企业利用可以直接销售的网络营销站点，采用一些销售促进方法通过诸如价格折扣、有奖销售、拍卖销售等方式宣传和推广产品。根据网络营销活动的特征和产品服务的不同，结合传统的营销方法，可采用如下网络促进策略：

1. 网上折价促销

折价亦称打折、折扣，是目前网上最常用的促销方式之一。盈利永远是公司的最终目标，高额的折扣当然会影响公司的短期效益，但是，在培育市场的阶段，这还是一个十分有效的投资行为。目前我国网民在网上购物的热情远低于商场、超市等传统购物场所，因此网上商品的价格一般都要比传统方式销售低，以吸引人们购买。由于网上销售的商品不能给人全面、直观的印象，也不可试用、触摸等，再加上配送成本和付款方式的复杂性，造成网上购物和订货的积极性下降。而幅度比较大的折扣可以促使消费者进行网上购物的尝试并做出购买决定。目前大部分网上销售商品都有不同程度的价格折扣，如网上书店 Amazon 就是采用比一般书店更大的折扣作为促销手段来吸引顾客的，其销售的大部分图书都有 5% ~40% 的折扣。营业额上亿美元的 Amazon，其员工也只有 100 多人，不需要自己的店面，没有库存商品。较低的运营成本使其有能力将节省的费用，通过折扣的形式转移到顾客身上，让顾客充分领略到网上购物的优越性，成为 Amazon 的回头客。折价促销主要有以下几种：

（1）直接折扣促销策略。它以正常的市场价来定价，然后给予一定的折扣。它可以让消费者直接了解产品的降价幅度以促进消费者的购买，这类促销策略主要用于一些网上商店，对产品按照市面的流行价格进行折扣定价。有些网站的图书价格一般都要打折，而且折扣幅度为 1~2 折。优惠卡与折价券也是网络促销中常用的折扣方式。优惠卡也称折扣卡，是一种可以以低于商品或服务的价格进行消费的凭证。消费者可凭此卡获得购买商品或享受服务的价格优惠，优惠卡的折扣率是 5%~60% 不等。优惠卡的适用范围可由商家规定，如可以是一个特定的商品或服务，也可以是同一品牌的系列商品甚至可以是所有商品，有效期可以是几个月、一年或更长时间。也有的网上商店为了培养忠实顾客，对每一位有意消费的消费者发放一张积分优惠卡，该优惠卡按消费者在网上消费金额的多少打分，再按分数的多少赠送礼品。这样做不仅可以把消费者牢牢吸引在自己的网站上，而且还可以加深网上商店与消费者之间的情感。折价券与优惠卡有相似之处，它是直接价格折扣的一种变化形式，有些商品因在网上直接销售有一定的困难性，便结合传统营销方式，可从网上下载、打印折价券或直接填写优惠表单，到指定地点购买商品时可享受一定优惠。如前所述，在实际应用中，还有数量折扣策略。

（2）变相折价促销。它是指在不提高或稍微增加价格的前提下，提高产品或服务的品质数量，较大幅度地增加产品或服务的附加值，让消费者感到物有所值。网上直接价格折扣容易造成降低品质的怀疑，而利用增加商品附加值的促销方法则会更容易获得消费者的信任。如节假日折价促销，传统市场中利用节假日、庆典活动开展的优惠促销活动，一周的营业额可能比平时一个季度的营业额还要高。这种方式同样适用于网络营销，商业站点也可以定期推出每周一物、每月一物的活动，以优惠的价格营造购物气氛，刺激消费者的购买欲望。近年来，国外推出的网上圣诞节也开始出现在国内的一些商业网站上。另外，国内外利用世界杯足球赛、奥运会等推出的网上购物活动都取得了很好的促销效果。总之，可以充分利用这个消费特点来吸引新消费者，并使他们成为回头客。

（3）现金折扣策略。在允许买主延期付款的情况下，如果买主能提前交付现金，可按原价格给予一定的折扣，这种办法有利于鼓励消费者预付货款。在 B2B 方式的电子商务中，由于目前网上支付的缺欠，为了鼓励买主用现金购买或提前付款，常常在定价时给予一定的现金折扣。随着网上支付体系和安全体系的健全，这种定价策略将逐步消失。

除上述策略外，折扣促销还有功能折扣、同业折扣、季节折扣等方式。采用优惠措施的商店一般都更可能得到消费者优先的考虑。尤其采用那种随采购额数量增多而不断扩展优惠额的措施，更可能拴住一些长久客户。销售者通过向会员提供一些电子问卷，不但可增加商店的价值感，更重要的是借着客户填写会员资料可建立起一个完整的消费者资料库。根据会员资料，可随时发送电子邮件，提供最新产品信息和优惠、折扣等促进消费，或促使其再次光临。

2. 网上抽奖促销

抽奖促销是网上应用较广泛的促销形式之一，是大部分网站乐意采用的促销方式。抽奖促销是以一个人或数人获得超出参加活动成本的奖品为手段进行商品或服务的促销，网上抽奖活动主要附加于调查、产品销售、扩大用户群、庆典、推广某项活动等。消费者或访问者通过填写问卷、注册、购买产品或参加网上活动等方式获得抽奖机会。网上抽奖促销活动应注意以下几点：①奖品要有诱惑力，可考虑大额超值的产品吸引人们参加。②活动参加方式要简单化，由于上网费用、网络速度以及浏览者兴趣不同等原因，网上抽奖活动要策划得富于趣味性和容易参加，太过复杂和难度太大的活动较难吸引消费者，网络促销的核心问题是如何吸引消费者，为其提供具有价值诱因的商品信息。③抽奖结果的公正性和公平性。由于网络的虚拟性和参加者的广泛地域性，对抽奖结果的真实性要有一定的保证，应该及时请公证人员进行全程公证，并及时通过 E-mail、公告等形式向参加者通告活动进度和结果。

3. 网上积分促销

积分促销在网络上的应用比起传统营销方式要更加简单和易操作，网上积分活动很容易通过编程和数据库等来实现，并且结果可信度很高。积分促销的作用有：①可以增加上网者访问网站和参加某项活动的次数。②可以增加上网者对网站的忠诚度。③可以提高活动的知名度等。积分促销一般设置价值较高的奖品，消费者通过多次购买或多次参加某项活动来增加积分以获得奖品。现在不少电子商务网站发行的虚拟货币是积分促销的另一种形式。网站通过举办活动来使会员挣钱，同时可以用仅能在网站使用的虚拟货币来购买本站的商品，实际上是给会员购买者相应的优惠。

4. 网上赠品促销

赠品促销目前在网上的应用不算太多，一般情况下，在新产品推出试用、产品更新、对抗竞争品牌、开辟新市场情况下利用赠品促销可以达到比较好的促销效果。赠品促销具有如下优点：①可以提升品牌和网站的知名度；②鼓励人们经常访问网站以获得更多的优惠信息；③能根据消费者索取赠品的热情程度总结分析营销效果和产品本身的反应情况等。

赠品促销应注意：①不要选择次品、劣质品作为赠品，这样做效果只会适得其反；②明确促销目的，选择适当的能够吸引消费者的产品或服务；③注意时间和时机，注意赠品的时间性，如冬季不能赠送只在夏季才能用的物品，另外在危机公关等情况下也可考虑不计成本的赠品活动以挽回公关危机；④注意预算和市场需求，赠品要在能接受的预算内，不可因过度赠送赠品而造成营销困境。

5. 网络文化促销

它是将网络文化与产品广告相融合，借助网络文化的特点来吸引消费者。例如，将产品广告融于网络游戏中，使网络使用者在潜移默化中接受了促销活动。通过组建用户俱乐部可吸引大批的网友来交流意见，也可以实现网络文化传播的作用。企业可以将其产品和企业形象精确地渗透到每一个对产品真正有兴趣的用户，同时企业也可以通过网络交流来影响网络文化，从而制定有效的营销策略。网络俱乐部是以专业嗜好为主题的网络用户中心。对某一问题感兴趣的网络用户可以在一起交流信息。俱乐部的每一个分类项目都设有讨论区，可以吸引大批网民交流意见。此时不同讨论区之间的区域间隔十分明显，但同一个讨论区内的网民的志趣则十分相同，这对于实现企业一对一的销售是一种建立沟通的捷径。此外，各分类项目的信息快报，也可为企业提供相关的销售信息。

6. 网上联合促销

由不同商家联合进行的促销活动称为联合促销，联合促销的产品或服务可以产生一定的优势互补、互相提升自身价值等效应。如果应用得当，联合促销可收到相当好的促销效果，如网络公司可以和传统商家联合，以提供在网络上无法实现的服务；网上售汽车可以与润滑油公司联合促销等。非竞争关系的厂商之间可以组成线上促销的战略联盟，通过相互的线上资料库联网，增加与潜在消费者接触的机会。这样做既不会使本企业的产品受到冲击，又拓宽了产品的消费层面。

7. 网络聊天促销

利用网络聊天的功能开展消费者联谊活动，通过沟通交流增强感情，或开展在线产品展销活动和推广活动。这是一种调动消费者情感因素，促进情感消费的方式，对消费者吸引力较大。在这方面成功的典型是美国亚马逊网上书店，它在网站下开设聊天区以吸引读者，使其年销售额递增 34%，其中有 44% 是回头客，这充分展示了网络聊天促销的魅力。

网络营销者在实践中探索出了一些颇有成效的促销策略，如建立会员制、一对一营销、网上竞赛、问题征答、畅销产品排行榜、事件促销、免费送货、无条件更换保证等。要想使促销活动达到良好的效果，必须事先进行市场分析、竞争对手分析以及网络上活动实施的可行性分析，与整体营销计划相结合，有创意地组织实施促销活动，使促销活动新奇、富有销售力和影响力。

6.6　我国网络营销特色策略

网络营销活动的开展时以信息技术为支撑核心，作为一种新兴的营销方式，与传统营销相比有着自己独特的营销策略。这里结合我国企业开展网络营销现状，介绍一下与我国企业最为密切相关的三种网络营销策略。

6.6.1　E-mail 营销策略

E-mail 是利用电子邮件与受众客户进行商业交流的一种直销方式。同时也广泛地应用于网络营销领域。电子邮件营销是网络营销手法中使用最早的一种，可以说电子邮件营销比绝大部分网站推广和网络营销手法都要早。

E-mail 营销之所以受到消费者的青睐，是因为它具有传统营销媒介无法比拟的特点，主要有以下几个方面：广泛性。所有在线或 Internet 账号用户都有 E-mail 功能，E-mail 以传播简单的文本信息这种普遍而可靠的方式把互联网上每一位用户紧密相连，有顾客的地方就有 E-mail。只要一台计算机、一根网线，世界任何角落都可以接受销售者传输的信息。实时性。相对于传统的媒介，如直邮，E-mail 作为一种传播媒介有很大的速度优势。E-mail 的收发可以在瞬间完成，基本实现信息传输的实时性。Gartner 公司测算，进行一次直邮活动需要 4 ~ 6 周，而进行一次 E-mail 营销活动平均只需 7 ~ 10 个工作日。低成本。由于 E-mail 营销活动无须印刷或邮寄费用，因此 E-mail 营销的单位信息成本比直接邮寄要少得多。

虽然 E-mail 营销具有诸多优势，但这些优势并不会自动发挥出来。现实中还存在许多障碍或制约因素，影响了 E-mail 营销的效果。目前我国开展 E-mail 营销的主要障碍有：

（1）观念意识上的制约。作为 E-mail 营销的主体，多数企业尚未认识到 E-mail 营销可能带来的巨大机遇。目前我国 75% 企业的计算机主要用于文字处理、财务与人事管理，信息处理能力仅是世界平均水平的 21%，且仍以提供单纯的技术产品信息为主，不擅长动态信息的跟踪和获取、自行收集或向第三方购买 E-mail 地址大量发送未经许可的 E-mail，还没有形成利用 E-mail 做广告的观点，尤其是对付费的邮件广告，觉得它就是发发 E-mail。

（2）硬件设施的制约。E-mail 尽管方便，但需要基本的上网设备才能接收和阅读。一方面，计算机普及率低，或者上网费用偏高、网速慢、下载时间长，都会给使用邮件带来了严重影响，结果是相当多的用户放弃了下载邮件。另一方面，由于受到网速、用户电子邮箱空间容量等限制，并不是什么信息都可通过 E-mail 来传递的，这就限制了 E-mail 营销的应用范围。目标市场较高的电子计算机渗透率、较高的电话拥有量以及发达的邮政或配送体系是 E-mail 营销顺利实施的基础。

（3）信息搜集的制约。建立包含大量可靠的顾客信息的数据库是 E-mail 营销的关键，顾客的信息就是财富。鉴于信息时代资源的纷繁庞杂，顾客对个人信息的敏感，建立此类数据库并非易事。如果用户的资料虚假、不完整，或用户 E-mail 地址变更，原有的资料就可能失效，将对 E-mail 营销、在线服务、顾客关系等将产生直接影响。

（4）垃圾邮件的泛滥。电子邮件的泛滥，是 E-mail 营销的头号难题，尤其是垃圾邮件的泛滥，严重影响了用户对 E-mail 营销的看法，一些用户甚至将 E-mail 营销与垃圾邮件等同起来。这不仅使有价值的邮件被当做垃圾邮件删除了，还将导致部分用户放弃 E-mail。

（5）个人隐私的顾虑。如信用卡信息外泄的忧虑、收到大量垃圾邮件的骚扰、家庭住址透明化以至商业化的担心等，已经成为 E-mail 营销者建立顾客数据库时面临的巨大障碍。

（6）购物习惯的影响。购物习惯也是影响 E-mail 营销的一个重要因素。一方面，许多顾客喜爱现场采购，因为它带来一种体验和乐趣，有实体的感觉；另一方面，我国用户上网最主要的目的是获取信息和休闲娱乐，而网上购物和商务活动只占有很小比例。

现阶段提高 E-mail 营销效果可采用下述策略：

（1）提高电邮点击率。电子邮件的打开率对于 E-mail 营销人员来说至关重要，他们希望消费者打开包含营销信息的邮件并进行阅读，从而增加消费者购买商品的可能性。一方面，企业的品牌或电子邮件发送者是否为收信人所认识影响着电子邮件点击率。在垃圾邮件充斥互联网的时代里，发信人的熟悉度和品牌度是十分重要的。对于企业而言，不断加强品牌建设，提高企业和产品的知名度、信誉度至关重要。另一方面，要提供额外价值吸引顾客。如在邮件主题中强调邮件中含有小礼品、免费软件下载、开通新服务、电子折扣券等。最后要加强与顾客的情感交流，形成品牌偏好和忠诚，如利用已知信息，在顾客生日、传统节日等时候发送祝福邮件并提供小礼物。

（2）获取有效电邮地址。E-mail 营销的第一步就是收集潜在顾客的 E-mail 地址。收集电邮地址的常用方法主要有：把现有客户和合作人的顾客加入邮件列表；利用可以反馈读者信息的电子表单；在线或非在线广告上留下 E-mail 地址；请求顾客推荐新客户；购买 E-mail 地址列表；制造网上特殊事件吸引顾客参与，如竞赛、评比、猜谜、网页特殊效果、优惠、售后服务、促销等。营销者应努力收集大量有效的 E-mail 地址，营造自己的网上客户群，使用 E-mail 维系、巩固、提升与他们之间的关系。

（3）全面了解目标顾客。有效 E-mail 营销的前提是得到目标顾客或潜在顾客的许可，而要获得许可，首先必须了解目标顾客。营销者应首先选定本公司的目标市场，然后进行定位，寻找目标顾客。只有确保与顾客的交流渠道的畅通、有序，才有可能获得顾客对公司通过 E-mail 向其发送信息的许可，许可 E-mail 营销才有可能实现。此外，个性化服务的基础就是了解顾客的职业、年龄、性别、收入、兴趣、爱好、需要等个人信息，从而建立顾客资料数据库，为向目标顾客提供个性化服务奠定基础。

（4）提供有价值的产品或服务。在信息时代，消费者的时间和精力的稀缺性日益显现，营销者要想获得目标顾客的响应甚至青睐，就必须提供有价值的产品或服务。电子邮件的收发，本质上也是一种交换，发生的前提是交换双方都必须提供对另一方有价值的产品。营销者要保证每一封 E-mail 都是有价值的，并且要注意发送频率，以避免给客户狂轰乱炸的感觉，维持公司的品牌形象。

（5）及时回复邮件。评价 E-mail 营销成效的标志之一是客户反应率。在虚拟市场空间里，反应的及时性是消费者评判、选择营销者的重要标准之一。互联网上商品种类繁多，消费者具有高度的选择性，转换成本也比较低。一般来说，顾客会同时向多个厂家发出同样的询问信件，以对比各家产品的性能、价格和服务，如果没有及时回复，很可能失去这次机会。如果顾客提出了某种要求，不管其性质如何，营销者都应及时回应。

6.6.2　网站营销策略

企业的商业网站是企业与顾客的连接点、信息流通的主动脉，也是企业开展网络营销必不可少的前提条件。在网络空间，企业的网站代表着企业自身的形象，网站质量的好坏直接关系着网络营销的效果，影响着企业在网上的竞争。网站是开展网络营销的基础，同时也是开展网络营销的最有力的工具。营销网站的建立，应着力提高网站访问量，并有利于网络营销的开展。建立一个成功的网站应着重关注以下几点：

（1）抢占优良网址。在网络空间上，网址或域名是企业最重要的标志，随着全球上网企业数量的飞速增长，网址已成为一种不可再生资源，而优良的网址更趋稀缺，因此欲实施网络营销的企业应尽快注册网址，力求网址简洁易记，通常使用企业的品牌或企业名称代号。

（2）设计出色的主页。网络经济是一种典型的注意力经济，如何抓住网络消费者的注意力这种稀缺的商业资源，是企业网络营销成败的关键。企业站点的主页是网站的门户，它的形象好坏直接影响着客户的访问量。企业应精心设计网络主页的版面布局和内容，通常主页上除放置页面索引外，还可加上企业最想对外宣传的新闻、新产品介绍或专用商标、图像、颜色等创意设计，以吸引顾客。

（3）含有丰富内容。商务网站不能简单介绍企业和宣传企业形象，要发展演变成为营销策略展示的主渠道。商务网站的内容要包含企业的经营理念、产品的特点、技术指标和品质质量、企业的资信状况、企业对市场和客户的服务内容和承诺、促销和推销手段、宣传技巧以及技术咨询服务、客户关系管理等。商务网站应努力使客户一进入商务网站就被企业的产品特点和营销策略所吸引，通过专业知识的宣传，吸引大众，巧妙宣传企业的经营理念。

（4）更新实时信息。网上虚拟运作的最大优势就是企业可以利用网页向客户提供最新、最及时的信息。网站信息的不断更新是其最具有生命力的源泉之一。给予顾客最新的信息将是一流网站面临的最大挑战，将与本企业有关的行业最新信息发布在自己的网站，并不断更新，定期总结网上的每一部分内容，发现最吸引顾客、使用最高的那一部分，并不断完善它。

（5）保持良好性能。网站应具备良好的性能，一是网站能较好地展示企业的产品和服务、处理顾客的咨询和订单、处理支付业务、规划商品的销售和配送、预估经营成本、规划合理的购物流程、完成后台作业处理；二是网站必须提高技术指标，比如较高的访问速度、页面下载速度，增大可容纳的最大同时请求数，尽量减少错误链接，保持网页的稳定性、扩展性、安全性。

（6）多语种策略。如果网站的内容采用的是访问者的母语，并依照他们的文化习惯，那么客户愿意在网上浏览的时间将大大增加。多语种策略的投资花费并不高，但得到的回报却非常可观，有机会得到更多的市场，并可以提高网站的流量。对于有志于开拓世界市场的中国企业来说，多语种策略必不可少。

网上信息的增长速度远远高于网络用户的增长速度。网站对用户注意力的争夺越来越激烈，一个网站建立起来，不代表能获得理想的浏览量，企业必须推广网站：

（1）加入搜索引擎。互联网上面各种网站如山似海，企业只有主动让别人认识自己的网站，才不至于被淹没在互联网的汪洋大海中。搜索引擎收集了成千上万的网站索引信息，并将其分门别类地存放于数据库当中，它是通过互联网进行网络营销的重要途径，是众多网站客户访问量的重要来源，也是非常有效的网络站点推广工具。

（2）使用网络广告。网络广告是指利用互联网这种载体，通过图文或多媒体方式发布旨在推广产品、服务或站点信息的传播活动。它是一种常用的网站推广手段，是利用超文本链接功能而实现的一种宣传方式，常见的网络广告有旗帜广告、图标广告、赞助式广告、插播式广告、关键字广告、墙纸式广告、竞赛和推广式广告、互动游戏式广告、电子邮件广告、电子杂志广告、新闻组广告等多种形式。

（3）建立网络社区。网络社区是一种虚拟的社会，社区主要通过建立自己的论坛、博客和聊天室等方式把具有共同兴趣的访问者组织到一个虚拟空间，使成员之间相互沟通。虚拟社区在取得访问者的信任、增加网站访问量以及在线调查等方面具有独到作用，并能够直接促进网上销售。

（4）加强网站管理。企业网站的建设是一项长期而艰苦的工作，它不仅包括网站的开通，还包括网站的全面管理。管理对象包括网络链接的畅通、服务器的正常运行等硬件设备和网站创意、内容更新、网民咨询服务等因素。

6.6.3　提供个性化服务策略

从理论上来看，企业之间的竞争大致经历了 3 个阶段，一是产品本身的竞争，这是由于早期一些先进的技术过多地掌握在少数企业手里，可以依靠比别人高出一截的质量，赢得市场；但随着科技的飞速发展，新技术的普遍采用和越来越频繁的人才流动，企业间产品的含金量已相差无几，客户买谁的都一样，这就进入了价格的竞争，靠低价打败对手；现在已经进入了第三阶段，就是服务的竞争，靠优质的售前、售中和售后服务吸引和保持住客户，最终取得优势。现代的市场竞争观念，就是"顾客至上"，"顾客永远是正确的"，个性化服务正式与每一位顾客建立良好关系，开展个性化服务正是体现了现代市场竞争趋势。

技术进步使竞争的方式和手段不断发展，并发生了根本性的变化。竞争使顾客对商品有了更大的选择余地，随着生活水平的不断提高，顾客对各种产品和服务也有了更高的要求，买卖双方关系中的主导权转到了顾客一方。比如通过网络直销形式购买戴尔电脑，企业可以按照消费者自主选择的电脑配置进行组装产品；消费者通过海尔商城选购商品，可以根据消费者要求进行产品设计；使用 RSS 订阅时消费者可以根据需要设置信息的接收方式、接受内容等，这些都属于网络个性化服务。

个性化服务，也叫定制服务，就是按照顾客，特别是一般消费者的要求提供特定的服务。它包括三个方面：①服务时空的个性化，即在人们希望的时间和地点得到服务。互联网的虚拟性使服务可以突破传统的时间和空间限制。②服务方式的个性化，即根据个人爱好和特色来进行服务。互联网使市场广度扩大，用户有更多的选择余地，同时企业可以通过互联网提供各具特色的服务。③服务内容的个性化，即服务内容不再是千篇一律，而是各取所需，各得其所。企业可以通过一些智能软件，用户可以根据自己的爱好选择自己需要的信息和服务。

对于网站经营者来说，将大量网民吸引住是网站能否成功的关键。在网站的交互过程中，网民是处于主动地位的，网民不去访问网站，网站中的信息或服务不被网民应用，网站就失去了存在的意义。由于个性化的定制服务在满足网民需求方面可以达到相当的深度，所以只要网站经营者对目标群体有准确的细分和定位，对他们的需求有全面准确的总结和概括，应用定制服务就可以有效地吸引网民。

个性化服务对个人、对信息提供者都有益处。在网站个性化服务中，电脑系统可以跟踪记录用户的操作习惯、常去的站点和网页类型、选择倾向、需求信息以及需求与需求之间的隐性关系，据此更有针对性的提供用户所希望的信息。而信息服务提供者也有利可图，通过网络系统在对用户信息进行分析综合后，可以抽象出一类特定的目标人群，然后有针对性的发送个性化、目的性强的广告；也可将这些信息进行提炼加工，用来指导生产商的生产；生产商据此可以将目标市场细化，生产出更多更具个性化的产品。这些信息还可以卖给广告商，因为准确而具体的信息将为广告商节省市场调研费用，从而使广告费降低。

个性化消费要注意两个问题：①隐私问题。企业在提供个性化服务时，必须注意保护用户的一些隐私信息，不能将这些隐私随意泄漏或公开出卖；②费用问题。市场细分的程度越高，需要投入个性化服务的成本就越高，对网站的技术要求也更高，经营者要量力而行。

案例分析：百事可乐网络营销策略

百事可乐建立了与其公司形象和定位完全统一的中英文网站，以游戏、音乐、活动为主题，其背景则依然是创新的标志和年轻的蓝色。百事可乐的网络营销策略有以下几个方面：

1. 本土化策略

本土化管理与本土化生产是当前全球跨国公司的趋势。具体到某一种具体的产品、某一个公司的本土化，则是一个长期的过程。它在中国的本土化进展成绩斐然，中国区的管理层70%已经由中国人担任，其中只有一人不是中国内地土生土长的。可以肯定，百事与贵格（欧洲药用饮料企业）的合并会加速其在中国的本土化进程。

目前，直接从事百事可乐饮料业务的中国员工近万人，同时，拥有至少5倍于这个数字的间接雇员通过供应商、批发商和零售商等渠道参与百事可乐的有关业务。在引进资金的同时，它大力推广先进的市场和管理经验，推行本土化，参与饮料企业的改造和人才培训，使中国的饮料行业在短短的20年中，由工艺简单、生产粗放的落后状况，发展到今天成为世界上规模最大、竞争最激烈、专业化程度较高、充满勃勃生机的饮料市场。

2. 多元化的品牌策略

目前，百事可乐公司在中国市场的旗舰品牌是百事可乐、七喜、美年达和激浪。此外，它还有亚洲、北冰洋和天府等著名地方品牌。国际著名的调查机构尼尔森公司在2000年的调查结果表明，百事可乐已成为中国年轻人最喜爱的软饮料之一。

就产品组合的宽度而言，它的产品组合要远比可口可乐丰富。可口可乐公司的经营非常单纯，仅仅从事饮料业，而百事公司除了软饮料外，还涉足运动用品、快餐及食品等。特别要指出的是，2001年8月百事可乐公司宣布并购贵格公司。与贵格的联姻使百事得到了含金量颇高的 Gatorade 品牌，并大幅提高了百事公司在非碳酸饮料市场的份额。尽管就市场规模而言，非碳酸饮料与碳酸饮料相比不可同日而语，但其成长速度却是后者的三倍。

百事并购贵格后，在中国的销售战略并没有改变，但业务范围扩大了，品牌资源扩大了。百事在原来碳酸饮料的基础上将会很好地整合果汁和运动饮料，在时机成熟的时候，还会陆续推出其他消费者喜爱的饮料，如茶饮料、纯净水等，让中国的消费者有更多的选择。

3. 传播策略

整合营销传播的中心思想是与消费者沟通，统一运用和协调各种不同的传播手段，使不同的传播工具在每一阶段发挥出最佳的、统一的、集中的作用，其目的是协助品牌建立起与消费者之间的长期关系。百事可乐的整合营销传播就是把公共关系、广告宣传、人员推销、营业推广等促销策略集于一身，在整合营销传播中，各种宣传媒介和信息载体相辅相成，相互配合，相得益彰。

百事可乐的广告策略往往别出心裁。在与老对手可口可乐的百年交锋中，百事可乐广告常有好戏出台，使可口可乐倍感压力。其中，百事可乐运用的名人广告是它的一个重要传播手段。

4. 独特的音乐推销

1998 年，百事可乐百年之际，推出了一系列的营销举措。1 月，郭富城成为百事国际巨星，他与百事合作的第一部广告片，是音乐《唱这歌》MTV 情节的一部分。9 月，百事可乐在全球范围推出其最新的蓝色包装。配合新包装的亮相，郭富城拍摄了广告片《一变倾城》，音乐《一变倾城》也是郭富城新专辑的同名主打歌曲。换了蓝色新酷装的百事可乐，借助郭富城的广告和大量的宣传活动，以 "ask for more" 为主题，随着珍妮·杰克逊、瑞奇·马丁、王菲和郭富城的联袂出击，掀起了 "渴望无限" 的蓝色风暴。王菲的歌曲在亚洲乐坛独树一帜，她为百事拍的广告片同样以 "渴望无限" 为主题，由她创作的音乐《存在》表现了王菲对音乐的执着追求和坚定信念。"渴望无限" 的理念得到了很好的诠释和体现。2002 年 1 月，郑秀文正式加盟百事家族，成为新一代中国区百事巨星。2002 年，F4 的百事可乐广告备受中国消费者欢迎。音乐的传播与流行得益于听众的传唱，百事的音乐营销成功正在于它感悟到了音乐的沟通魅力，这是一种互动式的沟通。好听的歌曲旋律，打动人心的歌词，都是与消费者沟通的最好语言。有了这样的讯息，品牌的理念也就自然而然深入人心了。

5. 媒介策略——与 Yahoo 携手

2000 年 4 月，百事可乐公司首先宣布与 Yahoo 进行全面网络推广合作；在音乐站点，如 MTV.com，投放力度加大；同时还涉足体育类网站，如 NBA.com、美国棒球联盟等。网络广告投放活动是长期行为，从 2000 年 1 月至今从未间断。每年 3～4 月随着气温的升高，伴随饮料消费高峰期的来临，网络广告投放高峰期便告开始，通常会延续至当年 11 月。

6. 创意策略——推崇激情

比起可口可乐的传统广告，百事可乐的网络广告较为活泼，无论是画面构图，还是动画运用，都传达着一种酷的感觉。在 2000 年这一年间，便有拉丁王子瑞奇·马丁、布莱妮和乐队 Weezer 先后出现在百事可乐的广告中。从 NBA 到棒球，从奥斯卡到古墓丽影游戏和电影，百事可乐的网络广告总能捕捉到青少年的兴趣点和关注点。

2001 年中国申奥成功，百事可乐的网络广告独具匠心，气势非凡的画面采用了有动感的水珠，传达出了百事可乐品牌的充沛活力。醒目的文字表达出百事可乐对北京申奥的支持。广告方案利用"渴望无限"和"终于解渴了"的双关语，将中国人对奥运的企盼巧妙地与百事可乐产品联系在一起，并与其他宣传高度一致。

7. 竞争策略——针锋相对

（1）体育角逐。可口可乐拿到了冬奥会饮料指定权，可以拿冬奥会大做文章。百事可乐则利用 NBA 和美国棒球联盟寻找平衡点。在中文网站设有百事足球世界、精彩足球，有2001 年百事可乐足球联赛、百事全能挑战足球赛、百事预祝十强赛、中国足球超越梦想等。

（2）音乐角逐。这是百事可乐最精彩的策略之一，包含有百事音乐的主题活动，巨星、新星、音乐卡片、音乐流行榜、竞技场等。

（3）活动角逐。这是为自己创造吸引品牌注意力的最好机会之一。例如，百事在网上发动网民投票评选百事可乐最佳电视广告片等。

百事可乐的网络营销及策略启迪我们：第一，日常消费品的网络营销广告应当成为一种长期行为，同时在旺季还要抓住重点集中投放。第二，要设法利用网络营销广告吸引目标消费群。第三，必须保持线上、线下营销广告的连续性和一致性。第四，注意媒介组合的多样性。第五，注意各期营销广告活动内在的连续性，即营销广告主体的一致性。第六，自己的营销广告要有独特性，必须与对手有所不同。

6.7 习题

1. 网络营销的产品划分为核心产品、实际产品、外延产品、_____ 和 _____ 5 个层次，以满足顾客的个性化需求特征。

2. 在实际营销过程中，网上商品可采用价格折扣策略，主要有两种形式：_____ 和_____。

3. 传统的营销渠道具有 3 大功能：订货功能、结算功能和配送功能网，络营销渠道在此基础上还具有_____ 和_____。

4. 企业在选择电子服务中间商的时候必须考虑_____、_____、_____、_____、_____ 5 个方面的因素，这 5 因素通常称为"5C"因素。

5. 传统促销形式主要有广告、销售促进、宣传推广和人员推销；对应的网络促销形式有_____、_____、_____ 和_____ 4 种形式。

6. 简述 Web1.0 和 Web2.0 时代下的网络营销方式。

7. 简述网络营销产品策略。

8. 简述网络营销定价策略。

9. 简述网络营销渠道策略。

10. 简述网络营销促销策略。

11. 简述我国特色网络营销策略。

第7章 搜索引擎营销

本章重要内容提示：

本章主要介绍搜索引擎营销的相关内容，包括搜索引擎的产生、现状、作用、工作原理、类型等；搜索引擎营销的发展历程、核心思想和原理、在网络营销中的地位和作用、搜索引擎营销的表现形式等；分类目录型搜索引擎营销的作用、实际应用中存在的不足；从网站栏目结构和导航系统、网站内容、网页布局、网页格式和网页 URL 层次等方面提出搜索引擎优化的内容；介绍搜索引擎广告的形式、投放方法、存在问题及建议；最后针对搜索引擎效果评估方式提出影响评估效果的因素、改进方法及建议。

7.1 搜索引擎概述

7.1.1 搜索引擎的产生及发展现状

互联网的迅猛发展为人们提供了丰富多样的信息资源，但是这些信息却是以各种形式庞杂无序地散布在无数的服务器上，且质量不一、更新变化快。当人们想通过网络获取信息时，很难从浩瀚如海的信息流中获取真正需要的有价值的信息，这就需要一种工具，使信息资源得到有效的利用。以互联网上的信息为主要处理对象，根据不同的需求检索出有用的信息，因此网络搜索引擎应运而生。1994 年，Internet 上诞生了第一个搜索引擎 WebCrawler，它通过对网页做索引来提供检索服务。它的出现对网络的发展产生了极大的促进作用，自此，搜索引擎进入了快速发展阶段。同年 5 月，出现了 Lycos，紧接着美国著名的门户网站 Yahoo 的兴起确立了搜索引擎在互联网中的重要地位。2000 年，Google 的出现为搜索引擎行业注入了新鲜的血液。近年来，中文搜索引擎的发展很快。随着网络技术在中国的推广和使用，中文网站和网上中文信息资源的数量急剧增大，而且国内的用户大多数还是以访问中文信息为主，于是，中文搜索网站应运而生，如雅虎中国、百度、新浪、搜狐、网易等。

iReseach 根据 CNNIC 统计中国互联网市场年度总结报告显示，2009 年中国搜索引擎市场进入行业调整中期，市场规模达到 69.5 亿元，年同比增长 38.2%，到 2010 年，中国搜索引擎市场规模将突破 100 亿元。以经济危机为契机，搜索引擎营销获得大品牌广告主的认可，ARPU 值大幅提升，且搜索引擎占总体网络广告市场规模的比重在 2009 年达到 33.7%。艾瑞咨询根据 CNNIC 统计的中国互联网用户数量，并结合最新推出的网民连续用户行为研究系统 iUserTracker 的最新数据发现，2009 年中国搜索引擎用户规模（定义为半年内产生一次搜索请求的用户数量，不计入网址导航用户数量）达 3.2 亿人，比 2008 年的 2.4 亿人年同比增长 31.1%，到 2010 年，中国搜索引擎用户规模达 4 亿多人，而到 2013 年后，用户规模将达到 6 亿人左右。图 7-1 显示了中国搜索引擎市场规模的发展情况。

由图 7-1 可见，我国搜索引擎的市场规模正在飞速发展，从而促进了搜索引擎营销市场的繁荣发展。

图 7-1　中国搜索引擎市场规模的发展情况

7.1.2　搜索引擎的作用

对于企业和经营管理人员来说，搜索引擎的主要作用是发现和传播信息。

1. 发现市场信息的工具

从营销和信息查询的角度来看，搜索引擎是一种重要的市场信息发现工具。企业对搜索引擎的利用能力决定了企业发现信息和市场运用的能力，所以对企业来说，搜索能力就是市场，就是利润，就是生产力。从信息查询的角度来看，企业对搜索引擎的利用主要表现在以下几个方面：①搜索供货商和原材料货源信息；②搜索市场供需信息、会展信息、相关的商务信息；③搜索设备、技术、知识等信息；④搜索企业、人员、机构、咨询等相关信息。

2. 传播营销信息的工具

从营销的角度来看，企业开展搜索引擎营销的目的主要有两个：①引导潜在客户主动来找企业；②利用网络技术来整合多种媒体的营销传播过程。美国 GlabalSpec 的调查显示，美国工业企业在寻找供货商时，52.5% 会选择使用搜索引擎去寻找新的货源，见表 7-1。

表 7-1 说明，搜索引擎已经成为企业发现市场信息的一项重要工具，因此，企业做好

搜索引擎营销，为有需求的客户主动访问企业网站提供了重要渠道。

表7-1　美国工业企业寻找供货商的渠道

采购渠道	被调查者的百分比	采购渠道	被调查者的百分比
搜索引擎	52.5%	贸易杂志	3%
行业在线分类目录	21%	直邮或 E-mail	2%
同事介绍	14%	内部系统	2%
制造商的销售电话	5%	印刷目录	1%

7.1.3　搜索引擎的类型

搜索引擎是以一定的策略和方法在网络中搜集、发现信息，对信息重新进行理解、提取、组织和处理，并为用户提供信息检索服务，从而起到信息导航的作用。搜索引擎目前已经成为用户通过网络获取信息过程中必不可少的工具，调查表明，网络信息搜索已经成为第二大网络应用工具，仅次于电子邮件的应用量。这些搜索工作绝大多数是由专门的、高度复杂的搜索引擎实现的。按照工作原理的不同，搜索引擎分为全文搜索引擎和分类目录式搜索引擎。

全文搜索引擎的数据库是依靠一个叫网络机器人或叫网络蜘蛛的软件，通过网络上的各种链接自动获取大量网页信息内容，并按照一定的规则分析整理形成的。Google、百度都是比较典型的全文搜索引擎系统。分类目录式搜索引擎则是通过人工的方式收集整理网站资料来形成数据库，如雅虎中国、搜狐、新浪、网易的分类目录。另外，在网上的一些导航站点，也可以归属为原始的分类目录，如网址之家（http://www.hao123.com/）。

全文搜索引擎和分类目录式搜索引擎在使用上各有优劣。全文搜索引擎因为依靠软件进行，所以数据库的容量非常庞大，但是它的查询结果往往不够准确。分类目录式搜索引擎依靠人工收集和整理网站，能够提供更为准确的查询结果，但收集的内容却非常有限。为了取长补短，现在很多搜索引擎都同时提供这两类查询，一般对全文搜索的查询称为搜索所有网站或全部网站；对分类目录的查询称为搜索分类目录或搜索分类网站，如新浪搜索（http://dir.sina.com.cn/）和雅虎中国搜索（http://cn.search.yahoo.com/dirsrch/）。在网上，对这两类搜索引擎进行整合，还产生了其他的搜索服务。这里也把它们称为搜索引擎，主要有以下两类：

（1）元搜索引擎。这类搜索引擎一般都没有自己的网络机器人及数据库，它们的搜索结果是通过调用、控制和优化其他多个独立搜索引擎的搜索结果并以统一的格式在同一界面集中显示。元搜索引擎虽没有网络机器人或网络蜘蛛，也无独立的索引数据库，但在检索请求提交、检索接口代理和检索结果显示等方面均有自己研发的特色元搜索技术。如 MetaFisher 元搜索引擎（http://www.hsfz.net/fish/），它就调用和整合了 Yahoo、AlltheWeb、百度和 OpenFind 等多家搜索引擎的数据。

（2）集成搜索引擎。集成搜索引擎是通过网络技术，在一个网页上链接很多个独立搜索引擎，查询时点选或指定搜索引擎，一次输入多个搜索引擎同时查询，搜索结果由各搜索引擎分别以不同页面显示。

7.1.4　搜索引擎的工作原理

1. 全文搜索引擎的工作原理

全文搜索引擎首先是通过使用网络蜘蛛进行全网搜索，自动抓取网页；然后将抓取的网页进行索引，同时记录与检索有关的属性，中文搜索引擎中还需要先对中文进行分词；最后，接受用户查询请求，检索索引文件并按照各种参数进行复杂的计算，产生结果并返回给用户。全文搜索引擎的工作步骤为：

（1）利用网络蜘蛛获取网络资源。这是一种半自动化的资源（因未对资源进行分析和理解，只能称为是资源）获取方式。所谓半自动化是指搜索器需要人工指定起始网络资源 URL，然后获取 URL 所指向的网络资源，分析该资源所指向的其他资源并获取。

（2）利用索引器从搜索器获取的资源中抽取信息，并建立利于检索的索引表。当用网络蜘蛛获取资源后，需要对这些资源进行加工过滤，去掉控制代码及无用信息，提取出有用的信息，并把信息用一定的模型表示，使查询结果更为准确。Web 上的信息一般表现为网页，对每个网页需生成一摘要，此摘要将显示在查询结果的页面中，告诉查询用户各网页的内容概要。模型化的信息将存放在临时数据库中，由于 Web 数据的数据量极为庞大，为了提高检索效率，需按照一定规则建立索引。不同搜索引擎在建立索引时会考虑不同的选项，如是否建立全文索引、是否过滤无用词汇、是否使用 meta 信息等。

（3）检索及用户交互。它的主要内容包括：用户查询理解，即最大可能地贴近理解用户通过查询串想要表达的查询目的，并将用户查询转换化为后台检索使用的信息模型；根据用户查询的检索模型，在索引库中检索出结果集；通过特定的排序算法，对检索结果集进行排序。由于 Web 数据的海量性和用户初始查询的模糊性，检索结果集一般很大，而用户一般不会有足够的耐性逐个查看所有的结果，所以怎样设计结果集的排序算法，把用户感兴趣的结果排在前面就十分重要。

2. 分类目录式搜索引擎工作原理

与全文搜索引擎工作原理一样，分类目录式搜索引擎的整个工作过程也分为信息收集、信息分析和信息查询 3 部分，只不过是分类目录的信息收集和分析主要依靠人工来完成。

它一般都有专门的编辑人员，负责收集网站的信息。随着收录站点的增多，现在一般都是由站点管理者递交自己的网站信息给分类目录，然后由编辑人员审核递交的网站，以决定是否收录该站点。如果该站点审核通过，编辑人员还需要分析该站点的内容，并将该站点放在相应的类别和目录中。所有这些收录的站点同样被存放在一个索引数据库中。用户在查询信息时可以选择按照关键词搜索，也可按分类目录逐层查找。如以关键词搜索，返回的结果跟全文搜索引擎一样，也是根据信息关联程度排列网站。需要注意的是，分类目录的关键词查询只能在网站的名称、网址、简介等内容中进行，它的查询结果也只是被收录网站首页的 URL 地址，而不是具体的页面。分类目录就像一个电话号码簿一样，按照各个网站的性质，把其网址分门别类排在一起，大类下面套着小类，一直到各个网站的详细地址，一般还会提供各个网站的内容简介，用户不使用关键词也可进行查询，只要找到相关目录，就完全可以找到相关的网站。

7.1.5　搜索引擎在网络营销中的作用

搜索引擎作为在 Internet 上获取信息的主要方式之一，是网站推广的重要工具，通过搜索引擎为商家带来潜在客户。除此之外，搜索引擎在网络营销中的作用还表现在产品促销、品牌推广、网上市场调研、抵御性策略、网站优化的检查工具等方面。

1. 搜索引擎对网站推广的价值

网站推广是为用户发现网站信息并来到网站创造机会。在互联网用户获得信息的所有方式中，搜索引擎是最重要的信息获取渠道。这就意味着搜索引擎是网站推广的最有效工具。一个设计专业的网站通过搜索引擎自然检索获得的访问量占网站总访问量的 60% 是很正常的现象，有些网站甚至 80% 以上的访问者来自搜索引擎。一些网站采用自然检索与付费搜索引擎关键词广告相结合的方式，获得了更好的效果。当然并不是每个网站设计对搜索引擎都足够友好，因此，搜索引擎对网站的推广价值和网站建设的专业性有很大的关系。

2. 搜索引擎对产品促销的作用

除了在企业网站上充分体现出产品推广意识之外，合理利用搜索引擎可以实现良好的产品推广目的。一般来说，用户以"产品名称"、"品牌名称＋产品名称"或"品牌名称＋产品名称＋购买方式"等关键词进行检索时，往往表明用户已经产生对该产品的购买意向，也就意味着通过搜索引擎检索结果页面发挥了良好的推广效果。在用户购买产品前，尤其是汽车、住房、电器和数码产品等高价值商品前，通过互联网获取产品信息已经成为普遍现象，在这个过程中搜索引擎发挥了至关重要的作用。

3. 搜索引擎对网络品牌的价值

网络品牌是企业网络营销活动的综合体现，如企业域名选择的合理性，企业网站建设的专业性、网站的各种网络推广活动等。在网络品牌的建设过程中，搜索引擎的作用是不可忽视的。企业的网站信息应该被主要搜索引擎收录，从而获得被用户发现的机会，否则再精美的网站也体现不了企业的品牌形象。可见，与企业网站设计、网络广告、网络公关等活动产生的品牌效应不同，搜索引擎对网络品牌的价值体现不仅取决于营销人员的策划，也取决于搜索引擎的信息处理方式及用户信息检索的方式，因此，实现搜索引擎营销的品牌价值是一个综合活动。

4. 搜索引擎对网络市场调研的价值

无论是获取行业资讯，了解国际市场动态，还是进行竞争者分析，搜索引擎都是非常有价值的市场调研工具。通过搜索引擎，可以方便地了解竞争者的市场动向，对于竞争者的产品信息、用户反馈、市场网络等公开信息均可以方便地获得最新信息。通过搜索引擎获得的初步信息，加之专业的网站分析和跟踪，还可以对行业竞争状况作出合理的判断。

5. 搜索引擎营销的抵御性策略

搜索引擎可以为用户带来丰富的信息，但是用户对检索结果信息的关注度是很有限的，通常在检索结果出现的前 3 页才有被用户发现的可能。这就意味着同样一个关键词在检索结果中被用户发现的机会是很有限的，即搜索引擎推广资源的相对稀缺性。利用这一特点，可以设计合理的抵御性策略，避免让竞争者获得更多的推广机会，如搜索引擎检索页面固定位置的广告，同一企业的多产品广告及同一公司的多网站策略等。

6. 搜索引擎是网站优化的检测工具

网站优化分析往往要用到一些搜索引擎优化检测工具来获得网站在搜索引擎检索结果中的表现，如检查网站链接数量、网站被搜索引擎收录网页的数量、网站的 PR 值等。但是，任何一种搜索引擎优化工具都不能完全反映所有的搜索引擎优化问题，只能在一定范围内反映某些指标状况。其实搜索引擎才是最直接、最全面的网站优化工具，因为任何一个搜索引擎优化工具都不能像搜索引擎本身那样提供更加详细、更加直接的信息。对搜索引擎检索结果的分析是研究网站搜索优化状况的有效方法之一。

7.2 搜索引擎营销概述

7.2.1 搜索引擎营销发展历程

搜索引擎营销，是英文 Search Engine Marketing 的中文翻译，简称为 SEM。它是根据用户使用搜索引擎的方式，利用用户检索信息的机会尽可能将营销信息传递给目标用户。搜索引擎营销是随着搜索引擎技术的发展而逐渐产生和发展的，从国外的发展状况来看，搜索引擎营销模式经历了 4 个发展阶段。

第一阶段（1994~1997 年）：将网站免费提交给主要搜索引擎。

早期搜索引擎营销的主要任务就是将网站登录到搜索引擎，并通过 META 标签优化设计获得比较靠前的排名。由于主要的分类目录网站 Yahoo 所产生的巨大影响，当时的一些观点甚至认为，网络营销就是网址推广，只要可以将网址登录到雅虎网站并保持排名比较靠前，网络营销的主要任务就已经取得了成功。当然仅仅做到这一点还远远不够，何况网络营销的价值也绝不局限于此。

随着搜索引擎分类目录收录网站数量的增多，通过逐级浏览的方式检索信息变得麻烦，并且约有一半的用户并非通过主页进入网站，如果其他页面没有登录到搜索引擎，该网站便失去了营销机会，即意味着网络营销效果的下降。因此，传统的分类目录型搜索引擎的劣势越来越明显：一方面，除了网站首页之外，同一网站次级栏目和页面的登录使分类目录的内容显得臃肿和复杂，增加了用户检索信息的难度；另一方面，由于大量的信息没有登录到搜索引擎，也使一些有价值的信息无法被检索到，这也影响了搜索引擎营销的效果。

第二阶段（1998~2000 年）：技术型搜索引擎崛起引发的搜索引擎优化策略。

为了适应爆炸式增长的网页数量，并且增加信息检索的相关性，以 Google 为代表的纯技术型的搜索引擎得以迅速发展。2000 年后，Google 已成为搜索引擎营销的最主要工具，其重要程度已经超过搜索巨头雅虎，尽管分类目录式搜索引擎并未退出历史舞台，并且有时仍然在发挥重要作用，但由于 Google 所具有的特点而表现出更大的网络营销价值，如收集网页数量多、检索结果相关性强、高质量的网页排名靠前等。

为了适应技术型搜索引擎的特点，搜索引擎优化的主要方法由早期的 META 标签优化发展为适应搜索引擎检索网页内容的优化设计、增加网站被高质量网站链接的数量、提高网站总体质量等。一个网站一旦被 Google 收录，所有的网页都可以自动被收录。

在这个阶段，搜索引擎登录仍然以免费为主，但随着网络经济泡沫的破裂，搜索引擎开始进入收费时代，搜索引擎的营销法则也随之发生重大改变。

第三阶段（2001~2003 年）：搜索引擎营销从免费向付费模式转变。

搜索引擎注册一直是网站推广的基本手段，其中一个重要的原因是利用搜索引擎登录网站是免费的，但是从 2001 年后半年开始，国内外主要搜索引擎服务提供商陆续开始了收费登录服务。收费服务自然会影响部分网站登录的积极性，不过也为网站提供了更多专业的服务，从而提高了营销效果。从免费到付费的转变是搜索引擎营销的一次重大变革。从主要搜索引擎的收费方式来看，目前主要有两种基本情况：比较简单的一种类似于原有的在分类目录上免费登录网站，区别仅仅在于只有向网站交纳费用之后才可以获得被收录的资格；另一种是购买关键词广告，这种关键词广告至今仍是付费搜索引擎营销中重要的方式之一。关键词广告与传统的搜索引擎登录和排名有很大区别，实质上是属于网络广告的范畴，简单来说就是在搜索引擎的搜索结果中动态地发布广告的一种方式。关键词广告出现的网页是不固定的，而是当有用户检索到所购买的关键词广告时，才会出现在搜索结果页面的显著位置。

第四阶段（2003~）：从关键词定位到网页内容定位的搜索引擎营销方式。

基于网页内容定位的网络广告是关键词广告的一种扩展形式，由于其广告的定位和发布空间都有更大的扩展，因此让搜索引擎的营销价值又提高一个层次。搜索引擎 Google 于 2003 年 3 月推出按内容定位的广告，这项服务是将通过关键词检索定位的广告显示在 Google 之外的相关网站上，如当用户在 Google 的合作伙伴 Hoestuffworks. com 网站上浏览有关 DVD 工作原理的网页时，在网页的左边会出现一个赞助商的关键词检索链接广告区域，出现有关 DVD 的网站介绍和链接，而且这些广告内容是不断更新的。

基于网页内容定位的网络广告不仅能够增加关键词检索广告显示方式，由于投放广告的空间拓展了，被用户浏览的机会也增加了，实际上它已经超出了关键词检索的基本形态。如 Google 利用网络会员制营销模式，让全球众多的网站都可能成为 Google 网页内容定位广告的载体。

7.2.2 搜索引擎营销特点

搜索引擎营销与其他网络营销方法相比，具有独特的特点，充分了解其特点是有效地应用搜索引擎开展企业网络营销的基础。归纳起来，搜索引擎营销有以下 6 个特点：

（1）搜索引擎营销方法与企业网站密不可分。一般来说，搜索引擎营销作为网站推广的常用方法，在没有建立网站的情况下很少被应用，搜索引擎营销要以企业网站为基础，企业网站设计的专业性对搜索引擎营销的效果会产生直接影响。

（2）搜索引擎传递的信息只发挥向导作用。搜索引擎检索出来的是网页信息的索引，一般只是某个网页的简要介绍或者搜索引擎自动抓取的部分内容，而不是网页的全部内容，因此这些搜索结果只能发挥一个引子的作用。如何尽可能好的将有吸引力的索引内容展现给用户，是否能吸引用户根据这些简单的信息进入相应的网页继续获取信息，以及该网页是否可以给用户提供其所期望的信息，这些将会是搜索引擎营销需要研究的内容。

（3）搜索引擎营销是用户主导的网络营销模式。没有哪个企业或网站可以强迫或者诱导用户的信息检索行为。使用什么搜索引擎，通过搜索引擎检索什么信息完全由用户自己决定，在搜索结果中点击哪些网页也取决于用户的判断。因此搜索引擎营销是由用户主导的，最大程度地减少了营销活动对用户的干扰，最符合网络营销的基本思想。

（4）搜索引擎营销可以实现较高程度的定位。网络营销的主要特点之一就是可以对用户行为进行准确分析并实现较高程度的定位，搜索引擎营销在用户定位方面具有更好的功能，尤其是搜索结果页面的关键词广告，完全可以实现与用户检索使用的关键词高度相关，从而提高营销信息被关注的程度，最终达到增强网络营销效果的目的。

（5）搜索引擎营销的效果表现为网站访问量的增加，而不是直接销售。了解这个特点很重要，因为搜索引擎营销的使命就是获得访问量，因此作为网站推广的主要手段。至于访问量是否可以最终转化为收益，不是引擎营销可以决定的。这也说明提高网站的访问量是网络营销的主要内容，但不是全部内容。

（6）搜索引擎营销需要适应网络服务环境的发展变化。搜索引擎营销是搜索引擎在网络营销中的具体应用，因此在应用方式上依赖于搜索引擎的工作原理和提供的服务模式等。当引擎检索方式和服务模式发生变化时，搜索引擎营销方法也应随之发生变化。因此，搜索引擎营销方法具有一定的阶段性，与网络营销服务环境的协调是搜索引擎营销的基本要求。

7.2.3 搜索引擎营销核心原理

简单来说，搜索引擎营销就是基于搜索引擎平台的网络营销，利用人们对搜索引擎的依赖和使用习惯，在人们检索信息的时候尽可能将营销信息传递给目标客户。搜索引擎的应用很方便，绝大多数网上用户都有过用搜索引擎检索信息的经历，搜索引擎营销的基本原理也不复杂，只要对用户利用搜索引擎检索的过程进行简单的分析并进行推广，即可发现其一般规律。例如，用户通过关键词"笔记本计算机"在某个搜索引擎进行检索，就可以初步断定该用户对笔记本电脑产生了兴趣，他就有可能购买笔记本电脑，也可能是生产或销售笔记本电脑的商家在进行市场调研。作为笔记本计算机厂商，如果自己的企业信息出现在搜索引擎的结果中，那么就可以利用这个机会让这个潜在的用户发现自己企业的信息，企业利用这种被用户检索的机会实现信息传递的目的，这就是搜索引擎营销。

搜索引擎得以实现的基本过程是：企业将信息发布在网站上成为以网页形式存在的信息源；搜索引擎将网页信息收录到索引数据库；用户利用关键词进行检索；检索结果中罗列相关的索引信息及其链接 URL；根据用户对检索结果的判断选择有兴趣的信息并点击 URL 进入信息源所在的网页，这样便完成了企业从发布信息到用户获取信息的整个过程。这个过程也说明了搜索引擎营销的基本原理，如图 7-2 所示。

在上述搜索引擎营销过程中，包含了 5 个基本要素：信息源（网页）、搜索引擎信息索引数据库、用户的检索行为和检索结果、用户对检索结果的分析判断、对选中检索结果的点击。对这些基本要素及搜索引擎营销信息传递过程的研究和有

图 7-2　搜索引擎营销的
信息传递过程

效实现就构成了搜索引擎营销的基本内容。根据搜索引擎营销的基本原理可以看出，实现搜索引擎营销的任务如下。

1. 构造适合搜索引擎检索的信息源

信息源被搜索引擎收录是搜索引擎营销的基础，这也是网站建设成为网络营销基础的原因，企业网站中的各种信息是搜索引擎检索的基础。由于用户通过检索之后要来到信息源获取更多的信息，因此这个信息源的构建不能只站在搜索引擎友好的角度，还应该包括用户友好，这就是建立网络营销导向的企业网站应该强调的。网站的优化不仅包括搜索引擎优化，还包含对用户、对搜索引擎、对网站管理维护 3 个方面的优化。一般情况下，搜索引擎营销主要考虑对各种网页的建设。此外，也有一些专业领域的检索，如 Google 的新闻组和图片

检索、百度的 MP3 及图片检索等。一些搜索引擎还支持对特定文档的检索，如 doc 文档、pdf 文档、ppt 文档等。无论是图片还是 MP3 等文件，通常都是被嵌入在网页中，而被检索的文档通常也可以在浏览器中直接打开，用户可以通过浏览器来阅读这些信息。这一特点决定了要做好搜索引擎营销首先要从每个网页的搜索引擎优化做起。

2. 创造网页被搜索引擎收录的机会

网站建设完成并发布到互联网上并不意味着自然可以达到搜索引擎营销的目的。无论网站设计得多么精美，如果不能被搜索引擎收录，用户便无法通过搜索引擎发现这些网站中的信息，当然就不能实现网络营销信息传递的目的。因此，让尽可能多的网页被搜索引擎收录是网络营销的基本内容之一，也是搜索引擎营销的基本步骤。

3. 让网页信息出现在搜索结果中的靠前位置

网页仅仅被搜索引擎收录还不够，还要让企业信息出现在搜索结果中的靠前位置，这就是搜索引擎优化所期望的结果。因为搜索引擎收录的信息通常很多，当用户输入某个关键词进行检索时会反馈大量的结果，如果企业信息出现的位置靠后，被用户发现的机会就大为降低，搜索引擎营销的效果就会大打折扣。

4. 以搜索结果中优先的信息获得用户关注

通过对搜索引擎检索结果的观察可以发现，并非所有的检索结果都包含丰富的信息，用户通常并不能点击浏览检索结果中的所有信息，而需要对搜索结果进行判断，从中筛选一些相关性比较强的信息进行关注，进而进入相应的网页之后获得更为完整的信息。要做到这一点，就需要针对每一个搜索引擎表现信息的方式进行针对性的研究。

5. 为用户获得信息提供方便

用户通过点击搜索结果而进入网页是搜索引擎营销产生效果的基本表现形式，用户进一步的点击行为决定了是否可以最终为企业带来效益。用户来到网站可能是为了解某个产品的详细功能或成为注册用户，但是否最终转化为购买者，还取决于很多方面，如产品本身的质量、款式、价格等是否具有竞争力。在此阶段，搜索引擎营销将与网站信息发布、客户服务、网站流量统计分析、在线销售等其他网络营销工作密切相关。在为用户获取信息提供方便的同时，与用户建立密切的关系，是使其成为潜在顾客或直接购买产品的必要条件。

7.2.4 搜索引擎营销表现形式

尽管搜索引擎营销只有短短十几年的发展历史，但是它的技术应用已经相对比较成熟，运营模式也由最初的免费发展到今天的几乎全面收费模式，从而更适应了商业发展的需要。搜索引擎营销的方法归纳起来有 3 种表现形式：搜索引擎登录、搜索引擎优化、搜索引擎广告，每种方法都有鲜明的特点。

1. 搜索引擎登录

登录搜索引擎的方式相当简单，一般根据搜索引擎上的提示一步一步填写即可。一般来说，搜索引擎要求的内容有网站的名称、网址、关键词、网站描述、联系人信息等。搜索引擎登录主要分为免费和付费两种。

（1）免费登录分类目录。这是最传统的网站推广手段，方法是企业登录搜索引擎网站，将自己企业网站的信息在搜索引擎中免费注册，由搜索引擎将企业网站的信息添加到分类目录中。现如今，免费登录分类目录的方式已经越来越不适应实际的需求，将逐步退出网络营销的舞台。

（2）收费登录分类目录。它与原有的免费登录方法非常相似，仅需要付出一定费用才能实现的一种搜索引擎营销方法。此类搜索引擎营销与网站设计本身没有太大关系，主要取决于费用，只要缴费一般情况下就可以被登录。但正如一般分类目录下的网站一样，这种付费方式登录搜索引擎的效果也存在日益降低的问题。

2. 搜索引擎优化

搜索引擎优化也叫网站优化。它是通过对网站本身的优化而符合搜索引擎的搜索习惯，从而获得比较好的搜索引擎排名。更确切地讲，真正的搜索引擎优化不仅要符合搜索引擎的搜索习惯，更应该符合用户的搜索习惯。通过搜索引擎优化不仅要使网站获得好的搜索引擎排名，更应该使网站获得更多的业务机会和效益。

3. 搜索引擎广告

搜索引擎广告的常见形式包括百度关键词竞价排名、Google 关键词广告以及部分搜索引擎在搜索结果页面的定位广告等。目前在中文搜索引擎服务市场，百度关键词竞价排名和Google 关键词广告是主流，二者仅仅在表现形式上有一定的区别，实质上都是基于关键词相关内容的搜索引擎广告形式。

（1）百度关键词竞价排名。它是一种按效果付费的网络推广方式，由百度在国内率先推出。企业在购买该服务后，通过注册一定数量的关键词，其推广信息就会率先出现在网民相应的搜索结果中。每吸引一个潜在的客户，企业最低需要为此支付 0.3 元人民币的费用。竞价排名属于许可式营销，它让客户主动找上门来，只有需要的用户才会看到竞价排名的推广信息，因此竞价排名的推广效果具有很强的针对性。竞价排名按照效果付费，根据给企业带来的潜在客户访问数量计费，没有客户访问不计费，企业可以灵活控制推广力度和资金投入，投资回报率高。

（2）Google 关键词广告。Google 关键词广告与百度关键词竞价排名非常类似，一般出现在搜索结果的右侧，并且在关键词广告上标注了"赞助商链接"。对一些热门的关键词广告，有时也会在自然搜索结果上面出现 1～2 项广告。

（3）网页内容定位广告。基于网页内容定位的网络广告是关键词广告搜索引擎营销模式的进一步延伸，广告载体既是搜索引擎搜索结果的网页，也延伸到这种服务合作伙伴的网页。例如，Google 在 2004 年在中文网站上开放了 AdSense 关键词广告。

7.3 分类目录型搜索引擎

分类目录在网络营销中曾经发挥了巨大的作用，在网站信息相对匮乏的情况下，以雅虎为代表的分类目录型搜索引擎为用户获取信息提供了极大的方便，在 1998 年之前的网络营销中，能够成功地将网站登录到雅虎等著名网站的分类目录中几乎就意味着网络营销的成功。现在以百度为代表的全文搜索引擎占据了搜索引擎九成以上的市场份额，分类目录由于其自身的不足，逐渐失去了在网络营销中的主导地位。但是这并不意味着分类目录退出了网络营销的历史舞台，从网络营销的实际应用来看，分类目录仍然有其存在的价值，而且在某些方面还发挥着其他搜索引擎无法替代的作用。

7.3.1　分类目录型搜索引擎在网络营销中的作用

分类目录型搜索引擎在网络营销中的作用主要表现在以下几个方面：

（1）通过分类目录获取的网站基本信息的真实性较高。网站信息经过分类目录管理员人工审核，避免了网站描述信息的虚假性，这是分类目录的特点之一。尤其对于知名分类目录网站，如大型门户网站的分类目录频道，以及专业分类目录网站等。对收录网站通常有明确的规定，只有符合收录标准的网站才可能出现在分类目录中。因此，通过分类目录获得网站信息更加具有可信度，网站登录在重要分类目录上是体现一个网站品牌形象的一种方式。当然，网站信息的真实性是相对的，只能是在一定的时期内有效，因为已经被收录到分类目录的网站内容也是不断变化的，这些变化很难在分类目录中得到及时更新。

（2）分类目录中的网站信息可以作为行业分析和竞争者分析的样本来源。分类目录收录网站是按照行业和地区等特征进行分类的，在同一个目录下收录了具有相关行业特征的同类网站，由于这些网站并不是按照搜索引擎常用的网页级别进行排名的，网站的排列具有分散性的特征，以此为基础进行网站抽样进行行业分析更具有代表性。

（3）分类目录对网站推广的价值。高质量的分类目录对网站推广的价值是比较明显的，获得潜在用户也是网站登录分类目录的基本目标，分类目录对网站排序有自己的设定规则，并不一定像技术性搜索引擎那样按照网站的 PR 值来排名，这样就可能为一些设计水平不高的网站提供被用户发现的机会。

（4）分类目录对网站 PR 值的作用。搜索引擎 Google 等以网站 PR 值作为搜索结果中网页排名的依据之一，而影响网站 PR 值的因素之一就是网站的外部链接，尤其是高质量的站外链接，而分类目录就相当于站外链接，因此分类目录对于网站在其他基于超链接分析的技术型搜索引擎中增加排名优势是有一定帮助的。

7.3.2　分类目录的不足

尽管分类目录对网站推广等发挥过巨大的作用，但相对于技术搜索引擎而言，分类目录已经过了其辉煌阶段，对网站推广的作用已经远不如以前那么显著。分类目录对用户获取信息的缺点是非常明显的，归纳起来有以下几个方面：

（1）用户需要根据目录逐步查找所期望的信息，但并不一定能发现自己需要的信息。要查找某个网站，用户首先需要估计其所在的目录分类，并逐级点击查询。但由于各分类目录的分类方式不同，有些网站可能不容易判断其所在的类别，或者即使找到了合适的类别，但在该目录中并不一定有用户期望的信息。在分类目录中，虽然也提供按照关键词搜索的功能，但是这些关键词是以分类目录收录网站的标题、摘要描述和关键词等信息为基础的，无法满足用户超出这些信息范围的检索内容，因此可以为用户提供的信息是有限的。

（2）分类目录后来的网页数量是有限的。分类目录通常对一个网站只能收录一个网页地址的标题和摘要信息，即使对于部分大型网站可能收录多个频道首页，但收录的网页数量也非常有限。尽管从理论上说可以将一个网站的多个网页提交给分类目录，但分类目录管理员一般不可能将同一网站的大量网页分别收录，因此分类目录的网页数量是有限的。而一个网站往往拥有多个网页，这些网页并不一定能通过网站首页的信息体现出来，因此每个网站仅仅收录有限的摘要信息，不可能包括该网站的全部信息。

（3）难以在大量同类网站中尽快获得有价值的信息，更无法获得准确的信息。同一行业或者同一主题的网站可能很多，但用户很难在多个网站中准确判断究竟哪个网站才是最有价值的，往往需要对多个网站进行浏览才能真正知道是否有自己需要的信息，但实际上这是不太现实的。如要查找一部电子商务专业书的信息，通过分类目录的方式几乎无法满足用户对信息获取的期望，尤其是对书籍的具体名称、核心内容、作者或者出版社等信息有限定时，传统的分类目录对此几乎无能为力。

（4）分类目录收录网站有限，有些网站并没有登录分类目录。有些网站建成之后没有积极推广的意识，并且部分分类目录实施收费政策，因此大部分分类目录中登录的网站数量是有限的，用户希望查找的网站消息并不一定能够通过分类目录获取。正是因此，在分类目录获取的信息通常是有限的，这也进一步说明降低了分类目录对用户获取信息的价值。

（5）网站信息无法得到及时更新，网站信息有效性降低。网站信息时效性是分类目录最致命的缺陷。一个网站一旦被分类目录收录，网站的标题和摘要信息等无法得到及时的更新，有些网站经过一段时间运营之后可能经营领域同当初提交给分类目录的信息有很大差别，有些网站甚至可能已经关闭，有些域名处于被出售状态或者被重新定向到其他的网站等。网站信息有效性低已经成为传统分类目录自身无法克服的严重缺陷之一，这对分类目录的网络营销价值有极大的影响。

除了上述主要缺点之外，分类目录对网站的推广是否能发挥作用，不只是由网站本身的专业水平和内容等因素决定的，分类目录的类别、摘要信息编辑和排列位置等因素对用户也有很大的影响。总之，分类目录作为搜索引擎营销常用的方法之一，虽然仍有一定的网站推广价值，但其限制因素也是非常显著的，因此分类目录往往与其他搜索引擎营销方法一同使用，仅仅依靠分类目录是远远不够的。

7.3.3 分类目录应用举例

在所有的分类目录中，最有影响力的 Yahoo 分类目录和开放式分类目录 DMOZ 被认为是最有特点，也是最重要的两个网站。这是因为早期的搜索引擎营销就是将网站登录到搜索引擎，并通过 META 标签优化设计获得比较靠前的排名，最主要的分类目录网站 Yahoo 在这方面具有超凡的影响力；而作为开放式分类目录 DOMZ 中的网站信息，除了可以获得直接访问量之外，许多搜索引擎都可调用其网站信息。

1. Yahoo——搜索引擎之王

Yahoo 是最早的目录索引之一，也是目前最重要的搜索服务网站，在全部互联网搜索应用中所占份额高达 36% 左右。除主站（Mother Yahoo）外，还设有美国都会城市分站（Yahoo Cities，如芝加哥分站）、国别分站（如雅虎中国）和国际地区分站（如 Yahoo Asia）。其数据库中的注册网站无论是在形式上，还是在内容上，质量都非常高。Yahoo 属于目录索引类搜索引擎，可以通过两种方式查找信息：一是通常的关键词搜索；二是按分类目录逐层查找。以关键词搜索时，网站排列基于分类目录及网站信息与关键字串的相关程度，包含关键词的目录及该目录下的匹配网站排在最前面。以目录检索时，网站排列则按字母顺序。Yahoo 于 2004 年 2 月推出了自己的全文搜索引擎，并将默认搜索设置为网页搜索。

登录 Yahoo 非常困难，而且周期很难确定，最快的只需数天，一般历时 1 个月左右，最长的可达 2 个月。如果网站不符合要求，也有可能永远登录不上。目前 Yahoo 对商业网站登录目录均要收取一定的费用，免费登录只对非营利网站开放。

由于 Yahoo 靠人工操作甄选网站，且评判标准十分严格，因此是公认最难登录的搜索引擎。但它对网络营销的作用举足轻重，尤其是对商业网站而言，因为 Yahoo 不仅是全球范围内最著名的互联网品牌，而且也是最具影响力的企业资料库，所以企业总是想方设法跻身其中。图 7-3 是雅虎中国的网站登录页面。

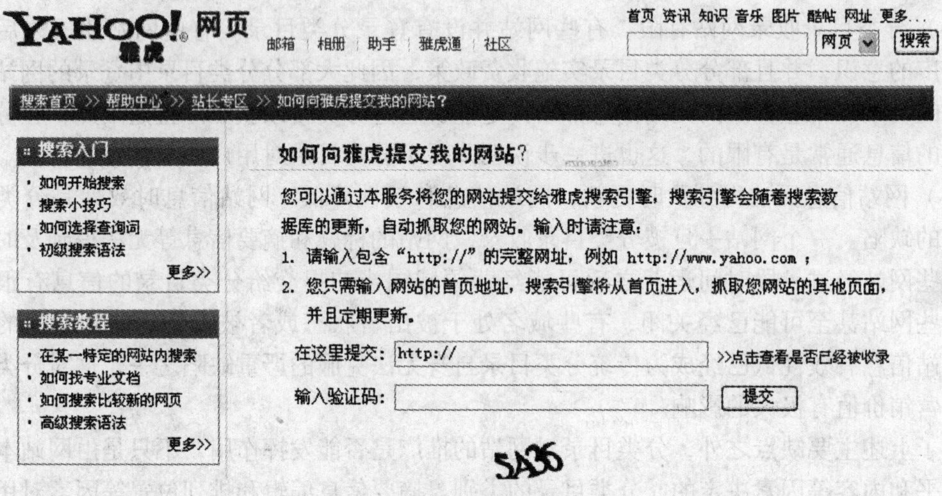

图 7-3　雅虎中国的网站登录页面

2. 开放式分类目录 DMOZ

DMOZ 网站（www. dmoz. org）是一个著名的开放式分类目录，它在内容编辑模式上有些类似于早期雅虎网站的分类目录，也是由编辑人员手工编辑的。根据 DMOZ 网站上的相关介绍，"Open Directory Project 是互联网上最大、最广泛的人工目录。它是由来自世界各地的志愿者共同维护与建设的最大的全球目录社区。"这就是它之所以被称为开放式分类目录的原因，也是它与雅虎分类目录的重要区别之一。开放式分类目录含有最广泛内容，以人工分类为主的目录，它的编辑人员主要来自互联网的志愿者共同为目录提供资源。开放式分类目录为互联网上最大、最普遍的搜索引擎和门户网站提供主要的目录服务，包括 Netscape、AOL、Google、Lycos、HotBot、DirectHit 等在内的成百上千个网站。图 7-4 显示了开放式分类目录 DOMZ 的网页登录页面。

开放式分类目录 DMOZ 网站一直被认为是最重要的分类目录网站之一，相应地，新发布的网站登录 DMOZ 分类目录也就成为网站推广的重要工作内容之一。不过根据网上营销新观察的跟踪研究发现，DMOZ 分类目录对网站推广的实际作用并不高，尤其对于搜索引擎优化，过时的网站在 DMOZ 的摘要信息有时甚至会产生阻碍作用。

作为免费网站推广方法之一，网站登录 DMOZ 分类目录仍然有一定的作用，DMOZ 分类目录对网站推广的作用主要有以下几个方面：

第一，网站登录开放式分类目录 DMOZ 可以获得其他分类目录网站的调用，从而获得在更多网站推广的机会。不过总体而言，目前分类目录对网站推广的效果远不如 Google 等技术性搜索引擎。

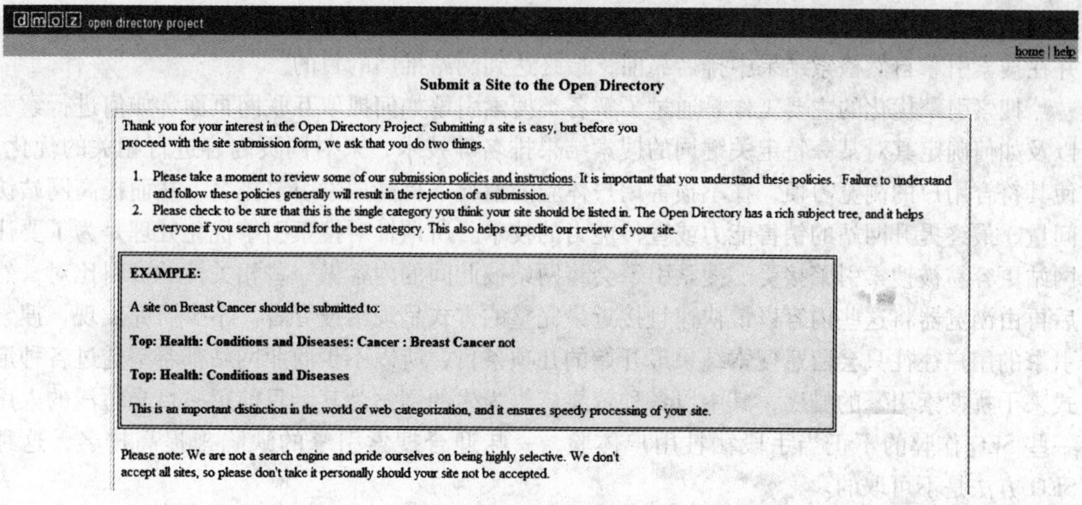

Submit a Site to the Open Directory

Thank you for your interest in the Open Directory Project. Submitting a site is easy, but before you proceed with the site submission form, we ask that you do two things.

1. Please take a moment to review some of our submission policies and instructions. It is important that you understand these policies. Failure to understand and follow these policies generally will result in the rejection of a submission.
2. Please check to be sure that this is the single category you think your site should be listed in. The Open Directory has a rich subject tree, and it helps everyone if you search around for the best category. This also helps expedite our review of your site.

EXAMPLE:

A site on Breast Cancer should be submitted to:

Top: Health: Conditions and Diseases: Cancer : Breast Cancer not

Top: Health: Conditions and Diseases

This is an important distinction in the world of web categorization, and it ensures speedy processing of your site.

Please note: We are not a search engine and pride ourselves on being highly selective. We don't accept all sites, so please don't take it personally should your site not be accepted.

图 7-4　开放式分类目录 DOMZ 的网页登录页面

第二，网站被 DMOZ 分类目录收录后可增加网站的 PR 值。这是很多搜索引擎优化人员深信不疑的，尽管没有足够证据证明 DMOZ 分类目录收录的网站一定对提升网站 PR 值具有直接作用，但是至少可以为网站增加一个高质量网站的链接，这是毫无疑问的。

第三，增加网站在分类目录的可见度能够提升网站品牌的价值。建立网站品牌的基础之一是增加在互联网上的可见度，如果自己的网站能够在 DMOZ 上拥有一个位置，至少对访问者形成一定的印象。在一定意义上，网站登录 DMOZ 分类目录的象征意义等于其对网站推广的直接作用。

综上所述，尽管现在分类目录对企业网站推广的作用不如技术性搜索引擎显著，但在包括 DMOZ 在内的重要分类目录登录还是有必要的。

7.4　搜索引擎优化方法

研究发现，用户使用搜索引擎搜索信息时往往只会留意搜索结果最前面的几个条目，所以不少网站都希望通过各种形式来影响搜索引擎的排序。当中尤以各种依靠广告为生的网站更甚。所谓"搜索引擎优化"就是指为了要让网站更容易被搜索引擎接受。深刻理解是：通过 SEO 这样一套基于搜索引擎的营销思路，为网站提供生态式的自我营销解决方案，让网站在行业内占据领先地位，从而获得品牌收益。对于分类目录型搜索引擎营销，不管是付费的还是免费的，只需要把自己的网站按照一定的规则登录到这类搜索引擎就可以了。但是对于以搜索引擎蜘蛛式或者机器人式为标志的技术型搜索引擎，如 Google、百度等，想要获得良好的排名，并不像提交到分类目录型搜索引擎那样简单。网站是否被收录以及在检索页面的排列位置与网站的质量有密切的关系，想要让网站通过搜索引擎的自然检索获得尽可能多的访问量，调高网站在有关搜索引擎内的排名，就需要对网站进行规范的搜索引擎优化。

7.4.1　搜索引擎优化概述

1. 搜索引擎优化的定义

搜索引擎优化（Search Engine Optimization，SEO）是针对搜索引擎对网页的检索特点，让网站建设各项基本要素适合搜索引擎的检索原则，从而使搜索引擎收录尽可能多的网页，并在搜索引擎自然检索结果中排名靠前，最终达到网站推广的目的。

搜索引擎优化的主要工作是通过了解各类搜索引擎如何抓取互联网页面、如何进行索引以及如何确定其对某一特定关键词的搜索结果排名等技术，来对网页内容进行相关的优化，使其符合用户的浏览习惯，在不损害用户体验的情况下提高搜索引擎排名，从而提高网站访问量，最终提升网站的销售能力或宣传能力的技术。所谓针对搜索引擎优化处理是为了要让网站更容易被搜索引擎接受。搜索引擎会将网站彼此间的内容做一些相关性的资料比对，然后再由浏览器将这些内容以最快速且接近最完整的方式呈现给搜寻者。不少研究发现，搜索引擎的用户往往只会留意搜索结果最开始的几项条目，所以不少商业网站都希望透过各种形式来干扰搜索引擎的排序，其中以各种依靠广告为生的网站为甚。目前很多目光短浅的人用一些 SEO 作弊的不正当手段牺牲用户体验，一味迎合搜索引擎的缺陷来提高排名，这种 SEO 方法是不可取的。

作为网络营销的一种手段，搜索引擎优化的根本目的就是为了让用户利用搜索引擎这种互联网工具获取有效的信息。对这一核心问题没有足够的认识，是对搜索引擎理解产生偏差的根本原因。因此，搜索引擎优化是网站优化的组成部分，是通过对网站栏目结构、网站内容、网站功能和服务、网页布局等网站基本要素的合理设计，使用户能更加方便地通过搜索引擎获得有效的信息。从搜索引擎优化的定义可以看出，搜索引擎重视的是网站内部基本要素的合理设计，并且很重要的一点是，搜索引擎优化的着眼点并非只是考虑搜索引擎的排名规则如何，更重要的是为用户获取信息和服务提供方便。也就是说，搜索引擎优化的最高目标是为了用户，而不是为了搜索引擎。如果一个网站让用户获取信息非常方便，并且可以为用户不断提供有价值的信息，这样的网站在搜索引擎中的表现自然也就好，这表明搜索引擎优化是以用户为导向的网站优化效果的自然体现，这与搜索引擎优化的目的是一致的。

2. 对搜索引擎友好的网站的基本特征

对搜索引擎友好是网站搜索引擎优化的基本表现。一个对搜索引擎友好的网站应该方便搜索引擎检索信息，并且返回的检索信息有吸引力，这样才能达到搜索引擎营销的目的。对搜索引擎不友好网站的特征：①网页中大量采用图片或者 Flash 等富媒体形式，没有可以检索的文本信息；②网页没有标题，或者标题中没有包含有效的关键词；③网页正文中有效关键词比较少；④网站导航系统让搜索引擎"看不懂"；⑤大量动态网页让搜索引擎无法检索；⑥没有为其他已经被搜索引擎收录的网站提供的链接；⑦网站中充斥大量欺骗搜索引擎的垃圾信息，如过渡页、桥页、颜色与背景色相同的文字等；⑧站中含有许多错误的链接；⑨网站内容长期没有更新。对搜索引擎友好的网站正好和上述特征相反，是按照适合搜索引擎的方式来设计网站，注重每个细节问题的专业性，以真实的信息和有效的表达方式赢得搜索引擎的青睐，从而获得更好的搜索引擎营销效果。

3. 搜索引擎优化对网络营销的价值

一些在网站优化方面领先的网站已经从中获得了极大的收益，由此也吸引了更多的网站对搜索引擎优化工作的重视。因为搜索引擎优化除了明显的网站推广效果之外，还可以对网站运营带来多个方面的价值。比如，网站通过搜索引擎自然检索获得的用户访问数量显著提高；通过对网页的优化，用户通过搜索结果中有限的摘要信息感知对网站的信任，这也是网络品牌创建的内容和方法之一；当用户通过搜索引擎检索结果信息的引导来到网站之后，应该可以获得有价值的信息和服务，可见搜索引擎优化与网站内容等要素的优化是分不开的；对提高用户转化率提供最大的支持；对竞争者实施营销壁垒：对于每个关键词检索结果而言，在搜索引擎返回的海量信息中，可以一起被用户关注并形成的点击是非常有限的，在搜索结果中占据有利位置，在为自己带来潜在用户的同时，也对竞争者施加了营销壁垒，减小了竞争对手的推广空间。以上描述搜索引擎优化对网络营销的价值中并没有提出搜索引擎排名靠前，提高网站的 PR（全称 Page Rank）值等类似的说法，因为经过优化的网站在搜索引擎中有良好的表现是必然的结果，如果把搜索引擎优化的目标定位在搜索引擎结果中获得好的排名，那么就是对网站优化思想的认识过于片面了。

7.4.2 搜索引擎优化内容及方法

通过对网站各个方面进行合理化设计，改善一个对搜索引擎不友好网站在搜索引擎检索中的表现往往涉及多方面的问题，因此搜索引擎优化的内容是非常复杂的。根据网站对搜索引擎友好的基本特征，网站对搜索引擎优化的内容可以归纳为以下几个方面。

1. 优化网站栏目结构和导航系统

网站栏目结构和导航系统奠定了网站的基本框架，决定了用户是否可以通过网站方便地获取信息，也决定了搜索引擎是否可以顺利地为网站的每个网页建立索引，因此网站栏目结构被认为是网站优化的基本要素之一，网站栏目结构对网站推广运营发挥了至关重要的作用。不合理的网站结构和导航系统将造成严重的后果，如网站 PR 值过低的主要原因之一就与网站结构不合理有很大的关系。图 7-5 是某网站产品分页的截屏图。

上一页　5　6　7　8　9　10　11　12　13　下一页　9　　　go

图 7-5　某网站产品分页的截屏图

经常会看到这样的网站，用户需要逐级单击"下一页"查看企业产品目录页面中的产品，这样不仅很麻烦，而且也会影响搜索引擎的收录。这样的网站结构从链接关系上并没有什么错误，理论上搜索引擎一般也可以按照这种层次链接关系检索各个相关的页面，实际上可能会因为网页链接层次过深而被搜索引擎忽略。如果站在用户的角度来看，这样的网站的结构设计就存在很大的问题：一般的用户除非是特别想从企业大量的产品中逐个了解每一种产品信息，否则很难有耐心逐个网页地进行浏览，如图 7-5 的产品分页至少存在 13 页。

其实合理的网站结构设计并没有什么特别之处，无非是能正确表达网站的基本内容及其内容之间的层次关系，站在用户的角度考虑，使用户在网站中浏览时可以方便地获取信息，不至于迷失，做到这一点并不难，关键在于对网站结构重要性有充分的认识。归纳起来，合理的网站栏目结构主要表现在下面几个方面：①通过主页可以到达任何一个一级栏目首页、二级栏目首页以及最终内容页面；②通过任何一个网页可以返回上一级栏目页面并逐级返回主页；③主栏目清晰并且全站统一；④通过任何一个网页可以进入任何一个一级栏目首页；⑤如果产品类别特别多，设计一个专门的分类目录是很重要的；⑥设计一个表明了站内各个栏目和页面链接关系的网站地图；⑦通过网页首页一次点击可以直接到达某些重要内容网页（如新产品、用户帮助、网站介绍等）。在满足上述条件的基础上，还可以对部分重要栏目/网页进行调整，为用户提供更多的方便，这属于对栏目结构的设置。比如，网上营销新观察除了按照网络营销文章大类设置栏目（如网络营销方法、网络营销教程等）之外，还专门设置了一个按照细分的网络营销文章主题分类的栏目，并且在除了首页之外的大多数栏目设置了一个辅助推介区域，列出了常用的网络营销工具和资源，使得用户通过任何一个页面都可以直接点击进入相关的工具或资源页面。通过对网站流量统计数据分析发现，在进行这样处理之后，用户的平均网页浏览数量比以前增加了40%以上。

2. 优化网站内容

在建立起合理的网站栏目结构和网站导航系统之后，对网站搜索引擎的优化影响最大的就是网站的内容了。由于网站结构的相对稳定性，一旦设计完成，则很少频繁改动，而网站内容则是网站中最活跃的因素，不同的网站内容设计方法（如网页标题、关键词的选择等）也就成为网站搜索引擎优化的关键因素了。网站内容优化包括了网页标题设计、网页 META 设计、网站内容关键词的合理设计、重要关键词的合理链接等方面。内容优化的主要指标包括：每个网页都应该有独立的、概要描述网页主要内容的网页标题；每个网页都应该有独立的、反映网页内容的 META 标签（关键词和网页描述）；每个网页标题还应有有效关键词；每个网页主体内容应该包括适量有效的关键词文本信息；某些重要的关键词应该保持在网页中相对稳定的位置。下面介绍一下网页标题设计和网页 META 设计。

（1）网站内容优化中网页标题设计。

1）网页标题定义。

在浏览一个网页时，通过浏览器顶端的蓝色显示条出现的信息就是"网页标题"。如图 7-6 显示了浏览器顶端显示的网页标题。在网页 HTML 代码中，网页标题位于 < head > </head > 标签之间。其形式为：< title > 欢迎莅临 MSN 中国 </title >，其中，"欢迎莅临 MSN 中国"就是 www. msn. com. cn 这个网站首页的标题。

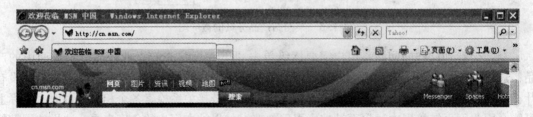

图 7-6　浏览器中显示的网页标题

网页标题是对一个网页的高度概括，一般来说，网站首页的标题就是网站的正式名称，而网站中文章内容页面的标题就是文章的题目，栏目首页的标题通常是栏目名称。当然这种一般原则并不是固定不变的，在实际工作中可能会有一定的变化，但无论如何变化，总体上仍然会遵照这种规律。

例如，现在会看到很多网站的首页标题较长，除了网站名称（公司名称）之外，还有网站相关业务之类的关键词，这主要是为了在搜索引擎检索结果中获得排名优势而考虑的，也属于正常的搜索引擎优化方法。因为一般的公司名称或者品牌名称中可能不包含核心业务的关键词，这样当用户通过核心业务来检索时，如果网站标题中没有这样的关键词，在搜索结果排名中将处于不利地位。如深圳市竞争力科技公司网站（www. jingzhengli. cn）的标题是"网络营销管理顾问——新竞争力"，其中，网络营销管理顾问是公司的核心业务，新竞争力则是公司的注册商标。如果仅仅采用"深圳市竞争力科技公司"作为网站标题，那么当用户利用"网络营销管理顾问"、"网络营销管理"、"营销管理顾问"等关键词检索时，将会处于不利的位置，因此特意做了这样的安排。这种情形在很多公司网站中可以看到，就是将核心业务、核心产品的名称放在网站标题中。

从网络营销的角度来讲，在设计网页标题时，应注意兼顾对用户的吸引力，以及对搜索引擎检索的需要。在浏览一个网站时，用户往往是先看到一篇文章（也就是一个网页）的标题，如果标题对自己有吸引力，才会进一步点击并阅读有关内容，因此需要让网页标题有一定吸引力。考虑到网络营销中搜索引擎营销的特点，搜索引擎对网页标题中所包含的关键词具有较高的权重，尽量让网页标题中含有用户检索所使用的关键词。因此网页标题设计不宜过短，除了对用户有吸引力之外，还应含有与网页内容相关的重要关键词。

2）网页标题设计存在问题。

新竞争力网络营销管理顾问对 2006 年 2 月发布的《机械行业企业网站优化状况研究报告》有关网页标题设计问题的数据进行分析时发现，网页标题设计的主要问题有 3 个方面：

第一，大多数网页没有独立的标题。网上营销新观察在相关文章中多次介绍过，网页标题对搜索引擎检索结果的权重最高，尤其是包含有效关键词的网页标题。如果企业网站各网页没有独立的标题，显然对搜索引擎推广是极不利的。

第二，网页标题设计不包含有效关键词。有些网站尽管每个网页（至少是重要网页）有独立的标题，但由于网页标题设计过于随意，比如用产品名称缩写或者产品型号作为标题，缺乏有效的关键词，这样的独立网页标题实际上所发挥的作用是非常有限的。

第三，网页标题与网页主体内容的相关性。这是很多网站在设计网页标题时不注意的，这一问题又可以分为 3 种情况：①由于一些网站的所有网页都以通用公司名称作为标题，即使公司名称中具有产品或者行业特征的关键词，也无法确保与每个网页内容高度相关。②同一个产品或者项目可能有不同的名称，在网页标题中使用一个名称，而在网页正文内容中可能使用其他名称，尽管用户明白这样的网页标题的意义，但由于搜索引擎无法识别这种区别，结果等同于网页标题与主体内容没有相关性。③网页标题与网页主体内容缺乏相关性的一种特殊表现是，一些网站过于"优化"网页标题，使网页标题包含大量"重要关键词"，不仅造成网页标题过于臃肿，而且与网页正文内容相关性不好，有些标题中的"关键词"在网页内容中并未出现，这就造成了适得其反的效果。

3）网页标题设计遵循原则。

在设计网页标题时，一般应注意同时兼顾用户的吸引力以及搜索引擎检索的需要。这一原则被认为是网页标题设计的一般规律，主要包括 3 个方面：

① 网页标题不宜过短或者多长。一般来说 6 ~ 10 个汉字比较理想，最好不要超过 30 个汉字。网页标题字数过少可能包含不了有效关键词，字数过多不仅搜索引擎无法正确识别标题中的核心关键词，而且让用户难以对网页标题（尤其是首页标题，代表了网站名称）形成深刻印象，也不便于其他网站链接。

② 网页标题应概括网页的核心内容。当用户通过搜索引擎检索时，在检索结果页面中的内容一般是网页标题（加链接）和网页摘要信息，要引起用户的关注，网页标题发挥了很大的作用。如果网页标题和页面摘要信息有较大的相关性，摘要信息对网页标题将发挥进一步的补充作用，从而引起用户对该网页信息点击行为的发生（也就意味着搜索引擎推广发挥了作用）。另外，当网页标题被其他网站或者本网站其他网页链接时，一个概括了网页核心内容的标题有助于用户判断是否点击该网页标题链接。

③ 网页标题中应含有丰富的关键词。考虑到搜索引擎营销的特点，搜索引擎对网页标题中所包含的关键词具有较高的权重，尽量让网页标题中含有用户检索所使用的关键词。以网站首页设计为例，一般来说首页标题就是网站的名称或者公司名称，但是考虑到有些名称中可能无法包含公司的核心业务，也就是说没有核心关键词，这时通常采用"核心关键词＋公司名/品牌名"的方式来作为网站首页标题。

上述几个方面其实都考虑了搜索引擎检索网页的特点，也就是说，网页标题设计都将有利于搜索引擎检索作为重要因素，即使如此，仍然应该与网页内容写作一样，网页标题写作首先是给用户看的，在这个前提下考虑搜索引擎检索才有意义。可见网页标题设计并不是一件随意的事情，尤其对网站首页标题设计，需要认真对待。

（2）网站内容优化中 META 标签设计。

搜索引擎优化通常会设计网页 META 标签的话题，META 标签内容写作是网络营销导向网站建设中网页设计的基本工作内容之一。虽然并不是所有的搜索引擎都将 META 标签中的内容作为网页抓取的依据，不过正确的 META 标签对于一些主流搜索引擎建立网页索引信息还是非常重要的。至少对于常用的搜索引擎 Google 来说，对 META 信息就非常重视，合理的 META 标签将被作为网页索引信息的内容呈现在搜索结果当中。

1）META 标签含义。

在网页的 HTML 源代码中一个重要的代码是"＜META＞"（即通常所说的 META 标签）。META 标签用来描述一个 HTML 网页文档的属性，例如作者、日期和时间、网页描述、关键词、页面刷新等。

在有关搜索引擎注册、搜索引擎优化排名等网络营销方法中，通常都要谈论 META 标签的作用，甚至可以说，META 标签的内容设计对于搜索引擎营销来说是至关重要的一个因素，尤其是其中的"description"（网页描述）和"Keywords"（关键词）两个属性更为重要。尽管现在的搜索引擎检索信息决定的搜索结果的排名很少依赖 META 标签中的内容，但 META 标签的内容设计仍然是很重要的。

下面是新浪一网页中的一段 HTML 代码：

```
< meta http-equiv = "Content-Type"  content = "text/html; charset = gb2312" / >
< title > 反垄断法等一批法律法规明起施行_新闻中心_新浪网 </title >
< meta name = keywords content = "反垄断法等一批法律法规明起施行" >
< meta name = description content = "反垄断法等一批法律法规明起施行" >
```
（网址:http://news. sina. com. cn/c/l/2008-07-31/174016037097. shtml）

从上述 HTML 代码实例中可以看到，一段代码中有三个含有 meta 的地方，并且 meta 并不是独立存在的，而是要在后面连接其他的属性，如 http-equiv、description、Keywords 等。下面简单介绍一些搜索引擎营销中常见的 META 标签的组成及其作用。

META 标签可分为两大部分：HTTP-EQUIV 和 NAME 变量。

① 关于 META 标签中的 HTTP-EQUIV。HTML 代码实例中有一项内容是：＜meta http-equiv = "Content – Type" content = "text/html; charset = gb2312" ＞，其作用是指定了当前文档所使用的字符编码为 gb2312，也就是中文简体字符。根据这一行代码，浏览器就可以识别出这个网页应该用中文简体字符显示。类似地，如果将"gb2312"替换为"big5"，就是我们熟知的中文繁体字符了。

HTTP-EQUIV 用于向浏览器提供一些说明信息，从而可以根据这些说明作出反应。HTTP-EQUIV 其实并不只有说明网页的字符编码这一个作用，常用的 HTTP-EQUIV 类型还包括：网页到期时间、默认的脚本语言、默认的风格页语言、网页自动刷新时间等。

② 关于 META 标签中的"description"。如上述 HTML 代码实例中有关"description" 中的代码为：< meta name = keywords content = "反垄断法等一批法律法规明起施行" >，"description" 中的 content = "网页描述"是对一个网页概况的介绍，这些信息可能会出现在搜索结果中，因此需要根据网页的实际情况来设计，尽量避免与网页内容不相关的"描述"。另外，最好对每个网页有自己相应的描述（至少是同一个栏目的网页有相应的描述），而不是整个网站都采用同样的描述内容，因为一个网站有多个网页，每个网页的内容肯定是不同的，如果采用同样的 description，显然会有一些网页内容没有直接关系，这样不仅不利于搜索引擎对网页的排名，也不利于用户根据搜索结果中的信息来判断是否点击进入网站获取进一步的信息。

③ 关于 META 标签中的"Keywords"。与 META 标签中的"description" 类似，"Keywords" 也是用来描述一个网页的属性，只不过要列出的内容是"关键词"，而不是对网页的介绍。这就意味着，要根据网页的主题和内容选择合适的关键词。在选择关键词时，除了要考虑与网页核心内容相关之外，还应该是用户易于通过搜索引擎检索的，过于生僻的词汇不太适合做 META 标签中的关键词。关于 META 标签中关键词的设计，要注意不要堆砌过多的关键词，罗列大量关键词对于搜索引擎检索没有太大的意义，对于一些热门的领域（也就是说同类网站数量较多），甚至可能起到副作用。

2）网页设计中 META 标签写法的常见错误及后果。

META 标签是网站内容维护中一项最基础的工作，然而根据近一年来对多个行业近千个网站的分析，很多网站对于 META 标签中网页的描述和关键词的写法都存在一定的问题，还有许多网页根本没有设计 META 标签，不仅一般传统企业网站如此，就连许多专业电子商务网站也是这样。

META 标签的问题可能与网站的运营环境有一定关系，比如对于一些动态生成的 META 标签，这可能受到网站后台发布功能的限制；在 2002 年前后建设的网站，可能根本没有考虑 META 标签的问题，因为当时主流搜索引擎对 META 标签内容的关注正处于一个转折时期，大部分搜索引擎已经不再重视 META 标签。更多情况下，则可能是网站经营者没有网站优化设计的意识，或者没有重视这项工作。

根据新竞争力网络营销管理顾问的调查分析，网页设计中 META 标签写法的常见错误有：①META 标签中没有网页描述和关键词设计；②整个网站所有的网页使用同样的 META 标签内容；③在 META 描述"description"中堆砌关键词，而不是对网页核心内容的自然语言描述；④META 标签中关键词和描述的内容一样，有些甚至和网页标题一样；⑤META 标签中网页介绍信息与网站内容缺少相关性；⑥META 标签中的关键词数量过多。

当 META 描述中内容设计不合理但没有原则错误时，搜索引擎对 META 标签中的内容可能不做任何处理，直接从网页正文中抓取相关的信息，但是，如果有同类网站的相关网页设计了合理的 META 标签，那么自然会降低在搜索结果中的网页排名，也就失去了设计 META 标签的意义。如果 META 中的内容与网页中的信息根本没有相关性，那么这个网页很可能被搜索引擎视为低质量的；如果堆砌关键词过多的话，说不定就会被视为作弊，网站轻则被搜索引擎降低排名级别，重的被整体删除也有可能。可见这小小的 META 标签是不能马马虎虎的。

3）网页 META 标签内容写作规范要点。

什么样的 META 标签设计才是合理的？简单来说就是 META 标签中的 description 正确描述网页主体内容的摘要信息，是对网页内容的概括并且含有该网页的核心关键词，META 标签中的 keywords 则进一步说明该网页的核心关键词（这些关键词同样出现在网页描述信息中），如果核心关键词不止一个，则关键词之间用逗号分开。

① 关于 META 标签中关键词的设计要点有：选择与网页内容最相关的核心关键词即可，而且关键词数量无需太多，更没有必要堆砌大量的关键词；keyword 中的关键词应该同样出现在 description 内容中；不同的关键词之间用逗号（英文标点符号）隔开。

② 关于 META 标签中网页描述的设计要点有：网页描述为自然语言而不是罗列关键词（与 keywords 设计正好相反）；尽可能准确地描述网页的核心内容，通常为网页内容的摘要信息，也就是希望搜索引擎在检索结果中展示的摘要信息；网页描述中含有有效关键词；网页描述内容与网页标题内容有高度相关性；网页描述内容与网页主体内容有高度相关性；网页描述的文字不必太多，一般不超过搜索引擎检索结果摘要信息的最多字数（通常在 100 个中文字之内，不同搜索引擎略有差异）。

需要说明的是，这些 META 标签写作规范要点只是一般规律，并不一定适合所有的网页（例如，对于一些内容不断滚动更新的网页该如何设计 META 标签的描述信息才能体现出不断变化的内容？这里暂时不给出详细说明，请有兴趣的读者先思考一下，网上营销新观察将在适当时候专门讨论这一特殊问题），也不一定对所有搜索引擎都有效，随着搜索引擎检索规则的变化，这些 META 标签的写作方法也需要灵活应用，针对具体的情况进行必要调整，因此仅供网络营销爱好者进行规范的搜索引擎优化时参考。

3. 优化网页布局

（1）网页布局主要内容。

网页布局是指网站栏目结构确定后，为满足栏目设置的要求进行的网页模板规划。网页布局的主要内容有网页结构定位方式、网站菜单和导航栏设计、网页信息的排放位置等。

1）网页结构定位。在传统的基于 HTML 的网站设计中，网站结构定位通常是用表格定位和框架结构两种方式。在目前的企业网站中，表格定位仍然是主流。使用表格定位的最大问题在于，网页定位时就需要确定网页的宽度，一旦网页设计完成之后，网页的显示也随之固定。由于用户采用的显示器的分辨率不同，所以浏览的网页效果也会存在一定的差异。除此之外，基于表格定位的方式增加了很多 HTML 代码，使得网页代码臃肿，降低了有效关键词的相对比重，并且增加了网站服务器的无效流量，因此目前国际上广泛接受的 Web 标准定位方式是"层"（CSS + DIV），而不再采用表格定位法。

2）菜单和导航。网站的菜单一般是指各级栏目，由上一级栏目组成的菜单称为主菜单。主菜单一般会出现在所有页面上，在网站首页一般只出现一级栏目菜单，在一级栏目的首页才会出现进一步细分的菜单。导航设置是在网站栏目结构的基础上，进一步为用户浏览网站提供的提示系统，通常是通过在各个栏目的主菜单下面设置一个辅助菜单来说明用户目前所在网页在网站中的位置，形式一般为：首页/一级栏目/二级栏目/三级栏目/内容首页。

3）网页布局和信息排放的位置。网页布局对用户获取信息有直接的影响，并有一些规律可循。其主要的参考原则有：①将最重要的信息放在首页的显著位置，一般来说包括促销信息、新产品信息等；②企业网站不同于大型门户网站，页面内容不宜太复杂，与网络营销无关的信息尽量不要放在主要页面；③在左上角放置企业的 LOGO，用以展示网络品牌；④为每一个页面预留一定的广告位置，以便对自己的产品进行推广；⑤公司介绍、联系信息、网站地图等网站信息放在网页的最下方。

（2）优化网页布局注意事项。

网页布局优化需要从用户和搜索引擎两个方面进行考虑，网页布局对于用户获取信息和搜索引擎索引信息都有较大的影响，因此也被认为是网站结构方面优化的基本要素之一。

在网页结构布局优化方面，需要注意的一些问题是：①最重要的信息出现在最显著的位置；②希望搜索引擎抓取的网页摘要信息出现在最高的位置（根据网页 HTML 代码顺序）；③网页最高位置的重要信息保持相对稳定，以便搜索引擎抓取信息；④首页滚动更新的信息应该有一定的稳定性，过快滚动的信息容易被搜索引擎蜘蛛错过。

此外，网页布局设计要根据顾客的浏览习惯，如美国 Nielsen Norman Group 公司对用户浏览网页的注意力的研究表明：用户浏览网页的注意力呈 "F" 状，如图 7-7 所示。在此基础上要考虑一些重要信息的安排位置和表现形式。

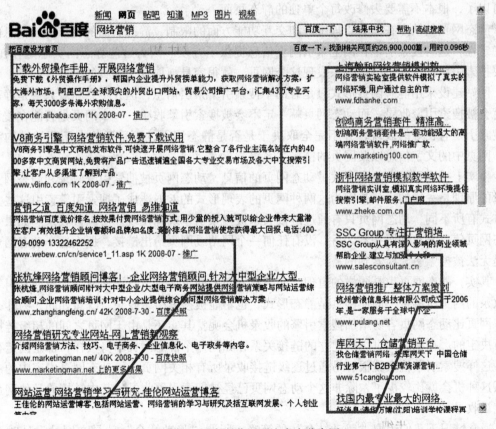

图 7-7　用户浏览网页注意力分布图

4. 优化网页格式和网页 URL 层次

由于各个网站采用的开发语言不同，有些使用 ASP、JSP 等动态网页，有些则直接使用 HTML 格式的静态网页。从搜索引擎优化的角度来看，所有的网页都应该是静态网页。采用动态网站技术的网站，网页内容要转化为静态网页发布，因为动态网页对搜索引擎友好性不高，容易造成大量网页无法被搜索引擎收录，或者尽管网页被收录但在搜索结果中难以获得优势，从而失去搜索引擎推广的机会。与动态网页相关的是，如果网页的 URL 层次过深的话，同样会影响网页的搜索引擎优化效果。

（1）动态网页的搜索引擎优化。

在网站设计当中，纯粹的 HTML 格式的网页通常被称为静态网页。早期的网站一般都是静态网页，但由于静态网页没有数据库的支持，会增加很大的工作量，而且没有交互功能。因此当网站有大量信息以及功能较多时，完全依靠静态网页是无法实现的，于是动态网页就成为网站维护的必然要求。

所谓动态网页一般指的是采用 ASP、PHP、Cold Fusion、CGI 等程序动态生成的页面，该网页中的大部分内容来自于网站相连的数据库。在网络空间中并不存在这个页面，只有接到用户的访问要求后才生成并传输到用户的浏览器中。而且由于访问者能够实时得到他们想要的数据，动态网页往往容易给人留下深刻的印象。此外，动态网页还具有容易维护和更新的优点。例如，对于一个新产品或价格的调整，网站管理员只要对数据库做一下简单的改动就可以了，根本不需要去修改每个单独的静态页面。

静态网页的缺点在于其管理维护和交互功能方面的限制，静态页面的优点在于信息内容的稳定性，这为搜索引擎在网上索引网页信息提供了方便。因为这些静态网页总是存在的，只要搜索引擎根据这个链接关系发现这个网页，就很容易抓取这个网页的信息。

网站建设采用静态网页形式只是有助于搜索引擎索引信息，但并不意味着只要是静态网页就会被搜索引擎收录，而动态网页就一定不会被搜索引擎收录。一个网页是否能在搜索引擎搜索引是有良好的表现，并不完全取决于是否是静态网页，更重要的在于网站结构和导航、网页中的文字信息以及网页的链接关系等。

事实上搜索引擎也收录了大量动态网页的信息，动态网页被搜索引擎收录和静态网页被收录的原理是一样的，只是因为这两种网页的表现形式的差异造成了搜索引擎索引这些文件的方式有所不同，动态网页只有通过链接关系被搜索引擎蜘蛛发现才可以被收录。如果一个动态网页信息发布到服务器之后，没有任何一个网站或网页给出链接，那么这个动态网页几乎是无法被搜索引擎检索到的。

其实，静态网页也是同样的道理，如果新发布的网页信息没有被任何一个被搜索引擎已经收录的网页所链接，即使网页是静态形式，也不能被搜索引擎收录。既然如此，为什么说静态网页比动态网页容易增加搜索引擎的收录机会呢？其实还是由于网页之间的超级链接关系所决定的。在动态网页之间建立的链接关系，如同每个静态网页本身一样，都是固定存在的，这样搜索引擎检索就很容易通过逐级链接收录所有相关网页，而动态网页内容中的链接关系这种机会就比较少了，除非这个动态网页已经被搜索引擎收录，其中链接的其他网页才可能被收录。

通常情况下我们采取"静动结合"的策略，所谓"静动结合"就是在网站设计时合理利用动态网页和静态网页，既发挥动态网页网站维护方便的优点，又利用静态网页容易被搜索引擎检索的特点。静动结合有两方面的含义：一方面是指对于一些重要的而且内容相对固定的网页只作为静态网页，如包含有丰富关键词的网站介绍、用户帮助、网站地图等；另一方面，也可以将动态实现的网页通过一定的技术，在发布出来之后转化为静态网页，这种方式尤其适合于发布后内容无需不断更新的网页。静动结合、以静制动，反映的是一种网络营销的基本思想：能用静态网页解决的绝不用动态网页解决。

（2）网页 URL 层次的搜索引擎优化。

为什么网站首页容易被搜索引擎收录并且网页在搜索引擎中的权重相对较高？其中原因之一就是网站首页通常放在网站的根目录下面，网页层次简单。例如海尔网上商城的网址是顶级层次（http://www.ehaier.com/），而某个产品的页面层次位于第四层，网址为 www.ehaier.com/static/category-XC/product-XC0102_54.jsp。

随着网页层次的增加，一般来说，网页在搜索引擎结果的级别也在降低。有些网站把首页顶级域名重新定向到多层次 URL 之后，通过 Google 工具条检测可以看出，这样的网站首页的 PR 值通常为 0，表明层次过多的网页在搜索引擎建设结果中几乎没有任何优势。

网页 URL 层次的搜索引擎优化要点有：①网站首页：必须保证把 Index 文件放在根目录下，确保当用户访问时出现的是 www.mydomain.com，而不是多层次结构。②一级栏目首页：网页 URL 最好不超过两个层次。③详细信息页面，例如企业信息和产品信息，最好不要超过四个页面。

5. 网站链接与搜索引擎优化

由于 Google、百度等技术搜索引擎把一个网站被其他相关网站链接的数量作为评价网站级别的因素之一，当有很多网站主动连接一个网站时，搜索引擎会认为那个网站很重要，给予的权重非常高，表示搜索引擎对这个网站非常看得起。搜索引擎本身就是一个程序实现的功能，当然每个搜索引擎的程序都有自己的算法，每个搜索引擎的算法也都是不一样的，连接的数量和连接的质量成为一个网站的重要评估标准，通过连接能否给访问者带来稳定，内容丰富的外部网站资源，成为一个网站成功важ重要标志之一。因此在搜索引擎优化中需要适当考虑网站的链接。搜索引擎优化需要考虑的链接包括站内链接和站外链接两种：

（1）站内链接。

站内链接也称内链，通过对站内链接的优化可以使网站整体布局合理，方便访问者浏览，这也成为搜索引擎判断一个网站价值的关键因素之一，尤其是百度，比较看重网站的内链。如果能把站内链接做好，这对关键词排名非常有帮助，在搜索结果中有个非常靠前的排名，这样很轻松地就能把网站推广出去了，让进入你的网站的用户点击浏览更多的信息。

站内链接的常见形式有：①网站导航：一般被放置在网站顶部位置，引导用户更快捷的到达相关分类栏目；②网站地图：包涵了网站众多页面的链接，放置在网站首页的位置，不但方便访问者浏览，给访问者指明方向，提高浏览效率，还可以方便搜索引擎蜘蛛抓取，把网站的全部内链接提供给搜索引擎抓取；③内文链接：方便访问者了解相关文章，并通过链接可以跳转到相关页面；④面包屑链接：给浏览者提供清晰分明的访问路径，对他们所访问的此页与彼页在层次结构上的关系一目了然。

做好站内链接的 4 点建议：

1）少使用或者尽量不使用 JavaScript 文件链接，虽然 JavaScript 文件在静态页面中更容易被调用，但对搜索引擎优化很不友好。假如一个网站首页权重很高，因为 JavaScript 代码形成的内链不顺通，导致内页的权重很低，在排名上很差。

2）减少页面层次链接，搜索引擎蜘蛛抓取网站页面时，对网站的层次并没有要求和限制，但合理的层次页面，更有利于蜘蛛抓取，对搜索引擎优化更友好。

3）使用文本注释，如连接页面名称是"心得感想"，为了更好地体现效果，可以加入文本注释"SEO 心得感想",可以明确地告诉访问者这是什么内容方面的链接,针对搜索引擎优化也有一定好处。

4)链接应该出现在尽量靠前的位置,搜索引擎蜘蛛抓取页面的时候都是按从上往下的顺序抓取网站内容,内容越重要,与网站关键词越接近的页面应该排在网页越靠前的位置,那样更方便蜘蛛抓取。

（2）站外链接。

站外链接也称外链,它是互联网的血液。没有链接,信息都是孤立的,一个网站难做的面面俱到,因此需要链接别的网站。和其他资源相互补充自然成为一种需求,当这种需求无法在某个网站得到满足时,你可以在搜索引擎门户网站得到更多了解,更多资讯。这也是搜索引擎能够在今天如此成功的一个关键原因,它做到了一个普通网站所不能做到的,它收集其他网站的链接,对于它本身而言,就是外链。

站外链接的常见方式有:①交换友情链接,网站之间资源互相推广的一种重要手段,本着互惠互利的心理与其他网站合作,当然最好与自己网站资源内容相关的网站交换友情链接;②登录分类目录,即把你的网站提交给分类目录,和登录搜索引擎门户网站的原理一样;③登录导航网址,即我们常说的 hao123,265 等一些网址大全型网站;④制作站群,所谓站群是指在搜索某个关键词的时候,搜索结果中出现的几个网站内容大致相同,但并非同一网址,如果他们是相互连接的,那么他们就是一个站群。制作站群时应该注意:站群之间不要交叉连接,每个站点之间的内容要有所不同;⑤连接诱饵,是一种很巧妙获取外部连接的方法,近几年引起搜索引擎优化技术爱好者和业界从业人员的强烈关注。连接诱饵的页面一般都具有很强的吸引力,包括吸引你的眼球的内容,当然不仅仅是一个诱人的标题,那样只会招来一些人的唾骂和鄙视。策划一个连接诱饵页面需要很强的策划能力和创新意识。⑥群建博客,对于一个新建的网站,在没有 PR 值的时候,一般很少有人会愿意与你交换友情链接,那么此时你可以选择去各大门户网站建立相关的博客（如雅虎,百度,新浪等门户网站都有博客频道）,你可以在那为自己建一个博客,然后添加友情链接到企业的网站。

做好站外链接的 4 点建议:

1)网站外部链接数目增长要自然化,不要在短时间内给你的网站增加大量的外部链接,那样会让你的网站引起搜索引擎的怀疑,一定要按质按量有计划地给你的网站添加外部链接,一个网站的成功并非朝夕之事。

2)除了寻找高质量的外链,别忘了管理,建设自己的网站,给自己的网站添砖加瓦,网站内容才是网站成功的王道,再多的外链,没内容,那也不可能给你带来什么转化率。

3)不要用群发软件,通过群发软件发送大量外部链接的方法的确可以在短时间内给你的网站带来一定流量。但这种方法都是很容易被识破,一旦被识破,那你的网站将一段时间甚至永远消失在搜索结果里面,如 QQ,可以对陌生人发的连接进行举报,投诉。

4)交换链接不只以首页为主。通过大量的外部链接来提高网站全站权重的同时,别忘了给你的分页页面添加外链,提高次级页面的权重,对搜索引擎优化也是非常有帮助的。

不论是站内链接也好,站外链接也好,都算链接,链接的普遍性、互通性是互联网发展的必备要求,链接的数量和质量是对网站的衡量标准。

6. 搜索引擎优化的其他问题

前面介绍了搜索引擎优化的主要内容,包括网站结构优化、网页内容优化和网页链接优化等。实际上搜索引擎优化的因素还有很多，包括网站内部因素和外部因素。内部因素包括网站内容的权威性，网站内容的更新频率，是否有堆砌关键词，是否有复制内容以及不合理的网页重新定向，"桥页"等欺骗搜索引擎的方法等；外部因素则包括网站所在的服务器 IP 地址是否被搜索引擎列入黑名单，域名是否被搜索引擎封杀等。

总之，搜索引擎优化是网站专业水平的综合体现，是系统性网站优化工作的一部分，仅仅通过增加网站链接等外部因素的改善是难以获得持久的搜索引擎优化效果的，只有在网站结构和网站内容上下工夫，才能获得长久的优化效果。

7.4.3 实施搜索引擎优化的建议

综合搜索引擎优化方案实施中的各种因素，对于计划或者正在实施搜索引擎优化的网站简要提出下列问题和建议，供搜索引擎优化主管人员参考。

（1）确信本公司的专业人员真正理解搜索引擎优化方案的意义，不要因为看起来不重要而忽视任何要素的改进。

（2）搜索引擎优化工作是一个逐步完善的过程，需要一定的时间来检验效果，急于求成往往无法实现真正的优化。

（3）一个真正优化的网站投入的费用可能比建设一个新网站更多，这一点也不奇怪，建设网站有通用的模板，而搜索引擎优化则需要针对每个网站的具体情况进行专门设计。

（4）对于原有已经发布的信息资源（包括企业新闻和产品信息等）重新发布是一项艰巨的工作，尤其是当网站原来的内容资源比较多时，往往成为重要的阻碍因素。

（5）来自第三方的搜索引擎优化方案往往会让内部人员有抵触情绪，或者在实施过程中对某些自己不容易解决的问题采取回避的方式，因此没有高层管理人员直接领导的搜索引擎优化工作通常很难保证效果。

（6）专业顾问机构对企业网络营销人员的培训是必要的，但通过一两次培训是不足以让每个人都成为搜索引擎营销专家的，因此在方案实施过程中出现一定的偏差，或者达不到方案期望的目标是难免的。

本节采用较大篇幅介绍了搜索引擎优化方法、优化思想等相关问题，从网站栏目结构和导航系统、网站内容、网页布局、网页格式和网页 URL 层次等网站内容方面提出优化建议，但是对于搜索引擎营销所包含的问题，上述内容仅是对搜索引擎优化的初步介绍，有兴趣和实践搜索引擎优化的读者可以搜集一些相关资料进行深入的研究。

7.5 搜索引擎广告

搜索引擎优化是基于搜索引擎自然检索的推广方法，但是在竞争激烈的行业市场当中，大量的企业网站都在争夺搜索引擎搜索结果中有限的用户注意力时，很多企业会受到搜索引擎自然检索推广效果的制约，因此搜索引擎广告就受到了企业认可和欢迎，并且成为网络广告领域增长最快的一种广告形式。本节主要介绍搜索引擎广告的形式、特点以及网站投放搜索引擎广告的基本方法和主要问题。

7.5.1 搜索引擎广告形式

付费搜索引擎广告的常见形式包括百度竞价排名广告、Google 关键词广告以及部分搜索引擎在搜索页面的定位广告等。由于在目前的中文搜索引擎服务市场中，百度的竞价排名和 Google 关键词广告是主流，而且二者仅仅在表现上有所差异，实质上都是基于关键词检索相关内容的新搜索引擎广告形式，有时也笼统地称为关键词广告。下面对这两种搜索引擎广告作简要介绍。

根据百度网站（http://jingjia/baidu.com）中的介绍，"百度竞价排名是百度国内首创的一种按效果付费的网络推广方式，用少量的投入就可以给企业带来大量的潜在客户，有效提升企业销售额。"

竞价排名最初的含义，就是在搜索引擎检索结果中，依据付费的多少来决定排名的位置，付费高的网站信息将出现在搜索结果的最靠前的位置。这里所说的付费，是指用户每点击一次检索结果的费用。搜索引擎竞价排名推广模式是一种按照点击付费的营销模式，这是有别于其他网络推广方式的最主要的特点之一。

最早的付费搜索引擎竞价排名开始与 2000 年，创建于 1998 年的美国搜索引擎 Overture 以成功的运作竞价排名而著名，并且带动了付费搜索引擎营销市场蓬勃的发展。百度是国内第一家提供搜索引擎竞价排名的互联网服务商，竞价排名也是目前百度主要的收益模式。图 7-8 是笔者在百度搜索 "网络营销" 时出现的百度竞价广告。

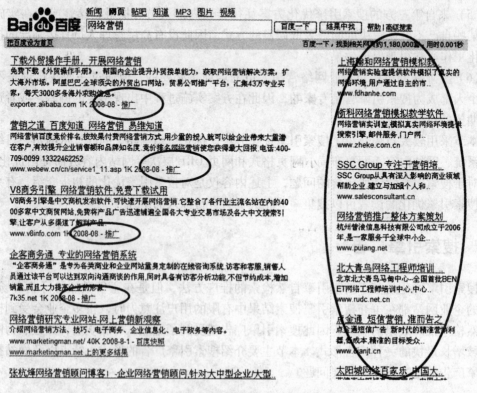

图 7-8　在搜索页面出现的百度竞价广告

当我们在百度搜索引擎检索信息时，在搜索结果页面的部分检索结果后面会出现"推广"字样，这些标注了"推广"的信息就是百度提供的竞价排名推广服务。早期的百度竞价排名广告，所有的内容都出现在自然搜索的前面。当用户通过一个关键词检索之后，在出现的检索结果中，首先是竞价广告信息，这些广告内容显示之后才是自然检索的结果。2006年2月之后百度对竞价排名做了调整，一般只在搜索结果第一页的部分或者全部内容后面标注"推广"，如果某一类别的广告信息比较多，则出现在搜索结果右侧单独列出一列竞价广告信息，这一点与 Google 比较相似。

7.5.2 搜索引擎广告特点

由于竞价排名模式自身的特点，以关键词广告为代表的付费搜索引擎市场越来越受到企业的欢迎，归纳起来搜索引擎广告主要有下列特点：

（1）用户定位程度高。由于推广信息出现在用户检索结果页面，与用户获取信息的相关性强，因而搜索引擎广告的定位程度远高于其他形式的网络广告。而且，由于用户是主动检索并获取相应的信息，具有更强的主动性，更加符合网络时代用户决定营销规则的思想。

（2）按点击数量付费，推广费用较低。按点击付费（CPC）是搜索引擎关键词广告模式最大的特点之一，对于用户浏览而没有点击的信息，将不必为此支付费用。相对于传统网络广告按照千人印象数（CPM）收费的模式来说，更加符合广告用户的利益，使得网络推广费用大大降低，而且完全可以自行控制，改变了网络广告只有大型企业才能问津的状况，成为小型企业自己可以掌握的网络营销手段。目前百度竞价排名每次点击的最低费用为 0.3元，Google 关键词广告甚至没有最低消费的限制。当然如果达不到一定的点击费用，你的推广信息可能不会出现在搜索结果中。

（3）广告预算可自行控制。除了每次点击费用外，用户还可以自行设定每天、每月的最高广告预算，这样就不必担心选择过热的关键词而造成广告预算的大量增加，或其他原因使得推广预算过高，并且这种预算可以方便地进行调整，为控制预算提供了极大方便。

（4）关键词广告形式简单，能降低制作成本。关键词竞价的形式比较简单，通常是文字内容，包括标题、摘要信息和网址等要素，关键词不需要复杂的广告设计，因此降低了广告设计制作成本，使得小企业、小网站，甚至个人网站、网上店铺等都可以方便地利用关键词竞价方式进行推广。

（5）关键词广告投放效率高。关键词广告推广信息不仅形式简单，而且整个投放过程也非常快捷，大大提高了投放广告的效率。

（6）广告信息出现的位置可以进行选择。在进行竞争状况分析的基础上，通过对每次点击价格和关键词组合的合理设置，可以预先估算推广信息可能出现的位置，从而避免了一般网络广告的盲目性。

（7）广告信息可以方便地进行调整。出现在搜索结果页面的推广信息，包括标题、内容摘要、连接 URL 等都是用户自行设定的，并且可以方便地进行调整，这与搜索引擎自然检索结果中的信息完全不同。自然检索结果中的网页标题和摘要信息取决于搜索引擎自身的检索规则，用户只能被动适应。如果网页的搜索引擎友好性不太理想，则显示的摘要信息对用户无吸引力，将无法保证推广效果。

（8）可引导潜在用户直达任何一个期望的目的网页。由于关键词广告信息是由用户自行设定的，当用户点击推广信息标题链接时，可以引导用户来到任何一个期望的网页。在自然检索结果中，搜索引擎收录的网页和网址是一一对应的，即摘要信息的标题就是网页的标题（或者其中的部分信息），摘要信息也摘自该网页，而在关键词广告中可以根据需要设计更有吸引力的标题和摘要信息，并可以让推广信息连接到期望的目的网页，如重要产品网页等。

（9）可以随时查看广告效果统计报告。购买了关键词竞价排名服务之后，服务商通常会为用户提供一个管理入口，用户可以实时在线查看推广信息的点击情况以及费用，经常对广告效果统计报告进行记录和分析，对于积累竞价排名推广的经验，进一步提高推广效果具有积极意义。

（10）关键词广告推广与搜索引擎自然检索结果组合将提高推广效果。一般的网站不可能保证通过优化设计使得很多关键词都能在搜索引擎结果中获得好的排名，尤其是当一个企业拥有多个产品线时，采用关键词广告推广是对搜索引擎自然检索推广的有效补充。

以上列举了搜索引擎关键词广告的一般特点，具体到不同的搜索引擎，还会有一些不同的特点，例如百度提供的全部竞价信息每点击价格查询、相关关键词的检索量，对于选择关键词及其排名位置有较大的参考价值；而 Google 提供了信息非常全面的在线帮助信息，关键词推荐和效果跟踪分析工具对于专业用户带来了极大的便利，并且在 Google 投放和管理关键词广告的整个流程都是在线实现的。

总之，基于搜索引擎关键词检索的推广方式是目前最具有影响力，并且继续保持高速发展姿态的网络营销模式，值得每个企业的市场人员认真研究，并将这种高效的营销模式成功地应用到企业的影响活动中。

7.5.3 搜索引擎广告投放策略

无论企业选择自行投放关键词广告，还是委托搜索引擎广告代理商投放，企业在制定关键词广告计划以及投放关键词广告时都需要考虑以下基本问题：网站是否需要投放关键词？选择在哪些搜索引擎上投放？如何选择关键词？如何设计关键词广告及着陆页？如何设定关键词广告预算并对广告效果进行管理控制？……

1. 选择企业投放关键词广告运营阶段

关键词广告的特点之一就是灵活方便，可以在任何时候投放，也可以将任何一个网页作为广告的着陆页面。因此，如果需要，可以在网站推广运营的任何阶段投放关键词广告。不过在网站运营的某些阶段采用关键词广告策略则显得更为重要，例如，网站发布初期，有新产品发布并且希望得到快速的推广，在竞争激烈的领域进行产品推广时，当（与竞争对手网站相比）网站在搜索引擎自然检索结果效果不太理想时，希望对某些网页进行重点推广时等。

2. 选择搜索引擎广告平台

如果有足够的广告预算，可以选择在所有主流搜索引擎同时投放广告，这是因为不同的搜索引擎有不同的用户群体特征，如果希望自己的广告内容尽可能多地被用户传递，那么选择不同的搜索引擎组合是比较合理的。如果潜在用户群体特征比较明显，并且正好与某个搜索引擎的用户特征最吻合，那么在单一搜索引擎投放广告即可实现良好的影响效果。

3. 关键词组合的选择

关键词组合是搜索引擎广告中最重要、也是最有专业技术含量的工作内容之一，因为关键词的选择直接决定了广告的投资收益率。一些看起来用户搜索量很大的通用词汇可以带来大量的点击，但却不一定获得很高的客户转化率。所以在选择关键词时，既要考虑这些关键词可能带来的用户检索量，也需要考虑用户点击率与转化率的关系。合理的关键词选择建立在对用户建设行为分析的基础上。

一般来说，一个网站的关键词可以分为3大类：核心关键词、关键词组合（包含核心关键词的词组和句子）、语义扩展关键词（包含同义词、否定词、预警关联词等）。这些关键词可以从通用性和专用性等角度进行分析。一般来说，通用性关键词的用户检索量大，但转化率并不一定高，顾客转化率高的关键词往往是专业性比较高的词，或者多个关键词组合的检索。例如，当用户用形如"产品名称＋品牌名称＋价格＋销售地点"（例如，海尔冰箱卡萨帝对开门冰箱 大连销售点价格）之类的关键词组合时，往往可能意味着他已经形成了初步的产品购买意向。

选择适合的关键词及关键词组合依赖于搜索引擎营销人员丰富的经验以及对该行业产品特点和用户检索行为的深入了解。同时，也可以借助搜索引擎服务商提供的相关工具和数据进行分析，例如可以利用Google提供的关键词分析工具和百度相关的检索资料等。

4. 广告文案及广告着陆页的设计

选择合适的关键词广告组合之后，还需要对广告文案和广告着陆页进行专业的设计。关键词广告形式比较简单，主要是简短的标题和一段简要描述的文字。在广告内容写作方面，与一般的分类广告类似，要达到让用户通过有限的信息并关注点击广告链接来到网站获取详细信息的效果。关键词广告着陆页的设计与顾客转化率有重要的关系。如果用户点击广告信息来到网站之后无法获得其他需要的信息和服务，那么这个用户很快就会离开，广告费用也就白白浪费了。Google甚至把关键词与着陆页的相关性作为评估关键词广告价格的一个指标，由此也可以看出其对提高用户体验、增强广告效果的意义。

5. 关键词广告预算控制

制定推广预算是任何一项付费推广活动必不可少的内容，关键词广告也不例外。在关键词广告的特点中已经介绍过，关键词广告的优势之一是广告用户可以自行控制费用。作为搜索引擎营销人员，应该充分利用这一特点进行广告预算控制。

例如，在Google投放关键词广告，用户不仅可以设定每天最高广告费用额，还可以进行设定每个关键词每次点击费用的高低，多付费则会增加显示机会，少付费则会相应的减少显示机会。这样，当广告预算消费过于缓慢时，可以通过增加相关关键词的数量，或者提高每次点击价格等方式获得更多的广告展示机会；反之，如果广告费用过高，则可以通过降低每天的广告费用限额或者减少关键词等方式来控制广告费用。

6. 关键词广告效果分析与控制

关键词广告是按照点击次数和每次点击价格付费的，因此每个搜索引擎服务商都会提供关键词广告的展示和点击次数等相关的统计信息，否则也就不能称之为按点击付费的广告了。关键词广告管理后台的各项数据是分析关键词广告的基础，这些指标一般包括：每个关键词已经显示的次数和被点击的次数、点击率、关键词的当前价格、每天的点击次数和费用等信息。通过广告效果分析，如果发现某些关键词的点击率过低，则应对这些关键词进行更换。因为这样的关键词无论对广告用户还是搜索引擎服务商都是没有意义的，因此可能被服务商终止该关键词的显示。例如，Google会对点击率不足0.5%的关键词进行修正，必要的时候会自动取消该关键词的广告显示。

7.5.4 搜索引擎关键词广告应用中存在的问题

尽管关键词广告具有许多优点，但在实际应用中不可避免地也存在一些很突出的问题，有些问题甚至对搜索引擎营销市场发展造成了一定的影响。这其中既有关键词广告本身的缺陷，也有用户专业经验方面的制约，还包括竞争环境不够规范的因素带来的问题。归纳起来，搜索引擎关键词广告应用中的问题表现在以下几个方面：无效点击、广告信息对用户的误导、广告投放和管理需要专业知识、每次点击价格上涨削弱了关键词广告的优势等。

1. 关键词广告中无效点击比例过高

无效点击是搜索引擎广告中最突出的问题之一。无效点击包括恶意点击和非目标用户的无意点击。

恶意点击有以下几种原因。第一种原因是竞争者所为，目的是消耗完对手的预算费用后使其广告不再显示，以使自己的广告排名上升；第二种原因是来自搜索引擎广告联盟网站，他们为了获得每次点击的佣金，自己实施点击行为；第三种原因则可能来自搜索引擎营销代理服务商，由于部分搜索引擎竞价排名服务商给代理商的佣金来自用户投入的费用，用户的竞价排名广告被点击的越多，服务商获得的收益就更多。关键词每次点击价格越高，则点击欺诈越严重。

用户的无意点击造成的无效点击，主要是因为竞价排名信息不一致造成的。比如，用户希望获得关于数码相机的知识而非打算购买产品，但在检索结果前列的是数码相机厂商的推介信息，用户点击之后并没有获得需要的信息，但厂家也要为这样的点击付费。

2. 广告信息与自然检索结果可能对用户获取信息产生误导

对于网络营销专业人士而言，识别搜索引擎自然检索结果和关键词广告信息并不难，但对于大多数互联网用户而言，可能并不清楚二者的区别。这是搜索引擎营销中值得注意的一个问题。

由于搜索引擎服务商在搜索结果中将付费网站的信息排名靠前或者用其他不合理的方式使得用户难以分辨自然搜索结果与付费结果的区别，从而对用户形成信息误导，这样就会使用户对竞价排名广告产生不信任感，对于竞价广告的长期发展产生不利影响。这个尖锐的问题已经成为付费搜索引擎营销策略必须考虑的内容之一了。

3. 专业搜索引擎关键词广告投放和管理并非易事

尽管关键词广告推广信息看起来并不复杂，无非是简单的标题和摘要信息，但实际上真正有效的竞价排名广告并不是表面上看到的那么简单。除了推广信息的设计之外，还包括关键词的选择、关键词的管理、预算设置、每次点击费用的选择、对广告的展示和点击情况的统计分析等。在这些内容中，需要拥有丰富的经验才能处理好每个环节，例如对于关键词的选择，对于用户检索行为非常分散，不容易完全把握用户的行为等情况，不仅要对用户检索习惯进行研究，同时还要分析竞争者的状况，这些工作对初次接触竞价排名推广模式的市场人员来说还是有一定难度的。

4. 关键词广告每次点击费用在不断上涨

由于越来越多的企业加入到搜索引擎广告推广的行列，为了在有限的展示空间中获得用户尽可能高的关注，许多企业纷纷采用增加每次点击费用的方式期望获得良好的排名，这就使搜索引擎竞价排名不断的上涨。竞价排名营销模式的低成本优势是相对的，实际上，有些热门的关键词每次点击价格已经非常的昂贵了。美国一家专门跟踪 Google 广告关键词价格的网站（www.googlest.com）对高价关键词的研究发现，有些关键词广告每点击一次的价格已经高达 300 美元，这种天价广告是否能获得合理的投资收益率还是一个很大的疑问。可见，随着竞价排名竞争的加剧，尤其是一些营销预算雄厚的大公司加入这个行业之后，竞价排名推广的低成本优势将逐渐消失，这对大量中小企业来说不是好的信号。

7.6 搜索引擎营销效果分析

7.6.1 评估搜索引擎营销效果方式

搜索引擎营销两个高层次目标是增加网站点击率和将访问量转化为现实的收益，其中也涉及搜索引擎营销的效果，即网站访问量和收益率。目前还没有完善的、被广泛采用的搜索引擎营销效果评价体系，因此事实上并不容易做到搜索引擎营销效果的准确评价。网络营销人员采用多种不同的方式进行评估，主要评价指标包括搜索引擎带来的网站访问量指标、用户转化以及投资收益率等。

对于搜索引擎营销效果的评价，没有统一的模式，比较通用的一种方法是根据网站流量统计分析软件对搜索引擎营销的点击率和带来的访问量进行监测，这也是最为方便和可行的方法，访问量也是与收益相关性最大的一个指标，因此为多数企业所采用。但是网站的访问量并不一定转化为直接收益，访问量还需要与转化率等指标相结合才能对收益进行评估。上述调查结果也表明，对于转化率和投资收益率进行评估的企业比例低于对访问量的统计，因为这些指标的评估有一定的难度，并且还受到其他因素的制约，有时并非网络营销人员可以做到的。

由于国内的企业进行网络营销的起步时间较晚，对搜索引擎营销这一特殊的网络营销形式采用的还很少，所以对国内企业搜索引擎营销效果的评估方式还缺乏有说服力的调查结果。有关部门和机构对现有的国内企业进行搜索引擎营销的结果评价情况进行了初步调查。从调查的初步情况判断，大约有一半左右采用搜索引擎营销的企业主要是对企业网站的点击率进行评价，而评估方法大多也是基于对网站流量的统计分析。可见网站流量统计对于搜索引擎营销效果的评价具有重要的价值。在无法对 ROI 指标进行评估的情况下，对搜索引擎营销所带来的访问量进行评估是可行的方法。

对搜索引擎营销的实施效果进行测评是搜索引擎营销中重要的一个环节。搜索引擎营销是个持续优化改进的过程。什么时候需要改进，如何改进，在什么地方改进，这些都需要经过测评以后才能得出答案。至今为止，在搜索引擎营销实施效果测评方面，业内还没有成一套科学、系统的测评机制。目前比较合理的方法是，要用全面的观点综合评估网络营销效果，而不是仅仅看网站的访问量或者网络营销带来的直接销售效果。因为任何一项网络营销工作，如搜索引擎广告或者搜索引擎优化推广等，所带来的效果可能是多方面的（如对销售的推动），也可能是长期的（如对网络品牌的提升），所以各个企业可以建立各种适合于自身企业的搜索引擎营销评价模型，对搜索引擎营销进行试验性质的效果测评。

7.6.2 搜索引擎营销效果影响因素

搜索引擎营销的基本思想就是让网站获得在搜索引擎中出现的机会。当用户检索并发现网站/网页的有关信息时，可以进一步点击到相关的网站/网页进一步获得信息，从而实现向用户传递营销信息的目的。由此可以推论，影响搜索引擎营销效果的因素可以从 3 个方面来考虑：企业建设网站的专业性、被搜索引擎收录和检索到的机会、被用户发现并点击的情况。每个方面都会有不同的具体因素在发挥作用。

1. 网站设计的专业性

企业网站是开展搜索引擎营销的基础，网站上的信息是用户检索获取信息的最终来源，网站设计的专业性，尤其是对搜索引擎的友好性和对用户的友好性对搜索引擎营销的最终效果将产生直接的影响。从本质上来说，搜索引擎优化与网络营销导向网站建设是一回事，两者不仅在思想上一致，而且在很多具体的工作内容上也是一致的。

2. 网站被搜索引擎收录和检索的机会

如果一个网站在任何一个搜索引擎上都检索不到，这样的网站将不可能从搜索引擎获得新的用户。被搜索引擎收录不是自然而然发生的，需要用各种有效的方法才能实现这个目的，如常用的搜索引擎登录、搜索引擎优化、关键词广告等，同时还要对搜索引擎进行优化设计，以便在搜索引擎中获得比较好的排名。应注意的是，搜索引擎营销不是针对某一个搜索引擎，而是针对所有主要的搜索引擎，需要对常用的搜索引擎设计有针对性的搜索引擎策略，因为增加网站被搜索引擎收录的机会是增加被用户发现的基础。

3. 搜索结果对用户的吸引力

仅仅被主要的搜索引擎收录并不能保证取得实质性的效果，搜索引擎返回的结果有时数以千计，但绝大多数的搜索结果都将被用户忽略，即使排名靠前的结果也不一定获得被点击的机会，关键还要看搜索结果的索引信息（网页标题、内容提要、URL 等）是否能够获得用户的信任和兴趣，这些问题仍然要回到网站设计的基础工作上解决。

7.6.3 改善搜索引擎营销效果方法

明确了搜索引擎营销效果的影响因素，可以在此基础上采用有针对性地提高搜索引擎营销效果的措施。

1. 搜索引擎营销组合策略

实践经验表明，合理的搜索引擎营销组合策略可以明显提升信息引擎的营销效果，这是由用户获取信息行为的多渠道特征所决定的。搜索引擎营销组合策略包括搜索引擎优化方法和关键词广告的组合、关键词广告与网页展示性广告的组合等。具体到每一种搜索引擎营销方法，又可以做进一步的细分。比如搜索引擎关键词广告策略，可以通过不同搜索引擎平台的组合、各种类别关键词的组合等方式使得推广效果达到最大化。

（1）付费搜索引擎广告的转化率略高于搜索引擎优化。付费搜索引擎广告不仅应用灵活，例如可以随时投放，也可以制作对用户有吸引力的关键词广告文案，而且搜索引擎广告在顾客转化率方面比基于自然检索的搜索引擎优化也有一定优势，这一结论是美国网络分析公司 WebSideStory 通过对付费搜索引擎广告和搜索引擎优化的顾客转化率调查分析得出的。

WebSideStory 的调查发现，在顾客转化率效果方面，如果搜集 100 个购买关键词广告的客户意见，并拿他们与 100 个实施搜索引擎优化的客户意见相比较，就会发现双方都认为自己的顾客转化率比对方优越。

WebSideStory 在 2006 年 1～8 月调查了 20 个 B2C 电子商务网站的访问量和顾客转化率

数据，搜集了5700万次通过搜索引擎的网站访问行为，显示搜索引擎关键词广告形成的订单转化率是3.4%，而搜索引擎优化自然检索获得的转化率是3.13%。

WebSideStory分析师认为，搜索引擎关键词广告和自然排名的顾客转化率各有优势。对于关键词广告来说，广告主可以主动控制广告信息，决定广告被链接的页面，删除转化率低的关键词等，因此广告对于潜在顾客可能更有吸引力。但另一方面，人们更重视未经人工修饰的自然索引结果，因此自然排名结果对潜在客户的吸引力更大，自然检索排名的高度点击率通常比付费搜索结果高出1.5倍，只是自然结果信息和链接页面的不可控性质使得自然排名结果即使能够带来访问量，转化率也往往不能与关键词广告相比。

因此，对于付费搜索引擎广告和搜索引擎优化两种搜索引擎营销方式都应该给予同等重视，采用多种模式的网络营销策略组合效果更为显著。例如"增强搜索引擎广告顾客转化率的方法"的研究认为，企业投放搜索引擎广告的同时投放展示性广告，可以提升广告的顾客转化率。

（2）关键词广告与网页展示广告同时采用提高顾客转化率。在搜索引擎营销活动中，提高搜索引擎广告客户转化率的措施通常从搜索引擎广告本身入手，比如对用户检索行为的准确分析以及在此基础上选择最有效的关键词组合、广告着陆页内容的相关性等。美国市场调查机构Atlas Institute的一份调查显示，企业投放搜索引擎广告的同时投放展示性广告，可以提升广告的客户转化率，也就是说，增强搜索引擎营销效果的方法可以延伸到搜索引擎广告与其他形式网络广告之间的组合策略。

研究表明，只看到搜索引擎广告的用户转化率是只看到展示性广告的用户转化率的3倍，同时看到搜索引擎广告和展示广告的用户转化率比只看到展示性广告的用户转化率高4倍。此外，Atlas的这项调查报告对相关数据的分析发现，广告在用户面前展示3～8次获得的转化率最高。

2. 善于使用搜索引擎提供的分析管理工具

网站在搜索引擎中的效果如何，最终是由搜索引擎本身来评价的。搜索引擎为了改善用户对搜索结果的体验，同样希望收录的网站提供高质量的内容。从这个角度来说，合理的搜索引擎优化不能为搜索引擎带来直接收益，但对于提供搜索引擎的用户满意度有直接的帮助。从长远的角度来看，对搜索引擎服务商也是有价值的。

从另外一个角度分析，如果企业关注网站在搜索引擎自然检索结果的效果，就表明企业重视搜索引擎营销。这些企业除了采用搜索引擎优化方法之外，通常也会同时投放搜索引擎广告，实际上很多网站的搜索引擎推广都是同时采用搜索引擎优化和关键词广告。在这方面，著名的电子商务网站阿里巴巴就是最典型的案例。

为了提高网站在搜索引擎检索中的效果，百度向网络管理员提出了详细的建议。一些搜索引擎还提供了很多有实用价值的搜索引擎营销效果分析工具。

百度技术简介

一、百度搜索引擎概论

百度搜索引擎由4部分组成：蜘蛛程序、监控程序、索引数据库、检索程序。百度搜索引擎使用了高性能的"网络蜘蛛"程序自动地在互联网中搜索信息，可定制高扩展性的调度算法，使得搜索器能在极短的时间内收集到最大数量的互联网信息。百度在中国各地和美国均设有服务器，搜索范围涵盖了中国、新加坡等华语地区以及北美、欧洲的部分站点。百度搜索引擎拥有目前世界上最大的中文信息库。

二、百度搜索关键技术

1. 查询处理以及分词技术

随着搜索经济的崛起，人们开始更加关注全球各大搜索引擎的性能、技术和日流量。网络离开了搜索将只剩下空洞杂乱的数据以及大量等待去费力挖掘的金矿。

但是，如何设计一个高效的搜索引擎？可以以百度所采取的技术手段来探讨如何设计一个实用的搜索引擎。搜索引擎涉及许多技术点，如查询处理、排序算法、页面抓取算法、CACHE 机制、ANTI – SPAM 等。这些技术细节作为商业公司的搜索引擎服务提供商，比如百度、Google 等是不会公之于众的。可以将现有的搜索引擎看作一个黑盒子，通过向黑盒子提交输入，判断黑盒子返回的输出，从而大致判断黑盒子里面不为人知的技术细节。

查询处理与分词是一个中文搜索引擎必不可少的工作，而百度作为一个典型的中文搜索引擎一直强调其"中文处理"方面具有其他搜索引擎所不具有的关键技术和优势。那么就来看看百度到底采用了哪些所谓的核心技术。

2. Spelling Checker 拼写检查错误提示（以及拼音提示功能）

拼写检查错误提示是所有搜索引擎都具备的一个功能，也就是说，用户提交查询给搜索引擎，搜索引擎检查用户输入的拼写是否有错误，对于中文用户来说一般造成的错误是输入法造成的错误。这就依赖于百度的拼写检查系统，其大致运行过程如下：

后台作业：①前面我们说过，百度分词使用的词典至少包含两个词典，一个是普通词典，另外一个是专用词典（专名等）。百度利用拼音标注程序依次扫描所有词典中的每个词条，然后标注拼音，如果是多音字则把多个音都标上，例如"长大"，会被标注为"zhang da/chang da"两个词条。②通过标注完的词条，建立同音词词典，比如上面的"长大"，会有两个词条：zhang daà 长大，chang daà 长大。③利用用户查询 LOG 频率信息给予每个中文词条一个权重。④同音词词典建立完成了，当然随着分词词典的逐步扩大，同音词词典也跟着同步扩大。

拼写检查：①用户输入查询，如果是多个子字符串，不作拼写检查；②对于用户查询，先查分词词典，如果发现有这个单词词条，OK，不作拼写检查；③如果发现词典里面不包含用户查询，启动拼写检查系统；首先利用拼音标注程序对用户输入进行拼音标注；④对于标注好的拼音在同音词词典里面扫描，如果没有发现则不作任何提示；⑤如果发现有词条，则按照顺序输出权重比较大的几个提示结果；

拼音提示：①对于用户输入的拼音在同音词词典里面扫描，如果没有发现，则不作任何提示；②如果发现有词条，则按照顺序输出权重比较大的几个提示结果。

案例分析一：北大青鸟搜索引擎广告策略分析

北大青鸟在 IT 培训领域具有较大影响力，北大青鸟的搜索引擎广告策略也具有典型意义，在 CuteSEO 的专题研究《教育行业搜索引擎营销策略研究报告》中，对北大青鸟的搜索引擎广告策略作为典型案例进行了分析，得出的研究结论是，北大青鸟关键词推广策略的成功因素可以归纳为三个方面：在多个搜索引擎同时投放广告；覆盖尽可能的关键词；集群优势对竞争对手造成巨大威胁。

为进行教育行业搜索引擎营销策略研究选择样本时发现，各地北大青鸟分支机构占 IT 培训类关键词检索结果中很大比例，北大青鸟的搜索引擎关键词推广在教育行业具有一定的典型性，因此在《教育行业搜索引擎营销策略研究报告》中 CuteSEO（www. cuteseo. cn）将北大青鸟作为案例进行分析。

在对用户检索行为的相关调查中分析过，用培训机构名称检索的关键词比例不到 5%，在计算机和软件培训领域，北大青鸟有较高知名度，但由于各地加盟企业很多，而且互相之间竞争激烈，因此即使北大青鸟这样的知名品牌，用户在通过搜索引擎获取 IT 培训相关信息时仍然很少采用精确搜索方式。

为了分析北大青鸟关键词推广的投放情况，专门选择一组计算机和软件培训相关关键词（其中既有广告主数量较多的热门关键词也有不很热门的词汇），通过收集这些关键词推广中北大青鸟所占的比例、广告显示位置等相关信息，分析北大青鸟的关键词推广策略特点及其成功的原因。

CuteSEO 调查发现，在全部 120 个关键词推广中，有 60% 的广告主为北大青鸟系企业，而且在搜索结果页面广告第一位的 9/10 都是北大青鸟体系。

北大青鸟体系网站的搜索引擎广告已经成为值得关注的案例。据了解，北大青鸟在搜狗等搜索引擎通过大规模进行关键词推广取得了显著效果，在 IT 培训方面确立了核心地位，通过搜索引擎营销为主的网络营销策略超越了竞争者。

综合分析北大青鸟关键词推广策略，其成功因素可以归纳为下列几个方面：

（1）在多个搜索引擎同时投放广告。

除了搜狗搜索引擎之外，对比检索百度等其他搜索引擎，同样可以看到部分北大青鸟企业的推广信息（由于价格等因素，在其他搜索引擎的广告信息不像在搜狗那样密集），即北大青鸟将搜狗作为重点推广平台，在每次点击广告价格相对较低的搜索引擎密集投放广告时，也兼顾其他搜索引擎推广。

（2）覆盖尽可能的关键词。

CuteSEO 的相关调查数据显示，在每个关键词推广结果中，北大青鸟的广告都占了大多数。覆盖尽可能多的关键词是北大青鸟搜索引擎广告策略的特点之一，进一步检索发现，几乎每个和 IT 类培训相关的关键词检索结果中都可以发现北大青鸟的广告，除了各种专业培训通用词汇之外，还包括区域搜索关键词和一些专用关键词。在搜索引擎投放广告与其他网络广告或者传统媒体广告不同的是，为了满足用户获取信息的分散性特征，并不需要额外增加成本，只需要在对用户行为分析的基础上设计合理的关键词组合即可。显然，北大青鸟在关键词选择方面是比较成功的。

（3）集群优势对竞争对手造成巨大威胁。

搜索引擎广告的集群优势是北大青鸟系企业的独特之处。由于北大青鸟体系各地分支机构很多，众多青鸟系企业同时投放广告，并且几乎控制了竞价最高（广告显示排名第一）的所有相关关键词搜索结果，其他靠前的广告位置也大多被青鸟系网站所占据，大大挤占了竞争对手的推广空间，这种集中广告投放形成了庞大的集群优势，当用户检索 IT 培训相关信息时看到大多是北大青鸟的推广信息，对于整个青鸟系的品牌提升发挥了巨大作用，同时也为各地分支机构带来了源源不断的用户。

尽管北大青鸟体系有其特殊之处，不过北大青鸟的成功经验对于其他分散性行业仍然有借鉴意义，尤其是拥有全国性分支机构，或者产品线比较长的企业，都可以在制定搜索引擎广告策略时参考。

（资料来源 www. cuteseo. cn）

案例分析二：希尔顿酒店网站的搜索引擎优化问题

希尔顿酒店（Hilton Hotel）很重视网站优化设计，因为目前酒店有15%的订单是通过网站带来的，顾客通过网站进行在线预订酒店的成本是他们电话预订成本的1/3，通过中介预订的1/10，因此精明的酒店经营者不会忽视网络营销的作用。网站有专门的顾客忠诚维持系统，对在线订单促进很大。然而，分析发现，希尔顿酒店网站虽然进行过许多针对性的搜索引擎优化工作，但由于对一些基本问题的疏忽，导致网站首页及其多个子站的 PR 值为0，影响了希尔顿酒店的品牌形象和搜索引擎营销的实际效果。希尔顿酒店网站搜索引擎营销案例值得引起重视。

1. 希尔顿酒店网站的微型子网站问题

随着网站的深入应用，希尔顿发现他们的顾客群体差别太大，一个网站内容和风格难以满足各行各业顾客的特点。为了通过网络获得更多的订单，希尔顿酒店针对不同的顾客群，专门发布了50多个微型子网站，不同类型的顾客所浏览的网站内容和风格均不同，以定位50多种类型的顾客群体。

例如，针对政府部门和军队方面的旅行者专门建设一个二级域名网站：gov. hilton. com，子网站有对政府员工的报价和链接指向相关旅游资源，如出差津贴信息等。

希尔顿还专门针对婚礼计划者开通了二级域名 weddings. hiltonfamily. com，该网站专门介绍希尔顿酒店的婚庆场所和服务等。其他子网站还包括针对美国奥林匹克运动会组织者推出的子站等。

目前希尔顿品牌的酒店网站主要包括 doubletree. com，embassysuites. com，hampton-inn. com 等。这些子站域名采用了主站下分配二级域名或注册独立域名，为了统一品牌识别，都指向 hilton. com 主站下的相关页面。

2. 网页重新定向——搜索引擎优化中的致命问题

新竞争力网络营销管理顾问通过对希尔顿子站的研究，发现希尔顿网站旗下的所有二级域名都采用自动重定向方式跳转到主站下的相关内容。如 gov. hilton. com 被指向：

http://www. hilton. com/en/hi/themes/gov/；jsessionid = DL05A2ANGF3XWCSGBIWM22QKIYFC5UUC，导致这些专门设计的子站首页 PR 值（PageRank）均为0，而子站内容在 Google 中收录数量也全部为0。

从对网站 TITLE 和 META 标签代码的精心设计可以看出，希尔顿网站建设者还是很重视搜索引擎优化的。以其婚庆服务子站为例：

< title > Weddings by Hilton – Our Hotels < /title >

< meta name = " Description" content = " Whether you are planning an intimate ceremony or a lavish reception, the Hilton Family of Hotels has a location to help make your wedding unique. " >

< meta name = " Keywords" content = " Hilton Family, full – service hotels, affordable brands, weddings, receptions, luxury weddings, wedding guests, facilities, cuisine, ceremonies, wedding-related events, accommodate guests, personalized online grouping, Hilton, Conrad Hotels, Double-

tree, Embassy Suites Hotels, Hampton Inn, Hampton Inn & Suites, Hilton Garden Inn, Homewood Suites by Hilton" >

但实际上，这些 META 标签的设计也不够合理（什么样的 META 设计是正确的？请参考"网页 META 标签内容写作规范要点"）。本文分析暂且不管以上 TITLE 和 META 写法是否完全合理，想要说明的只是这些花了大量心思的网站搜索引擎优化工作因为域名重新定向问题违背了搜索引擎友好设计原则而结果事与愿违，希尔顿酒店精心策划制作的子站至少在搜索引擎营销效果方面被大大打了折扣。

国内最早的网络营销研究网站之一———网上营销新观察的创始人冯英健在"网站 PR 值的网络品牌价值"（http://www.marketingman.net/wmtips/p159.htm）中分析认为，"对于大型网站和知名企业而言，网站 PR 值已经成为一个网站网络品牌形象的组成部分，尽管在搜索结果中排名优势不一定明显，但对于网站的网络品牌还是有一定价值的"。

不过，令人遗憾的是，希尔顿酒店网站首页（www.hilton.com）的 PR 值竟然为 0。这样的网站设计导致希尔顿酒店的网络品牌与酒店的实际形象是很不相称的。造成这一结果的原因在于，www.hilton.com 被转向到多级 URL 下：

http://www.hilton.com/en/hi/index.jhtml;jsessionid=QFF3BGGIOZFYCCSGBIW2VCQKIYFCVUUC.

此外，希尔顿酒店网站还存在其他诸多严重不利于搜索引擎友好的问题。可见，重视搜索引擎优化是一回事，是否能做好网站的优化工作是另一回事。

（资料来源 www.jingzhengli.cn，原始资料为 CLICKZ 网站作者 Pamela Parker 的案例）

7.7 习题

1. iReseach 根据 CNNIC 统计中国互联网市场年度总结报告显示，2009 年中国搜索引擎市场进入行业调整中期，市场规模达_____元，中国搜索引擎用户规模达到_____人。

2. 按照工作原理的不同，将搜索引擎分为_____和_____。

3. 搜索引擎营销的方法归纳起来有三种表现形式：_____、_____、_____，每种方法都有鲜明的特点。

4. 简述搜索引擎的原理、分类及功能。

5. 画图说明搜索引擎营销的基本原理。

6. 简述搜索引擎营销的主要模式。

7. 简述搜索引擎优化的基本内容。

8. 简述目前搜索引擎关键词广告存在的主要问题。

9. 简述影响搜索引擎效果的主要因素。

第8章 许可 E-mail 营销

本章重要内容提示：

本章重点介绍电子邮件营销策略，首先对 E-mail 营销进行理论概述，包括 E-mail 营销的起源、发展现状、概念及分类、E-mail 营销的优势劣势、与其他营销手段整合后的营销功能；明确开展 E-mail 营销的基本条件和一般步骤；然后分别详细地阐述了基于内部列表和基于外部列表的两种 E-mail 营销方法的具体应用；最后提出 E-mail 营销效果的评价体系及影响因素。

8.1 E-mail 营销概述

8.1.1 E-mail 营销简介

1. E-mail 起源及发展现状

E-mail 即电子邮件，它为用户或用户组之间通过计算机网络收发信息服务。目前，电子邮件是快捷、简便、可靠且成本低廉的现代化通信手段，也是互联网上使用最广泛的应用，它是网络消费者服务双向互动的工具，是实现企业与消费者对话的双向走廊和实现消费者整合的必要条件。目前互联网上 60% 以上的活动都与电子邮件有关。

世界上第一封电子邮件诞生于 1971 年底，Ray Tomlinson 从一台计算机把信息发送到另一台相邻的计算机上，但当时他并没有充分认识到他的发明可以记录信息或数据，更没有考虑到电子邮件和营销会发生什么联系。1987 年 9 月 20 日，我国的第一封电子邮件诞生，钱白天教授发出我国第一封电子邮件"越过长城，通向世界"，而电子邮件真正开始在中国逐步应用于通信和商业活动，则是在 1994 年中国正式开通 Internet 之后。

随着互联网的发展，电子邮件已经成为互联网上被使用最多的功能之一。E-mail 已经走进我们的生活，并已经成为人们日常生活和信息沟通的一部分。

根据 iResearch 的统计，中国和全球的 E-mail 邮箱用户规模发展趋势如图 8-1、图 8-2 所示。

根据艾瑞咨询发布研究报告显示，2009 年中国个人电子邮箱用户规模平稳增至 2.18 亿，增速趋缓，个人邮箱用户占互联网用户比重 56.8%，渗透率略降。

根据市场咨询公司 Radicati Group 的数据显示，截至 2008 年，全球活跃电子邮箱账号数位 20 亿，预计到 2012 年，这一数字有望超过 27 亿，未来四年的年平均增长率为 8%。艾瑞咨询认为，由于电子邮箱属于互联网基础应用，所以在互联网发展成熟的地区，电子邮件的普及率已经很高，但成长空间有限，而比较贫困的地区，如非洲，互联网普及率的提高则可能拉动全球活跃邮箱数量的增长。

由以上的数据可以看出，无论在中国还是在世界，E-mail 已经得到了极大的普及。在此过程中，许多企业已经意识到 E-mail 营销的重要性，同时，一些管理咨询机构也纷纷看好 E-mail 营销未来发展的前景。

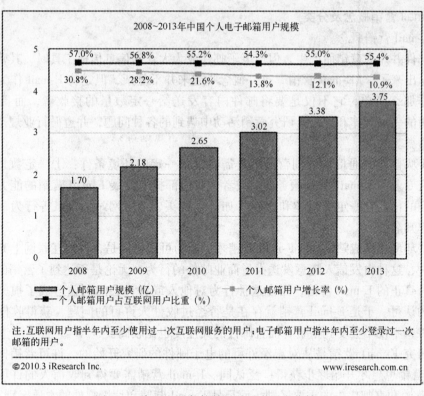

图 8-1　中国电子邮箱数量总量发展变化情况

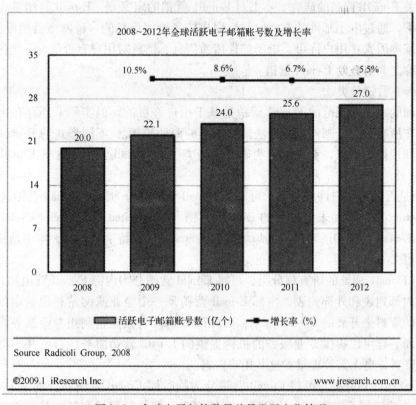

图 8-2　全球电子邮箱数量总量发展变化情况

2. E-mail 营销概念及分类

（1）E-mail 营销概念。

电子邮件并非为营销而产生，但当电子邮件成为大众的信息传播工具时，其营销价值也就逐渐显示出来了。"E-mail 营销"这一概念听起来并不复杂，但是将 E-mail 作为专业的营销工具并非那么简单，它不仅是要将邮件内容发送给一定数量的接收者，而且还要了解 E-mail 营销的一般规律和方法，研究营销活动中遇到的各种问题，并遵循行业规范，讲究基本的网络道德。

E-mail 从普通的通信发展到营销工具需要具备一定的环境条件：①一定数量的 E-mail 用户；②有专业的 E-mail 营销服务商，或者企业内部拥有开展 E-mail 营销的能力；③用户对于接收到的信息有一定的兴趣和反应（如产生购买、浏览网站、资讯等行为，或者增加企业的品牌知名度）。

当这些环境逐渐成熟之后，E-mail 营销才能成为可能。但是，目前互联网上充斥着大量的垃圾邮件，这种由发信人随意发送大量商业邮件的行为，无论是否达到了营销的效果，都不能称之为真正的 E-mail 营销，因为这种行为对他人或者社会的利益造成了损失，通常得不到社会的认可。于是 E-mail 营销就存在是否经过收件人许可的问题，获得收件人许可而发送的邮件，不仅不会受到指责，而且邮件的关注度也比较高。

系统研究 E-mail 营销是从对未经许可的电子邮件的研究开始的，许可营销概念的提出使 E-mail 营销思想才开始逐步获得广泛认同。E-mail 营销需要得到收信人的许可，这不仅是 E-mail 营销和直邮广告的重要区别，而且是 E-mail 营销和垃圾邮件的本质区别。

综合有关 E-mail 营销的研究，本书对 E-mail 营销的定义是：E-mail 营销是在用户事先许可的前提下，通过电子邮件的方式向目标用户传递价值信息的一种网络营销手段。E-mail 营销有三个基本因素：用户许可、电子邮件传递信息、信息对用户有价值。三个因素缺少一个，都不能称之为有效的 E-mail 营销。

（2）E-mail 营销分类。

根据前面的定义，规范的 E-mail 营销是基于用户许可的。但实际上还存在大量的不规范现象，并非所有的电子邮件都符合法规和基本的商业道德，不同形式的 E-mail 营销具有不同的方法和规律。所以，首先应该明确有哪些类型的 E-mail 营销，这些 E-mail 营销是如何进行的。

① 按照是否经过用户许可分类，可以将 E-mail 营销划分为许可 E-mail 营销（Permission E-mail Marketing-PEM）和未经许可的 E-mail 营销（Unsolicited Commercial E-mail，UCE）。未经许可的 E-mail 营销即通常所说的垃圾邮件（Spam）。无特别的说明，本书所讲的 E-mail 营销均指许可 E-mail 营销。

② 按照 E-mail 地址的所有权分类，可将 E-mail 营销分为内部 E-mail 营销和外部 E-mail 营销，或称内部列表和外部列表。内部 E-mail 营销是一个企业或网站利用一定方式获得用户自愿注册的资料来开展的 E-mail 营销；而外部 E-mail 营销是指利用专业服务商或者具有与专业服务商一样可以提供专业服务的机构提供的 E-mail 营销服务，自己并不拥有用户的 E-mail 地址资料，也无需管理维护这些用户资料。

③ 按照营销计划分类，可将 E-mail 营销分为临时性 E-mail 营销和长期性 E-mail 营销。临时性 E-mail 营销如不定期的产品促销、市场调查、节假日问候和新产品通知等；长期性

E-mail 营销通常以企业内部注册会员资料为基础，主要表现为新闻邮件、电子杂志、顾客服务等各种形式的邮件列表，这种列表的作用要比临时 E-mail 营销更持久，其作用更多地表现在顾客关系、顾客服务和企业品牌等方面。

④ 按照功能分类，可将 E-mail 营销分为顾客关系 E-mail 营销、顾客服务 E-mail 营销、在线调查 E-mail 营销和 E-mail 产品促销等。

⑤ 按照 E-mail 营销的应用方式分类。开展 E-mail 营销需要一定的营销资源，获得和维护这些资源也要投入相应的经营资源。当资源积累达到一定的程度时便具有了更大的营销价值。它不仅可以用于自己企业的营销，也可以通过出售邮件广告空间直接获得利益。按照是否将 E-mail 营销资源用于为其他企业提供服务，E-mail 营销可分为经营型和非经营型两类。当以经营性质为主时，E-mail 营销实际上已经属于专业服务商的范畴了。

在实际工作中，面对的往往不是单一形式或单一功能的 E-mail 营销，可能既要建立自己的内部列表，又要采用专业服务商的服务。

3. E-mail 营销研究内容

在前面对 E-mail 营销的定义中，已经概括地涉及 E-mail 营销的过程，即在一定的营销环境中，获取必要的资源，并通过这些资源将合适的信息通过 E-mail 的方式传递给目标用户。因此，E-mail 营销研究的重点将是营销环境、营销资源和信息传递机器三者之间的相互作用。

营销环境：所关注的主要问题是影响 E-mail 营销的开展的客观因素，如网络环境、用户特征、技术环境、法律环境等。

营销资源：所关注的是如何获取用户的 E-mail 地址资源，如何获得用户的许可，如何获得外部资源，营销资源的获取是开展 E-mail 营销的基础之一。

信息传递：拥有 E-mail 营销资源之后，如何将信息有效地传递给潜在用户，这其中涉及很多的具体问题，每一个细节都会影响到 E-mail 营销的最终效果。

E-mail 营销的整个过程都包含在这三个基本问题中，三者的相互制约和相互适应使得 E-mail 营销活动顺利进行并取得预期效果。

8.1.2　E-mail 营销特点

由于电子邮件自身的特点，E-mail 营销有着比其他营销方式独特的优势，但同时也存在一些缺点和问题。

1. E-mail 营销优势

与直邮广告、电话营销等直复营销方式相比，E-mail 营销的优势主要表现在成本低廉、个性化信息定制、高效和便于检测等方面。

（1）经济性。

E-mail 营销最重要的特点是它的成本优势。费用低廉是 E-mail 的突出优点。编辑和寄发一份 E-mail 所花费的代价仅仅是时间和网费而已，这一优越性在国际通讯联系上尤其突出。表 8-1 列出了不同营销手段的成本比较，可供参考。

作为一种正在发展的直复营销手段——手机短信（SMS），由于短信息承载的信息比较少，以及不同网络之间的通信协议、用户许可和相关的法规还都很不完善，这种营销方式存在很多欺骗，虚假的信息，急需相关部门进行规范，它的发展仍处在萌芽阶段。

表 8-1　不同营销手段的成本比较　　　　　　　　　　　（单位：美元）

营 销 手 段	每条信息的平均成本
电话营销	1.00~3.00
直邮	0.75~2.00
许可 E-mail	0.20
垃圾邮件	<0.01
手机短信（SMS）	0.1
资料来源 E-marketer，E-mail 报告。	

（2）E-mail 营销的回应率相对较高。

除了低成本之外，E-mail 营销最值得称道之处在于其高回应率。尽管 E-mail 营销的回应率在最近几年呈逐渐降低的趋势，但比其他营销方式效果仍然比较显著。根据网络广告公司 DoubleClick 的调查结果，2002 年第三季度所有行业 E-mail 营销的平均点击率为 8.5%，其中最高的是消费产品行业，点击率为 10%。

（3）促进顾客关系。

与一般的产品促销手段不同，E-mail 营销在实现促销职能的同时，对于与顾客关系的促进效果比较明显。以常用的电子刊物为例，有研究表明，网站上提供的电子刊物比网站本身的营销效果更好，这其中的重要原因在于电子刊物和用户之间不仅仅是单向的信息传递，同时也在网站和用户之间建立起一个互相交流的渠道。通过电子刊物直接将信息发送到用户的邮箱中，用户会和网站之间保持某种长期的关系。在促进与顾客关系方面，用户对网站"忠诚"更多地体现在需要应用网站提供的信息或服务，只有当用户需要获得某些信息或服务时，才会去访问网站，即使每天都要访问的网站，也不一定会感觉到和该网站之间有什么关系。

（4）满足用户个性化需求。

许可 E-mail 营销可以为用户提供个性化的服务信息，用户可以根据自己的兴趣预先选择有用的信息，当不需要这些信息时，还可以随时退出，不再继续接收邮件。因此，在 E-mail 营销中，用户拥有主动的选择权，正是因为用户自己选择的信息与自己的兴趣和需要相关，因而对接收到的信息关注程度更高，这是许可 E-mail 营销获得较好效果的基本原因。正是因为 E-mail 营销有这些优点，E-mail 不仅成为重要的网络营销手段，有助于品牌推广和促进销售，同时也成为维持和改善顾客关系、开展顾客服务的重要工具。

（5）反应迅速，缩短营销周期。

电子邮件的传递时间是传统直邮广告等方式无法比拟的，根据发送邮件数量的多少，需要几秒钟到几个小时就可以完成数以万计的电子邮件发送，同样，无法送达的邮件也可以立即退回或者在几天之内全部退回，一个营销周期可以在几天内全部完成。而直邮信函的送达时间通常需要 3 天甚至更长，即使在同一个城市，通常也需要 1 天以上才可以到达。从发函开始到回收全部退信，可能需要 1 个月以上的时间。电话营销虽然也可以将信息及时传达给目标用户，但要在几天内打出上万个电话，显然很不现实，至少要占用大量的人力资源。

（6）便于营销效果监测。

无论哪一种营销方式，准确、实时的效果监测都不是很容易的事情，相对而言，E-mail 营销具有更大的优越性，可以根据需要监测若干评价营销效果的数据，如送达率、点击率、回应率等。

（7）相对保密性。

与媒体广告、公关等其他市场活动相比，E-mail 营销并不需要大张旗鼓地制造声势，信息直接发送到用户的电子邮箱中，不容易引起竞争对手的注意，除非竞争者的电子邮件地址也在邮件列表中。

（8）针对性强，减少浪费。

许可 E-mail 营销可以有针对地向潜在用户发送电子邮件，与其他媒体广告不加定位地投放广告相比，E-mail 营销费用大大降低。正是由于 E-mail 营销的种种优点，E-mail 营销市场才逐年增长，甚至已经让传统直邮广告市场受到威胁。

2. E-mail 营销劣势

在谈论 E-mail 营销的优势时，经常容易忽略其潜在的劣势及局限性，E-mail 营销仅仅是营销策略组合中的一种，通常还需要与其他营销手段相配合使用才能弥补其自身的局限性。E-mail 营销的主要缺陷和问题如下：

（1）应用条件限制。由于接收条件的局限，电子邮件需要一定的上网设备才可以接收和阅读，不像传统信函那样可以随时随地查看。

（2）市场环境不成熟。由于国内上网人数的比例还比较低，E-mail 营销的受众面还比较小，影响力有限，当企业制订营销计划时，通常不会将 E-mail 营销作为唯一的或者主要营销手段。

（3）邮件传输限制。受网络传输速度、用户电子邮箱空间容量等因素的限制，并不是所有信息都可以通过 E-mail 来传递的，这在一定程度上限制了 E-mail 营销的应用范围。

（4）营销效果的限制。E-mail 营销的效果受到信息可信度、广告内容、风格、邮件格式等多种因素的影响，并非所有的电子邮件都能取得很好的营销效果。特别是对于定位程度比较低的情形，营销效果将远远低于正常水平，而对于未经许可的 E-mail 营销，不仅招人讨厌，可能根本不会取得实际效果。

（5）信息传递障碍。因为过滤垃圾邮件等原因，一些邮件会遭到 ISP 的屏蔽，用户邮件地址经常更换也会造成信息无法有效送达，退信率上升。信息传递障碍已经成为影响 E-mail 营销发展的主要因素之一。

（6）掌握用户信息有限。在很多情况下，用户在网上登记的资料往往不完整或不真实，通常只有一个邮件地址，当用户电子邮箱变更或者兴趣发生转移时，原有的资料可能就已经失效了，除非用户主动更换邮件地址，否则很难跟踪这种变化。如果可以掌握更多用户信息，如包含了公司/用户名称、地址、行业和产品等，可以大大提高营销效果。

（7）垃圾邮件的影响。由于垃圾邮件泛滥，有价值的信息往往被大量无用信息淹没，也很容易造成有价值信息的丢失，垃圾邮件也会影响用户对于电子邮件信息的可信度。

（8）专业化程度低。由于缺乏专业的网络营销人员，以及专业 E-mail 营销服务商的经营水平等方面的限制，E-mail 营销的效力实际上要大打折扣，有时甚至效果并不明显。

（9）价格优势是相对的。E-mail 营销价格低廉是在发送数量比较大的情况下才可以充分表现出来，如果发送邮件数量比较少，其价格优势也就不很明显了，因为无论发送多少封邮件，都要经历邮件内容设计制作、发送、跟踪、控制等流程，发送数量越多，每封邮件的边际成本也越低，这种情形在企业利用内部列表自行开展 E-mail 营销时更为明显，维护一份邮件列表的内容，无论发行数量为 1000 还是 10000，所投入的资源基本上都是一样的。

（10）邮件阅读率降低。接收者的兴趣在不断变化，而用户注册资料之后很难及时更新，当他对原来订阅的信息不再感兴趣时，即使不退订，也不会去认真阅读。

（11）电子邮件的寿命通常比比其他出版物要短很多，除非邮件有足够的价值让用户一直保存下来，尤其对于 Web 方式阅读邮件的用户，由于邮箱空间的限制，不可能保存大量邮件，对于终端软件接收到本地硬盘的邮件，同样会因为磁盘空间清理、格式化硬盘，或者更换计算机等原因而丢失以前的电子邮件。

（12）E-mail 营销的回应率逐年在降低。如同其他网络广告形式一样，E-mail 广告的点击率也不断降低，这将从整体上影响 E-mail 营销的效果。根据专业网络广告公司 Double-Click 的调查结果，2002 年第二季度 E-mail 营销的平均点击率已经从 2001 年同期的 6.8% 下降到 4.9%。尽管如此，这个回应率仍然高于其他网络广告形式。造成这种状况的原因是多方面的，并且可能会保持持续下降趋势，对 E-mail 营销抱有过高的期望是不现实的，也正因为如此，才有必要深入研究 E-mail 营销的规律。

8.1.3 E-mail 营销功能

E-mail 营销除了能够推广产品/服务外，在顾客关系、顾客服务、企业品牌等方面也都具有重要作用。因此，如果将 E-mail 营销仅仅理解为利用电子邮件来开展促销活动，显然是片面的。E-mail 营销的主要功能归纳为 8 个方面：品牌形象、产品/服务推广、顾客关系、顾客服务、网站推广、资源合作、市场调研、增强市场竞争力。

1. 品牌形象

E-mail 营销对于企业品牌形象的价值，是在长期与用户联系的过程中逐步积累起来的，规范的、专业的 E-mail 营销对于品牌形象有明显的促进作用。品牌建设不是一朝一夕的事情，不可能通过几封电子邮件就完成这个艰巨的任务，因此，利用企业内部列表开展经常性的 E-mail 营销具有更大的价值。

2. 产品推广/销售

产品/服务推广是 E-mail 营销最主要的目的之一，正是因为 E-mail 营销的出色效果，使得 E-mail 营销成为最主要的产品推广手段之一。一些企业甚至用直接销售指标来评价 E-mail 营销的效果，尽管这样并没有反映出 E-mail 营销的全部价值，但也说明营销人员对 E-mail 营销带来的直接销售有很高的期望。

3. 顾客关系

与搜索引擎等其他网络营销手段相比，E-mail 首先是一种互动的交流工具，然后才是其营销功能，这种特殊功能使得 E-mail 营销在顾客关系方面比其他网络营销手段更有价值。与 E-mail 营销对企业品牌的影响一样，顾客关系功能也是通过与用户之间的长期沟通才发挥出来的，内部列表在增强顾客关系方面具有独特的价值。

4. 顾客服务

电子邮件不仅是顾客沟通的工具，在电子商务和其他信息化水平比较高的领域，也是一种高效的顾客服务手段，通过内部会员通信等方式提供顾客服务，可以在节约大量的顾客服务成本的同时提高顾客服务质量。

5. 网站推广

与产品推广功能类似，电子邮件也是网站推广的有效方式之一。与搜索引擎相比，E-mail

营销有自己独特的优点：网站被搜索引擎收录之后，只能被动地等待用户去检索并发现自己的网站，通过电子邮件则可以主动向用户推广网站，并且推荐方式比较灵活，既可以是简单的广告，也可以通过新闻报道、案例分析等方式出现在邮件的内容中，获得读者的高度关注。

6. 资源合作

经过用户许可获得的 E-mail 地址是企业的宝贵营销资源，可以长期重复利用，并且在一定范围内可以与合作伙伴进行资源合作，如相互推广、互换广告空间。企业的营销预算总是有一定限制的，充分挖掘现有营销资源的潜力，可以进一步扩大 E-mail 营销的价值，让同样的资源投入产生更大的收益。

7. 市场调研

利用电子邮件开展在线调查是网络市场调研中的常用方法之一，具有问卷投放和回收周期短、成本低廉等优点。E-mail 营销中的市场调研功能可以从两个方面来说明：

一方面，可以通过邮件列表发送在线调查问卷。同传统调查中的邮寄调查表的道理一样，将设计好的调查表直接发送到被调查者的邮箱中，或者在电子邮件正文中给出一个网址链接到在线调查表页面，如果调查对象选择适当且调查表设计合理，往往可以获得相对较高的问卷回收率。

另一方面，也可以利用邮件列表获得二手调查资料。一些网站为了维持与用户的关系，常常将一些有价值的信息以新闻邮件、电子刊物等形式免费向用户发送，通常只要进行简单的登记即可加入邮件列表，如各大电子商务网站初步整理的市场供求信息、各种调查报告等等，将收到的邮件列表信息定期处理是一种行之有效的资料收集方法。

8. 增强市场竞争力

在所有常用的网络营销手段中，E-mail 营销是信息传递最直接、最完整的方式，可以在很短的时间内将信息发送到列表中的所有用户，这种独特功能在风云变幻的市场竞争中显得尤为重要。E-mail 营销对于市场竞争力的价值是一种综合体现，也可以说是前述七大功能的必然结果。充分认识 E-mail 营销的真正价值，并用有效的方式开展 E-mail 营销，是企业营销战略实施的重要手段。

8.1.4　E-mail 营销与其他网络营销手段的整合

E-mail 营销是网络营销的重要内容，同时 E-mail 营销本身又形成一个相对完整的网络营销分支。E-mail 营销与其他网络营销策略如企业网站、搜索引擎、网络广告等具有一定的区别和联系，各种网络营销手段结合在一起形成一个完整的网络营销系统。

1. E-mail 营销与企业网站

企业网站是开展网络营销的基本工具，是网络营销的基础，E-mail 营销和企业网站之间既可以是相互独立的，又可以是相互促进的关系。

企业网站是收集用户 E-mail 营销资源的一个平台，邮件列表用户的加入通常都是通过设在网站上的"订阅框"来进行的，同时网站可以为邮件列表进行必要的推广，并且也为邮件列表内容通过浏览器阅读提供了方便，从而最终促进 E-mail 营销的效果。

尽管没有网站也可以开展 E-mail 营销，但以网站为基础开展 E-mail 营销效果更好，主要表现在两个方面：一方面，由于邮件内容传递的信息有限，更多的信息需要引导用户到网站去进一步浏览，对于没有网站配合的情形，将会损失这种宝贵的机会；另一方面，通过各种渠道来到网站的用户，在浏览之后可能相当长一段时间都不会回访，在用户访问网站期间他很可能会加入邮件列表，这样便拥有了和用户长期联系的机会，可以充分利用网络营销资源，也可以通过 E-mail 营销为网站、产品/服务做进一步的推广。

2. E-mail 营销与搜索引擎

E-mail 营销与搜索引擎之间表面看来并没有直接的关系，如果从整个网络营销的范围来看，这两种工具其实都是用户与企业（网站）之间传递信息的手段：用户通过搜索引擎寻找企业网站信息，然后到网站上继续了解详细信息，这时候，用户是主动获取信息（其前提是企业网站上已经发布了对用户有价值的信息）；通过电子邮件方式，企业向用户发送信息，用户接受信息是被动的（即使经过用户事先许可，仍然是被动接受信息，因为用户事先并不知道企业要发来什么样的信息，甚至无法对于信息内容进行预期）。可见，搜索引擎和 E-mail 营销是网络营销中截然不同的方式：前者是用户主动获取信息，后者则是用户被动接受信息。也就是说，搜索引擎是用户用来发现企业网站的工具，而 E-mail 营销是企业向用户主动提供信息和服务的手段。

同时，搜索引擎和 E-mail 营销本身也包含主动和被动的矛盾。用户通过搜索引擎主动到网站了解信息，但这些信息却是企业主动提供的，用户可以获取的信息受到网站发布信息的制约；通过 E-mail 营销，尽管是经过用户事先许可的，但发送什么信息，仍然不是用户可以决定的（对于用户定制的信息，也只是在一定程度上具有选择权，而不是决定权）。因此，无论哪种"主动的"信息传递方式，事实上企业（网站）仍然占据主动地位，或者说，网络营销中的信息传递从根本上说取决于企业自身，用户的主动性受信息提供方的制约。

交互营销具有吸引力的地方，就在于为用户创造了一种机会，可以争取获得更多的信息，对于企业网络营销者来说，也就是合理利用各种信息传递手段，为用户获取更多信息创造条件，在用户获得这些信息的同时，来实现企业的营销目的。

3. E-mail 营销与网络广告

E-mail 广告是网络广告的一种形式，但 E-mail 营销并非都是网络广告，例如顾客关系 E-mail、新闻邮件等企业内部邮件列表资源，信息只是 E-mail 营销的一种载体，传递的信息也并非全是广告。当企业通过 E-mail 专业服务商（或者 ISP 等）发送 E-mail 广告信息时才表现为网络广告形式。

但是，由于 E-mail 营销与网络广告有许多相同之处，从内容、文案、创意等方面都需要遵循网络广告的规律，因此，将 E-mail 营销与网络广告相提并论也有一定的道理。

4. E-mail 营销与其他网络营销方法

在其他常用的网络营销方法和活动中，E-mail 营销也在一定程度上发挥了作用，如通过 E-mail 方式传播的病毒性营销、通过 E-mail 方式发送的在线优惠券促销等，在一些在线调查中，也常采用通过 E-mail 发放调查问卷的方式。

8.2 开展 E-mail 营销的条件和过程

8.2.1 E-mail 营销常用方式

按照 E-mail 地址的所有权，E-mail 营销常用的方式有内部列表和外部列表两种基本形式。临时 E-mail 营销主要通过外部列表进行，长期 E-mail 营销通常是通过企业内部列表来实现的。两种情况相比，临时 E-mail 营销相对简单得多（当然发挥的效果也是有限的），营销周期只有几天或者几个星期，而长期 E-mail 营销是企业网络营销中的重要组成部分，是网络营销活动自始至终不可或缺的内容。内部列表和外部列表成为 E-mail 营销的两种基本形式。

二者各有各的优势，对网络营销比较重视的企业通常都拥有自己的内部列表，但内部列表与外部列表也并不矛盾，如有必要，可两种方式同时进行。内部列表包括企业自己拥有的各类用户注册资料，如免费服务用户、电子刊物用户和现有客户资料等，是企业开展网络营销的长期资源，也是 E-mail 营销的重要内容。外部列表包括各种可以利用的 E-mail 营销资源，常见的形式是专业服务商，如专业 E-mail 营销服务商、免费邮件服务商和专业网站的会员资料等。

内部列表和外部列表由于在是否拥有用户资源方面有根本的区别，因此开展 E-mail 营销也有很大的区别。由表 8-2 可以看出，自行经营的内部列表不仅需要自行建立或者选用第三方的邮件列表发行系统，还需要对邮件列表进行维护管理，如用户资料管理、退信管理和用户反馈跟踪等，对营销人员的要求也比较高，在初期用户资料比较少的情况下，费用相对较高，随着用户数量的增加，内部列表的边际成本逐渐降低。这两种 E-mail 营销方式属于资源的不同应用，内部列表以少量、连续的资源获得长期的、稳定的营销资源，外部列表则是用资金换取临时的营销资源。内部列表在顾客关系和顾客服务方面的功能比较显著，外部列表由于比较灵活，可以根据需要选择投放不同类型的潜在用户，因而在短期内即可获得明显的效果。

表 8-2　内部列表与外部列表 E-mail 营销的比较

比 较 项 目	内部列表 E-mail 营销	外部列表 E-mail 营销
主要功能	客户关系、顾客服务、品牌形象、产品推广、在线调查、资源合作	品牌形象、产品推广、在线调查
投入费用	相对固定，取决于日常经营和维护费用，与邮件发送数量无关，用户数量越多，平均费用越低	没有日常维护费用，营销费用由邮件发送数量、定位程度决定，发送数量越多，费用越高
用户信任程度	用户主动加入，对邮件内容信任程度高	邮件为第三方发送，用户对邮件的信任程度取决于对服务商的信任、企业自身的品牌、邮件内容等因素
用户定位程度	高	取决于服务商邮件列表的质量
获得新用户的能力	用户相对固定，对获得新用户效果不显著	可针对新领域的用户进行推广，吸引新用户的能力强
用户资源规模	需要逐步积累，一般内部列表用户数量比较少，无法在很短时间内向大量用户发送信息	在预算许可的情况下，可同时向大量用户发送邮件，信息传播覆盖面广
邮件列表维护和内容设计	需要专业人员操作	服务商专业人员负责，可对邮件发送、内容设计等提供相应的建议
E-mail 营销效果分析	由于是长期活动，较难准确评价每次邮件发送的效果，需要长期跟踪分析	由于服务商提供专业分析报告，可快速了解每次活动效果

8.2.2 开展 E-mail 营销的一般过程

开展 E-mail 营销的过程，也就是将有关营销信息通过电子邮件的方式传递给用户的过程。为了将信息发送到目标客户的电子邮箱中，首先应该明确，对哪些用户发送电子邮件，发送什么信息，以及如何发送信息。开展 E-mail 营销一般要经历以下几个步骤：

（1）制定 E-mail 营销计划，分析当前所拥有的 E-mail 营销资源，如果公司本身拥有用户的 E-mail 地址资源，首先应利用企业自己的营销资源。

（2）决定是否利用外部列表投放 E-mail 广告，并且选择合适的外部列表服务商。

（3）针对内部列表和外部邮件列表分别设计邮件内容。

（4）根据计划向潜在用户发送电子邮件信息。

（5）对 E-mail 营销活动的效果进行分析总结。

这是进行 E-mail 营销一般要经历的过程，但并非每次活动都要经过这些步骤，不同的企业、在不同的阶段 E-mail 营销的内容和方法都会有所区别。一般来说，内部列表 E-mail 营销是一项长期的、持续性的工作，需要企业长期的积累自己的营销资源，而外部列表E-mail 营销可以灵活的采用，可以和内部列表 E-mail 营销配合使用，也可以单独使用。表 8-3 对内部列表和外部列表 E-mail 营销的一般过程进行了比较。

表 8-3　内部列表和外部列表 E-mail 营销过程比较

E-mail 营销的主要阶段	内部列表 E-mail 营销	外部列表 E-mail 营销
确定 E-mail 营销的目的	需要在网站规划阶段制定，主要包括邮件列表的类型、目标用户、功能等内容。一旦确定就具有相对稳定性	在营销策略需要时确定营销活动的目的、期望目标。每次 E-mail 营销活动的目的、内容、形式、规模等各不相同
建设或者选择邮件列表技术平台	邮件列表的主要功能需要在网站建设阶段完成，或者在必要的时候为网站增加邮件列表的功能，也可以选择第三方的邮件列表发行平台	不需要自己的邮件发送系统
获取 E-mail 地址资源	通过各种推广手段，吸引尽可能多的用户加入列表。邮件列表用户的 E-mail 地址属于自己的营销资源，发送不需要支付费用	不需要建立自己的用户资源，而是通过选择合适的 E-mail 营销服务商，在服务商的用户资源中按照一定条件选择潜在用户列表。一般来说，每次发送邮件都需要向服务商支付费用
E-mail 营销内容设计	在总体的设计方针下来设计每期邮件内容，一般为营销人员的长期工作	根据每次 E-mail 营销活动需要制作邮件内容，或者委托专业的服务商制作
邮件发送	利用自己的邮件发送系统根据设定的邮件列表发行周期按时发送	由邮件服务商根据访问协议发送邮件
E-mail 营销效果跟踪评价	自行跟踪分析 E-mail 营销的效果，可定期进行	由服务商提供专门的分析报告，可以是从邮件发送或实时在线查询，也可是一次活动结束后统一提供检测报告

由表 8-3 可见，由于外部列表相当于投放广告，其过程相对要简单一些，并且是与专业邮件服务商合作，可以得到一些专业人士的建议，在营销过程中并不会觉得很困难。而内部 E-mail 营销的每一个步骤都比较复杂，而且是依靠企业内部的营销人员自己来进行，并且对营销人员的要求较高，再加上由于企业资源状况、各部门之间的配合等因素的影响，在执行过程会遇到大量新问题，其实施过程也比外部列表 E-mail 营销复杂得多。但由于内

部列表拥有巨大的长期价值，因此建立和维护内部列表成为 E-mail 营销中最重要的内容。

开展 E-mail 营销的一般过程如图 8-3 所示。

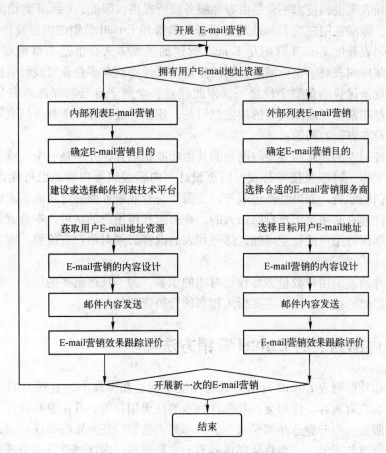

图 8-3　开展 E-mail 营销的一般过程

8.2.3　开展 E-mail 营销的基础条件

开展 E-mail 营销需要一定的基础条件，尤其内部列表 E-mail 营销，是网络营销的一项长期任务，更有必要对内部列表的基础及形式等相关问题进行深入分析。

从前面的关于 E-mail 营销一般过程中可以看到，以内部列表 E-mail 营销为例，开展 E-mail 营销需要解决三个基本问题：向哪些用户发送电子邮件、发送什么内容的电子邮件，以及如何发送这些邮件。

这里将这三个基本问题进一步归纳为 E-mail 营销的三大基础。

（1）E-mail 营销的技术基础：从技术上保证用户加入、退出邮件列表，并实现对用户资料的管理，以及邮件发送和效果跟踪等功能。

（2）用户的 E-mail 地址资源：在用户自愿加入邮件列表的前提下，获得足够多的用户 E-mail 地址资源，是 E-mail 营销发挥作用的必要条件。

（3）E-mail 营销的内容：营销信息是通过电子邮件向用户发送的，邮件的内容对用户有价值才能引起用户的关注，有效的内容设计是 E-mail 营销发挥作用的基本前提。

当这些基础条件具备之后，才能开展真正意义上的 E-mail 营销，E-mail 营销的效果才能逐步表现出来。

对于外部列表来说，技术平台是由专业服务商所提供，因此，E-mail 营销的基础也就相应的只有两个，即潜在用户的 E-mail 地址资源的选择和 E-mail 营销的内容设计。

利用内部列表开展 E-mail 营销是 E-mail 营销的主流方式，也是本章重点讨论的内容。一个高质量的邮件列表对于企业网络营销的重要性已经得到众多企业实践经验的证实，并且成为企业增强竞争优势的重要手段之一，因此建立一个属于自己的邮件列表是非常有必要的。很多网站都非常重视内部列表的建立。但是，建立并经营好一个邮件列表并不是一件简单的事情，涉及多方面的问题：

首先，邮件列表的建立通常要与网站的其他功能相结合，并不是一个人或者一个部门可以独立完成的工作，将涉及技术开发、网页设计、内容编辑等内容，也可能涉及市场、销售、技术等部门的职责，如果是外包服务，还需要与专业服务商进行功能需求沟通。

其次，邮件列表必须是用户自愿加入的，是否能获得用户的认可，本身就是很复杂的事情，要能够长期保持用户的稳定增加，邮件列表的内容必须对用户有价值，邮件内容也需要专业的制作。

最后，邮件列表的用户数量需要较长时期的积累，为了获得更多的用户，还需要对邮件列表本身进行必要的推广，同样需要投入相当的营销资源。

8.3　基于内部列表的 E-mail 营销方法

内部列表和外部列表 E-mail 营销方式的功能不同，在操作上也有很大的不同。内部列表的用户主要为现有顾客、注册会员和邮件列表的注册用户等，其主要职能在于增进顾客关系、提供顾客服务、提升企业品牌形象等。内部列表营销的任务重在邮件列表系统、邮件内容建设和用户资源的积累。下面将从邮件列表的主要形式、内部邮件营销资源的获取以及如何进行内部邮件的内容设计几方面进行介绍。

8.3.1　内部邮件列表表现形式

为了对内部列表 E-mail 营销的基础条件进行深入分析，我们将详细介绍内部列表（有时也笼统地称为"邮件列表"）的主要形式。按照用户提供个人 E-mail 地址资料的目的，可以将内部列表分为两大类：会员注册型和信息获取型。前者是为了获得或者应用某个网站的功能和服务而必须进行较为详尽的用户资料注册，后者仅仅是为获得某种信息而进行的简单登记，如电子刊物、新闻邮件等。

1. 会员注册型邮件列表

我们经常在网上看到各种类型的用户注册表，用户只有取得注册会员资格才能使用网站的某些功能和服务，在注册资料中，用户的电子邮件地址通常是必不可少的内容，对用户注册信息进行分析加工而形成的邮件列表即为会员注册型邮件列表。会员注册型邮件列表来源于会员的注册信息，通常获得的用户个人信息比较丰富，注册用户信息的可靠性比较大，并且可以通过其他联系方式进行验证，如用户通信地址、电话等，有利于提供完善的用户服务，并充分挖掘用户的潜在价值。

例如，我们在某个网上商场购物，在第一次购物时需要进行会员注册，其中有基本的个人信息，如姓名、性别、所在地区、个人爱好之类，当然，还有联系方式，其中最重要的是电子邮件地址，在进行注册时，有些网站会提供一些选项，如果对某些类别的信息（如经济管理类的书籍）感兴趣，可选择是否希望得到网站的新产品通知，如果你愿意接受这样的信息，那么以后就会收到该网站发给你的新书信息。以网上零售网站为例，针对会员设计的这种会员通讯发挥了良好的推广效果，用户也从中得到了自己需要的产品信息。

会员注册资料列表有多种不同的表现形式，常见的有会员通讯、电子刊物、不定期通知等。

2. 信息获取型内部列表

相对于会员注册型内部列表来说，信息获取型列表比较简单。如果用户仅仅为获取网站的某些信息，并不需要更深层次的服务，一般通过简单登记即可加入列表，如常见的电子刊物、新闻邮件、新产品通知等，往往只需要用户输入 E-mail 地址，单击"订阅"即可加入列表（对于双向选择的邮件列表，还需要用户的重新确认才能完成订阅，也就是输入邮件地址之后，系统将给用户发送一封确认邮件，根据邮件的确认说明进行操作才能完成，通常是点击一个 URL，或者回复邮件，这样可以有效地避免他人的误操作以及滋生垃圾邮件）。以这些用户的邮件地址为基础形成的邮件列表就是信息获取型内部列表。

信息获取型邮件列表由于简单明了，不需要庞大的用户个人信息数据库，用户加入列表比较容易，同时，用户加入的目的明确，是完全自愿的，并不是为了使用某种服务而不情愿地进行登记，因此用户对于信息的关注程度较高。如果从评价 E-mail 营销的指标来反映，这种邮件的"开信率"会相对较高。信息获取型内部列表的主要表现形式有新闻邮件和电子刊物等。

3. 常见的内部邮件列表

无论是哪种会员注册型还是信息获取型内部列表，在很多时候也难以完全区分开来，两者有时是互相联系，同时，也可能是多种形式同时存在，因此在实际应用中，往往不加区分地通称为"邮件列表"。下面几种形式的邮件列表最为常见。

（1）会员通信。

这种类型的邮件列表比较多见，形式比较灵活，主要应用于顾客服务、新产品推广、用户交流、在线调查等方面，如果会员在注册时选择了同意接收服务商的会员通信，那么会员通信在形式上与一般的新闻邮件和电子刊物等并没有明显的区别，不过会员通信的形式更为灵活，发行周期也没有严格的要求，可根据需要而定。当会员通信发展更为成熟之后，往往演变为定期发送的综合性电子刊物，刊物的内容可以包括新闻、新产品介绍、优惠信息、专题文章、顾客服务等。

如电子商务综合服务商中国频道（www. china-channel. com）发行的会员刊物，最早是面向全国数千个代理商发行的内部通信《中国频道网络专递》，主要目的在于为代理商提供常见问题在线解答，到 2002 年 5 月已经发行了 50 期。从第 51 期开始，中国频道的会员刊物进行了调整，刊物名称更名为"中小企业与网络应用"，面向的对象已经不仅是本公司代理商，内容也不限于顾客服务。根据中国频道电子刊物中的介绍，"《中小企业与网络应用》是一个开放的平台，它不是某个人的，也不是某个企业的，它是所有关心这个领域的发表观点的窗口。"该电子刊物的内容涉及企业上网服务的整个领域，从域名注册、虚拟主机、网站推广、网上销售等等。到 2003 年 3 月已经发行了 72 期，在内部邮件列表营销方面积累了丰富的经验，该邮件列表为企业增强竞争力发挥了重要作用。

知名网上零售商卓越网（www. joyo. com）的会员通讯则更多地体现在产品促销方面，在 2002 年度的各期"e 周刊"中，邮件的内容主要是针对畅销音像制品或者图书产品的推广，邮件内容的表现形式也形同网上商城，可以直接通过邮件内容中"购买"按钮开始网上购物。网上商店这种营销方式就是典型的为注册会员提供新产品通知的 E-mail 营销方式。

（2）电子刊物。

电子刊物往往作为一种维持顾客的一种手段，电子刊物的内容范围很广，从娱乐、旅游、体育到各种专业知识，几乎每个领域都有许多网站提供各种电子刊物，一般来说，电子刊物的内容与网站的经营内容有关，一个网站可能创建若干份电子刊物，每一份电子刊物通常会专注于一定的领域，如著名网络营销专家冯营建管理发行的电子刊物"网上营销新观察"（http：//www. marketingman. net/ezine）主要关注网络营销理论和方法，以及网络营销领域发展动态。同新闻邮件一样，电子刊物可以作为一种会员服务的内容，也可以单独订阅，各网站的经营方式可能略有区别。电子刊物通常适用于信息服务类的网站，或者新产品发布比较频繁、用户需要对产品知识有较多了解、或者用户经常需要更换产品的行业，如图书、音乐、化妆品、时装等。利用电子刊物开展 E-mail 营销的案例也很多，也是最有效的 E-mail 营销方式之一。

（3）新闻邮件。

大多数新闻和信息服务类网站都提供新闻邮件服务，目前多数仍然为免费订阅，为一些上网时间无法保证的用户提供了很大方便，同时也便于用户的分类保存和查询，新闻邮件在品牌营销及用户保持方面具有重要作用，但新闻邮件通常用于缺少和用户的互动交流，同时非专业类的新闻邮件用户具有一定的分散性，使得新闻邮件的营销价值不容易充分发挥出来。新闻邮件既可以作为注册会员选择的形式，也可以单独提供，重新订阅，与会员注册资料不发生关联。

（4）新产品通知/促销/优惠信息。

这种内部列表具有明显的产品推广目的，加入列表的用户有明确的需求，由于这些产品信息经过用户的许可，因此通常具有较高的关注率，但由于一些用户担心收到太多邮件，除非特别感兴趣，往往不愿意选择加入，同时由于用户的兴趣会发生转移，从而使得列表的效果逐渐下降。

（5）不定期用户通知。

为数不少的网站设立了邮件列表功能，但并不是定期向用户发送信息，往往是在需要时临时利用，比如新年贺卡，公司重大新闻等。这种列表属于不很规范的经营方式，但在现实中大量存在，作为一种营销资源，不定期的用户通知型邮件列表也可以在一定程度上发挥作用。但由于用户事先难以了解自己可以从列表中获得哪些信息，因此加入者通常也比较少，因为缺乏长期专业的维护，效果也很难保证。

除了上述几种形式之外，还有一种特殊的内部列表——内容收费用户列表。对于一些专业类的信息服务企业，如金融证券、技术服务、市场信息等，采用专业服务，邮件列表本身就是一种直接出售信息的手段，而不仅仅作为一种营销工具。收费的内容服务目前还处于起步阶段，应用还比较少，但已经表现出一定的发展趋势，这种列表也值得引起关注。

8.3.2 内部列表 E-mail 营销资源的获取

作为内部列表 E-mail 营销的重要环节之一就是尽可能引导用户加入，获得尽可能多的 E-mail 地址。E-mail 地址的积累贯穿于整个 E-mail 营销活动之中，是 E-mail 营销最重要的内容之一。在获取用户 E-mail 地址的过程中，如果对邮件列表进行相应的推广、完善订阅流程，并注意个人信息保护等方面的专业性，将增加用户加入的成功率，并且增强邮件列表的总体有效性。

对于大多数营销人员来说，争取用户加入邮件列表的工作比邮件列表的技术本身更重要，因为邮件列表的用户数量直接关系到网络营销的效果，同时也是经营中最大的难题。因为没有非常成熟的方法来对自己的邮件列表进行推广，即使用户来到了网站也不一定加入列表，因此比一般的网站推广更加困难。一份邮件列表真正能够取得读者的认可，靠的是拥有自己独特的价值，为用户提供有价值的内容是最根本的要素，是邮件列表取得成功的基本条件，仅仅做到这一点就不是很简单的事情。因此，网站提供的信息必须对用户来说有独特的价值才能从根本上吸引顾客，也才能最终留住顾客，图 8-4 是 IT 专家网的邮件订阅窗口。

图 8-4　IT 专家网的邮件订阅窗口（http://erp. ctocio. com. cn/）

网站的访问者是邮件列表用户的主要来源，因此网站的推广效果与邮件列表订户数量有密切关系，通常情况下，用户加入邮件列表的主要渠道是通过网站上的"订阅"框自愿加入，只有用户首先来到网站，才有可能成为邮件列表用户，如果一个网站访问量比较小，每天可能只有几十人，那么经营一个邮件列表将是比较困难的事情，需要长时间积累用户资源。尽管如此，也并不是说，只能被动地等待用户的加入，你可以采取一些推广措施来吸引用户的注意和加入。

（1）充分利用网站的推广功能。网站本身就是很好的宣传阵地，利用自己的网站为邮件列表进行推广，在很多情况下，仅仅靠在网站首页放置一个订阅框还远远不够，同时订阅框的位置对于用户的影响也很大，如果出现在不显眼的位置，被读者看到的可能性都很小，不要说加入列表了。因此，除了在首页设置订阅框之外，还有必要在网站主要页面都设置邮件一个列表订阅框，同时给出必要的订阅说明，这样可以增加用户对邮件列表的印象。如果可能，最好再设置一个专门的邮件列表页面，其中包含样刊或者已发送的内容链接、法律条款、服务承诺等等，让用户不仅对于邮件感兴趣，并且有信心加入。

（2）合理挖掘现有用户的资源。在向用户提供其他信息服务时，不要忘记介绍最近推出的邮件列表服务。

（3）提供部分奖励措施。比如，可以发布信息，某些在线优惠券只通过邮件列表发送，某些研究报告或者重要资料也需要加入邮件列表才能获得。

（4）可以向朋友、同行推荐。如果对邮件列表内容有足够的信心，可以邀请朋友和同行订阅，获得业内人士的认可也是一份邮件列表发挥其价值的表现之一。

（5）其他网站或邮件列表的推荐。正如一本新书写一个书评推荐一样，一份新的电子杂志如果能够得到相关内容的网站或者其他电子杂志的推荐，对增加新用户会有一定的帮助。

（6）为邮件列表提供多订阅渠道。如果采用第三方提供的电子发行平台，且该平台有各种电子刊物的分类目录，不要忘记将自己的邮件列表加入到合适的分类中去，这样，除了在自己网站为用户提供订阅机会之外，用户还可以在电子发行服务商网站上发现你的邮件列表，增加了潜在用户了解的机会。

（7）请求邮件列表服务商的推荐。如果采用第三方的专业发行平台，可以取得发行商的支持，在主要页面进行重点推广，因为在一个邮件列表发行平台上，通常有数以千计的各种邮件列表，网站的访问者不仅是各个邮件列表经营者，也有大量读者，这些资源都可以充分利用。比如，可以利用发行商的邮件列表资源，和其他具有互补内容的邮件列表互为推广等等。

获取用户资源是 E-mail 营销中最为基础的工作内容，也是一项长期工作，但在实际工作中往往被忽视，以至于一些邮件列表建立很久，加入的用户数量仍然很少，E-mail 营销的优势也难以发挥出来，一些网站的 E-mail 营销甚至会因此而半途而废。可见，在获取邮件列表用户资源过程中应利用各种有效的方法和技巧，这样才能真正做到专业的 E-mail 营销。

8.3.3　内部列表 E-mail 内容策略

当 E-mail 营销的技术基础得以保证，并且拥有一定数量用户资源的时候，就需要向用户发送邮件内容了（如果采用外部列表 E-mail 营销方式，邮件内容设计的任务更直接），对于已经加入列表的用户来说，E-mail 营销是否对他产生影响是从接收邮件开始的，用户并不需要了解邮件列表采用什么技术平台，也不关心列表中有多少数量的用户，这些是营销人员自己的事情，用户最关注的是邮件内容是否有价值。如果内容和自己无关，即使加入了邮件列表，迟早也会退出，或者根本不会阅读邮件的内容，这种状况显然不是营销人员所希望看到的结果。

除了不需要印刷、运输之外，一份邮件列表的内容编辑与纸质杂志没有实质性的差别，都需要经过选题、内容编辑、版式设计、配图（如果需要的话）、样刊校对等环节，然后才能向订户发行。但是电子刊物（特别是免费电子刊物）与纸质刊物还有一个重大区别，那就是电子刊物不仅仅是为了向读者传达刊物本身的内容，同时还是一项营销工具，肩负着网络营销的使命，这些都需要通过内容策略体现出来。

在 E-mail 营销的三大基础中，邮件内容与 E-mail 营销最终效果的关系更为直接，影响也更明显，邮件的内容策略所涉及的范围最广，灵活性最大，邮件内容设计是营销人员要经常面对的问题，相对于用户 E-mail 资源的获取，E-mail 内容设计制作的任务显得压力更大，因为没有合适的内容，即使再好的邮件列表技术平台，邮件列表中有再多的用户，仍然无法向用户传递有效的信息。

1. 邮件列表内容的 6 项基本原则

在关于邮件列表的一些文章中，用户时常会看到"内容为王"，或者"为用户提供价值"之类的空泛的描述，没有人会反对这样的观点，但问题是，怎么才能为用户提供价值，从而让邮件内容为王呢？这在实际操作中仍然是让人觉得困惑的地方。

由于 E-mail 营销的具体形式有多种，如电子刊物 E-mail 营销、会员通信、第三方E-mail

广告等，即使同样的 E-mail 营销形式，在不同的阶段，或者根据不同的环境变化，邮件的内容模式也并非固定不变的，所以很难简单地概括所有 E-mail 营销内容的一般规律，不过，用户仍然可以从复杂的现象中发现一些具有一般意义的问题，并将其归纳为邮件列表内容策略的一般原则，供读者在开展内部列表 E-mail 营销实践中参考。

（1）目标一致性。

邮件列表内容的目标一致性是指邮件列表的目标应与企业总体营销战略相一致，营销目的和营销目标是邮件列表邮件内容的第一决定因素。因此，以用户服务为主的会员通讯邮件列表内容中插入大量的广告内容会偏离预订的顾客服务目标，同时也会降低用户的信任。

（2）内容系统性。

如果对我们订阅的电子刊物和会员通讯内容进行仔细分析，不难发现，有的邮件广告内容过多，有些网站的邮件内容匮乏，有些则过于随意，没有一个特定的主题，或者方向性很不明确，让读者感觉和自己的期望有很大差距，如果将一段时期的邮件内容放在一起，则很难看出这些邮件之间有什么系统性，这样，用户对邮件列表很难产生整体印象，这样的邮件列表内容策略将很难培养起用户的忠诚性，因而会削弱 E-mail 营销对于品牌形象提升的功能，并且影响 E-mail 营销的整体效果。

（3）内容来源稳定性。

用户可能会遇到订阅了邮件列表却很久收不到邮件的情形，有些可能在读者早已忘记的时候，忽然接收到一封邮件，如果不是用户邮箱被屏蔽而无法接收邮件，则很可能是因为邮件列表内容不稳定所造成。在邮件列表经营过程中，由于内容来源不稳定使得邮件发行时断时续，有时中断几个星期到几个月，甚至因此而半途而废的情况并不少见，即使不少知名企业也会出现这种状况。内部列表营销是一项长期任务，必须有稳定的内容来源，才能确保按照一定的周期发送邮件，邮件内容可以是自行撰写、编辑、或者转载，无论哪种来源，都需要保持相对稳定性。不过应注意的是，邮件列表是一个营销工具，并不仅仅是一些文章/新闻的简单汇集，应将营销信息合理地安排在邮件内容中。

（4）内容精简性。

尽管增加邮件内容不需要增加信息传输的直接成本，但应从用户的角度考虑，邮件列表的内容不应过分庞大，过大的邮件不会受到欢迎：首先，是由于用户邮箱空间有限，字节数太大的邮件会成为用户删除的首选对象；其次，由于网络速度的原因，接收/打开较大的邮件耗费时间也越多；最后，太多的信息量让读者很难一下子接受，反而降低了 E-mail 营销的有效性。因此，应该注意控制邮件内容数量，不要过多的栏目和话题，如果确实有大量的信息，可充分利用链接的功能，在内容摘要后面给出一个 URL，如果用户有兴趣，可以通过点击链接到网页浏览。

（5）内容灵活性。

前面已经介绍，建立邮件列表的目的，主要体现在顾客关系和顾客服务、产品促销、市场调研等方面，但具体到某一个企业、某一个网站，可能所希望的侧重点有所不同，在不同的经营阶段，邮件列表的作用也会有差别，邮件列表的内容也会随着时间的推移而发生变化，因此邮件列表的内容策略也不算是一成不变的，在保证整体系统性的情况下，应根据阶段营销目标而进行相应的调整，这也是邮件列表内容目标一致性的要求。邮件列表的内容毕竟要比印刷杂志灵活得多，栏目结构的调整也比较简单。

（6）最佳邮件格式。

邮件内容需要设计为一定的格式来发行，常用的邮件格式包括纯文本格式、HTML 格式和 Rich Media 格式，或者是这些格式的组合，如纯文本/HTML 混和格式。一般来说，HTML 格式和 Rich Media 格式的电子邮件比纯文本格式具有更好的视觉效果，从广告的角度来看，效果会更好，但同时也存在一定的问题，如文件字节数大，以及用户在客户端无法正常显示邮件内容等。哪种邮件格式更好，目前并没有绝对的结论，与邮件的内容和用户的阅读特点等因素有关，如果可能，最好给用户提供不同内容格式的选择。

2. 邮件列表内容的一般要素

尽管每封邮件的内容结构各不相同，但邮件列表的内容有一定的规律可循，在图 8-5 中给出笔者近期收到的一封在 IT 专家网订阅的电子杂志邮件，通过实例大家可以看出设计完善的邮件内容一般应具有下列基本要素：

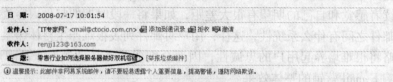

图 8-5　邮件列表内容案例

（1）邮件主题。

本期邮件最重要内容的主题，或者是通用的邮件列表名称加上发行的期号。

（2）邮件列表名称。

一个网站可能有若干个邮件列表，一个用户也可能订阅多个邮件列表，仅从邮件主题中不一定能完全反映出所有信息，需要在邮件内容中表现出列表的名称。

（3）目录或内容提要。

如果邮件信息较多，给出当期目录或者内容提要是很有必要的。

邮件内容 Web 阅读方式说明（URL）：如果提供网站阅读方式，应在邮件内容中给予说明。

（4）邮件正文。

本期邮件的核心内容，一般安排在邮件的中心位置。

（5）退出列表方法。

这是正规邮件列表内容中必不可少的内容，退出列表的方式应该出现在每一封邮件内容中。纯文本个人的邮件通常用文字说明退订方式，HTML 格式的邮件除了说明之外，还可以直接设计退订框，用户直接输入邮件地址进行退订。

（6）其他信息和声明。如果有必要对邮件列表做进一步的说明，可将有关信息安排在邮件结尾处，如版权声明和页脚广告等。

8.4 基于外部列表的 E-mail 营销方法

尽管很多网站都开始有各种类型的邮件列表，但由于用户的资源、管理等方面的限制，内部列表并不一定能够完全满足展开 E-mail 营销的需要，尤其对于许多中小网站，企业用户资源的积累时间比较长，潜在用户数量比较少，不利于迅速扩大宣传，同时缺乏专业人员，以及投入的资源限制，及时建立了邮件列表，使用列表的效率也比较低，因此为了某些特定的营销目的，通常还需要专业服务商的服务。而对于没有建立自己内部列表的企业，与专业服务商合作则是最好的选择。

8.4.1 选择专业的 E-mail 营销服务商

专业的 E-mail 营销服务商拥有大量的用户资源，可以根据要求选择定位程度比较高的用户群体，有专业的发送和跟踪技术；有丰富的操作经验和较高的可信度，因而营销效果也有其独到之处。从目前国内的 E-mail 广告市场来看，可供选择的外部邮件列表营销资源主要有：免费电子邮箱提供商、专业邮件列表服务商、专业 E-mail 营销服务商、电子刊物和新闻服务商、专业网站的注册会员资料等。这些服务商及其 E-mail 营销形式各有特点，可根据具体需要选择。

1. 免费邮箱服务商

电子邮件是互联网用户最常用的网络服务之一，根据中国互联网络信息中心的统计，到2007 年底，中国 2.1 亿的互联网用户中，平均每人拥有 2.2 个免费电子邮箱，可见免费邮箱使用的广泛程度。

免费邮箱服务商（如网易、搜狐、新浪等）吸引了大量用户使用，作为免费邮件提供商，当然免费的目的不是为了公益事业，而是希望从免费中得到商机，除了为自己的产品和服务向免费邮箱用户进行推广之外，为其他企业提供电子邮件广告服务也是其主要收入之一。到目前位置，免费邮件广告经营成功的案例并不多，纯粹的广告经常被用户当成是垃圾邮件。但这种模式的营销价值还是很大的，这些邮件服务商拥有庞大的邮箱地址资源，对邮件效果的跟踪方便等都是获得收益的基础。暂时没有获得预期的收益与服务商的经营水平、市场的成熟度等多种因素有关。

2. 专业邮件列表发行平台服务商

国内专业的永健列表发行平台服务商并不多，有一定影响力的有通易（www.exp.com.cn）、希网（www.cn99.com）等，在一个邮件列表发送系统上，往往集中了各个行业数量众多的电子刊物，这些刊物通常由合作伙伴创建和维护，服务商只提供邮件列表的电子发行和管理，由于订阅者的资料都保存在服务商的数据库里，为开展 E-mail 营销服务提供了良好的基础，可以根据广告用户的需求选择在合适的电子刊物中发送广告。如图 8-6 所示是希网的邮件列表。

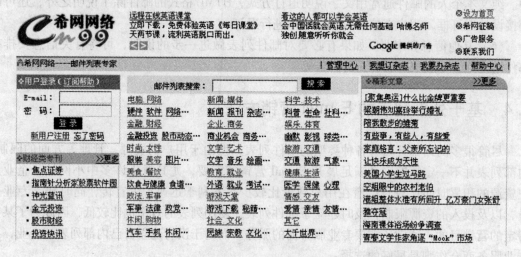

图 8-6　希网的邮件列表

根据希网网站上公布的数字，到 2008 年 2 月，建立在希网上的邮件列表有 38000 份，杂志分为电脑 IT 类、新闻媒体类、生活娱乐类等等，希网邮件列表的订户数量超过 3500 万人，总发信数应经超过了 48 亿。这是非常庞大的用户资源，合理利用会发挥明显的作用。

3. 各种电子刊物和新闻邮件

除了上述拥有大量资源的免费邮箱和电子发行专业服务商之外，更多的 E-mail 营销资源表现为各种形式的电子刊物和新闻邮件等，其中既有专业电子刊物服务商，也有各种规模的网站所经营的电子刊物（如 IT 专家网、紫微科技等网站制作的电子杂志）和新闻邮件（如新浪网、ChinaByte、硅谷动力等），由于用户的主动加入，这些邮件内容都成为常见的许可 E-mail 广告传播媒介，而且也是数量最多，可选择范围最广的资源。由于新闻邮件的实效性比较强，如果发送不及时或者用户没有及时阅读，新闻的效用就会大打折扣，相对而言，电子刊物的效用比新闻邮件更胜一筹。

4. 专业的 E-mail 营销服务商

严格得来说，提供免费邮箱、邮件列表发行、电子刊物和新闻邮件等网络服务和信息服务的网站都不是专业的 E-mail 营销服务商，而仅仅是各个领域的网络服务或信息提供商。真正的专业 E-mail 营销服务商是提供电子邮件广告为主，既可以拥有自己的用户 E-mail 资源，也可以是作为其他 E-mail 资源拥有者的代理。

专业 E-mail 营销服务商的重要优势在于拥有 E-mail 营销专家和专门的 E-mail 营销技术方案，专业人员还可以为广告用户提供从营销策划制定、用户列表选择、邮件内容设计，到邮件发送和跟踪评价的整套简易。例如专业网络广告服务商 DoubleClick 的 E-mail 营销解决方案 DARTmail 技术可以帮助用户实现全方位的 E-mail 营销活动。

5. 专业网站的注册会员资料

真实的注册会员信息具有很高的营销价值，利用注册会员通信资源也是开展 E-mail 营销的重要渠道，对于一个行业综合网站，企业或者个人为了获得网站提供的某些服务，如免费发布和查询商业信息等，通常首先要注册为会员，并且需要填写真实的资料。一个专业网站或行业门户网站由于集中了专业资源，用户定位程度比较高，因此相对于一般的免费邮箱服务商来说，专业网站的注册会员资料更有价值。

8.4.2 选择 E-mail 营销服务商考虑的因素

由于外部列表 E-mail 营销资源大都掌握在各个网站或者专业服务商的手中，要利用外部列表资源开展 E-mail 营销，首先要选择合适的服务商。在选择 E-mail 营销服务商时，除了比较价格水平之外，还应该对服务商的资信和专业水准进行认真考察，以确保自己的投入可以换取满意的回报。

选择 E-mail 营销服务商需要对下列几个方面进行重点考察：服务商的可信任程度、用户数量和质量、用户定位程度、服务的专业性、合理的费用和收费模式等。

1. E-mail 服务商是值得信赖的

判断一个服务商是否值得信赖，可以通过了解其品牌形象和用户口碑等外在标准来评价，同时至少还需要确认两项基本要素：第一，用户 E-mail 地址的来源必须是合法的，即经过用户许可。那些采用自行收集、购买、租用用户 E-mail 地址的公司是不可信任的。第二，服务商自觉维护许可 E-mail 营销的行业准则，自己绝不发送垃圾邮件。

2. 服务商提供的用户数量和质量是可靠的

为了吸引广告用户的注意，有些服务商可能会夸大邮件列表资源的用户数量和质量，这也正是很多企业对 E-mail 营销不信任的主要原因，这种状况已经制约了 E-mail 营销行业的正常发展。一些企业宁可利用公司内部的邮件列表而不愿采用专业服务商的服务。

即使服务商所提供的邮件列表用户数量是真实的，仍然可能存在质量不高的情况，这主要是一些邮件列表的用户比较分散，同时，由于部分邮件服务商终止服务、用户电子邮箱废弃、用户更换邮件地址而没有退出列表等原因，列表中的部分用户实际上已经没有任何意义，而广告客户却要为这些无效的用户地址付费，这显然是不合理的。

3. 准确的用户定位

邮件列表的人数固然重要，但列表的质量更加重要。定位准确是 E-mail 营销成功的基础，因为没有人愿意阅读和自己毫无关系的电子邮件，尤其是大量的商业广告内容。用户定位可能有多种指标，如年龄、职业、收入和教育状况、地理位置等。准确的定位建立在用户提供的信息真实的基础上，但有些邮件列表，用户为了获得某种信息或服务，所填写的信息不一定是真实的。以这些信息作为用户定位的依据，显然没有足够的说服力。如用户在申请免费邮箱时，所提交的信息并不一定完全真实，而在一个电子商务网站注册时，由于需要真实姓名、邮件地址、电话等多种信息才能最终得到自己需要的商品和服务，因此，这些用户资料的真实性将更高一些。这也是非专业性的新闻邮件和电子刊物的广告销售相对更加困难的主要原因。一个服务商可能拥有多种列表资源，应从其中选择最适合的列表作为 E-mail 广告的载体。

4. 专业化的 E-mail 营销服务

专业化包含多方面的内容，如提供专业的 E-mail 营销建议、专业的邮件发行和管理系统、专业的广告效果监测手段。一个经验丰富的服务商，往往有大量的成功案例，并且有相关的统计分析资料。

5. 合理的费用和收费模式

与其他网络广告形式的收费不同的是，由于 E-mail 广告可以准确统计发送邮件的数量，因此可以采用按照邮件发送数量来计费的模式，在选择邮件列表的同时，知道了列表中用户的数量，也就相当于知道了 E-mail 营销的费用。这样的定价模式简单易行，为许多服务商所采用。不过调查表明，将近一半的用户希望采用按点击付费的定价模式（CPC）。至于某个服务商收费水平的高低，通过对比同行的状况，可以方便地做出评价。一般来说，服务商的知名度越高，用户的定位程度和许可程度越高，E-mail 营销的效果越好，费用也会相应更高。

8.4.3 外部列表 E-mail 营销的内容设计及发送

1. 外部列表 E-mail 营销内容

在选择了合适的 E-mail 服务商以后，主要的任务就是 E-mail 内容的设计。与内部列表 E-mail 营销不同，由于利用外部列表开展 E-mail 营销活动通常是临时性，或者一次性的，因此不需要对 E-mail 内容进行长期的规划，一般只需要针对活动当时的营销目的进行内容设计。

与一般的邮件列表内容一样，专业服务商投放的 E-mail 广告也需要具备电子邮件的基本要素，即发件人、邮件主题、邮件正文、附加信息等。其中，邮件主题和正文内容是 E-mail 营销的核心，但发件人和附加信息对用户是否信任广告内容发挥了重要的辅助作用。因为正是通过这些信息，收件人才知道该广告邮件来自何处，是垃圾邮件还是正规的 E-mail 营销。

E-mail 广告并没有固定的形式，可以是电子刊物中的赞助商、专家或者其他用户的推荐信，也可以是专门的广告内容。在表现形式上，也有多种选择的方式，如文本格式、图片格式、HTML 格式、BANNER 或者其他规格的网络广告等。只要邮件内容设计合理，用户可以正常接收，都可以做 E-mail 广告。

2. 合理的发送时间和发送频率

正规的 E-mail 服务商通常都有一定的邮件发送规范，如有些网站规定每个月向用户发送的广告邮件最多不超过 5 封，这与我们平日每天收到 3 封以上同样内容垃圾邮件是完全不一样的。因为垃圾邮件发送者没有明确的计划和规范，列表中的用户也经常有重复的现象（关于垃圾邮件的介绍见补充资料），这样更增加了收件人的厌烦情绪。除了最合理的发送频率之外，由于在工作时间和在家时间用户的接受和阅读邮件的习惯都有所不同，因此，还需要选择理想的邮件发送时间。

在 E-mail 营销内容设计完成之后，还需要针对用户可能使用的各种邮件程序和阅读方式，对邮件进行反复的测试，当内容、发送、用户接受都完全正常的时候，再开始发送 E-mail 营销邮件。

8.5 E-mail 营销效果评价体系及影响因素

E-mail 营销的特点之一是可以对其效果进行量化评价，在 E-mail 营销活动中，通过对一些指标的监测和分析，不仅可以用来评价营销活动的效果，并且可以通过这些指标发现 E-mail 营销过程中的问题，并对 E-mail 营销活动进行一定的控制。

8.5.1 E-mail 营销效果评价体系

E-mail 营销效果评价是对营销活动的总结，也是 E-mail 营销活动的重要内容之一。无论是采用内部列表开展 E-mail 营销，还是选择专业 E-mail 营销服务商的服务，无论是作为企业网络营销策略的一个组成部分，还是作为单独的一项网络营销方案来进行，都需要用一定的指标来评价其效果，因为哪个企业都希望投入的营销资源可以获得"看得见"的效果。

与 E-mail 营销相关的评价指标很多，如送达率、开信率、回应率、转化率等，但目前在实际中并没有非常完善的 E-mail 营销指标评价体系，也没有公认的测量方法，但考虑到某些指标可以在一定程度上反映出 E-mail 营销的效果，这里将有关的指标罗列出来，以供用户在某些方面参考：

1. 获取用户资源阶段的评价指标

在获取和保持用户资源方面，E-mail 营销相关的评价指标有：有效用户数、用户增长率和用户退出率。

（1）有效用户数量。

有效用户数量是一个内部列表最重要的指标之一。因为用户的 E-mail 地址资源即是开展 E-mail 的长期任务，也是内部列表价值的基础。吸引尽可能多的用户加入列表是 E-mail 的长期任务。

一般来说，一个 E-mail 内部列表的用户数量应该在 500 个 E-mail 地址以上才能逐渐发挥其营销价值，如果能维持一个 5000 以上用户数量的邮件列表，那么其价值会更加明显。

（2）用户增长率。

与外部列表 E-mail 营销相比，内部列表的优点在于：经营时间越长，用户数量积累越多。用户数量的增长也在一定程度上反映了拥堵对于邮件列表的认可。

（3）用户退出率。

与用户增长率相对的一个指标就是用户退出率。因为许可营销的基本原则是允许用户自愿加入自由退出，故一旦邮件信息对用户没有价值，用户随时可以选择退出列表。但是，有些用户虽然没有退出列表，但也不一定继续关注邮件内容，所以，网站一定要根据用户的需求来设计邮件的内容，来吸引和维护自己的客户资源。

2. 邮件信息传递的评价指标

邮件信息传递的评价指标包括送达率和退信率。拥有用户的 E-mail 资源是为了向用户传递信息，如果信息无法送达，那么即使拥有的用户数量再多，也无法有效开展 E-mail 营销。

送达率和退信率实际上反映的一个事务的两个方面，两者之和为 100%。为了获得理想的营销效果，在用户数量一定的前提下，应通过一定的技巧，争取获得最高的送达率。在每次邮件发送后，对退信率进行跟踪分析，不仅可以及时了解邮件的实际发送情况，并且还有可能发现退信的原因，及时采取一定的措施给予补救，从而降低邮件列表的退信率。

3. 用户对信息接受过程的指标

在信息送达用户邮箱后，并不意味着就可以被用户阅读并做出反应。用户对信息的接受过程可以用开信率、阅读率、删除率等指标来衡量。

（1）开信率和阅读率。

开信率是指邮件送达用户邮箱后，用户打开的邮件占全部送达邮件数量的比例。阅读率则是指打开并被阅读的邮件数量占全部送达数量的比例。开信率和阅读率反映了邮件信息受欢迎的程度，如何获得尽可能高的开信率和阅读率也是在 E-mail 活动中需要考虑和解决的问题。

只有在邮件被打开的情况下，才可能被阅读；也只有被阅读，信息才可能会被用户接受。但是，由于存在不完全阅读等情况，获得准确的阅读率具有一定的困难，因此，在一些 E-mail 营销活动中，尤其是委托专业服务商投放 E-mail 广告时，往往只用开信率来表示邮件被用户接受的水平。根据目前 E-mail 营销领域的平均水平，最理想的情况下，开信率可能超过 50%。

（2）删除率。

许多用户看到自己不喜欢的邮件，就像对垃圾邮件一样，并不打开，而是直接删除，直接删除的邮件数量占有效送达邮件的比例，就是删除率。与阅读率的测量有一定的难度一样，获得准确的邮件删除率也有一定的困难。

4. 用户对邮件的回应指标

E-mail 营销最终的结果将通过用户的反映表现出来，用户的回应指标主要有直接带来的收益、点击率、转化率，转信率等指标。

（1）直接收益率。

对于商品促销类的 E-mail 营销，最直接的效果莫过于获得的收入。很多企业正是希望从 E-mail 活动中取得直接的收入，尤其当采用外部列表开展的临时 E-mail 营销活动。进行投资收益评估是必要的，但问题是不一定能获得精确的效果，因为 E-mail 营销的效果可能表现在多个方面，并且可能要一段时间之后才能表现出来。

（2）点击率。

点击率是最常用的评价指标之一。该指标虽然并不一定可以准确表明 E-mail 营销的最终效果，特别是其他形式的网络广告中，点击率仍然是值得争议的指标，但因其有直观、直接和精确测量等特点而一直被采用。

（3）转化率。

转化率是指由于 E-mail 营销活动而形成的用户直接购买、注册或者增加的网站访问量等，是一个内涵相对较广的概念。相对于点击率等指标，其表现更为全面，对于全面评价 E-mail 营销的效果更为合理。

（4）转信率。

当收到的邮件比较有价值时，用户可能会将邮件转发给朋友或者同事，这时可以用转信率来评价邮件的价值。转信率越高，邮件得到的反应就越高。即 E-mail 营销也就越成功。但实际上有多少人转发了邮件，即如何获得这方面的数据，都还有待进一步的研究。

综上所述，与 E-mail 营销相关的主表超过 10 项，但实际中对 E-mail 营销进行准确的评价仍然有困难，优势甚至无所适从。因此，对 E-mail 营销效果的评价最好采用综合的方法，既要对可以量化的指标进行评价，又要关注 E-mail 营销的潜在价值。

8.5.2 E-mail 营销效果影响因素

E-mail 营销的核心问题是获取、保持营销资源，并将信息有效地传递给潜在用户的一系列活动，E-mail 营销的有效性是指信息有效的影响到尽可能多的潜在用户能力。影响 E-mail 营销效果的因素有很多，不同的行业、不同的产品、不同的营销目的、不同的邮件内容和格式以及不同的用户背景等都会对 E-mail 营销效果产生影响，影响 E-mail 营销有效性的因素主要有 3 个：E-mail 营销的经营环境、E-mail 营销经营者和邮件信息的接收者。每一个方面都有多种的影响因素。

在这些影响因素中，有些影响因素是经营者无法改变的，但有很多是可以自己改变和控制的。例如同样的用户资源、同样的邮件发送平台，但邮件的格式、内容或者发送时间和频率的不同就会造成完全不同的最终效果。在具备了开展 E-mail 营销的基础条件之后，操作技巧等细节问题就成为影响 E-mail 营销最终效果的主要因素。因此，无论开展哪种 E-mail 营销，除了了解其基本原理和操作方法之外，还需要进一步研究其规律，通过对 E-mail 营销过程中影响效果的各种因素进行控制，从而提高 E-mail 营销整体效果的必由之路。

1. 经营环境对 E-mail 营销效果的影响

经营环境因素影响 E-mail 营销效果的主要表现为：

（1）技术因素对 E-mail 营销的影响。

邮件列表的技术平台一经选用（或者自行开发完成），将在一定时期内保持相对的稳定，技术因素对 E-mail 营销的影响主要表现在：用户加入列表是否方便；用户退订是否方便；发送成功率有多高；管理用户资料是否方便等。

这些因素对 E-mail 营销的整个过程都将产生影响，可见开发或者选择一个技术完善的邮件发行平台是十分重要的，这些基本的技术保证。

（2）邮件列表退信的影响。

专业的网络广告公司 DoubleClick 的调查报告显示，邮件列表的退信率每个季度都在上升，根据 DoubleClick 的观点，电子邮件的退信率上升的主要原因是同时发送了太多的邮件、E-mail 服务商所见邮箱容量、经济状况引起人们工作变化增加而更换邮箱等。

关于如何降低邮件列表退信的策略，DoubleClick 给出了几种基本策略：提高用户邮件地址资料的准确性、了解邮件列表退信原因并采取相应对策、对邮件列表进行有效管理。在

E-mail 营销实际操作中, 每个方面都包含许多具体问题, 除了 DoubleClick 给出的几种基本策略之外, 还可以从其他几个方面去解决。

(3) 垃圾邮件对许可 E-mail 营销的影响。

随着互联网的发展, 电子邮件已经成为网络用户最常用的服务之一, 与此同时垃圾邮件也泛滥成灾, 已经严重影响了正规的 E-mail 营销活动, 使 E-mail 营销效果大大降低。综合来说, 垃圾邮件对许可 E-mail 营销的影响主要表现在以下几个方面: ①降低了用户对 E-mail 营销的信任, 从而降低了回应率; ②有价值的信息淹没在大量的垃圾邮件之中, 很容易被删除; ③邮件服务商的屏蔽, 降低了正规邮件的送达率; ④反对垃圾邮件对许可 E-mail 营销的伤害。

(4) 不同行业对 E-mail 营销的影响。

根据网络广告公司 DoubleClick 的调查结构, 不同行业 E-mail 营销的回应率有一定的差别, 最高的是目录销售行业, 零售业次之, 对于服务行业来说, 回应率最低。可见行业的差别也对 E-mail 营销效果产生影响。

2. 经营策略对 E-mail 营销效果的影响

经营策略的影响在很大程度上取决于企业的经营目标, 营销人员的专业水平和执行手段, 也是 E-mail 营销活动最容易控制的因素, 因此, 应该给予足够的重视, 并将 E-mail 营销效果达到最大化。

影响 E-mail 营销效果的经营策略因素主要有: 对 E-mail 营销目标的设定; 邮件内容策略; 邮件的格式; 邮件的发送时间和发送频率, 以及对个人隐私的保护政策等, 下面就对 E-mail 营销效果起关键作用的两个因素进行说明:

(1) 对 E-mail 营销目标的设定。

当 E-mail 营销所设定的目标不同时, 所获得的反映 (如点击率、转化率等) 也有一定的差别。调查公司 IMT Strategies 的研究表明, 单项 E-mail 营销的主要作用在品牌方面, 当 E-mail 营销的目标分别设定为品牌的认知率时, 可以获得较高的点击率; 而当目标设定为直接销售时点击率和转化率都较低, 具体见表 8-4。

表 8-4　不同营销目标下的 E-mail 反映率

营 销 目 标	E-mail 营销点击率	E-mail 营销转化率
直接销售	15.2%	5.6%
品牌认知	17.1%	6.8%

资料来源: IMT Strategies, 2002。

由此可见, 用户对于直接推销产品的邮件兴趣要低一些, 而作为品牌推广的手段, E-mail 营销的效果更好些。

(2) 邮件内容对 E-mail 效果的影响。

当用户接受并打开邮件时, 是否可以达到预期的营销目的, 关键取决于邮件的内容。所以根据用户的个性需求来设计邮件势必成为一种趋势。例如, 亚马逊网站将人们购书时的各类信息记录下来并存入数据库, 然后在每次有新书时, 在通过关键词匹配、智能分类、数据挖掘、邮件群发等针对客户个体兴趣, 偏好取法推销邮件。

3. 用户行为对 E-mail 营销效果的影响

从根本上说, 用户的行为最终决定了 E-mail 营销的效果, 认真研究用户对 E-mail 营销的态度和特点，对与有效开展 E-mail 营销有很重要的意义。

用户行为对 E-mail 营销的影响所关注的主要问题主要包括：不同用户使用 E-mail 的特点；用户对许可 E-mail 营销的态度；用户更换 E-mail 地址的影响等。因此，在 E-mail 营销的过程中，及时地对用户进行跟踪分析，根据用户的行为特征进行有效的营销是需要认真研究的问题。

案例分析一：许可 E-mail 营销效果——细节决定成败

在网络营销中，"细节制胜"几乎成为一条法则。美国一家专业许可 E-mail 营销服务商 Silverpop 的研究发现，在所评测的 175 家知名零售企业中，尽管都在实施 E-mail 营销，但许多企业对如何真正应用好 E-mail 增强营销效果所知甚少，企业只需要在他们的 E-mail 活动的一些细节上做一些小小的改进就可以在效果上超越竞争对手。Silverpop 的研究结论是：许可 E-mail 营销效果——细节决定成败。

《细节决定成败》是汪中求先生的一本畅销书，介绍了作为营销人在从事市场营销工作中应该注意的一些细节问题，因为很多时候，正是细节问题决定了事情的发展结果。在网络营销中，"细节制胜"几乎成为一条法则，可见细节问题对网络营销的重要性。

以电子邮件营销为例，国内的许可 E-mail 营销总体应用状况不够理想，尽管目前许可 E-mail 营销遇到一定的困难，但这并不是说许可 E-mail 营销本身存在什么问题，除了网络营销环境的影响因素之外，在很大程度上是企业/网站对 E-mail 营销的理解不够深入，或者在操作层面没有注意一些重要的细节问题所致。对此，新竞争力网络营销管理顾问（www. jingzhengli. cn）也介绍过一些反映许可 E-mail 营销有效性及其问题的文章，如：许可 E-mail 营销仍然是有效的网络营销方法、垃圾邮件影响用户网上购物的信心、许可 E-mail 营销最大障碍 – 邮件成功送达率低等等。

最近，美国一家专业许可 E-mail 营销服务商 Silverpop 开展了一项有关 E-mail 营销效果的研究，结果发现，尽管处于同样的网络营销环境中，但只有那些注重电子邮件营销各个环节中每个细节的公司，E-mail 的效果才能真正表现出来，因此得出的结论是：许可 E-mail 营销效果细节决定成败。这也再次印证了"网络营销细节制胜"的论点。

许可 E-mail 营销在美国的应用相当普遍，美国各大零售巨头如 Neiman Marcus、J. C. Penney 都在采用 E-mail 方式接触消费者。但根据 Silverpop 的一项最新研究报告发现，在他们评测的 175 家知名零售企业中，尽管都在实施 E-mail 营销，但许多企业对如何真正应用好 E-mail 增强营销效果还所知甚少。

Silverpop 的 CEO 说：实际上我们的调查发现令人吃惊：许多企业只需要在他们的 E-mail 活动的一些细节上做一些小小的改进就可以在效果上超越竞争对手。

Silverpop 评论了这 175 家零售网站的邮件订阅程序、E-mail 邮件信息和选择退出（opt –out）操作。在评测过程中，他们发现 3/4 的企业没有利用好一个最简单的与消费者建立友好关系的良机：回复顾客的 E-mail 邮件没有包括该顾客的个性化称呼。

另外 1/4 的被评价公司在提供订阅邮件的时候，没有任何鼓动访问者注册邮件的利益性提示。多达 23% 的公司没有在主页上给出注册 E-mail 的入口。

Silverpop 报告还注意到一个现象，如果在订阅邮件的时候为用户提供多种邮件类型选择可以极大地增加 E-mail 订阅用户数，比如提供商品快讯通知或邮件通讯两种类型选择。但被调查企业的 4/5 都是只提供了一种邮件类型。

Silverpop 的其他相关调查数据：37% 的零售商提供订阅邮件时只要求消费者提供一个 E-mail 地址，39% 的零售商要求用户填写多个简短介绍和邮政地址。25% 的公司还要求填写电话号码。当消费者完成注册后，43% 的公司发送一个确认邮件，但仅有 25% 的确认邮件带有注册者的名字。

资料来源 www. jingzhengli. cn。

案例分析二：海客电影俱乐部许可 E-mail 营销成功案例

海客电影俱乐部 2003 年 8 月创立于北京，是寨克先生发起，与 IT 业界著名的市场营销人马君海老师共同创办。俱乐部以电影为主体，以寻找快乐为宗旨，开办起来后一路健康温馨地发展至今，通过"线上网站（www. hikeclub. cn）＋线下活动"运作模式，已快速发展成为目前拥有 1000 多位会员，吸引了一大批来自 IT、传媒、法律、财经、政府、咨询、文化等领域的电影爱好者人士，每次聚会都是宾朋满座，谈笑风生。每月一次固定的活动，AA 制付款的方式，没有多么豪华的场地，没有过于精美的食物，有的是他们乐在其中的有关电影的交流——他们都是爱电影的人，他们又都是企业里的中高管理层，相同的背景和共同的兴趣让他们有着很多共同的话题。

海客电影俱乐部致力于通过电影和相关精神原创品为中国新兴的中产阶级创建一个适合于他们的精神家园，让新朋友和老朋友相知相识，相互交流。

营销目标：

海客电影俱乐部通过许可电子邮件营销 EDM 与会员之间建立更通畅快捷的沟通方式，建立更密切的良性的互动关系，提升会员忠诚度，扩大俱乐部的规模与影响力。

许可 E-mail 营销的使用情况：

（1）每周的电影电子杂志资讯订阅发送。

（2）每月的线下活动聚会的通知、报名与提醒。

使用易智电子邮件营销软件之前：

（1）每周的发送工作完全由工作人员手工完成，成本居高不下且发送到达率比较差，最关键的是发送内容较为单一枯燥。

（2）每月至少一次的线下活动在发送上与每周发送电子杂志资讯遇到相同的难题，之外还遇到提醒与报名的交互难题、报名不易管理等难题。

（3）由于会员较多，会员数据库的更新与维护几乎上不能实现，会员的再细分也遇到很大的困难。

使用易智电子邮件营销软件之后：

（1）每周发送工作轻松快捷地完成，发送到达率几乎达到百分之百，内容形式也更为丰富多样，俱乐部与会员之间建立了密切的互动关系，并且在口碑营销方面对俱乐部的发展起到了重要作用。

（2）每月线下活动通知，使用市场活动解决方案之后，提高了报名提醒效率，大幅度提高了到会人数。

根据易智系统建立了会员个性化订阅系统，根据名单生成工具促进更多的会员加入丰富了会员数据库信息，并根据发送统计实现了数据库数据自动更新，为进一步细分提供了详尽的数据支撑。

资料来源 www. unsubcentral. cn。

补充资料

1. 垃圾邮件（Spam）

垃圾邮件的概念，至今没有一个严格的定义，不同的机构之间对垃圾邮件的定义在文字描述上可能会有一定差别，但大致是一致的，其核心要素包括：未经用户许可发送；同时发送给大量用户，影响正常网络通信；含有恶意的、虚假的、伪装的邮件发信人等信息。

本教材中所讨论的 E-mail 营销方法无论是基于内部列表还是外部列表，首先都必须是经过用户许可的，对于垃圾邮件，根本不能称为 E-mail 营销，自然也没有必要研究其方法和有效性。这里研究垃圾邮件的根本目的，在于让人们了解垃圾邮件和正规 E-mail 营销的区别，让更多的企业和用户自觉抵制垃圾邮件，从而净化网络营销环境，规范 E-mail 营销活动，让许可 E-mail 营销发挥更大的价值。

垃圾邮件给互联网以及广大的使用者带来了很大的影响，这种影响不仅仅是人们需要花费时间来处理垃圾邮件、占用系统资源等，同时也带来了很多的安全问题。垃圾邮件占用了大量网络资源，这是显而易见的。一些邮件服务器因为安全性差，被作为垃圾邮件转发站，从而被警告、封 IP 等事件时有发生，大量消耗的网络资源使得正常的业务运作变得缓慢。随着国际上反垃圾邮件的发展，组织间黑名单共享，使得无辜服务器被更大范围屏蔽，这无疑会给正常用户的使用造成严重问题。垃圾邮件和黑客攻击、病毒等结合也越来越密切。随着垃圾邮件的演变，用恶意代码或者监视软件等来支持垃圾邮件已经明显地增加了。越来越具有欺骗性的病毒邮件，让很多企业深受其害，即便采取了很好的网络保护策略，依然很难避免，越来越多的安全事件都是因为邮件产生的，可能是病毒、木马或者其他恶意程序。

反对垃圾邮件是一个国际性的问题，至今也没有什么特别有效的方式，无论通过法律途径还是及时手段，都无法在短期内让垃圾邮件销声匿迹，一些反垃圾邮件组织也只能在一定程度上对大量发送垃圾邮件的状况给予反击，但很难真正消灭垃圾邮件。垃圾邮件无论对于 E-mail 营销专业服务商还是企业内部列表开展 E-mail 营销都有着严重的影响，但反垃圾邮件显然不是 E-mail 营销专业服务商或者一般的企业网络营销人员可以完成的，在更多的情况下，只能适应这种情况，并尽可能降低垃圾邮件对于 E-mail 营销效果的影响。为了维护 E-mail 营销的正常发展，至少在以下几个方面是可以做到的：①树立正确的 E-mail 营销观点：E-mail 营销不是发送垃圾邮件，发送垃圾邮件也不是 E-mail 营销；②专业的 E-mail 营销服务商要自律，企业营销人员坚决不发送垃圾邮件；③积极向发垃圾邮件组织、相关的 ISP 举报垃圾邮件信息；④呼吁政府有关部门制裁垃圾邮件制造者和支持者。

2. E-mail 营销软件简介

在使用 E-mail 进行网络营销时，企业需要在短时间内发送大批量的个性化邮件，还需要完成邮件订阅、发布和跟踪的电子邮件营销，并且对邮件的反馈结果进行跟踪等功能，这就需要用到 E-mail 营销系统。企业可以自行开发，也可以购买软件提供商的 E-mail 系统。

面对越来越多的垃圾邮件，各大邮件服务提供商都对自己的邮件服务器设置了层层的近乎苛刻的"anti-spam"过滤机制，尽管企业发送的是许可的而非垃圾邮件，许可的邮件还是大量地被当做垃圾邮件过滤掉。

目前市面上大概有三类邮件营销工具，下面分别简述之：

（1）第一类邮件营销工具平台——"绿色通道"。

绿色通道是一些专业的邮件发送服务商"花钱买路"，与众多大型公网邮箱服务商签订的特殊协定的邮件放行通道。企业大量的营销邮件借用绿色通道安全送抵您的目标对象邮箱。当然，主要是金钱使然。绿色通道的典型代表有 Epsilon、Webpower 等。

（2）第二类邮件营销工具——"反过滤机制的个性化邮件群发工具"。

对从事 B2B 生意的企业，企业的目标对象邮箱是一般的企业邮箱，此时绿色通道不管用。因为绿色通道仅仅是通向公网免费邮箱，这时就要选用"反过滤机制的个性化邮件群发工具"。这类工具设计的主要思路是：建立邮件发送多线程，遇到不同邮箱采用不同发送机制，借此穿透各企业邮局服务器上的反过滤机制。此类工具的典型是 Gammadyne Mailer。

（3）第三类邮件营销工具——"自动答录跟踪系统"。

其邮件发送机理是错时发送，目标客户何时加入列表，邮件隔（多）日何时发送。由此，每天的大量邮件发送并不会瞬间爆发而引发邮件阻断。

总的来说，绿色通道适用于 B2C 类邮件营销；反过滤机制的个性化邮件群发工具适合 B2B 类邮件营销；自动答录跟踪系统则主要用于大量跟踪的系列邮件营销。一般情况下，企业要根据邮件营销类型不同，应选取合适的平台工具。

8.6　习题

1. 我国第一封电子邮件"越过长城，通向世界"诞生于_____年。

2. 按照是否经过用户许可分类，可以将 E-mail 营销划分为_____和_____两种方式。

3. E-mail 营销的主要功能归纳为：品牌形象、_____、顾客关系、_____、网站推广、资源合作、_____和_____8 个方面。

4. 会员通讯、电子刊物、新闻邮件等属于典型的_____邮件列表形式。

5. 在获取和保持用户资源方面，E-mail 营销相关的评价指标_____、_____和_____3 个评价指标。

6. 简述 E-mail 营销的主要方式。

7. 简述 E-mail 营销的优势和劣势。

8. 画图说明开展 E-mail 营销的一般过程。

9. 简述开展 E-mail 营销的基础条件。

10. 简述如何进行内部列表 E-mail 营销的内容设计。

11. 简述选择 E-mail 营销服务商的参考因素。

12. 简述 E-mail 营销的评价指标。

第9章 网络广告

本章重要内容提示:

本章介绍了网络广告的产生及发展现状,让大家了解网络广告的发展概况,着重对网络广告的分类、定价方法和效果评价进行具体分析,最后通过案例分析让大家了解网络广告的具体实施情况。通过本章的学习,希望能给大家带来一些在定性和定量两个方向上对网络广告的思考,从不同的层次、不同的角度来共同探讨网络广告的发展。

9.1 网络广告概述

9.1.1 网络广告的发展

1. 网络广告的发展现状

网络广告起源于美国。1994 年 10 月 27 日,美国著名的 Hotwired 杂志推出了网络版的 Hotwired,并首次在网站上推出了网络广告,这立即吸引了 AT&T、Sprint、MCI、ZIMA 等 14 个客户在其主页上发布旗帜广告,这标志着网络广告的正式诞生。最值得一提的是,当时的网络广告点击率竟高达 40%。我国的第一个网络广告出现于 1997 年 3 月,传播网站是 Chinabyte,广告主是 Intel,广告表现形式为 468×60 像素的动画旗帜广告。Intel 和 IBM 是国内最早在互联网上投放广告的广告主。

美国网络经济是全球网络经济的航向标,网络广告领域也不例外,因此对美国网络广告的发展状况有所了解,也就在很大程度上了解了全球网络广告的整体发展状况。根据美国互联网的统计,1996 年美国网络广告总收入达到 2.68 亿美元,到 2000 年增长到 80.87 亿美元,期间最高的增长率曾达到 238%。随着网络泡沫的破灭,2000~2002 年网络高峰市场进入调整期,期间网络广告的发展势头减弱并出现衰退的现象,但随着人们对网络经济的重新认识,美国的网络广告从 2003 年又开始了新一轮的增长,2008 年美国网络广告的总收入已经达到 258 亿美元。2003~2008 年美国网络广告市场规模变化情况如图 9-1 所示。

根据 iResearch 的研究,2008~2014 年美国网络广告支出将缓慢增长,2009 年下跌 4.6%,2010~2014 复合增长率为 9.6%。根据预测,2010 互联网广告市场规模达 236 亿美元。分析认为,2009 年美国网络广告下跌的主要因素是经济危机。随着美国经济的逐步恢复,再加上网络基本面包括网络用户的不断增长、网络广告形式的丰富等都推动着整个网络广告市场支出将呈现增长趋势。

2. 网络广告在我国的发展

我国网络广告起步较晚,但随着上网人数的不断增加以及网络技术的不断进步,网络广告将成为最为经济有效的广告形式之一。继 1997 年 Chinabyte 网站 (www.chinabyte.com) 上出现了第一个商业性质的网络广告之后,1998 年网络广告收入就达到 1800 万元,虽然仅占全年广告收入总额 520 亿元的很少比例,但其惊人的增长速度足以证明其新生的力量。

2000年我国的网络广告收入为1.7亿元，2003年增加到6.2亿元，到2008年第二季度网络市场规模就达到了46亿元。网络广告正以迅雷不及掩耳之势渗透到现代生活的各个方面，展现出魅力无穷的网上商机。我国网络广告规模发展情况如图9-2所示。

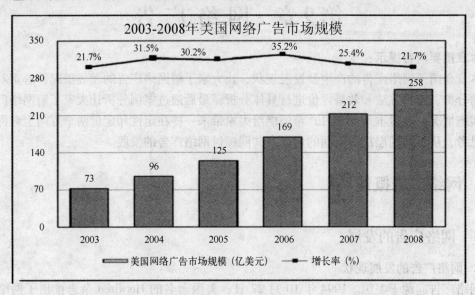

图9-1　2003~2008年美国网络广告的总体发展状况

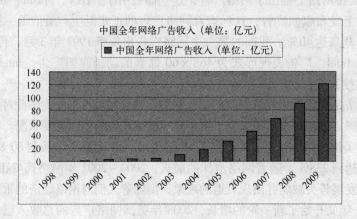

图9-2　我国网络广告规模发展情况

　　iResearch的调查同时显示，国内网络广告的市场的集中趋势非常明显，新浪、搜狐和网易这三家门户网站的广告收入占据了国内网络广告市场总额的78%左右。可见网络广告的收入主要由少数大型网络媒体所控制。

9.1.2　网络广告的网络营销价值

　　从对网络营销职能所产生的效果来看，网络广告的网络营销价值可以归纳为品牌推广、网站推广、销售促进、在线调研、顾客关系、信息发布6个方面。

　　（1）品牌推广。网络广告最主要的效果之一就表现在对企业品牌价值的提升，这也说明了为什么用户浏览而没有点击网络广告同样会在一定时期内产生效果，在所有的网络营销方法中，网络广告的品牌推广价值最为显著。同时，网络广告丰富的表现手段也为更好地展示产品信息和企业形象提供了必要条件。

（2）网站推广。网站推广是网络营销的主要职能，获得尽可能多的有效访问量也是网络营销取得成效的基础，网络广告对于网站推广的作用非常明显，通常出现在网络广告中的"点击这里"按钮就是对网站推广最好的支持，网络广告（如网页上的各种 BANNER 广告、文字广告等）通常会链接到相关的产品页面或网站首页，用户对于网络广告的每次点击，都意味着为网站带来了访问量的增加。因此，常见的网络广告形式对于网站推广都具有明显的效果，尤其是关键词广告、BANNER 广告、电子邮件广告等。

（3）销售促进。用户由于受到各种形式的网络广告吸引而获取产品信息，已成为影响用户购买行为的因素之一，尤其当网络广告与企业网站、网上商店等网络营销手段相结合时，这种产品促销活动的效果更为显著。网络广告对于销售的促进作用不仅表现在直接的在线销售，也表现在通过互联网获取产品信息后对网下销售的促进。

（4）在线调研。网络广告对于在线调研的价值可以表现在多个方面，如对消费者行为的研究、对于在线调查问卷的推广、对于各种网络广告形式和广告效果的测试、用户对于新产品的看法等。通过专业服务商的邮件列表开展在线调查，可以迅速获得特定用户群体的反馈信息，大大提高了市场调查的效率。

（5）顾客关系。网络广告所具有的对用户行为的跟踪分析功能为深入了解用户的需求和购买特点提供了必要的信息，这种信息不仅成为网上调研内容的组成部分，也为建立和改善顾客关系提供了必要条件。网络广告对顾客关系的改善也促进了品牌忠诚度的提高。

（6）信息发布。网络广告是向用户传递信息的一种手段，因此可以理解为信息发布的一种方式，通过网络广告投放，不仅可以将信息发布在自己的网站上，也可以发布在用户数量更多、用户定位程度更高的网站，或者直接通过电子邮件发送给目标用户，从而获得更多用户的注意，大大增强了网络营销的信息发布功能。

作为网络营销常用方法的一种，网络广告的作用自然不可忽视，其中一个重要的原因在于互联网环境的不断发展，不仅上网用户数量越来越多，在这些上网的用户中，利用互联网获取信息和休闲娱乐的时间已经逐渐接近甚至超过了广播、电视、报刊等传统媒体。如果忽视了互联网这一广告媒体，将使得广告信息无法有效的传递到这部分上网的用户。因此也可以说，企业利用网络广告是企业为了适应经营环境变化所必须采取的营销策略。

9.1.3 网络广告的特点

1. 网络广告的特点

传统广告理论是建立在大众化消费、大批量及标准化生产的基础之上的，传统的四大广告媒体，都只能单向交流，强制性地在一定区域内发布广告信息，受众只能被动地接受，不能及时、准确地得到或反馈信息。网络广告与传统广告媒体相比，由于含有更多的技术成分和亲和性，使它具有以下特点。

（1）网络广告可实现广告主与目标受众的即时互动。网络广告最根本的特性在于其互动性，重心是互动信息的传递，而不是传统广告印象的说服。网络广告是一种推拉互动式的信息传播方式，即"活"的广告，它是以分类商品信息的方式将相关产品所有的信息组织上网，等待着消费者查询或向消费者推荐相关的信息，消费者成为双向交流的主动方。他们在某种个性化需求的驱动下主动、自由地去寻找相关的信息，浏览公司的广告，遇到符合自身需求的内容可以进一步详细地了解，并可以通过正在浏览的页面直接向公司发出 E-mail 进行更详细的查询或者直接下订单。广告主一旦接收到信息，就应该立即根据顾客的要求和建议及时做出积极的反馈，使出浑身解数将顾客留住。网络广告的这种即时交互特性，使得网络广告传播成为"一对一"的个体沟通模式，提高了目标顾客的选择性。网络广告类似报纸广告的分类广告，受众可以自由查询，直至查询到符合自己需要的内容。因此，网络广告促成消费者采取行动的机制主要靠逻辑和理性的说服力，其更多地成分是基于理性的诉求。

（2）网络广告具有无比广泛的传播时空。传统广告的广告空间非常有限且价格昂贵，广告主必须花费很高的费用购买广告时段或广告版面。传递的内容及范围有限且易受干扰，而网络广告的广告空间几乎是无限的。成本也很低廉。一个站点的信息承载量都在几至几百兆字节之间，可以花很少的钱提供关于企业和产品的各种信息，并且可以根据消费者对信息的不同需求而灵活剪裁信息内容，以适应每一位访问者的个性化需求。另外，在网络广告中，时间的概念对广告主没有太大的意义，网上广告的信息存储在广告主的服务器中，消费者可以随时查询。

（3）网络广告传播信息的非强迫性。传统媒体都具有强势灌输的特性，都是通过"推"的方式进行信息交流，几乎没有选择是否接受的权利。网络广告的交互性又使受众享受到了主动选择的权利，这种沟通形式使得网络广告的主要作用是根据顾客的需要提供相应的信息，是变操纵顾客为服务顾客的非强迫性的"软性"广告。

（4）网络广告具有较高的经济性。传统广告的投入成本非常高，其中广告媒体费用要占到总营销费用的近80%。他们空间有限且价格昂贵，不论购买空间多大，均按宣传的成本和时间计费，空间越大广告篇幅越长，收费就越高。而网络广告的平均费用仅为传统媒体的3%，并可以进行全球性传播。因此网络广告在价格上具有极强的竞争力。

（5）网络广告视听效果的综合性。传统广告由于受到时段和版面等因素的限制，很难展开详尽的内容，只好多用画面、文字等元素在受众的脑中创建某种印象，从而引发某种联想和情绪，促使受众采取行动，而对产品本身的信息提供则放在次要位置。随着多媒体技术和网络编程技术的提高，网络广告可以集文字、动画、全真图像、声音、三维空间、虚拟现实等为一体，创造出身临其境的感觉，既满足了视觉、听觉的享受，又增加了广告的吸引力。

（6）网络广告效果的可测评性。运用传统媒体发布广告的营销效果是比较难以测试、评估的，我们无法准确测度到有多少人接收到所发布的广告信息，更不可能统计出有多少人受广告的影响而做出购买决策。网络广告效果测定虽然也不可能完全解决营销效果的准确测度问题，但可以通过受众发回的 E-mail 直接了解到受众的反应，还可以通过设置服务器端的访问记录软件随时获得本网址访问人数、访问过程、时间分布、地理分布、浏览的主要信息等记录，以随时监测网络广告投放的有效程度，从而及时调整企业的市场营销策略。

网络广告凭借互联网具有的不同于传统媒体的交互、多媒体和高效的独有特性，具有传统媒体广告所无法比拟的优势，当然网络媒体也存在某些局限性，如创意空间的局限、上网条件的限制等。

2. 传统广告与网络广告优劣比较

（1）传统广告的沟通模式——强调"推"式信息传播策略。传统广告沟通模式的最大特点是一种强调"推"式信息传播策略，即信息传播是通过许多中间环节向消费者进行的强势信息灌输，受众者被动地接受信息并或多或少地受到影响。图9-3是菲利普·科特勒归纳出的传统广告的沟通模式。

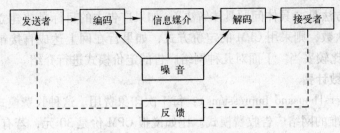

图9-3　传统广告沟通模式

鉴于信息媒体的局限性，传统广告总是大面积的播送，不是直接将信息送到细分的目标市场，而且非及时互动性的单向流动使得信息的传送和反馈是隔离的，不便于及时衡量广告的效果并做出相应的调整。

（2）网络广告的沟通模式——强调"拉"与互动结合式信息传播策略。网络广告的沟通模式如图9-4所示。网络广告与传统广告区别的根源在于网络自身的特点：即时互动性、信息空间大、成本低。

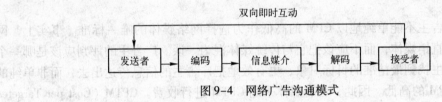

图9-4　网络广告沟通模式

即时互动性从两方面使网络广告革新于传统广告：首先，它改变了传统广告沟通中信息发送和反馈单向流通、相互隔离、时差大的缺点，它使发送者和接收者能实现即时的双向沟通，这样发送者就可以即时地根据接收者需求的变化而调整它发送的信息，从而更好地满足接收者的需求。随着这种互动逐渐深层次地展开，发送者和接收者之间的沟通越深入，相互依赖性越强，最终形成"一对一"的营销关系。其次，它改变了传统广告沟通中的"推"式信息传播，而代之以"拉"式与互动相结合的信息传播。网络中的受众不再像传统广告中一样仅仅成为信息的被动接收者，而成为主动的信息寻求者，此时网络广告则成为被动的寻找目标——信息源，因此需要由信息接收者将有用的信息"拉"向自己。另外，一旦网络广告被信息接收者"激活"，它就应该立即活跃起来并与信息接收者实现即时互动，从而最终达到广告目的。

信息空间大、成本低的特点使得网络广告说服受众采取行动的机制有别于传统广告。由于传统广告媒体信息空间资源的限制，广告常常采用某种印象劝说受众，而不涉及产品本身的性能、结构、功用等方面。Internet使得大容量的广告信息成为可能，而且网络受众也希望信息发送者有层次地提供足够的事实性的信息，再加上他们理性的分析最终达成购买决策。因此，网络广告应是信息型的具有逻辑说服性的广告，而传统广告则是印象型的具有潜移默化功能的广告。

9.2　网络广告的定价方法及分类

9.2.1　网络广告的定价方法

网上广告的收费模式比较多样化，有单一的方式，也有混合的方式。至于到底以何种方式计费，最好的方法是"具体问题具体解决"。如果广告主的目标是要建立品牌知名度，那么强调的是曝光次数，则采用 CPM 的定价方式，如果旨在网上达成直接销售的目的，则以点击率 CTR 计费比较妥当。下面对几种网络广告的定价模式进行介绍。

1. 按曝光次数计费

CPM（Cost per Thousand Impressions）：每千次印象费用。这种收费模式是以广告图形被显示 1000 次为基准的网络广告收费模式。比如说报 CPM 价是 30 元，若有 100000 个用户点击了广告，则广告发布者将向广告主收取 3000 元的费用。

按照 CPM 收费，一是可以保证将客户的付费和实际的浏览人数进行直接挂钩，这样就克服了网站每天造访人数可能存在较大差异的不公平；二是可以激励网站尽量改进自身内容，提高网站页面的浏览总数；三是还可以避免客户只在首页做广告，许多广告主追求知名度和形象，总会要求广告登在网站首页的位置，以为这个位置流量大就效果最好，但事实上，就一个综合性或搜索类的每户网站，首页的造访人数虽然很多，但不见得真正到达相应的目标消费者。按照 CPM 的计费方式，在首页做广告和在其他页面做广告的收益和付出比是一样的。

不过网络广告主不能单纯地以 CPM 的高低作为选择网络媒体的唯一标准。事实上，网络媒体更接近于直销媒体，而不应该把它与传统媒体混为一谈。广告主的评判应该是哪一个媒体能帮助广告主找到最精准的目标对象，更有效地把广告主的信息传达出去，而非单纯的比较各家媒体 CPM 的高低。因此，也有媒体采用 CPTM 进行收费。CPTM（Cost per Targeted Thousand Impressions）即经过定位的用户（如根据人口统计信息定位）的千次印象费用。CPTM 与 CPM 的区别在于，CPM 是所有用户的印象数，而 CPTM 只是经过定位的用户的印象数。

2. 按行动计费

另一种收费模式是以点击网络广告的次数来计算。但与 CPM 相比，使用率较低，其原因至少有三个方面：一是品牌或者产品的本身的吸引力，一般大品牌的广告就可能比同样面积的小品牌收到更多的点击；二是广告的创意设计（如果广告文档过大，用户可能没有耐心等待下载）；三是媒体的可信度（对媒体的信任程度往往会影响刊登其上的广告的信任程度）。这就是为什么以点击率作为网上广告收费标准存在争议的原因。如果广告主的活动设计得相当缜密，在一个月的期间内以一个连续性的主题，不同的创意进行执行，那么广告的点击率会逐渐上升。

按照用户行为对网络广告进行计费的方式主要有以下几种：

CPC（Cost-per-Click）：每次点击的费用。根据广告被点击的次数收费。如关键词广告一般采用这种定价模式。

PPC（Pay-per-Click）：是根据点击广告或者电子邮件信息的用户数量来付费的一种网络广告定价模式。

CPA（Cost-per-Action）：每次行动的费用，即根据每个访问者对网络广告所采取的行动收费的定价模式。对于用户行动有特别的定义，包括形成一次交易、获得一个注册用户、或者对网络广告的一次点击等。

CPL（Cost for per Lead）：按注册成功支付佣金。

PPL（Pay-per-Lead）：根据每次通过网络广告产生的引导付费的定价模式。例如，广告客户为访问者点击广告完成了在线表单而向广告服务商付费。这种模式常用于网络会员制营销模式中为联盟网站制定的佣金模式。

3. 按广告实效进行收费

在美国，随着广告主经验的积累和电子商务的日趋成熟，已有相当比例的广告主及网络媒体采用以"广告实效"收取费用的方式。这种计费方式有以下几种：

CPO（Cost-per-Order）：也称为 Cost-per-Transaction，即根据每个订单/每次交易来收费的方式。

CPS（Cost for per Sale）：营销效果是指销售额。

PPS（Pay-per-Sale）：根据网络广告所产生的直接销售数量而付费的一种定价模式。

在以上介绍的三大种计费方式中，相比较而言，CPM 对网站最有力，而以点击次数收费对广告主最有利。目前比较流行的网络广告计费方式是 CPM 和 CPC。

9.2.2　网络广告的分类

依据网络广告依托的技术和运作平台不同来划分，将网络广告分为传统网络广告和新型网络广告。传统网络广告主要有：旗帜广告、横幅广告、按钮广告、条幅广告等；新型网络广告主要是指在 Web2.0 产生后，出现的一些新的广告形式，主要有：博客广告、搜索引擎广告、社区论坛广告、网络视频广告、富媒体广告、电子杂志广告、在线游戏广告。新型网络广告的特点主要是互动性、精准性、娱乐性。

依据广告在网络上的载体和发布方式来划分，当前流行的网络广告主要有网页广告、搜索引擎广告、电子邮件广告、在线游戏广告、网络视频广告、软件广告、富媒体广告等几大类别。富媒体广告作为网页广告的创新形态，由于其互动性和传播效果明显优于普通的网页广告。

1. 网页广告

网页广告主要指用户打开网络浏览器时自动显示在屏幕上的广告，由于使用浏览器阅读信息是网民上网的主要方式，网页广告在网络上应用最为普遍，一般有五种。

（1）旗帜广告（BANNER）。旗帜广告是最常见的网络广告形式，是互联网界最为传统的广告表现形式，其形象特色早已深入人心。旗帜广告通常置于页面顶部，最先映入网络访客眼帘，创意绝妙的旗帜广告对于建立并提升客户品牌形象有着不可低估的作用。BANNER 广告有多种表现格式，其中最常用的是 486×60 像素的标准标志广告。旗帜广告如图 9-5 所示。

（2）按钮广告（BUTTON）。按钮广告，有时也被称为图标广告，它显示的只是公司或者产品的标志，点击它可以链接到广告主的站点上。按钮型广告的规格比旗帜广告略小，像素通常有 4 种规格：120×60、100×50、88×31、120×90。按钮广告如图 9-5 所示。

（3）弹出式广告与悬浮广告。弹出式广告多在进入网页时，自动开启一个新的浏览器视窗，以吸引读者直接到相关网址浏览，从而收到宣传之效。但是很多浏览器或者浏览器组件也加入了弹出式窗口杀手的功能，以屏蔽这样的广告。

浮动式广告是一个矩形（或方形）图片，在站点网页中浮动出现，随着网页滚动条的移动而移动，或随机在网页中上下、左右浮动，这种广告形式被访客点击的可能性增加，但广告图片遮挡住网页的一少部分内容，给访客浏览带来了不便。

（4）文字链接广告。文字链广告是以文字的形式出现在 Web 页面上，一般是企业的名称、点击后链接到广告主的主页上。其标题显示相关的查询字，所以也可以成为商业服务专栏目录广告。这种广告非常适用于中小企业，因为它既可以产生不错的宣传效果，花费又不多。文字链广告如图 9-5 所示。

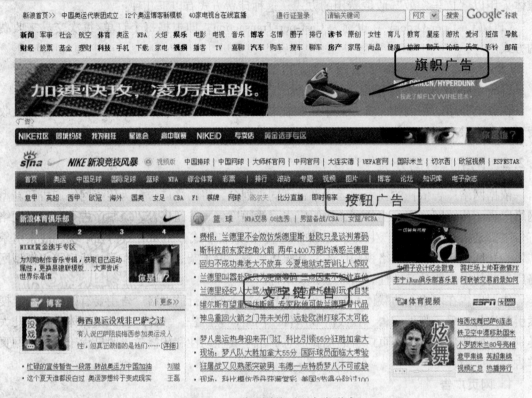

图 9-5　几种不同的页面广告形式

（5）分类广告。网络分类广告是充分利用计算机网络的优势，对大规模的生活实用信息，按主题进行科学分类，并提供快速检索的一种广告形式。分类广告之所以受到欢迎就在于其形式简单、费用低廉、发布快捷、信息集中等优点，而且查看分类信息的人一般对信息有一定的主动要求，这也是分类广告的优势所在。分类广告如图 9-6 所示。

网页广告虽然形态丰富，易于制作，但是具有强制性，发布时应对其数量、尺寸、显示位置和播放时间加以适度控制，否则会干扰用户的信息浏览活动，引起用户的反感，降低广告的传播效果。

2. 搜索引擎广告

搜索引擎是 Yahoo、百度等网站的核心技术，它既给网络带来了客户流量，又增加了了解消费者的可能性。搜索引擎广告可以通过关键词搜索和数据库技术把用户输入的关键词和商家的广告信息进行匹配，广告可以显示在用户搜索结果页面的一侧，也可以显示在搜索结果中。搜索引擎广告由于与用户查询的信息具有较高的相关度，因此易于被用户接受，传播效果显著提高。越来越多的商家注意到了搜索引擎广告的高效率和效果，在这一类广告上的投资越来越多，使之逐渐成为网络广告市场上的主流。图 9-7 显示了百度的搜索引擎广告。

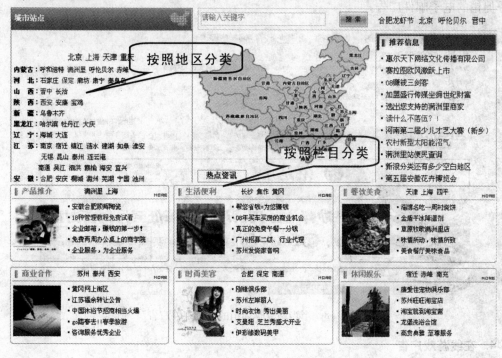

图 9-6 新浪分类广告的形式

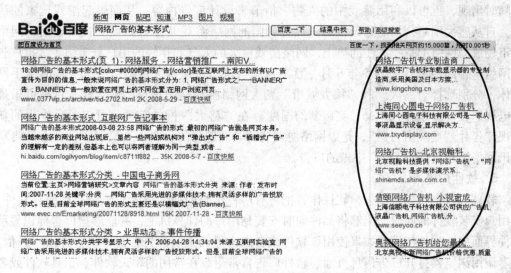

图 9-7 百度的搜索引擎广告

3. 电子邮件广告

电子邮件以其方便、快捷和免费等特点深受网民喜爱。为了提高用户数量，培养用户对网站的忠诚度，包括网易、新浪和雅虎在内的门户网站都提供了大容量的电子邮件服务。电子邮件广告通过向用户发送带有广告的电子邮件来达到广告的传播效果，发送者既可以是网络服务商，也可以是广告商家。用户也可以根据自己的兴趣和喜好向广告提供者主动订阅。电子邮件广告针对性强、费用低廉、可以包含丰富的广告内容，但由于一般采用群发的方式发送，有时会被邮箱的过滤系统当做垃圾邮件阻隔掉。图9-8显示了作者收到的当当网的夏季促销的电子邮件广告。

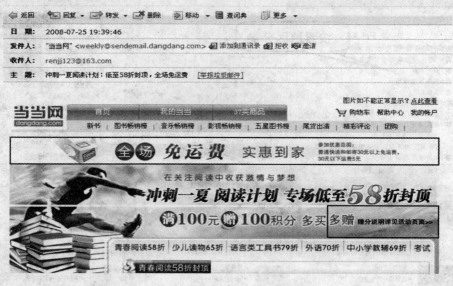

图9-8　当当网夏季促销的电子邮件广告

4. 在线游戏广告

在线游戏广告常常把广告预先设计在互动游戏中，在游戏开始、中间、结束的时候，广告随时出现，也可以利用游戏中的人物、情节来设计广告内容，从而引起游戏玩家的认同感。自从盛大网络公司的陈天桥通过代理韩国的网络游戏《传奇》而一夜暴富后，网络游戏市场成为网络上备受关注的热土，网络游戏巨大的人气和年轻的用户群吸引了大批广告商对网络广告的注意力。2005年6月，百事可乐与可口可乐两大饮料巨头几乎同时牵手网络媒体，分别选择"盛大"和"第九城市"两大网络游戏网站进行广告合作。百事可乐最新的电视广告"百事蓝色风暴，突破梦幻国度"在"盛大"网站首播，可口可乐推出的新版电视广告片"要爽由自己"，是以网络游戏为背景和题材的。图9-9显示了《开心辞典》在腾讯网络游戏《QQ幻想》中做的广告。

5. 软件广告

软件广告也叫搭载广告，软件作者把含有广告代码的插件或者广告链接捆绑在软件中，在用户安装软件的同时，能够将插件同时安装到用户的计算机上，并能够把广告标识显示在软件界面中。软件使用者如果使用该软件或者点击界面上的广告标识，就会弹出广告信息，或者调用浏览器打开广告信息页面。软件广告常常附载在常用的聊天软件、工具软件或者共享软件上，如QQ、金山词霸、网际快车、超级兔子等。

6. 富媒体广告

随着宽带的广泛应用，网络上开始流行一种全新的广告形式—富媒体广告，它是指除了提供在线视频的即时播放之外，内容本身还可以包括网页、图片、超链接等其他资源，与影音做同步的播出并实现用户和广告的互动。富媒体广告因其极强的视觉、听觉表现力和大容量、交互性等优势，颇受广告商青睐，并出现了冲击电视广告市场的势头。

图 9-9 《开心辞典》在腾讯网络游戏《QQ 幻想》中做的广告

富媒体广告优点有:

(1) 丰富的创意空间。由于是利用富媒体技术,所以其广告文件的容量比起传统的网络广告(文字连、图片、浮标等)要大得多(例如,传统互联网图片广告一般在 20 K 之内,而富媒体广告比如视频、流媒体如今能达到 500 K 左右)从而为广告片的创意准备了更广阔的创意空间。

(2) 流畅的播放速度。富媒体广告现如今普遍存在 30 s、15 s、8 s 等等几个时长,这正是跟电视的视频广告相对应的。利用富媒体技术的强大的压缩、下载等功能,能够瞬间在网民打开网页的片刻完整播放,并通过强大新颖的创意直接刺激受众的视觉、听觉感官。

(3) 特殊的网络受众。网络媒体的受众比起电视媒体更有它无法比拟的价值。具市场权威调查,网民的年龄层 80% 在 18~35 岁之间,是真正的三高人群(高学历、高收入、高消费)这正是市场消费的中坚力量,他们直接控制着近 90% 以上的消费权。这也是网络媒体特殊受众的价值所在。

同时,富媒体广告也有一定的局限性,比如,价格昂贵,中小企业无缘富媒体;行业狭窄,富媒体步行艰难;创意陷阱,如何跟上网民的审美步伐;审美疲劳导致宣传效果明显下降等。

9.3 网络广告的发布与实施

9.3.1 网络广告的发布

目前,随着网络广告的功能、作用和效果的日益增加,在网上发布广告已经被越来越多的企业和组织所认可。从目前情况来看,企业一般可以根据自身的需求,选择不同的发布途径。网络广告目前常用的发布方式有 9 种。

1. 主页形式

建立自己的主页,对于大公司来说,是一种必然的趋势。这不但是一种企业形象的树立,也是宣传产品的良好工具。实际上,在 Internet 上做广告,归根到底要设立公司自己的主页。其他的网络广告形式，无论是黄页、工业名录、免费的 Internet 服务广告，还是网上报纸、新闻组，都是提供了一种快速链接至公司主页的形式，所以说，在 Internet 上做广告，建立公司的 Web 主页是最根本的。主页形式是公司在 Internet 进行广告宣传的主要形式。按照今后的发展趋势，一个公司的主页地址也会像公司的地址、名称、标志、电话、传真一样，是独有的，是公司的标识，将成为公司的无形资产。

2. 利用专类销售网

这是一种专类产品直接在 Internet 上进行销售的方式。现在有越来越多的这样的网络出现，消费者只要在一张表中填上自己所需汽车的类型、价位、制造者、型号等信息，然后轻轻按一下搜索键，计算机屏幕上就可以马上出现完全满足所需要的汽车的各种细节，当然还包括何处可以购买到此种汽车的信息。

另外，消费者考虑购买汽车时，很有可能首先通过此类网络先进行查询，所以，对于汽车代理商和销售商来说，这是种很有效的 Internet 广告方式。汽车商只要在网上注册，那么他所销售的汽车细节就进入了网络的数据库中，也就有可能被消费者查询到。

3. 利用免费的 Internet 服务

在 Internet 上有许多免费的服务，如国内免费的 E-mail 服务，很多用户都喜欢使用。由于 Internet 上广告内容繁多，即使公司建有自己的 Web 页面，但是需要用户主动通过大量的搜索查询工作，才能看到广告的内容。而这些免费的 Internet 服务就不同，它能帮助公司将广告主动送至使用该免费 E-mail 服务，又想查询此方面内容的用户手中。具体说来此种方式有诸多特点：

（1）主动性强。所有的使用者都可以按照自己的喜好和兴趣选择订阅一些免费信息。一旦你选择订阅了有关的信息，就可以定期地收到所订阅的信息。当然，其中包含着广告的内容。不过用户既可以随时增加订阅，也可以随时修改或停止订阅信息内容。

（2）统计性好。每一个用户在第一次使用免费 E-mail 时，必须要详细地填写一张用户档案（Member Profile）。这就使得提供免费 E-mail 的服务商能详细地知道使用者的具体情况，若有公司利用免费 E-mail 做广告，免费 E-mail 服务商就会每月给你一份调查报告，告诉你在这个月中有多少用户看了你的广告，又有多少用户进一步了解了广告的内容（即按了广告的图标）。在每月报告中，免费 E-mail 服务商还会提供对你的产品或服务感兴趣的用户的具体情况的统计资料。

（3）针对性强。随着免费 E-mail 会员的进一步增加，广告主还可以根据使用者的特性（地域、年龄、性别、家庭收入、职业、受教育水平、兴趣爱好、婚姻状况等），有针对性地发布自己的广告。

4. 黄页形式

在 Internet 上有一些专门的用以查询检索服务的网络服务商的站点，这些站点就如同电话黄页一样，按类别划分便于用户进行站点的查询。在其页面上，都会留出一定的位置给企业做广告。比如在 Excite 上，在 search 一栏中填入关键字 auto mobile，Excite 页面的中上部就会出现某汽车公司的广告图标。在这些页面上做广告的好处是：①针对性好，在查询的过程中都是以关键字区分的，所以广告的针对性较好；②醒目，处于页面的明显处，较易为正在查询相关问题的用户所注意，容易成为用户浏览的首选。

5. 列入企业名录

一些 Internet 服务提供者（ISP）或政府机构会将一些企业信息融入他们的主页中。如中国香港地区商业发展委员会的主页中就融有汽车代理商、汽车配件商的名录。只要用户感兴趣，就可以直接通过链接，进入相应行业代理商（或者配件商）的主页上。

6. 网上报纸或杂志

在 Internet 日益发展的今天，新闻界也不落人后，一些世界著名的报纸和杂志，如美国的《华尔街日报》，国内的如《人民日报》等，纷纷将触角伸向了 Internet，在 Internet 上建立自己的 Web 主页。而更有一些新兴的报纸与杂志，干脆脱离了传统的"纸"的媒体，完完全全地成为了一种"网上报纸或杂志"，反响非常好，每天访问的人数不断上升。对于注重广告宣传的公司，在这些网上杂志或报纸上做广告也是一个很好的选择。

7. 新闻组

新闻组也是一种常见的 Internet 服务，它与公告牌相似。人人都可以订阅它，成为新闻组的一员。成员可以在其上阅读大量的公告，也可以发表自己的公告，或者回复他人的公告。新闻组是一种很好的讨论与分享信息的方式。对于一个公司来说，选择在与本公司产品相关的新闻组上发表自己的公告将是一种非常有效的、传播自己的信息的渠道。

8. 使用电子邮件发布广告

在 Internet 中到处都充满了商机，就像传统广告中的邮寄广告一样，网络世界中另外一种广告发布形式正在被更多的商家所利用，即电子邮件广告。传统的邮寄广告是广告主把印制或书写的信息，包括商品目录、货物说明书、商品价目表、展销会请柬、征订单、明信片、招贴画、传单等，直接通过邮政系统寄达选定的对象的一种传播方式。电子邮件广告是广告主将广告信息以 E-mail 的方式发送给有关的网上用户。企业可以通过内部列表和外部列表进行 E-mail 营销。

9. 建立虚拟社区和电子公告栏

虚拟社区、公告栏和新闻组是网上比较流行的交流沟通渠道，任何用户只要遵循一定的礼仪都可以成为其成员。任何用户都可以在上面发表自己的观点和看法。广告主可以在虚拟社区、公告栏或者新闻组中发布产品信息和与公司有关的广告、相关的评论和建议，这样可以起到良好的口碑作用。在不同的虚拟社区、公告栏和新闻组有不同的主题，因而在其发布信息时一定要选对主题和注意遵循网上礼仪，以免网民不满而适得其反。

以上几种通过互联网发布广告的方式中，以公司主页方式为主，其他皆为辅助方式，可以将多种方式进行有效的结合，将是对公司主页的一个必要补充，并将获得比仅仅采用公司主页形式更好的效果。因此，公司在决定通过互联网做广告之前，必须认真分析自己的整体经营策略，企业文化以及广告需求，正确选择广告发布的方式。

9.3.2 网络广告的实施策略

企业在使用网络广告进行宣传时，网络广告的计划各种是必不可少的。网络广告和传统广告的策略其实是类似的，下面是网络广告计划的一般步骤：

1. 确立网络广告的目标

网络广告是网络营销策略的一个组成部分，网络广告策略的目标应建立在对目标市场定位以及营销组合计划的基础上，通过对市场竞争状况充分的调查分析，确定明确的广告目标。在企业不同的发展时期有不同的广告目标，如企业形象广告、产品广告等。即使对于产品广告，在产品不同的生命周期里，广告的目标也可以区分为提供信息、说服购买、提醒消费者使用等不同形式。以下分别从市场营销策略、广告活动的目的、广告效果以及目标所涉及的范围四个角度来区分广告的目标。

（1）从市场营销策略上划分。

① 创牌广告目标。创牌广告目标着重于开发新产品、拓展市场。在广告活动中着重宣传产品的性能、特点和功效，以加深消费者对产品品牌、商标的认识、理解和记忆程度，从而提高产品的知名度。

② 保牌广告目标。保牌广告目标着重于巩固已有的市场，深入开发潜在市场和自己购买需求。在广告活动中致力于加深消费者对产品的认识和印象，着重劝说和诱导消费者保持对自己产品已有的好感、偏好，使消费者产生兴趣和购买欲望。

③ 竞争广告目标。竞争广告目标着重于提高产品的市场竞争力。在广告活动中，把重点放在突出广告产品与同类产品相比较而存在的优势并努力转变消费者对竞争产品的偏好促使其转而购买和使用广告产品。

（2）从广告活动的目的上划分。

① 信息性广告目标。信息性广告目标在产品的导入阶段表现得极为突出。在广告活动中，重点宣传产品的性能、品质、功效和特点等信息，以促使消费者对产品产生基本需求。

② 说明性广告目标。说明性广告目标在产品的成长或成熟阶段表现得较为明显，此阶段市场竞争日益激烈，消费者的购买选择余地日渐增加，企业为了培植本产品品牌的选择性需求，运用说明性广告通过说明或具体比较而形成该品牌的优势。

③ 提醒性广告目标。提醒性广告目标在产品的成熟阶段表现得较为明显。此阶段虽然产品已建立起一定的知名度，消费者已形成一定的消费习惯，但是产品的不断涌现会不断削弱已有产品的市场地位，提醒性广告在于使现有消费者确信他们的购买决定. 增加重复购买的信心。

（3）从广告效果上划分。

① 广告促销目标。广告促销目标是指广告活动所要达到的促销指标。它主要是指销售增长率，市场占有率和利润增长率等内容。广告促销目标强调产品销售的终极目的、短期内可评估的效果。一般说来，广告促销目标的制定应有一定的弹性，因为广告不是决定销售的唯一因素，销售还要受到其他因素的影响。

② 广告传播目标。广告传播目标是指广告活动所要达到的心理指标，包括对广告信息的视听率、阅读率以及对广告的注意、理解、记忆、反应等内容。

（4）从目标所涉及的范围划分。

① 外部目标。外部目标是与广告活动的外部环境有关的目标。例如市场目标包括市场占有率、市场覆盖面等；销售目标包括销售量目标、销售额目标、利润率目标等；发展目标包括树立产品及企业形象，扩大品牌知名度等；竞争目标包括与主要竞争对手相比较的广告投放量、媒体投资占有率，总收视率等。

② 内部目标。内部目标是与广告活动本身有关的目标。例如广告预算目标包括投入与产出目标；质量目标包括广告作品的创意、文案、制作水准等。

2. 确立网络广告预算

企业在营销活动中，要把一定数量的资金用于广告活动，所以投入多少资金、如何分配资金、预计达到什么效果、如何防止资金的浪费和不足等一系列问题需要——明确。与传统广告一样，做网络广告前也要编制一个预算。正确编制网络广告预算是网络广告活动得以顺利进行的保证。网络广告与传统广告相比有自己特殊的计费方式及预算模式，既与传统广告计费方式有共同之处．又有其独特之处。对网络广告费用与预算的分析。有助于广告主及代理商形成理性化的广告行为。

（1）网络广告预算的含义。

网络广告预算是指在一定时期内，为实现企业的战略目标对网络广告活动所需经费总额及其使用范围、分配方法所作的预测性概算。预算并非只是说明打算如何用这笔钱，还包括预测在广告投入之后会产生怎样的结果。

（2）确定网络广告预算方法。

① 销售百分比法。销售百分比法是指按上年销售额、来年预定销售额或两者结合确定一个百分比，来确定广告预算的方法。百分比的大小一般按照行业平均数，企业经验或任意方式来确定。

② 利润百分比法。利润百分比法是指按照上年销售利润或来年的预定利润百分比来确定广告预算的方法。

③ 销售单位法。销售单位法又称分摊法，它是指是指按每箱、每盒、每件、每桶等计量单位分摊一定数量的广告费用的方法。该方法主要用于横向联合广告或贸易协会广告成员之间的费用分摊。

④ 竞争对抗法。竞争对抗法又称自卫法，是指根据主要竞争对手的广告数量来确定自己的广告经费的方法。

⑤ 试验调查法。试验调查法是指企业在广告预算各不相同的市场进行经验性试验，而后确定一个最佳预算限度的方法。

⑥ 任意法。任意法是一种"走着瞧"的方式。一般来说资金有限又推出新产品或者服务的小企业会采用此法。

（3）编制网络广告预算应注意的问题。

① 广告主题与表现方式的确立。在任何广告预算里都会考虑到广告的主题与表现方式的问题，对主题和表现方式的选择和确立是至关重要的。

② 预算费用的合理分摊。网络广告最棘手的问题是如何花钱最有效，这也是传统广告所面临的问题，如何以合理的成本与广告如何达到预期的效果是一定要计划好的。

③ 网络广告预算对网站的要求。网络广告的具体内容要在用户点击之后"链接"到广告主的网页上，这就要求网站要快速、正常的运转以确保这一过程顺利完成。

3. 信息决策

信息应能有效地引起消费者的注意，提起他们的兴趣，引导他们采取行动。广告信息决策的核心就是怎样设计一个有效的广告信息。一般包括 3 个步骤：

（1）广告信息的产生。

广告信息可通过多种途径获得，如许多创作人员从顾客、中间商、专家和竞争对手的交谈中寻找灵感。创作者通常要设计多个可供选择的信息，然后从中选择最好的。

（2）广告信息的评价和选择。

广告信息首先要突出产品能引起目标顾客兴趣的地方，并表明该产品不同于其他同类产品的独到之处。并且，广告信息必须是可信的，真实性是广告主选样广告信息的极为重要的标准。

（3）广告信息的设计与表达。

在广告设计中，广告主题和广告创意是最为重要的两个要素。广告主题最重要的是突出产品能给消费者带来的利益，例如人们购买软饮料时，期望获得的利益包括营养、卫生、有利健康、口感好、符合潮流等。不同的消费者强调的利益可能有所不同，这正是市场细分的基础。一种产品不可能满足所有消费者的需求，因此一则广告最好只突出一种买主利益。强调一个主题，即便不只涵盖一种利益也必须分清主次。

但是一则广告有了明确的主题后如果缺少表现主题的创意仍无法引人注目，也就难以取得良好而广泛的宣传与促销效果。广告的宣传与促销效果不仅取决于它要说什么，还取决于它怎么说。不同种类的产品其表达方式是有区别的，例如巧克力的广告往往与情感相联系，着重情感定位；而洗衣粉的广告则更侧重于理性定位，特别是对那些差异性不大的产品，广告信息的表达方式显得更为重要，能在很大程度上决定广告效果。在广告的制作中要特别强调创造性的作用。

4. 网络广告媒体——网站的选择

做出了广告信息决策之后，就要为广告投放做准备了。网络广告站点的选择对网络广告预算来说是首先要确定的因素，就如同传统广告媒体的选择一样，一个合适的网站是广告成功的基础。虽然对网络广告资源的选择没有严格的标准，但还是有一些可以遵循的规律，可以根据一些重要的参数来进行判断。这些因素主要包括以下几个方面：网站的访问量；网站的目标定位；网站的广告价格；网络广告媒体的综合服务水平等。

5. 网络效果检测和评价

大多数广告客户都希望了解广告的实际效果，当然，谁也不希望花冤枉钱。在传统的广告宣传测量中，最重要的测量方法是CPM，这在传统广告的效果检测中只是一个经验资料，并不能代表真实的观众数量，但是网络广告效果可以做到精确的检测和统计，常用的指标包括广告的浏览数、点击数、回应率等、关于网络广告效果的评价方法，在接下来的内容中将要系统介绍。

9.4 网络广告的效果测评

9.4.1 网络广告的效果测评方法

网络广告最为得意之处，就在于其可测量性，因而可以制定准确的收费标准，如基于广告显示次数的CPM计价法，或者基于广告所产生效果的CPC（每次点击成本）或CPA（每次行动成本）计价法，但是，随着BANNER广告的平均点击率从最初辉煌时期的30%降低到0.5%以下，如果仍然按照可测量的反馈信息来评价网络广告，显然不能充分反映真实的效果。

网络广告的效果评价关系到网络媒体和广告主的直接利益，也影响整个行业的正常发展，广告主总希望了解自己投放广告后能取得回报。本节从定性和定量的不同角度介绍全面评价网络广告效果的3种基本评价方法。

1. 对比分析法

无论是 BANNER 广告，还是邮件广告，由于都涉及点击率或者回应率以外的效果，因此，除了可以准确跟踪统计的技术指标外，利用比较传统的对比分析法仍然具有现实意义。当然，不同的网络广告形式，对比的内容和方法也不一样。

对于 E-mail 广告来说，除了产生直接反应之外，利用 E-mail 还可以有其他方面的作用，例如，E-mail 关系营销有助于我们与顾客保持联系，并影响其对我们的产品或服务的印象。顾客没有点击 E-mail 并不意味着不会增加将来购买的可能性或者增加品牌忠诚度，从定性的角度考虑，较好的评价方法是关注 E-mail 营销带给人们的思考和感觉。这种评价方式也就是采用对比研究的方法：将那些收到 E-mail 的顾客的态度和没有收到 E-mail 的顾客做对比，这是评价 E-mail 营销对顾客产生影响的典型的经验判断法。利用这种方法，也可以比较不同类型 E-mail 对顾客所产生的效果。

对于标准标志广告或者按钮广告，除了增加直接点击以外，调查表明，广告的效果通常表现在品牌形象方面，这也就是为什么许多广告主不顾点击率低的现实而仍然选择标志广告的主要原因。当然，品牌形象的提升很难随时获得可以量化的指标，不过同样可以利用传统的对比分析法，对网络广告投放前后的品牌形象进行调查对比。

2. 加权计算法

所谓加权计算法就是对投放网络广告后的一定时间内，对网络广告产生效果的不同层面赋予权重，以判别不同广告所产生效果之间的差异。这种方法实际上是对不同广告形式、不同投放媒体、或者不同投放周期等情况下的广告效果比较，而不仅仅反映某次广告投放所产生的效果。显然，加权计算法要建立在对广告效果有基本监测统计手段的基础之上。下面以一个例子来说明：

第一种情况，假定在 A 网站投放的 BANNER 广告在一个月内获得的效果为：产品销售 100 件（次），点击数量 5 000 次。

第二种情况，假定在 B 网站投放的 BANNER 广告在一个月内获得的效果为：产品销售 120 件（次），点击数量 3 000 次。

如何判断这两次广告投放效果的区别呢？可以为产品销售和获得的点击分别赋予权重，根据一般的统计数字，每 100 次点击可形成 2 次实际购买，那么可以将实际购买的权重设为 1.00，每次点击的权重为 0.02，由此可以计算上述两种情况下，广告主可以获得的总价值。

第一种情况，总价值为：$100 \times 1.00 + 5\,000 \times 0.02 = 200$。

第二种情况，总价值为：$120 \times 1.00 + 3\,000 \times 0.02 = 180$。

可见，虽然第二种情况获得的直接销售比第一种情况要多，但从长远来看，第一种情况更有价值。这个例子说明，网络广告的效果除了反映在直接购买之外，对品牌形象或者用户的认知同样重要。

权重的设定，对加权计算法最后结果影响较大，比如，假定每次点击的权重增加到 0.05，则结果就不一样，如何决定权重，需要在大量统计资料分析的前提下，对用户浏览数量与实际购买之间的比例有一个相对准确的统计结果。

3. 点击率与转化率

点击率是网络广告最基本的评价指标，也是反映网络广告最直接、最有说服力的量化指标，不过，随着人们对网络广告了解的深入，点击它的人反而越来越少，除非特别有创意或者有吸引力的广告，造成这种状况的原因可能是多方面的，如网页上广告的数量太多而无暇顾及、浏览者浏览广告之后已经形成一定的印象无须点击广告、或者仅仅记下链接的网址，在其他时候才访问该网站等等，因此，平均不到1%的点击率已经不能充分反映网络广告的真正效果。于是，对点击以外的效果评价问题显得重要起来，与点击率相关的另一个指标——转化率，它是被用来反映那些观看而没有点击广告所产生的效果。

转化率最早由美国的网络广告调查公司 AdKnowledge 在《2000 年第三季度网络广告调查报告》中提出，AdKnowledge 将"转化"定义为受网络广告影响而形成的购买、注册或者信息需求。正如该公司高级副总裁 David Zinman 所说："这项研究表明浏览而没有点击广告同样具有巨大的意义，营销人员更应该关注那些占浏览者总数 99% 的没有点击广告的浏览者。"

AdKnowledge 的调查表明，尽管没有点击广告，但是全部转化率中的 32% 是在观看广告之后形成的。该调查还发现了一个有趣的现象：随着时间的推移，由点击广告形成的转化率在降低，而观看网络广告形成的转化率却在上升。点击广告的转化率从 30 分钟内的 61% 下降到 30 天内的 8%，而由观看广告的转化率则由 11% 上升到 38%。

虽然转化率的概念对增强网络广告的信息有一定的意义，但问题是，转化率怎么来监测，在操作中还有一定的难度，因此，全面评价网络广告的效果仍然是比较复杂的问题。

9.4.2　网络广告效果的影响因素

尽管目前还没有非常完善的网络广告的效果评价手段，但是充分认识影响网络广告效果的因素，并采取合理的手段增强网络广告的效果还是非常必要的。影响网络广告效果的因素有很多，主要有以下几个方面：

1. 互联网用户行为对网络广告的影响

从根本上说，是用户的行为最终决定了网络广告的效果，点击率下降是由于访问者不去点击或者很少点击广告的直接反映。因此，认真研究用户对网络广告的态度和特点，对于有针对性地增强网络广告效果具有积极的作用。

根据 CNNIC 发布的《中国互联网络发展报告统计报告》统计，经常和有时点击网络广告的被调查者人数达到 54.3%，只有 7.9% 的用户表示从不点击网络广告。这一方面说明了大多数用户的被调查者对网络广告信息并非视而不见，甚至还会主动点击，但是这与网络广告显示次数相比，被点击的数量还是相对较少的。因此并不能改变网络广告点击率持续下滑的事实。

表 9-1 是 CNNIC 2001～2005 年来关于互联网用户对网络广告行为的调查结果。表 9-1 的数据表明，从 2001 年开始，用户对于浏览网络广告的基本行为并没有发生实质性的变化，只是网络广告的出现方式对用户的正常活动形成了一定的影响。并且由于广告数量太多的缘故，用户从不浏览/点击网络广告的比例在逐年上升。这可以从 CNNIC 前几年关于互联网用户对网络广告不满意的主要原因的调查结果中显示出来，见表 9-2。在这项调查中，引起互联网用户不满的另一个最主要原因是"广告的真实性"，并且一度居于首位，这与网络营销的法律环境等宏观因素有关，在互联网上经常看见一些不真实的广告信息。因而使得广告的总体可信度降低。

表 9-1　互联网用户对网络广告的浏览情况　　　　　　　　　　（%）

用户行为	2001.7	2002.1	2002.7	2003.1	2003.7	2004.1	2005.1
经常浏览/点击	18.1	16.5	15.8	17.6	19.0	12.4	2
有时浏览/点击	51.8	48.3	50.9	50.5	49.0	46.9	12
很少浏览/点击	27.6	31.6	29.7	28.4	27.7	34.7	40
从不浏览/点击	2.5	3.6	3.6	3.5	4.3	6.0	47

表 9-2　互联网用户对网络广告最不满意的主要原因　　　　　　　（%）

主要原因	2002.1	2002.7	2003.1	2003.7	2004.1
广告数量太多	12.2	16.1	17.0	19.7	18.0
广告内容缺乏创意和特色	12.0	11.7	8.5	8.6	8.2
广告的真实性无法保证	39.2	36.0	40.4	37.8	35.7
广告出现的方式影响正常上网	31.3	34.3	32.0	31.7	36.8
其他	0.3	0.3	0.4	0.4	0.3

2. 网络广告规格形式对效果的影响

早期的网络广告以 468×60 像素为主，在网上信息和网络广告数量较少的情况下可以获得比较满意的效果。但由于标志广告只能承载有限的信息，如果需要了解更详细的内容，则需要通过点击进入一个包含更多内容的网页或者是广告主自己的网站。许多用户在浏览网页内容时并不希望当前的活动被打断，一次可能不会立即点击网络广告。针对这种情况，有两种常见的措施，比如使用更加醒目的颜色，更具有视觉刺激性的图像或者富有吸引力的文字来诱导用户点击；还有一种方式是不追求点击，二是尽量增加广告内容中的信息量，将诉求内容、网址等联系手段直接在广告条中表现出来，以便用户记录并在适当的时候访问网站诱导性广告可能会在短期内增加点击率，但随着用户上网经验的增多，对诱导性广告的了解也会增多，同样会导致点击率的下降。因而引起网络广告的尺寸向越来越大的方向发展。

据专业网络广告公司 Double Click 的调查，各种规格的网络广告点击率每个季度都在下滑，这不是仅靠增大广告尺寸就能改变的。而且网络广告的尺寸增大总是有一定的限度，如果一个网页中被网络广告占据了大部分空间，那么也会引起用户的厌烦情绪，最终影响网络广告的效果。

用户对不同形式的网络广告接受程度也是不一样的。例如弹出式广告，全屏广告等由于对用户正常浏览信息和使用网络服务产生影响，会导致用户的厌烦情绪，但从点击率等网络广告的直接效果来看，这种对用户形成滋扰的网络广告效果可能更为明显，因为用户往往不得不去浏览这些网络广告。

但不可否认的是，许多调查公司的调查数据表明，用户对于弹出式广告的厌恶程度几乎可以赶上垃圾邮件。有些用户尝试应用屏蔽网络广告的程序，也有一些网站已经决定禁止使用网站上的弹出广告。例如，从 2003 年开始，雅虎工具条等都具有自动拦截弹出广告的功能，微软的 MSN 网站也在 2004 年宣布停止出售弹出式广告。但是，由于缺乏相应的法律和标准，很难在短期内彻底解决这一问题。因此对于如何使用弹出式广告的问题并没有得到一致的意见。

3. 网络广告设计与投放对效果的影响

同样的产品或者服务，网络广告合计的差异会导致用户注意力的不同，因而形成最终效果的差异。同样一则网络广告，出现在不同的网络广告环境中，获得的效果也会有很大的差别。网络广告设计中所存在的问题对网络广告效果会产生一定的影响：

（1）网络广告设计主题不明确。网络广告的效果主要表现在品牌推广和销售促进上，并且网络广告的期望反应是用户点击和浏览，如果对此没有明确的认识，在有限的广告区域中表现过多的要素，反而显得主题不够明确，用户也难以对广告留下深刻的印象。

（2）网络广告信息内容的差异的影响。用户对网络广告不同的诉求内容的接近程度不同，过于直白的产品促销信息并不一定能让用户产生浏览和点击的兴趣，而一些具有公益性、有奖竞赛和优惠券等相关内容更能引起关注。因此，合理利用用户感兴趣的信息才能减少内容差异对网络广告效果的影响。

（3）网络广告设计缺乏吸引力。尽管网络广告的创意难以用统一的标准衡量，但缺乏吸引力的网络广告都具有类似的特征，如颜色和图案没有视觉上的冲击力，广告文案表达过于直白，使用户没有兴趣浏览和点击。

（4）网络广告字节数太大。字节数太大的网络广告降低了网页下载的速度，这样可能是的一些用户没等到广告完全下载就停止了浏览，这样的广告甚至连出现的机会都很少，更谈不上效果了。因此，一般专业的服务商对于各种规格网络广告的字节数都有一定的限制，超过限度的广告将不会被接受。

在网络投放方面，下面几个方面不同程度地对网络广告的效果产生影响：

（1）网络广告资源相关性的影响。利用内容相关的网络广告资源投放广告才能实现目标定位，目标定位的重要性不言而喻。但真正做到这一点，在实际操作中并不容易，因而影响了网络广告的实际效果。首先，广告客户对网络广告资源的真实情况缺乏全面的了解，仅凭广告商提供的信息和自己的判断难免有一定的偏差。其次，限于营销预算、广告空间等因素的限制，广告客户不一定可以获得自己期望的网络广告资源。

（2）网络广告生命周期的影响。网络广告自身有一定的生命周期，超过这个周期的过时广告会降低效果甚至无为的浪费广告空间。有些具有一定实效的促销广告，在过了促销期之后仍然出现在网站上，连广告所链接的页面都可能已经被删除，这样的广告自然不会产生任何效果。有些广告虽然看起来没有过期，但由于广告所投放的网站浏览者多为重复用户，在同样位置长期出现同样内容的广告会让用户产生视而不见的浏览习惯。有调查表明，半数以上的网络广告生命周期在三周以下。

（3）片面追求点击率指标。点击率是衡量网络广告效果的一个指标，但这个指标通常表现为整个网络营销策略的中间效果。也就是在网站访问量增加的基础上，访问量并不一定都可以最终转化为收益。一些网络广告过于追求点击率，往往采用具有一定猎奇甚至是欺骗的信息吸引用户的点击，但点击进入网站之后发现与自己的期望相差很远，很快就会离开。这样虽然获得了较高的点击率，却降低了总体的投资收益率，事实上是一种营销资源的浪费。

（4）网络广告媒体/服务商的专业水平对网络广告效果的影响。服务商对网络广告效果的影响主要表现在两个方面：一方面是网络广告资源的价值，另一方面是网络广告的管理水

242

平。当广告客户将网络广告提交给服务商之后，自己通常无法控制广告的具体投放，如广告显示的页面和位置、出现的时间等。并非所有的网络广告空间和时间都具有良好的网络营销价值，有些低质量的网络媒体或者某些时间的访问量对广告客户的广告浏览价值并不高，自然会影响整体效果。网络广告服务商对广告效果的影响还有一种更为严重的情形，即一些网络广告服务商为向用户提供好看的效果统计报告并收取较高的废油而采取不正当方式对网络广告进行点击，这对广告客户是一种典型的欺诈行为。尽管这种行为并不普遍，但有必要提高警惕，避免造成网络广告投资的损失。

9.4.3　网络广告效果的改进措施

在研究了各种影响网络广告效果的因素之后，可以采取一些针对性的措施，在一定程度上增进网络广告的效果。这里归纳出增进网络广告效果措施的几个要点：重视网络广告策略调研；设计有针对性的网络广告；优化网络广告资源组合；对网络广告效果进行跟踪控制。

1.　重视网络广告策略调研

从制定网络广告计划到网络广告设计制作、选择网络广告资源并投放广告，每一个环节都需要进行充分的调研，这样才能做到有的放矢。网络广告调研的主要内容包括：竞争者的网络广告策略、网络广告的可能效果、网络广告资源及其站点、网络广告的价格、网络广告设计的关键因素等。

2.　设计有针对性的网络广告

针对性有两个方面的含义，一是针对不同阶段产品/企业品牌的特点，二是针对用户浏览网络广告的行为特点。设计一个能引起注意的，有创意的网络广告，是网络广告成功的基础。BANNER 广告要在几秒甚至是 1 秒之内抓住读者的注意力，否则，访问者很快就会忽略网络广告的存在。在网络广告设计方面，需要掌握一定的技巧和原则，这样才能引起用户的关注和点击。例如，使用比较引人注意的颜色使得广告更加容易被发现；在广告中使用好奇、幽默以及郑重承诺等文字引起访问者的好奇和兴趣等等。实践表明，含有号召性自居的 BANNER 广告点击率会上升 15%，而且根据心理学的规律，这列词语以放在 BANNER 的右侧部分为宜，因为这符合人们的视觉游动顺序。

搜索引擎关键词广告是基于网页上下文内容定位的典型广告形式，有的还可以将内容定位广告发布在网页中的任何位置，进一步提高网络广告与内容的相关性，这就不难理解为什么搜索引擎关键词广告在 2001 年网络广告市场的整体低潮中异军突起，并且保持高速的增长，至今已经成为网络广告市场份额最大的广告形式。

3.　优化网络广告资源组合

网络广告最终要依赖于广告媒体资源才能被用户浏览，因此网络广告资源的选择对广告效果产生直接的影响。当选择了网络广告资源及其资源组合之后，还有必要进一步认真研究网络广告投放的时间和周期以及网络广告在不同网络媒体中的表现形式和投放位置等具体的问题，从而保证网络广告投放的针对性和实际影响，是每个网络广告在每一个相应的网络媒体中达到最佳效果，这样的网络广告资源组合才是最优的。

4.　对网络广告效果进行跟踪控制

专业网络广告服务商的广告管理系统一般具有广告用户实时查看广告效果统计的功能，可以查看的主要指标包括每个网络广告的显示次数、点击率、广告费用清单等内容，一些高级功能还可以向广告客户提供改进广告组合效果的建议。另外，对网络广告投放期间的网站流量分析，并与投放期进行对比，也可以看出网络广告所带来的访问量增长情况。根据对各种可以掌握的资料的分析，不仅可以明确网络广告所产生的效果，并且可以及时发现存在的问题，对表现不理想的广告和网络媒体进行必要的调整，从而对网络广告效果进行控制，最终实现整体效果最大化的原则。

9.5 网络广告的前景展望

中国网络广告业正在稳步的发展，网络广告不但在数量上、规模上发展得都很快。随着Web2.0技术的不断发展，"互动"、"精准"式营销模式备受关注，同时促进了网络广告形式上的转变，在形式上也从以往"推"出式的大众传播逐渐走向推、拉互动和精准式传播方向，特别是社区网站和网络视频内容网站的出现，引发了网络广告和网络广告市场的新动向。

1. 网络广告的新动向

（1）精准定位和传播成为网络广告的杀手锏。对目标客户群体进行精准定位和营销传播已经成为时下各大网络运营商和企业竞相研发的目标，成为网络广告和网络营销冲击传统广告和营销传播的杀手锏。为此，各大网络广告运营商提出了根据客户兴趣和访问目的匹配、定位和推送广告的新模式。广告内容以人、机动、服务为导向，而不再是以企业商务目的为导向出现。

例如，在公众选择旅游的新闻时，就不要出现机械、化工、房地产等广告、避免在我们看新闻时强行搭售无关广告。自动为客户选择、匹配相应的广告内容，增强广告的效果。

广告匹配和客户访问动机则采用：

- 通过采集通路分析。
- 在网页中搜索分析。
- 网络社区行为分析。
- 感兴趣话题分析。
- 网民访问行为分析。
- 博客/聊天/游戏等分析。

（2）网络广告和传统媒体的整合。营销传播是一项涉及多个环节、多种手段的系统工程，需要综合整合多方面的因素，并在整合过程中保持营销诉求和传播目标的一致性。它包括上述各种网络营销的技术和手段，同时也包括了各类传统媒体的技术手段，二者必须紧密结合、缺一不可。

2. 网络广告的发展趋势

在线互动、精准传播、多媒体网络整合代表了未来网络广告发展的新动向，随着技术的发展和企业对网络营销认识的深化，当代网络广告的发展也呈现出了以下几大趋势：

（1）定向广告。

即在网络和数据库系统的支持下，对目标群体进行客户分析、数据挖掘和准确定位，然后在此基础上针对目标客户的特点、爱好、定向地推送个性化的广告。这种定向广告由于针对性强，相对于传统的大众广告来说，不免引起受众的反感。

（2）精准传播。

根据网络访问行为、主题、通路，分析消费者的动机和意向。然后根据关键词和相关性来精确匹配并推送相应的广告内容。例如，在公众选择旅游的新闻时，就不要出现机械、化工、房地产等广告，以增强广告效果。

（3）需求拉动。

现在的人们越来越关注自我，越来越不关心广告，而是在意自己需要什么。一旦有了需求，人们会按照自己的意愿上网去搜索，从被动接受到主动索取，消费者行为的这一变化，对营销人员来说非常重要，如果在客户产生需求时找不到你，那么品牌、产品、功能、创意等一切营销要素均无从谈起，这就是当今搜索引擎营销火爆的基础。

（4）从"企业告诉消费者"到"让大家告诉大家"。

传统广告的基点是："企业花钱购买话语权（广告）来教育消费者"。但现在面临的问题是：消费者不愿相信企业的营销宣传，更愿意相信消费者彼此之间的口碑。于是，利用网络来传播对营销有利的信息，就成为当今非常另类的一种广告形式，即：病毒式营销。病毒式营销的基本口号就是："把广告变成口碑，让大家告诉大家。"

（5）从单一互联网走向综合互联网。

现代广告和网络营销传播依托媒体，从传统单一走向互联网、电脑、移动通信、数字电视、平面媒体、收集、移动 PDA 等相结合的综合网络环境。

以上几点反映了现代广告和网络营销发展的潮流，尽管有许多技术还不成熟，但是它们光明的前途，能冲破传统媒体的束缚和思维上的樊篱，引领企业走向营销传播的蓝海。

案例分析一：养生堂如何钟情网络广告

在一些企业当中，有一些企业对网络广告一往情深，一直不间断地对网络广告予以关注，并针对产品的特性将一部分广告预算花在网络上，而且相信，网络还是有很大的发展空间，网络广告的效果会随着网络的成长、成熟，广告形式的丰富被更多的企业所认可。养生堂公司就是其中的一家。

作为较早尝试网络广告投放的传统企业，养生堂公司无疑不断在探索传统企业如何与网络合作，并借助网络这个新兴媒体达到传统媒体所不能获得的广告效果的路子。分析养生堂与网络广告合作的案例，对传统产业如何与网络进行合作应有不少的借鉴作用。

综观养生堂公司近年来与网络这个新兴媒介的合作，可以概括出以下几个特点：

1. 触网较早

作为一种新的广告形式，网络广告最早起源于1993年的美国，在我国是1997年出现的。由于网络交互性及范区域性的特点，网络广告具有电视广告和报纸广告不具备的优点。养生堂第一次触网是1999年底，那时候，网络广告向来是IT产业及国外大公司的天下，国内的消费品很少涉足这一领域。而养生堂旗下的女性产品朵而和农夫山泉，已开始了与网络公司的广告合作。

2. 把握热点，打中靶心

网络的时效性是勿庸置疑的。因为网络，世界同步。美国世贸中心被袭，正是通过互联网使全世界的网民在同一时间掌握了整个事态的发展。所以，大凡有热点事件发生，网民的数量会激增，7月13日晚，国内各门户网站平均点击率和访问量比平时增加5倍，均打破历史纪录，新浪当日点击率为 2.5 亿次，访问量突破 3000 万人次。

农夫山泉 2000 年的网络投放正是抓住了奥运会的契机，而她选择的合作媒体新浪网正是 2000 年悉尼奥运会中国官方合作网站，自然吸引了众多网民的眼球。

清嘴含片是养生堂在奥运会开幕那一天正式上市的休闲小食品，她的目标消费群年轻、追求时尚，容易接受新事物。无论是工作还是生活休闲，互联网对于这一消费群都是举足轻重的。因此，从清嘴含片一上市，除了传统媒体的广告投放外，网络广告成为清嘴含片广告策略和媒介组合中重要的一环。这一点对于传统产业的企业来说，怎样挖掘产品的本身具有的时尚性，通过网络这一消费人群相对集中的媒体来传播是这些企业应该重视的。网络广告形式多样，针对性强，可直接打中靶心。这也是养生堂将网络广告作为传统广告有效补充的理由。

3. 持续合作，形式多样

由于国内经济发展的区域差异及观念的不同，号称第四媒体的网络还远远没有被传统产业所重视，领先一步的企业可能建立了自己的网站，但也只限于发布一下自己公司的信息，对产品在网络上的宣传还没有更多的关注。而养生堂与网络之间的合作是长期的，对网络的特点的理解也比较充分，因此在网络广告的运用上，每个产品、每个不同主题的活动都有针对性的特点。比如朵而的主题活动——"在你最美的时候遇见谁"征文活动，养生堂在网络投放上即选择了女性网民点击率较高的娱乐频道、娱乐新闻；而针对清嘴的消费群大多为 25 岁以下的年轻人，养生堂在网络媒体选择上，FM365、OICQ 等深受年轻人喜爱的网站成为主要选择对象，广告的形式也丰富多样，迎合年轻人的趣味。

4. 有效的补充

网络广告在养生堂广告策略中占有一定的地位，但养生堂并没有盲目将大部分的广告预算投入期间，它是养生堂整体广告策略的一部分，是电视、报纸等传统大众媒体的有效补充。

（资料来源　www.cuteseo.cn）

案例分析二：奥运年，网络营销

四年一度的体坛盛事，中国人的奥运梦想，注定了 2008 年是当之无愧的奥运年、体育年，现在满大街、网络、电视……到处都是可口可乐、联想、伊利等奥运会赞助商的广告信息。那些没有成为奥运会的赞助商、没有知名体育名人做代言、没有大笔的体育营销预算的企业，同样可以抓住奥运热潮这个机会，只要动起来，通过营销方式的组合，特别是利用网络营销手段，实现与奥运本质（体育）的对接，一样可以实现搭乘奥运快车展开营销的目的，用小代价获得大收益。

这是机会，也是难题，如何在一堆与体育有关的营销/广告中脱颖而出，抓住机遇达成营销目的，则成为了众多广告主面临的重大课题。

通过互联网展开体育营销还是比较新的一种营销推广方式，但我们已经可以找到很多案例。从 361°与腾讯的合作案例中我们可以看出，越来越多的广告主已经意识到互联网较传统媒体具有良好的互动性、低成本、传播范围广、更加灵活等优势，已经逐渐加大通过互联网的营销推广力度。另外一个比较成功的案例是可口可乐与网络游戏魔兽世界的合作互动营销，在游戏里面使用到了可口可乐的道具，在可口可乐的 TVC 广告里面出现了游戏的角色。通过双方的紧密合作，达成了非常好的营销效果，完美达成双赢目的。

246

其实互联网上不乏与体育有关联的营销推广，但更多的属于在互联网上的常规推广，没有结合互联网的互动特性，只是单方面的信息传递。没有用户主动参与的体育营销活动，也就失去了其最核心的价值。除了体育产品之外，并非所有的行业都适合做体育营销，在做借助互联网的体育营销之前，得先要做足功课，挖掘企业产品或品牌与体育精神有关联的并且是大众可以理解的点，能否为品牌知名度、美誉度、忠诚度和联想度加分，然后再借助互联网的各种互动形式表现出来，调动用户的积极参与性，达成低成本高收益的目的。

说说最近在新浪首页上看到的两个推广活动，切尔西足球俱乐部和联想的网络营销，不同的行业，但同样与体育有关，但得到的将会是不同的效果。

切尔西的活动主题是"切尔西网络教练巅峰对决"，由网友参考提供的切尔西队员名单来决定11人的主力队员名单，并需要在个人博客里面阐述理由，由球迷投票，最终的胜出者将获得前往英国切尔西比赛现场的机会。这个活动充分体现了网络的互动性，强调了球迷的参与，切尔西在中国得到了品牌推广，同样新浪也推广了自己的博客。

联想采用的是首页大幅动态广告，可能是由于我网速问题，这个广告还没有完全展开显示的时候就消失了，我重复刷新3次才终于点中进入了"联想奥运火炬手选拔"网站。我关注奥运，但联想的这个活动网站实在让我产生不了继续访问的兴趣，如果不是网页上方的图片和标题，还以为是联想的企业网站，根本就没有体现出了"一起奥运一起联想"的活动主旨。如果我打分的话，它只能得到5分。

经过以上案例的对比分析，我么可以得出这么一个结论，不管你多有钱，有多愿意花钱，有多重视网络的营销推广，如果不考虑到互联网的特性，不结合网络推广的互动性，不选择适合的表现方式，不去做针对性地改善，最后的结果将是事倍功半。

（资料来源　www.cuteseo.cn）

9.6 习题

1. 网络广告_____年出现在美国，著名的 Hotwired 杂志推出了网络版的 Hotwired，并首次在网站上推出了网络广告。

2. 网络广告预算是指在一定时期内，为实现企业的战略目标对网络广告活动所需_____及其使用范围、_____所作的预测性概算。

3. 根据每个访问者对网络广告所采取的行动收费的定价模式叫做_____。

4. 网络广告调研的主要内容包括：竞争者的网络广告策略、网络广告的可能效果、_____、网络广告的价格、网络广告设计的关键因素等。

5. 网络广告的特点是什么？与传统广告相比，其优势是什么？

6. 简述网络广告的营销价值。

7. 网络广告实施的一般步骤是什么？

8. 网络广告的效果评价方法有哪些？

9. 影响网络广告效果的因素有哪些？如何提高网络广告的效果？

第4部分　网络营销方法的综合应用和效果评价

第10章　网络营销方法的实践应用

本章重要内容提示：

本章以网络营销 8 项职能为主要线索，对实现各项职能的网络营销方法从应用角度出发，分别从网站推广、网络品牌的建立与推广、在线客户服务与顾客关系、网上促销这几方面进行介绍。由于各种方法和职能之间并非独立的，一种方法往往会有多方面的效果，而同一网络营销职能可以通过多种方法来实现，在内容安排上会有一定的交叉。最后通过对网站推广案例进行分析来介绍网络营销方法在实际中的具体应用情况。

10.1　网站推广

网站推广是网络营销的基本职能之一，是网络营销工作的基础。尤其对于中小型企业网站，用户了解企业的渠道比较少，网站推广的效果在很大程度上也就决定了网络营销的最终效果，因此网站推广在网络营销中的重要性尤为显著。在早期的网络营销中，网站推广成为一些企业网络营销的主要任务。网站推广的目的在于让尽可能多的潜在用户了解并访问网站，从而利用网站实现向用户传递营销信息的目的，用户通过网站获得有关产品和公司的信息，为最终形成购买决策提供支持。

10.1.1　网站推广常用方法

网站推广的策略，是对各种网站推广工具和资源的具体应用。制定网站推广策略的基础是在分析用户获取网站信息的主要途径的基础上，发现网站推广的有效方法。根据网络营销实践经验，以及 CNNIC 近年来发布的《中国互联网络发展状况统计报告》等，用户获得网站信息的主要途径包括搜索引擎、网站链接、口碑传播、电子邮件、媒体宣传等方式。每种网站推广方式都需要相应的网络工具，或者推广的资源，表 10-1 归纳出常用的网站推广方法及相关网络工具和资源。

表 10-1　常用的网站推广方法及相关网络工具和资源

网站推广方法	相关推广工具和资源
搜索引擎推广方法	搜索引擎和分类目录
电子邮件推广方法	潜在用户的 Email 地址
资源合作推广方法	合作伙伴的访问量、内容、用户资源等
信息发布推广方法	行业信息网站、B2B 电子商务平台、论坛、博客网站、社区等
病毒性营销方法	电子书、电子邮箱、免费软件、免费贺卡、免费游戏、聊天工具等

快捷网址推广方法	网络实名、通用网址，以及其他具有类似功能的快捷寻址服务
网络广告推广方法	分类广告、在线黄页、网络广告媒体、无线通信工具等
综合网站推广方法	网上、网下各种有效方法的综合应用

可见，网站推广的基本工具和资源都是一些常规的互联网应用的内容，但由于每种工具在不同的应用环境中都会有多种表现形式，因此建立在这些工具基础上的网站推广方法相当繁多，这就大大增加了用户了解网站的渠道，也为网站推广提供了更多的机会。

除了这些常规网站推广方法之外，一些网站（通常是非传统企业网站，如软件下载、交友社区、电子商务等类别网站）也采用一些非常规的手段，如大量的弹出广告、浏览器插件、更改用户浏览器默认主页、强制性安装的软件（2005 年之后受到舆论指责的流氓软件）、垃圾邮件、不规范的网站联盟等，这些方式对网站访问量的增长虽然具有明显的拉动作用，但由于对用户正常上网造成一定的影响甚至危害，因此在正规的网络营销中并不提倡这些方法。

10.1.2　网站推广的阶段及其特征

在网站运营推广的不同阶段，网站推广策略的侧重点和所采用的推广方法也存在一定的区别，因此有必要对网站推广的阶段特征及相应的网站推广方法进行系统的分析。

1. 网站推广的四个阶段与访问量增长曲线

通过对大量网站推广运营的规律的研究，从网站推广的角度来看，一个网站从策划到稳定发展要经历四个基本阶段：网站策划与建设阶段、网站发布初期、网站增长期、网站稳定期，见表 10-2。

表 10-2　网站推广阶段与访问量增长

发展阶段	网站推广的阶段特点
网站策划建设阶段	对主要人员个人经验和知识要求比较高，建设过程控制较复杂；网站推广意识不明确，经常被忽视；效果需要后期验证，这种滞后效应容易导致忽视网站建设对网站推广影响因素的考虑
网站发布初期	有营销预算和人员热情的优势；可尝试多种常规网站推广方法；网站推广具有一定的盲目性，需要经过后期的逐步验证；尽快提升访问量是主要推广目标
网站增长期	对网站推广方法的有效性有一定认识，因而可采用更适用的推广方法；常规方法已经不能完全满足网站推广目标的要求；网站推广的目的除了访问量的提升，还应考虑与实际收益的结合；需要重视网站推广效果的管理
网站稳定期	访问量增长缓慢，可能有一定波动；注重访问量带来的实际收益而不仅仅是访问量指标；内部运营管理成为工作重点

表 10-2 中表现的是一般网站访问量的发展轨迹，或者说是对一个网站推广效果的期望轨迹，并不能代表所有网站的发展状况。例如，不能忽视一些网站由于推广不力等原因造成访问量长期没有明显增长的情况，有些网站则有可能在某个阶段出现意外原因造成访问量的突然下降，甚至无法访问的现象，不过本书不再对这些特例作更多的探讨。从表 10-2 中可以看到，当网站进入稳定期之后的发展，由于不同的经营策略，网站访问量可能进入新一轮的增长期，也可能进入衰退期。对于一个长期运营的网站，自然希望当进入一个稳定阶段之

后，通过有效的推广，再次进入成长期。之所以网站进入稳定期之后不同的网站会出现迥异的表现，在很大程度上就是对网站运营所处阶段及其特点了解不深，没有采取针对性的推广策略。另外，这里解释一下，为什么要把网站建设纳入到网站推广阶段中。在企业网站研究的相关内容中，已经介绍过网站建设对网络营销可能产生的影响，尤其是对网站推广的影响。因为网站推广方法受到网站功能和设计的制约，网站建设决定了某些网站推广方法。例如，对于搜索引擎营销等，应该从网站策划建设阶段就开始，否则等到发现网站推广效果不佳时，还是要进行网站基本要素的重新设计。因此，尽管真正意义上的网站推广通常在网站发布之后进行，但在策划和建设过程中就有必要制定推广策略，并且为网站发布后的推广奠定基础，也就是说，网站策划和建设的阶段，事实上已经开始网站推广工作了。

2. 网站推广的阶段特征

（1）网站策划与建设阶段网站推广的特点。

真正意义上的网站推广并没有开始，网站没有建成发布，当然也就不存在访问量的问题，不过这个阶段的"网站推广"仍然具有非常重要的意义。其主要特点表现在：

1）"网站推广"很可能被忽视。大多数网站在策划和设计中往往没有将推广的需要考虑进来，这个问题很可能是在网站发布之后才被认识到，然后才回过头来考虑网站的优化设计等问题，这样不仅浪费人力，也影响了网站推广的时机。

2）策划与建设阶段的"网站推广"实施与控制比较复杂。一般来说，无论是自行开发，还是外包给专业服务商，一个网站的设计开发都需要由技术、设计、市场等方面的人员共同完成，不同专业背景的人员对网站的理解会有比较大的差异。例如，技术开发人员往往只从功能实现方面考虑，设计人员则更为注重网站的视觉效果。如果没有一个具有网络营销意识的专业人员进行统筹协调，最终建成的网站很可能离网络营销导向有很大差别。因此在这个过程中对策划设计人员的网络营销专业水平有较高的要求，这也就是为什么一些网站建成之后和最初的策划思想有差距的主要原因所在。

3）策划与建设阶段的"网站推广"效果需要在网站发布之后得到验证。在网站建设阶段所采取的优化设计等"推广策略"，只能凭借网站建设相关人员的主观经验来进行。是否真正能满足网站推广的需要，还有待于网站正式发布一段时间之后的实践来验证。如果与期望目标存在差异，还有必要作进一步的修正和完善。也正是因为这种滞后效应，更加容易让设计开发人员忽视网站建设对网站推广影响因素的考虑。这些特点表明，网站推广策略的全面贯彻实施，涉及多方面的因素，需要从网络营销策略整体层面上考虑，否则很容易陷入网站建设与网站推广脱节的困境。目前这种问题在企业中是普遍存在的，这也是企业网站往往不能发挥作用的重要影响因素之一。

（2）网站发布初期推广的特点。

网站发布初期通常指网站正式开始对外宣传之日开始到大约半年左右的时间。网站发布初期推广的特点表现在下面几个方面：

1）网络营销预算比较充裕。企业的网络营销预算，应用于网站推广方面的，通常在网站发布初期投入较多，这是因为一些需要支付年度（季度）使用费的支出通常发生在这个阶段。另外，为了在短期内获得明显的成效，新网站通常会在发布初期加大推广力度，如发布广告、新闻等。

2）网络营销人员有较高的热情。这种情感因素对于网站推广会产生很大影响。在网站发布初期，网络营销人员非常注重尝试各种推广手段，对于网站访问量和用户注册数量的增长等指标非常关注。如果这个时期网站访问量增长较快，达到了预期目的，对于网络营销人员是很大的激励，可能会进一步激发工作热情。反之，如果情况不太理想，很可能会影响积极性，甚至对网站推广失去信心，此后很长一段时间可能不愿继续尝试其他推广方法，一些企业的网络营销工作也可能就此半途而废。所以工作人员的情感因素也是网站推广效果的重要影响因素之一。

3) 网站推广具有一定的盲目性。尽管营销人员有较高的热情，但由于缺乏足够的经验，缺乏必要的统计分析资料，加之网站推广的成效还没有表现出来，因此无论是网站推广策略的实施上还是网站推广效果方面都有一定的盲目性。因此宜采用多种网站推广方法，并对效果进行跟踪控制，逐渐发现适合于网站特点的有效方法。

4) 网站推广的主要目标是用户的认知程度。推广初期网站访问量快速增长，得到更多用户了解是这个阶段的主要目标，也就是获得尽可能多用户的认知，产品推广和销售促进通常居于次要地位，因此更为注重引起用户对网站的注意。在采用的方法上，主要以新闻、提供免费服务和基础网站推广手段为主。这些特点为制定网站发布初期的网站推广计划提供了思路：尽可能在这个阶段尝试应用各种常规的基础网络营销方法，同时要注意合理利用营销预算。因为有些网络营销方法是否有效尚没有很大的把握，过多的投入可能导致后期推广资源的缺乏。在这个阶段所采用的每项具体网站推广方法中，有相应的规律和技巧，这些内容将在介绍网站推广的具体方法时详细介绍。

(3) 网站增长期推广的特点。

经过网站发布初期的推广，网站拥有了一定的访问量，并且访问量仍在快速增长中。这个阶段仍然需要继续保持网站推广的力度，并通过前一阶段的效果进行分析，发现最适合于本网站的推广方法。

网站增长期推广的特点主要表现在下列方面：

1) 网站推广方法具有一定的针对性。与网站发布初期的盲目性相比，由于尝试了多种网站推广方法，并取得了一定效果，这个阶段对于哪些网站推广方法更为有效积累了一些实践经验，因此在做进一步推广时往往更有针对性。

2) 网站推广方法的变化。与网站发布初期相比，增长期网站推广的常用方法会有少量变化，一方面是已经购买了年度服务费的推广服务如分类目录登录、付费会员费用等处于持续发挥效果的阶段，除非要继续增加付费推广项目，否则在这些方面无需更多的投资，不过这并不是说就不需要网站推广活动了。相反，为了继续获得网站访问量的稳定增长，需要采用更具有针对性的网站推广手段，有些甚至需要独创性才能达到效果。

3) 网站推广效果的管理应得到重视。网站推广的直接效果之一就是网站访问量的上升，网站访问量指标可以通过统计分析工具获得，对网站访问量进行统计分析可以发现哪些网站推广方法对访问量的增长更为显著，哪些方法可能存在问题，同时也可以发现更多有价值的信息，例如用户访问网站的行为特点等，跟踪分析网站访问量的增长情况。

4) 网站推广的目标将由用户认知向用户认可转变。网站发布初期阶段的推广获得了一定数量的新用户。如果用户肯定网站的价值，将会重复访问网站以继续获得信息和服务。因此在网站增长期的访问用户中，既有新用户，也有重复访问者。网站推广要兼顾两种用户的不同需求特点。网站增长期推广的特点反映了一些值得引起重视的问题：作为网络营销专业人员，仅靠对网站推广基础知识的了解和应用已经明显力不从心了。对网站推广的方法、目标和管理都提出了更高的要求，有时甚至需要借助于专业机构的帮助才能取得进一步的发展。这也就说明，这个阶段对于网站进入稳定发展阶段具有至关重要的影响如果没有专业的手段而任其自然发展，网站很可能在较长时间内只能维持在较低的访问量水平上，最终限制了网络营销效果的发挥。

网站稳定期推广的特点网站从发布到进入稳定发展阶段，一般需要一年甚至更长的时间，稳定期主要特点，如下：

（1）网站访问量增长速度减慢。网站进入稳定期的标志是访问量增长率明显减慢，采用一般的网站推广方法对于访问量的增长效果不明显，访问量可能在一定数量水平上下波动，有时甚至会出现一定的下降。但总体来说，正常情况下网站访问量应该处于历史上较高的水平，并保持相对稳定。如果网站访问量有较大的下滑，应该是一种信号，需要采取有效的措施。

（2）访问量增长不再是网站推广的主要目标。当网站拥有一定的访问量之后，网络营销的目标将注重用户资源的价值转化，而不仅仅是访问量的进一步提升，访问量只是获得收益的必要条件，但仅有访问量是不够的。从访问量到收益的转化是一个比较复杂的问题，这些通常并不是网站推广本身所能完全包含的，还取决于企业的经营策略和企业盈利模式。

（3）网站推广的工作重点将由外向内转变。也就是将面向吸引新用户为重点的网站推广工作逐步转向维持老用户，以及网站推广效果的管理等方面，这是网站推广周期中比较特殊的一个阶段。这种特点与网站建设阶段在某些方面有一定的类似，即主要将专业知识和资源面向网站运营的内部，而且这些工作往往没有非常通用的方法，对网络营销人员个人的专业水平提出了更高的要求。

网站稳定期推广的特点表明，网站发展到稳定阶段并不意味着推广工作的结束，网站推广是一项永无止境的工作，网站的稳定意味着初级的推广工作达到阶段目标保持网站的稳定并谋取新的增长期仍然是一项艰巨的任务。

3. 网站推广阶段的主要任务

在网站发展的不同阶段，每个阶段中网站推广具有各自的特点，这些特点也决定了该阶段网站推广的任务也会有所不同。为了制定有效的网站推广策略，还需要进一步明确这四个阶段网站推广的任务和目的。网站推广4个阶段的主要工作任务见表10-3。

表10-3 网站推广阶段主要任务

发展阶段	网站推广的主要任务
网站策划建设阶段	网站总体结构 功能服务内容；网站开发设计及其优化
网站发布初期	常规网站推广方法到实施，尽快提升网站访问量，尽可能多了解用户
网站增长期	常规网站推广方法效果的分析；制定和实施更有效的针对性更强的推广方法，重视推广效果
网站稳定期	包用户数量的相对稳定；提升品牌的综合竞争能力，为网站的下一轮增长做准备

10.1.3 网站推广计划——一个案例

网站推广计划是网络营销计划的组成部分。网站推广计划不仅是网站推广的行动指南，同时也是检验推广效果是否达到预期目标的衡量标准。所以，合理的网站推广计划也就成为网站推广策略中必不可少的内容。网站推广计划通常是在网站策略阶段就应该完成的。与完整的网络营销计划相比，网站推广计划比较简单，然而更为具体。一般来说，网站推广计划至少应包含下列主要内容：

（1）确定网站推广的阶段目标。如在发布后一年内实现每天独立访问用户数量、与竞争者相比的相对排名、在主要搜索引擎的表现、网站被链接的数量、注册用户数量等。

（2）在网站发布运营的不同阶段所采取的网站推广方法。如果可能，最好详细列出各个阶段的具体网站推广方法，如登录搜索引擎的名称、网络广告的主要形式和媒体选择、需要投入的费用等。

（3）网站推广策略的控制和效果评价。如阶段推广目标的控制、推广效果评价指标等。对网站推广计划的控制和评价是为了及时发现网络营销过程中的问题，保证网络营销活动的顺利进行。

下面以案例的形式来说明网站推广计划的主要内容。实际工作中由于每个网站的情况不同，并不一定要照搬这些步骤和方法，只是作为一种参考。

案例分析一：某网站的推广计划（简化版）

某公司生产和销售旅游纪念品，为此建立一个网站来宣传推广公司产品，并且具备了在网上下订单的功能。本网站推广计划为第一年的推广计划，这里将该网站第一个推广年度分为四个阶段，每个阶段为期三个月左右：网站策划建设阶段、网站发布初期、网站增长期、网站稳定期。

该网站制定的推广计划主要包括下列内容：

（1）网站推广目标。计划在网站发布一年后达到每天独立访问用户 2 000 人，注册用户 10 000 人。

（2）网站策划建设阶段的推广。也就是从网站正式发布前就开始了推广的准备，在网站建设过程中从网站结构、内容等方面对 Yahoo、百度等搜索引擎进行优化设计。

（3）网站发布初期的基本推广手段。登录 10 个主要搜索引擎和分类目录（列出计划登录网站的名单），购买 2~3 个网络实名/通用网址，与部分合作伙伴建立网站链接。另外，配合公司其他营销活动，在部分媒体和行业网站发布企业新闻。

（4）网站增长期的推广。当网站有一定的访问量之后，为继续保持网站访问量的增长和品牌提升，在相关行业网站投放网络广告（包括计划投放广告的网站及栏目选择、广告形式等），在若干相关专业电子刊物投放广告，与部分合作伙伴进行资源互换。

（5）网站稳定期的推广。结合公司新产品促销，不定期发送在线优惠券；参与行业内的排行评比等活动，以期获得新闻价值；在条件成熟的情况下，建设一个中立的与企业核心产品相关的行业信息类网站来进行辅助推广。

（6）推广效果的评价。对主要网站推广措施的效果进行跟踪，定期进行网站流量统计分析，必要时与专业网络顾问机构合作进行网络营销诊断，改进或者取消效果不佳的推广手段，在效果明显的推广策略方面加大投入比重。

（资料来源 www. marketmgman. net）

该案例并不是一个详细的网站推广计划，仅仅笼统地列出了部分重要的推广内容、完整的网站推广计划书还包含更多详细的内容，如营销预算、阶段推广目标及其效果评价指标等。不过，从这个简单的网站推广计划中，仍然可以得出几个基本结论：

（1）制定网站推广计划有助于在网站推广工作中有的放矢，并且有步骤、有目的地开展工作，避免重要的遗漏。

（2）网站推广是在网站正式发布之前就已经开始进行的，尤其是针对搜索引擎的优化工作，在网站设计阶段就应考虑到推广的需要，并作必要的优化设计。

（3）网站推广的基本方法对于大部分网站都是适用的，也就是所谓的通用网站推广方法，一个网站在建设阶段和发布初期通常都需要进行这些常规的推广。

（4）在网站推广的不同阶段需要采用不同的方法，也就是说网站推广方法具有阶段性的特征。有些网站推广方法可能长期有效，有些则仅适用于某个阶段，或者临时性采用。各种网站推广方法往往是结合使用的。

（5）网站推广是网络营销的内容之一，但不是网络营销的全部。同时网站推广也不是孤立的，需要与其他网络营销活动相结合来进行。

（6）网站进入稳定期之后，推广工作不应停止。但由于进一步提高访问量有较大难度，需要采用一些超越常规的推广策略，如建设一个行业信息类网站的计划等。

（7）网站推广不能盲目进行，需要进行效果跟踪和控制。在网站推广评价方法中，最为重要的一项指标是网站的访问量，访问量的变化情况基本上反映了网站推广的成效，因此网站访问统计分析报告对网站推广的成功具有至关重要的作用。

10.1.4 网站推广应用案例

网站推广是网络营销的基本内容，也有大量可参考的成功案例。下面仅以不同的特色推广案例来说明各种常规网站推广方法及其综合应用，通过案例分析归纳总结网站推广的一般规律。这些案例主要包括：

- 利用搜索引擎推广网站的案例。
- 利用病毒性营销推广网站的案例。
- 网站功能推广案例。

1. 利用搜索引擎推广网站的案例

搜索引擎是必不可少的网站推广方法，当网站建成发布之后，将网站信息提交给分类目录和搜索引擎，搜索引擎推广工作是不是已经完成？除此之外，还能做哪些工作？

在网站实际运营中，如何充分挖掘搜索引擎营销推广的潜力？

案例分析二：BodyBuilding.com 网站的搜索引擎推广

高质量的网站内容可以为网站带来可观的访问量，这早已不是秘密，高质量的网站内容加上合理的搜索引擎优化是网站推广成功的基础。所以网站内容本身已经成为有效的推广策略。网站内容推广策略的有效性已经被许多网站的成功经验所证实。这里介绍的是美国健美塑身产品零售网站 BodyBuilding.com 利用网站内容进行推广的成功案例。

健美塑身产品零售网站 BodyBuilding.com 是美国网络零售商 400 强中排名第 160 位的零售网站，其 2004 年的销售额是 3 200 万美元，预计 2005 年的总销售额将达到 4 800 万美元。美国网上零售业竞争激烈，大部分零售网站都会投入很大一部分甚至全部网络营销预算到搜索引擎营销中以推广网站。不过 BodyBuilding.com 不投入分文搜索引擎营销费用，也一样能够在自然搜索结果获得良好的表现，从而获得大量的访问者。

目前，BodyBuilding. com 每天吸引约 16 万独立访问人数。而带来这一巨大访问量的主要原因是网站上接近一万篇关于健康、营养、体重、塑身及其他相关主题的内容文章。BodyBuilding 的 CEORyanDeLuca 说："我们没有做任何付费搜索引擎推广，不过我们拥有大约 400 个写手，他们很多都是各自主题领域内的专家，他们为网站贡献这些专业文章作为网站内容。目前网站文库大约有 1.6 万个网页，并且数目一直在增加。这些文章为我们赢得了良好的口碑广告效应。"

以前 BodyBuilding. com 推广的主要方法是依靠自然排名的搜索引擎优化和一些 E-mail 营销手段。目前网站访问者主要是那些对健身塑身感兴趣的人，他们来网站阅读文库中的专业文章，文章中提到的产品将激发起读者在该网站进行在线购买。由于这些内容的专业性，使得该网站的购物者忠诚度很高，他们实施在线购买都是基于一种理智的决定。RyanDeLuca认为，BodyBuilding. com 建立在读者和购物者的忠诚度之上，这一点将不会改变，他们将继续采用口碑营销策略而不是付费搜索引擎广告来驱动网站访问量。

网站内容推广策略在获得用户访问的同时可以创建良好的品牌形象，在这个过程中搜索引擎发挥了重要作用，高质量的网站内容加上合理的搜索引擎优化是网站推广成功的保证。

（资料来源 www. jingzhengli. cn）

上述网站推广案例的着眼点是网站提供用户需要的高质量的内容，而不是搜索引擎的排名算法，然而事实上却有效地利用搜索引擎进行了网站推广直到用户的转化。这也表明搜索引擎营销成功的基础是高质量的网站内容，所以搜索引擎推广是基于网站内容的推广模式。也可以这么理解：网站内容策略与搜索引擎推广策略是密不可分的。

这样借助于网站内容进行推广的案例很多，其中不仅有各类商务网站，也包括许多以新闻内容服务为主的媒体网站，华盛顿邮报网站（WashingtonPost. com）就是内容推广策略的获益者。

国内同样有大量的网站借助于搜索引擎自然检索的推广取得显著效果，如领先的 B2B 电子商务网站阿里巴巴和慧聪等，都通过网站优化，借助于搜索引擎的自然检索，利用企业发布的商业信息为网站带来了大量的访问量，同时也直接增加了用户商业信息的成功机会。相对于新闻、公关等推广活动，这种基于高质量网站内容的搜索引擎自然检索的推广效果也更持久。

2. 病毒性营销网站推广案例及病毒性营销的一般规律

在一些书籍和文章中介绍的病毒性营销的案例都是一些著名的大型公司，或者从当初的小公司发展成为著名的大公司，他们有实力提供免费服务，有条件几年不盈利来吸引用户的注意力。但并不是每个企业都有这样的条件，也不是每个企业利用病毒性营销都可以取得举世瞩目的成就。那么，一般的小公司也可以利用这种营销方式吗？回答是肯定的。可以说，病毒性营销只是一种营销思想和策略，并没有什么固定模式。

对于一些小企业或小型网站来说，病毒性营销不一定要很大规模，力争在小范围内获得有效传播是完全可以做得到的。很多病毒性营销的创意适合于小企业，比如提供一篇有价值的文章、一部电子书、一张优惠券、一个祝福卡、一则幽默故事、一个免费下载的游戏程序等，只要能恰到好处地在其中表达出自己希望传播的信息，都可以在一定程度上发挥病毒性营销的作用。

（1）病毒性营销网站推广案例。

下面的两个案例都是利用电子书作为病毒性营销的载体。

案例分析三：一个出版公司的病毒性推广

eBook 不拘形式、出版方便、传播发行快捷，而且很多电子书都是免费的，优秀的电子书可以在网民中广为流传。于是，电子书成为病毒性营销的理想媒介。事实上，很多市场人员也都在利用这种营销手段。

Killerstandup. com 是圣地亚哥一家出版公司 Baquay 拥有并经营的网站。在网站建成之后，他们打算用几种方式进行推广，但起初非常茫然，不知道什么手段最有效。一个偶然的机会，他们想到了一种非常简单的方法，在当时还没有别的网站使用同样的推广方式。

为了推广 Killerstandup. com，Baquay 公司的 Roye 和 Stoecklein 创建了第二个网站 Free-JokeBooks. com，这个网站提供可免费下载的笑话和幽默电子书。通过编辑人员的精心设计，这些电子书看起来像一个独立的网站，其中有 Killerstandup. com 和 FreeJokeBooks. com 的超级链接。在电子书通过电子邮件流传的过程中，一些用户通过链接访问到这两个网站。

2001 年 3 月 3 日，Roye 和 Stoecklein 向他们的一些朋友发去了一本免费的笑话电子书，几天之内就获得了来自几个国家的 30 000 次点击，而且网站的访问量还在快速增加？最初，他们并没有意识到电子邮件传播也起到了很大作用，仅仅将电子书作为一种免费推广方式，用户从中看到网站的地址而可能来访问，而且他们甚至并没有想到这就是"病毒性营销"。很多电子邮件在用户阅读后往往被删除，通过 E-mail 传播的笑话也有这种风险。相对来说，eBook 的流传和保存时间可以更持久一些，因而营销效果也就更加明显。

（资料来源 www. marketingman. net）

案例分析四：时代营销网的病毒性推广

时代营销网（www. Emarketer. com. cn）发布于 2003 年 6 月，是由国内知名网络顾问公司时代财富（www. fortuneage. com）经营的网络营销专业门户网站，提供网络营销与电子商务等领域的理论研究、实用方法、行业信息、网络营销服务企业供求信息发布及研究学习互动服务。由于时代营销并非一个营利性的商业网站，因此在网站推广方面也基本没有投入专门资金，而是利用现有的部分网络营销资源进行推广，在网站发布初期就制定采用了病毒性营销的推广方法。

由时代营销网编译、注释、制作的电子书《网站推广 29 种常用方法》作为病毒性营销工具，发挥了相当大的作用，这部书的原作者正是前面提及的 Wilson 博士。1997 年 12 月 1 日，Wilson 博士发表了 "23 Ways to Promote Your Site"，该文章被广泛传播，成为网络营销方法的经典文章之一。随着网络营销环境的不断发展变化，虽然文中提到的一些方法至今仍然有效，但有些内容发生了重大变化，因此 Wilson 博士对该文进行了修订和补充，于 2003 年 6 月 4 日推出了最新版本的 "29 Ways to Promote Your Website"。在这篇文章中，Wilson 将网站推广策略分为 5 个主要类别的 29 种方法：搜索引擎策略（8 种方法）、链接策略（4 种方法）、传统方法推广（4 种方法）、E-mail 推广（4 种方法）、混合方法（5 种方法）、付费广告策略（4 种方法）。由于 Wilson 这篇文章具有较大的影响力，很容易得到快速传播，也就是说，具有了病毒性营销工具的特征，时代营销充分利用了这篇文章的病毒性推广价值。在看到最新文章发表后，时代营销当即与 Wilson 博士取得联系，征得原作者许可后，时代营销网工作人员将该文翻译为中文，并根据国内网络营销的现实情况和有关研究以"时代营销注"的形式，对原作中每种方法都给出注释和建议，为读者提供更为丰富的内容，时代营销网将"29 Ways to Promote Your Website"制作为 exe 格式的电子书供免费下载。该电子书制作完成之后，分别在时代营销网站、网上营销新观察和专门提供电子书

下载的 E 书时空三个网站给出链接。尽管这三个网站都属于小网站，时代营销更是刚刚发布几天没有任何知名度的网站，但却取得了出人意料的效果：在电子书发布后的 10 天内已经有超过 2 万人下载。也就是说，至少有 2 万人通过这部电子书中的信息知道了时代营销，其中很多人成为时代营销的早期的用户群体，时代营销网站也取得了比预期要好得多的推广效果。时代营销作为专业的网络营销信息网站，用自己的实际行动创造了网络营销的经典案例。

（资料来源 www. emarketex. cn）

在该案例中，时代营销网的推广得益于病毒性营销的威力，这种病毒性营销工具并非仅仅是单方面受益，也为网络营销学习者提供了丰富的网站推广经验和技巧。在时代营销后来的经营过程中，又陆续发布了多部有关网络营销研究和应用的电子书，在向读者提供网络营销知识的同时，也都在一定程度上发挥了网站推广的作用。直到现在，"29WaystoPromoteYourWebsite"仍然是下载量最大的电子书之一，可见其影响力相当持久，作为有研究和实用价值的电子书，比一般的流行性病毒性营销工具有更强的生命力。根据作者的体会，病毒性营销是一种网络营销方法（常用作网站推广的手段），病毒性营销同时也是一种网络营销思想，其背后的含义是如何充分利用外部网络资源（尤其是免费资源）扩大网络营销信息传递渠道。

（2）病毒性营销的一般规律。

根据对病毒性营销的实践和研究，将病毒性营销的一般规律归纳总结为下列 5 个方面。

1）病毒性营销的"病毒"有一定的界限，超出这个界限的病毒性营销方案就成为真正的病毒了。没有人喜欢自己的计算机出现病毒，可见病毒并不是受人欢迎的东西。病毒性营销中的核心词是"营销"，"病毒性"只是描述营销信息的传播方式，其实和病毒没有任何关系。病毒性营销的基本思想只是借鉴病毒传播的方式，本身并不是病毒。不仅不具有任何破坏性，相反还能为传播者以及病毒性营销的实施者带来好处，因此病毒性营销和病毒之间并没有任何直接的联系。但在病毒性营销的实际操作中，如果没有认识到病毒性营销的本质是为用户提供免费的信息和服务这一基本问题，有时可能真正成为传播病毒了。尤其是利用一些技术手段来实现的病毒性营销模式，如自动为用户计算机安装插件、强制性修改用户浏览器默认首页、在 QQ 等聊天工具中自动插入推广信息（称为 QQ 尾巴）等，这些其实已经不能称之为病毒性营销，而是传播病毒了。

2）成功的病毒性营销离不开 6 个基本要素。美国电子商务顾问 Ralph F. Willson 博士将一个有效的病毒性营销战略的基本要素归纳为 6 个方面：①提供有价值的产品或服务。②提供无需努力地向他人传递信息的方式。③信息传递范围很容易从小向很大规模扩散。④利用公共的积极性和行为。⑤利用现有的通信网络。⑥利用别人的资源进行信息传播。

根据这一基本规律，在制定和实施病毒性营销计划时，应该进行必要的前期调研和针对性的检验，以确认自己的病毒性营销方案是否满足这 6 个基本要素。

3）病毒性营销并不是随便可以做好的，需要遵照一定的步骤和流程。网上营销新观察（www. marketingman. net）的研究认为，成功实施病毒性营销需要 5 个步骤：

① 病毒性营销方案的整体规划和设计，确认病毒性营销方案符合病毒性营销的基本思想，即传播的信息和服务对用户是有价值的，并且这种信息易于被用户自行传播。

② 病毒性营销需要独特的创意，并且精心设计病毒性营销方案（无论是提供某项服务，还是提供某种信息）。最有效的病毒性营销往往是独创的。在方案设计时，一个特别需要注意的问题是，如何将信息传播与营销目的结合起来？如果广告气息太重，可能会引起用户反感而影响信息的传播。

③ 对网络营销信息源和信息传播渠道进行合理的设计以便利用有效的通信网络进行信息传播。

④ 对病毒性营销的原始信息在易于传播的小范围内进行发布和推广。

⑤ 对病毒性营销的效果进行跟踪和管理。对于病毒性营销的最终效果实际上自己是无法控制的；但并不是说就不需要进行这种营销效果的跟踪和管理。例如，可通过网站流量分析及时掌握营销信息传播所带来的反应，也可以从中发现这项病毒性营销计划可能存在的问题，以及可能的改进思路，将这些经验积累为下一次病毒性营销计划提供参考。

上述成功实施病毒性营销的 5 个步骤对病毒性营销的 6 个基本要素从实际应用的角度作了进一步的阐释，使其更具有指导性，充分说明了病毒性营销在实践应用中应遵循的规律。

4）病毒性营销的实施过程通常是无需费用的，但病毒性营销方案设计是需要成本的。病毒性营销通常不需要为信息传递投入直接费用，但病毒性营销方案不会自动产生，需要根据病毒性营销的基本思想认真设计，在这个过程中必定是需要一定资源投入的，因此不能把病毒性营销理解为完全不需要费用的网络营销。尤其在制定网站推广计划时，应充分考虑到这一点。此外，并不是所有的病毒性营销方案都可以获得理想的效果，这也可以理解为病毒性营销的隐性成本。

5）网络营销信息不会自动传播，需要进行一定的推广。在成功实施病毒性营销五个步骤中的第四步就是关于对病毒性营销信息源的发布和推广，因为病毒性营销信息不会实现自动传播，需要借助于一定的外部资源和现有的通信环境来进行，这种推广可能并不需要直接费用，但需要合理选择和利用有效的网络营销资源，因此需要以拥有专业的网络营销知识为基础。

总之，病毒性营销具有自身的基本规律，成功的病毒性营销策略必须遵循病毒性营销的基本思想，并充分认识其一般规律，包括：为用户免费提供有价值的信息和服务而不是采用强制性或者破坏性的手段；在进行病毒性营销策略设计时有必要对可利用的外部网络营销资源进行评估；遵照病毒性营销的步骤和流程；不要指望病毒性营销方案的设计和实施完全没有成本；最后，并不是任何一个病毒性营销信息都会自动在大范围内进行传播，因此进行信息传播渠道设计和一定的推动是必要的。

3. 网站功能推广案例

与高质量的网站内容成为网站推广策略类似，提供对用户有价值的网站功能和网站服务也是有效的网站推广手段，可相应地称为网站功能推广策略和网站服务推广策略。

案例分析五：网站功能推广策略成功二例

网站功能推广成功例一：手机之家网站的功能推广

手机之家网站（www.imobile.com.cn）开通于 2002 年初，由知名网络人物高春辉创建。高春辉的个人主页曾入选 1998 年 CNNIC 优秀中文网站排名，是当时最著名的个人网站。本文写作期间（2005 年 2 月）手机之家的 ALEXA 全球网站排名为 880。在手机之家网站开通不久本书作者曾与高春辉先生有过几次交流，记得手机之家网站刚开通时只是一个手机号码归属地查询框，输入一个手机号码（前 7 位即可），如果数据库中已经有该手机号码区段归属地的资料，则可以显示出手机号码的有关信息。如果暂时没有相关资料，用户则可以自己输入有关信息，例如可以自己输入该手机号码所在城市、手机号码类型（移动、联通等）、提供该信息的用户名称等。

有关文章介绍，高春辉的手机之家网站在建立一年后即达到每天超过 40 万的访问量之所以取得如此显著的网站推广成效，并没有靠任何广告推广，其重要原因之一；就在于"手机号码归属地"查询功能。手机之家是较早提供该项功能的网站之一。这想起来并不复杂，并且用途也非常有限，但仍然受到大量网络用户喜欢。比如错过接听，一个陌生手机号码打来的电话，在决定是否回拨该号码之前，先查询一下该号所在地区，说不定已经可以猜测到是来自何人的电话。从 2004 年开始，通过搜索引擎输入手机号码可查询该号码的归属地实并不是 Google 也提供了这项服务，而是直接调用手机之家的数据库进行查询在检索：结果页面的第一项显示的是"手机号码 13×××××××××归属地 www.imobile.com.cn"，由此也可以反映出手机之家这项特色功能受到重视的程度。受到 Google 与手机之家的这项合作又进一步提高了手机之家网站的访问量和知名度。手机之家网站堪称功能推广的典范。

网站功能推广成功例二：域名注册信息查询网站 checkdomain.com

域名注册信息查询网站（www.checkdomain.com）发布于 1996 年 8 月，网站的功能非常单一，就是查询域名是否已经被注册，以及域名注册人的有关信息。为了让更多网站为 checkdomain.com 进行推广。不仅如此，checkdomain.com 还为一个网站提供自定义的功能，可以查询结果页面中加入返回自己网站的链接，为提供域名注册服务的网站带来极大便利。

现在许多提供域名注册、网站建设等相关业务的网站都提供有关域名查询和域名注册的功能。但在 2000 年之前，域名还是一个很新的概念，很多人并不知道怎样查询域名怎样注册域名，因此 checkdomain.com 提供的域名查询功能曾经发挥了很大作用，凭着这项功能，不许奥投入资金即将获得了网站推广的显著效果。该网站目前 ALEXA 全球网站排名为 6 972（2005 年 2 月），这就意味着知道现在每天仍有数万人通过 checkdomain.com 查询域名注册信息，其推广效果由此可见一般。

手机之家和 checkdomain.com 这两个网站的功能推广，都是利用用户之间传播来实现推广的目的，与网站内容推广策略需要借助于搜索引擎推广不同，网站功能推广策略利用的是用户口碑传播的原理，也就是采用了病毒性营销的推广思想。

（资料来源 www.Checkdomain.com）

通过对上面两个网站功能推广的案例分析发现，网站功能推广在一定程度上可以认为是利用了用户的口碑传播的原理，也就是采用了病毒性营销的推广思想。现在很多网站通过各种功能来增加访问量，例如提供火车时刻查询、邮政编码查询等，不过这种功能推广也有可能被滥用。提供网站功能的原则是，网站的功能可以为有效开展网络营销发挥作用，否则即使拥有很多滥竽充数的功能也是没有意义的。作为网站功能推广策略，也需要从功能的策划、开发、传播以及效果控制和改进等多方面努力才能发挥其作用。

10.2　网络品牌的建立与推广

10.2.1　网络品牌的含义和特点

网络品牌这一术语并不陌生，尤其在有关域名保护、网络广告、网站专业性建设等相关文章中，涉及网络品牌概念的很多。但网络品牌究竟是什么含义，则很难说清楚，也难以找到权威的解释。为了详细说明网络品牌的含义，有必要先回顾一下市场营销中品牌的概念。美国市场营销协会对品牌的定义是：品牌是一种名称、属性、标记、符号或设计，或是它们的组合运用，其目的是借以辨认某个销售者或某群销售者的产品或服务，并使之同竞争对手的产品和服务区别开来。

从这个定义来看，主要强调了品牌的可辨识性因素，即企业品牌存在的特征。那么什么是网络品牌呢？简单来说，企业品牌在互联网上的存在即网络品牌。网络品牌有两个方面的含义：一是通过互联网手段建立起来的品牌，二是互联网对网下既有品牌的影响。两者对品牌建设和推广的方式和侧重点有所不同，但目标是一致的，都是为了企业整体形象的创建和提升。相对于传统意义上的企业品牌，网络品牌具有 4 个特点。

（1）网络品牌是网络营销效果的综合表现。网络营销的各个环节都与网络品牌有直接或间接的关系。因此，可以认为网络品牌建设和维护存在于网络营销的各个环节。从网站策划、网站建设，到网站推广、顾客关系和在线销售，无不与网络品牌相关。网络品牌是网络营销综合效果的体现，如网络广告策略、搜索引擎营销、供求信息发布各种网络营销方法等均对网络品牌产生影响。

（2）网络品牌的价值只有通过网络用户才能表现出来。正如科特勒所言："每一个强有力的品牌实际上代表了一组忠诚的顾客。"因此，网络品牌的价值也就意味着企业与互联网用户之间建立起来的和谐关系。网络品牌是建立用户忠诚的一种手段，因此对于顾客关系有效的网络营销方法对网络品牌营造同样是有效的，如集中了相同品牌爱好者的网络社区，在一些大型企业如化妆品、保健品、汽车行业、航空公司等比较常见，网站的电子刊物、会员通讯等也是创建网络品牌的有效方法。

（3）网络品牌体现了为用户提供的信息和服务。百度是最成功的网络品牌之一，当人们想到百度这个品牌时。头脑中的印象不仅是那个非常简单的网站界面，更主要的是他在搜索方面的优异表现，百度可以给我们带来满意的搜索效果。可见有价值的信息和服务才是网络品牌的核心内容。

（4）网络品牌建设是一个长期的过程。与网站推广、信息发布、在线调研等网络营销活动不同，网络品牌建设不是通过一次活动就可以完成的，不能指望获得立竿见影的效果，网络营销是一项长期的营销策略，对网络营销效果的评价用一些短期目标并不能全面衡量。

10.2.2　网络品牌的层次

当人们看到一个知名企业网站时，会联想到该企业的形象。如果企业网站看起来比较专业，可以为用户提供有价值的信息和服务，那么会对该品牌产生满意，否则将对企业品牌产生负面影响，但不至于对一个知名企业完全失去信任，因为该企业的品牌还有更多的途径对用户产生影响。而且已有的品牌威力会形成一种印象惯性，即使在网络品牌方面有不足的地方，也容易受到用户的忽略。如果用户看到一个并不熟悉的企业网站时，通常会产生一定的印象，但很难马上和企业的品牌结合在一起，因为这个品牌在该用户心目中还不存在，这时通过网络形成的品牌印象，也是对企业品牌的第一印象。

这也可以说明，知名品牌企业的网络品牌策略主要是品牌形象从网下向网上的延伸和发展，而非知名企业和新创企业的网络品牌则近乎是全新的创建过程。对于网络用户来说，从网上获得的印象似乎就是对于企业的全部印象，因此这些企业在向用户传递品牌信息时更应细心。在这方面，与基于互联网业务的纯粹网络公司有一定的相似性。网络品牌包含三个层次，如图 10-1 所示。

第一，网络品牌要有一定的表现形态。一个品牌之所以被认知，首先应该有其存在的表现形式，也就是可以表明这个品牌确实存在的信息，即网络品牌具有可认知的、在网上存在的表现形式，如域名、网站（网站名称和网站内容）、电子邮箱、网络实名/通用网址。

| 第三层：网络品牌的价值转化 |
| 第二层：网络品牌的信息传递 |
| 第一层：网络品牌的表现形态 |

图 10-1　网络品牌层次

第二，网络品牌需要一定的信息传递的手段。仅有网络品牌的存在并不能为用户所认知，还需要通过一定的手段和方式向用户传递网络品牌信息，才能为用户所了解和接受。网络营销的主要方法如搜索引擎营销、许可 E-mail 营销、网络广告等都具有网络品牌信息传递的作用。因此网络营销的方法和效果之间具有内在的联系，例如在进行网站推广的同时也达到了品牌推广的目的，只有深入研究其中的规律，才能在相同营销资源的条件下获得综合营销效果的最大化。

第三，网络品牌价值的转化。网络品牌的最终目的是为了获得忠诚顾客并达到增加销售的目的，因此，网络品牌价值的转化过程是网络品牌建设中最重要的环节之一，用户从对一个网络品牌的了解到形成一定的转化，如网站访问量上升、注册用户人数增加、对销售的促进效果等，这个过程也就是网络营销活动的过程。

10.2.3　建立和推广网络品牌的途径

多种网络营销方法都有助于建立和推广网络品牌，常见的有 7 种途径。

1. 企业网站与网络品牌建设

企业网站建设是网络营销的基础，也是网络品牌建设和推广的基础。在企业网站中有许多可以展示和传播品牌的机会，如网站上的企业标识、网页上的内部网络广告、网站上的公司介绍和企业新闻等有关内容。

企业网站必不可少的要素之一——域名与网络品牌之间也存在密切的关系。由于英文或汉语拼音域名与中文品牌之间并非一一对应的关系，使得域名并不一定能完全反映出网络品牌。这是中文网络品牌的特点。一个中文品牌可能并非只对应一个域名，如康佳集团，中文商标为"康佳",其英文商标为"KONKA",那么康佳的汉语拼音所对应的域名也将对康佳的网络品牌有一定影响,但汉语拼音"kangjia"所对应的中文并不是唯一的。除了康佳之外,还有"康家"等也有一定意义的词汇。这也为网络品牌推广带来一定的麻烦,同时也出现了域名保护问题。尽管从用户网站访问的角度来看,一个域名就够了,但实际上,由于域名有不同的后缀(如com、net、cn、biz等),以及品牌谐音的问题。为了不至于造成混乱,对于一些相关的域名采取保护性注册是有必要的,尤其是知名企业。但对于过多的保护性注册,也增加了企业的支出,这些网络品牌资产虽然也有其存在的价值,但却无法转化为收益。

2. 电子邮件中的网络品牌建设和传播

由于市场工作的需要,每天都可能会发送大量的电子邮件。其中有一对一的顾客服务邮件,也会有一对多的产品推广或顾客关系信息,通过电子邮件向用户传递信息,也就成为传递网络品牌的一种手段。

电子邮件的组成要素包括:发件人、收件人、邮件主题、邮件正文内容、签名档等。在这些要素中,发件人信息、邮件主题、签名档等都与品牌信息传递直接相关,但往往是容易被忽略的内容。正如传统信函在打开之前首先会看一下发信人信息一样,电子邮件中的发件人信息同样有其重要性。如果仅仅是个人m(如名字缩写)而没有显示企业邮箱信息,将会降低收件人的信任程度。如果发件人使用的是免费邮箱,那么很可能让收件人在阅读之前随手删除,因为使用免费邮箱对于企业品牌形象有很大的伤害。正规企业,尤其是有一定品牌知名度的企业在此类看似比较小的问题上也不能掉以轻心。

在电子邮件信息中传播网络品牌信息值得重视的一些要点有:①设计一个含有公司品牌标志的电子邮件模板(其作用就像邮政信函中使用的有公司品牌标志的公文纸和信封一样),这个模板还可以根据不同的部门,或者不同的接收人群体的特征进行针对性的设计,也可以为专项推广活动进行专门设计。②电子邮件要素完整,并且体现出企业品牌信息。③为电子邮件设计合理的签名档。④商务活动中使用企业电子邮箱而不是免费邮箱或者个人邮箱。⑤企业对外联络电子邮件格式要统一。⑥在电子刊物和会员通讯中,应在邮件内容的重要位置出现公司品牌标识。当然,利用电子邮件传递营销信息时,邮件内容是最基本的,如果离开了这个基础,无论再完美的模板和签名也没有太大的意义。因此,品牌信息的传播是产品促销/顾客服务顾客关系等网络营销信息的附属内容,是只有在保证核心内容的基础上才能获得的额外效果。

3. 网络广告中的网络品牌推广

网络广告的作用主要表现在两个方面:品牌推广和产品促销。相对于其他网络品牌推广方法,网络广告在网络品牌推广方面具有针对性和灵活性的特点,可以根据营销策略的需要设计和投放相应的网络广告。如根据不同节日设计相关的形象广告,并采用多种表现形式投放于不同的网络媒体。利用网络广告开展品牌推广可以是长期的计划,也可以是短期的推广,如针对新年、情人节、企业年庆等特殊节日的品牌广告。

4. 搜索引擎营销中的网络品牌推广

搜索引擎是用户获取网络信息的主要方式之一,用户通过某个关键词检索结果中看到的信息,是一个企业/网站网络品牌的第一印象,这一印象的好坏则决定了这一品牌是否有机会进一步被认知。如果一个网站信息无法通过正常的搜索引擎检索被用户发现,那么也就谈不上通过搜索引擎建立品牌了。这就是说，如何提高网站搜索引擎可见度成为搜索引擎提升网络品牌的必由之路。利用搜索引擎提升网络品牌的基本方法可简要归纳为：①尽可能增加网页被搜索引擎收录的数量。②通过网站优化设计提高网页在搜索引擎检索结果中的效用（包括重要关键词检索的排名位置和标题、摘要信息对用户的吸引力等），获得比竞争者更有利的地位。③利用关键词竞价广告提高网站搜索引擎可见度，例如一些大型企业将提升网络品牌作为搜索引擎广告的首要目标。④利用搜索引擎固定位置排名方式进行品牌宣传。

事实上，搜索引擎带来的品牌效应是网站推广效果的一部分，是搜索引擎营销综合效果的体现。

5. 用病毒性营销方法推广网络品牌

病毒性营销对于网络品牌推广同样有效。例如，Flash 幽默小品是很多上网用户喜欢的内容之一。一则优秀的作品往往会在很多网友中相互传播。在这种传播过程中，浏览者不仅欣赏了画面中的内容，同时也会注意到该作品所在网站的信息和创作者的个人信息，这样就达到了品牌传播的目的。除此之外，常见的病毒性营销的信息载体还有免费电子邮箱、电子书、节日电子贺卡、在线优惠券、免费软件、在线聊天工具等。

6. 提供电子刊物和会员通讯

电子刊物和会员通讯都是许可 E-mail 营销中内部列表的具体表现形式，这种基于注册用户电子邮箱传递信息的手段对于顾客关系和网络品牌都有显著的效果。2002 年 10 月初，美国一家咨询公司 NNG 发表了一份有关电子刊物有效性的调查报告。调查表明，电子刊物的网络营销价值非常显著，甚至超过了网站本身，订阅了电子刊物的用户不需要每天浏览网站，便可以了解到企业的有关信息，对于企业品牌形象和增进顾客关系都具有重要价值。但是，即使用户自愿订阅的邮件列表，也不可能达到 100% 的阅读率。有些用户虽然还在列表上，对于收到的邮件也不一定阅读。该调查表明，大约 27% 的邮件从未被用户打开，被完全阅读的邮件只有 23%，其余 50% 的邮件只是部分阅读，或者简单浏览一下。

7. 建立网络营销导向的网络社区

网络社区营销已经逐渐成为过时的网站推广方法，但网络社区的网络营销价值并没有消失，尤其是建立企业自己的网络社区，如论坛、博客等。企业网站建立网络社区，对于网络营销的直接效果是有一定争议的。因为大多数企业网站访问量本来就很小，参与社区并且重复访问者更少，因此网络社区的价值便体现不出来。但对于大型企业，尤其是有较高品牌知名度，并且用户具有相似爱好特征的企业来说就不一样了，如大型化妆品公司、房地产公司和汽车公司等，由于有大量的用户需要在企业网站上获取产品知识，并且与同一品牌的消费者相互交流经验，这时网络社区对网络品牌的价值就表现出来了。这里需要指出的是，网络社区建设并不仅仅是一个技术问题，建立网络社区的指导思想应明确，是为了建立网络品牌、提供顾客服务，以及增进顾客关系。同时更重要的是，对于网络社区要有合理的经营管理方式，一个吸引用户关注和参与的网络社区才具有网络营销价值。除了上述几种建立和传播网络品牌的方法之外，还有多种对网络品牌传播有效的方法，如发布企业新闻、以企业为背景的成功案例、企业博客等，与网下的企业品牌建设一样，网络品牌不是一蹴而就的事情，重要的是充分认识网络品牌的价值，并在各种有效的网络营销活动中兼顾网络品牌的推广。

10.2.4　企业网站设计与网络品牌案例

　　企业网站通常都比较重视自己的网上形象,希望通过漂亮的网站设计来体现。但过于注重外在的因素,只能适得其反。我们经常会看到一些企业网站的首页是一个巨幅照片或者莫名其妙的 Flash。之所以做这样的网站设计,无论是企业经营者还是网站设计人员,都认为这是表示企业形象。如果从网络营销导向企业网站建设的思想来看,这种设计不仅不能代表企业形象,甚至在很大程度上损害了企业形象。道理很简单,如果一个网站仅靠一个漂亮的网页设计就体现了企业形象,那么创建企业形象实在是太简单的事情了,只要雇一个网页设计人员,或者花几千元外包给别的公司设计一个漂亮的网站首页,这就完成了企业网上形象的工作。事实当然不是如此。

　　企业网站毕竟不是艺术类网站,如果网站设计不能为用户传递有价值的信息,"形象"又从何谈起呢?事实上大量的企业网站因为不合理的设计造成用户无法通过常规途径获知网站的信息。企业网站首页设计有必要体现企业形象,但绝不是简单地依靠美工效果就可以做到的。真正能体现一个企业专业形象的是网站内在的专业品质,如用户获取信息的方便性、网站基本要素设计的合理性、网站可信度等,这些内在的要素才能真正体现其专业形象。

10.3　信息发布与传递

　　信息发布是网络营销的基本职能之一,也是企业网站的基本网络营销功能之一,可见信息发布在网络营销中所具有的重要作用。从广义的角度来看,所有的网络营销方法都在一定程度上具有信息发布和传递的作用,这也使得信息发布与传递成为网络营销的核心内容;由于信息的内容和形式比较广泛,在利用信息发布这一职能时,往往难以制定明确的计划,如发布什么信息,通过什么渠道发布信息,什么时间发布信息,向哪些用户发布信息等,这使得网络营销信息发布这一职能难以实现有效的控制。通过对信息发布和传递一般规律的研究,即可发现和掌握网络营销信息发布的特点,从而充分发挥网络营销信息发布职能的价值。

10.3.1　信息发布的渠道资源

　　信息发布需要一定的信息渠道资源,这些资源可分为内部资源和外部资源。内部资源包括企业网站、注册用户电子邮箱等。外部资源则包括搜索引擎、供求信息发布平台、网络广告服务资源、合作伙伴的网络营销资源等。掌握尽可能多的网络营销资源,并充分了解各种网络营销资源的特点,向潜在用户传递尽可能多的有价值的信息,是网络营销取得良好效果的基础。因此,信息发布职能的基础之一,就是挖掘和利用信息发布和传播的渠道资源。当具备了必要的信息发布和传播的渠道资源之后,传递什么信息,以及如何更有效地传递信息就成为信息发布所要解决的问题。这里将信息发布的资源挖掘和应用原则归纳如下:

1. 充分利用和挖掘内部资源

　　企业网站是信息发布的首要渠道,也是最完整的网络营销信息源,因此应充分发挥企业网站的信息发布功能。一个小型企业网站每天的平均访问量也许只有两三百人,看起来似乎不多,但一个月下来就将近一万。一万个人看过企业网站,要比发放一万份宣传单张资料的效果好得多。即使一个最简单的网站，也比印刷的 Catalog 可以提供更多的信息，并且可以不断更新，将最新信息向用户/潜在用户提供，主动来到网站的用户对网站内容的关注显然多于随手收到的宣传材料。

充分发挥企业网站的信息发布功能包括：①在网站策划和设计方面，为发布信息提供支持。比如，网站在主要页面的显著位置开设重要信息发布区域，在网页上预留广告空间等。②在网站功能方面，建立适合信息传递的资源积累和应用机制，如基于向注册用户传递信息的邮件列表功能等。③在网站内容维护方面，应积极配合市场策略的需要，将重要信息及时发布在企业网站上，并根据需要通过电子邮件等方式直接向用户传递信息。

2. 合理利用免费资源

网络营销的优势之一是其成本相对低廉，这与网上相当多的免费资源有密切关系。尽管现在很多服务都开始收费，但仍然存在一些有价值的免费资源。如网站推广最基本的工具之一——搜索引擎，仍然有很大的免费推广机会。合理利用免费信息发布资源，仍然可以在一定程度上发挥其作用。不过提醒注意的是，在利用免费资源时一定不要贪图便宜，不该使用免费资源的就一定要避免，如免费邮箱、免费主页空间等。这些服务不仅很不稳定，容易错失商业机会，造成泄密，或者对于企业形象也有很大的伤害。

3. 广泛挖掘合作伙伴资源

合作伙伴资源是网络营销中很有价值的资源之一，这种资源的应用通常是互惠互利的，在不投入资金的情况下合作伙伴之间都取得满意的效果。企业网站的网络营销功能之一就是"资源合作"，充分发挥网站的功能，可以实现与其他合作伙伴、供应商、分销商之间多方面的合作，从而获得更多的信息发布机会，如通过合作伙伴的邮件列表发送信息、与合作伙伴交换广告空间，从而实现信息发布渠道的扩展。

4. 以合理的价格选择适合自己企业的服务商的资源

充分挖掘网络营销资源并不意味着不投入资金，有些网络营销服务投入一定的资金是必要的，但同样的资金投入方式和投向不同，产生的效果也有很大差异，有时甚至发挥不了应有的作用。因此对网络营销中信息发布资源的研究，一个重要的目的就是让企业选择最适合的网络营销服务和服务商，让网络营销发挥最大的效果。

10.3.2 网络营销信息发布的内容原则

在具备了信息发布渠道资源的基础上，还需要有对用户有价值的内容资源。信息发布的内容包括多个方面，如企业简介、企业新闻、产品介绍、促销信息、网络广告等。这些问题看起来司空见惯，但真正要做到信息发布效果最大化，发布的信息内容本身也有很大影响。如果内容难以引起用户的关注和信任，甚至会成为影响网络营销效果的决定因素。

因此，在网络营销信息发布的内容设计方面应遵循一定的原则，主要包括下列三个方面：

1. 保持信息的时效性

经常可以从媒体上看到一些评论企业网站现状的文章，其中网站自开通就从不更新内容的现象，更被认为是企业网站不能发挥作用的首要问题。网站内容陈旧的现象的确在不少网站上存在，甚至有些在 1 年前已经结束的事件中还在使用将来时态。失去实效的信息对用户不仅没有价值，也会失去用户的信任，因此在信息发布中首先应避免出现这种问题。

2. 常规信息全面准确

所谓常规信息，也就是发布后较少改变、时效性不明显的信息，如企业的一般介绍、网站使用帮助信息等。这些信息虽然没有很高的时效性要求，但应在全面和准确方面显出专业水准。通过对国内外多个知名电子商务网站的分析可以发现（如 Amazon、eBay、Bizrate、淘宝、6688、当当网等），这些网站在用户帮助以及常见问题解答中都罗列了大量详细的问题，涉及从用户检索商品、注册、购物车、支付、配送、退换货、个人信息保护等与在线购物过程中可能遇到的问题。详尽的 FAQ 不仅方便了用户了解相关问题，也实现了顾客在线服务的目的。这些电子商务网站在网站常规信息全面和准确方面的做法值得借鉴，即使没有网上销售网站这么复杂，用户在应用企业网站上的信息和服务的过程中也会有许多需要了解的问题。网络营销之所以被称为交互式营销，其根本原因就在于用户希望自己可以主动获得更多有价值的信息，保持发布的信息全面和准确，是网络营销信息发布职能的基本要求。

3. 信息内容要有合理的表现方式

在保证信息有效和全面的基础上，还必须保证各种信息以最合适的方式来表现。信息发布的内容包括文字、图片、多媒体文件等，尤其以文字信息最为重要，是主要的信息表现形式。因此信息发布要求网络营销人员有良好的文字表达能力，至少做到把问题说清楚。文字表达能力也是从事一切营销活动的基本能力之一，需要文字表达的内容很多，小到产品介绍资料、广告文案、企业新闻，大到整个网络营销策划方案都离不开文字表达。尤其在企业网站建设阶段，大量的资料也都需要准备，要适合网站用户的特点。

要让网站内容适合搜索引擎检索，所有的内容都需要精心写作。保证内容的清晰、合理同样是信息发布的基本要求。

10.4 在线顾客服务与顾客关系

在线顾客服务与顾客关系都是网络营销职能的组成部分，两者密切相关。在线顾客服务是建立和改善顾客关系的必要手段，顾客关系的好坏直接反映了顾客服务水平的高低。因此本节将顾客服务和顾客关系这两种职能放在一起进行讨论。

10.4.1 在线顾客服务的主要形式

在使用计算机处理文件时，稍微留意就会发现，微软各版本 Windows 操作系统以及应用软件都少不了一个"帮助"菜单，其中详细列举了一些常见问题及解答，为用户使用软件提供了很大的方便，这种服务特色在其他应用软件中也有类似的表现形式。这种形式的用户帮助就是一种顾客服务手段。在利用各个网站的信息和服务时也可以看到。许多网站也设有"帮助"菜单，而且在线帮助的形式更加灵活，不仅限于常见问题解答，还可以根据网站的性质和需要，利用电子邮件、论坛、即时聊天工具、网络会议等方式开展在线顾客服务。对任何一个企业而言，顾客服务都是至关重要的，互联网提供了更加方便和高效的顾客服务手段。优秀的在线服务体系的作用主要表现在 3 个方面：增进顾客关系，增加顾客满意度；提高顾客服务效率；降低顾客服务成本。

从表现形式和所采用的手段来看，在线服务包括用户自助服务和人工服务两种基本形式。自助服务是用户通过网站上的说明信息寻找相应的解答，或者自己通过加入网络社区等方式获取自己感兴趣的信息。自助服务常见的方式有 FAQ、会员通信等。人工服务则是需要根据顾客提出的问题，通过人工回复的方式当时给予回答，如通过电子邮件或者各种即时聊天工具等。归纳起来，在线顾客服务常用的手段有：FAQ、电子邮件、在线表单、即时信息、论坛等，下面分别给予介绍。

1. 常见问题解答（FAQ）

如同 Windows 操作系统的帮助一样，常见问题解答也是网上顾客服务的一种常见方式。在利用一些网站的功能或者服务时往往会遇到一些看似很简单，但不经过说明可能会很难搞清楚的问题，有时甚至会因为这些细节问题的影响而失去用户。其实在很多情况下，只要经过简单的解释就可以解决这些问题，这就是 FAQ 的价值。网站上的常见问题解答（FAQ）是一种常用的在线帮助形式。一个好的 FAQ 系统，应该至少可以回答用户 80% 的一般问题。这样不仅方便了用户，也大大减轻了网站工作人员的压力，节省了大量的顾客服务成本，并且增加了顾客的满意度。因此，一个优秀的网站，应该重视 FAQ 的设计。

例如，AdSense 的常见问题解答均多达数百条，而且还在不断增加中。在本书作者为时代营销（www.emarketer, cn）网站所准备的 FAQ 中，总共写了一万多字，分 8 个类别，有几十个问题，但仍觉得有些问题没说清楚，一些内容还需要在网站运营中不断补充和完善。FAQ 之所以很重要，是基于两个基本事实：一是当用户到一个新网站时，难免会遇到很多不熟悉的问题，有时可能仅仅是非常简单的问题，但可能导致用户使用过程出现困难；二是绝大多数用户在遇到问题时，宁可自己在网站上找答案，或者自己不断试验，而不是马上发邮件给网站管理员，何况即使发了邮件也不一定能很快得到回复。网站的 FAQ 一般包括两个部分：一部分是在网站正式发布前就准备好的内容，这些并不是等用户经常问到才回答的问题，而是一种"模拟用户"提出的问题。或者说，是站在用户的角度，对于在不同的场合中可能遇到的问题给出的解答。另一部分是在网站运营过程中用户不断提出的问题，这才是真正意义上的用户问题解答。不过，通常并不需要对这两部分的内容作严格的区分，都通称为 FAQ。如果网站发布前的 FAQ 设计比较完善，那么在运营过程中遇到的问题就会大大减少。因此，比较理想的状况是，前期准备的问题应该至少包含80% 以上的内容。

通常情况下，一个网站从规划、设计，到功能开发、测试，这些工作一般不可能由一个人完成，各个环节的人员对一个网站各项功能和要素的理解不可能都站在顾客的角度考虑，也不可能都按照网络营销的观点来处理问题。当各个部分的工作基本完成之后，还需要对网站进行总体的"调试"，对于用户（尤其是新用户）在各个环节可能产生的疑问分别给予解答，这是一项很重要的工作内容。相对而言，国内一些知名网上零售网站的 FAQ 体系设计比较完善，一般针对用户在购物流程、商品选择、购物车、支付、配送、售后服务等方面分别给出一些常见问题解答。根据作者的调查，很多网站对 FAQ 重视不够，不少大型企业网站甚至根本没有这项内容。一些网站仅仅是流于形式，不仅内容贫乏，甚至答非所问，这样不仅解决不了顾客关心的问题，在一定程度上也损害了网站的形象。

2. 电子邮件和在线表单

在通过 FAQ 无法得到满意的解答时，就需要一对一的在线顾客服务方式。电子邮件和在线表单都是在线联系工具，通过电子邮件和在线表单，都可以将顾客咨询的信息发送给企业/网站相关人员。但由于两者发送信息的方式不同，其效果也存在一定的差异。作为一种主要的在线交流手段，电子邮件在顾客服务中的作用非常重要，担负着主要的在线顾客服务功能，不仅表现在一对一的顾客咨询，更多情况下是作为长期维持顾客关系的工具，如各种邮件列表等。随着顾客对服务的要求越来越高，回复顾客 E-mail 咨询的时间已经成为衡量一个公司的整体顾客服务水平的标准。在线表单的作用与 E-mail 类似，顾客无需利用自己的 E-mail 发送信息，而是通过浏览器界面上的表单填写咨询内容，提交到网站，由相应的顾客服务人员处理，由于可以事先设定一些格式化的内容，如顾客姓名、单位、地址、问题类别等，通过在线表单提交的信息比一般的电子邮件更容易处理，因此有为数不少的网站采用这种方式。

从功能上说，在线表单和电子邮件这两种常用的在线联系方式都可以实现用户信息传递的目的，但从效果上来说却有着很大的区别。如果处理不当，在线表单可能会存在很大的潜在问题，因此应该对此给予必要的重视。

首先，由于在线表单限制了用户的个性化要求，有些信息可能无法正常表达。其次，当表单提交成功之后，用户并不了解信息提交到什么地方，多长时间可能得到回复，并且自己无法保留邮件副本，不便于日后查询。因此，有时会对采用在线表单的联系方式产生不信任感。另外，顾客填写的 E-mail 联系地址也有错误的可能，这样将无法通过 E-mail 回复用户的问题，甚至会造成用户不满。那么，是不是说在线表单就不适合于作为在线顾客服务的方式呢？当然也不是，关键在于是否真正站在用户的角度，在应用中注意对一些细节问题的处理。比如，在联系信息的表单页面同时给出其他联系方式，如 E-mail 地址、电话号码，并且给出一个服务承诺，在提交后多久会回复用户的问题，同时也有必要提醒用户对有关咨询的问题自行用其他方式保留副本。如果增加了这些细节处理，相信对于用户来说会感到自己受到高度重视，可以大大增加对企业的信任感，也会有更多用户愿意和企业交流，因而也会在一定程度上增进客户关系。

如果顾客采用 E-mail 方式提出问题，企业客服人员的回复过程可能会稍微麻烦一些。因为问题没有经过事先分类，个性的内容要多一些，有时甚至不容易判断应该转交给哪个部门的人员来处理，但对于用户来说会产生一定程度的安全感，因为他"知道"自己的E-mail发给了谁，也可以由发出邮件的备份查询自己的联系记录，因而电子邮件作为在线顾客服务手段应用更为广泛。

3. 即时信息

由于通过 E-mail 咨询并不一定能得到及时回复，甚至根本不能得到回复，因此越来越多的顾客希望得到即时顾客服务。以聊天工具（包括各种聊天工具如 QQ、MSN Messenger 等）为代表的即时信息（InstantMessaging，IM）已经成为继 E-mail 和 FAQ 之外的另一种常用的在线顾客服务方式。但由于这种方式对服务人员要求很高，占用人工也比较多，顾客服务成本会增高，因此并没有被广泛采用，但这种即时服务已经成为一种不可忽视而且是最受欢迎的在线顾客服务手段。除了顾客服务成本因素之外，由于常见的即时聊天工具主要为个人之间的沟通，并且只有顾客与在线服务人员同时使用同样的聊天软件时，这种服务才有实现的可能，因此在实用中有一定的限制。目前最新的进展是，即时信息工具的互联互通已经取得了一定的进展，不过所有的即时信息都实现互通还有待时日。另外，一些网站服务工具可以实时跟踪用户的访问，并主动发出与浏览者对话的邀请。这些网络跟踪分析工具的实际效果也需要时间的检验。

4. 在线论坛

在线论坛是网络社区的常见形式之一。企业网站上的论坛除了可以了解顾客的意见和各种反馈信息之外，也可以作为一种顾客服务工具。顾客可以将自己的问题发表在论坛上，网站服务人员或者其他顾客可以通过论坛回答顾客的问题。一个顾客的问题可能代表多个用户的心声，所以通过论坛开展顾客服务也是对 FAQ 的一种有效补充，并且可以将论坛上的常见问题及解答补充到 FAQ 中去，或者通过邮件列表向所有注册用户发送，从而使得让更多的人了解有关问题。除了上述常见在线顾客服务形式之外，电子书对顾客服务也有一定的价值。例如，可以将产品和服务使用说明、常见问题、产品使用和选购常识等内容制作在一本电子书中，供用户下载后在需要时查询。同样，博客在一定程度上也具有在线服务的作用，不过这些方式目前都没有成为在线服务的主流应用。尽管在线服务手段很多，并且新的在线服务工具还在不断发展中，但在强调在线顾客服务的同时，不应忽视传统工具的作用，比如电话和普通邮件在增进顾客关系和实现

顾客服务方面同样重要。正如网络营销和传统营销密不可分一样，选择顾客服务手段最重要的不是区分网上还是网下，而是考虑效率和顾客满意度。最理想的方式是根据顾客需求特点，采取网上与网下顾客服务手段相结合的方式。

10.4.2　在线顾客服务的应用状况和主要问题

评价一个网站在线顾客服务的水平，可以从提供顾客服务方式是否完善、在线帮助内容是否可以满足用户需要、回复顾客咨询的时间等指标来判断。至于顾客服务的具体内容，不同性质的公司之间可能有很大差别，顾客服务与业务内容密不可分。例如对于网上购物网站，顾客希望获得丰富的产品信息，当购物过程中遇到问题时可以方便地获得帮助，而对于信息服务网站则可能希望能准时收到自己定制的信息。

1. 关于在线顾客服务的调查和分析

研究公司 JupiterMediaMetrix 发布于 2001 年 5 月的一项研究表明，顾客对服务及时性的要求越来越高，期望的回复时间从两年前的 24 小时减少到 12 小时。大多数顾客希望在 6 个小时内获得关于顾客服务的询问，甚至为数不少的顾客在寻求获得即时满意的服务。但实际上只有 38% 的企业可以做到这一点，33% 的公司会在几天甚至更长的时间后回复用户的问题，有些公司甚至根本不给予回复，而且不回复顾客邮件的现象还有上升的趋势。如果以是否在 6 个小时内回复顾客的邮件作为评价标准，Jupiter 的调查结果发现，在问题顾客服务管理方面表现较好的是 B2C 网上零售商，有一半以上的网上零售商可以满足用户的期望，其次是金融服务业网站，达到 46%，旅游服务网站的效率比较低，只有 12%，而传统企业网站几乎没有一家可以在顾客期望的时间内给予回复。

在这项研究中，JupiterMediaMetrix 对 B2B 市场中的顾客服务水平也给予特别的研究。结果发现，只有 41% 的公司在 6 个小时内对顾客的电子邮件咨询给予回复，而在回复的邮件中，只有一半提供了用户需要的解答。尽管有 96% 以上的 B2B 网站都提供 E-mail 顾客服务，67% 的公司在网站上公布免费电话服务号码，但只有 4% 的公司开设聊天服务功能 Jupiter 的分析人员认为，文字聊天方式虽然代价比较高，但可以满足顾客期望实时沟通的需要。如果文字实时信息与语音聊天结合起来，效果会更好一些。

研究表明，尽管有 65% 的 B2B 公司提供自助式在线服务，但多表现为在网页上提供

FAQ，这对于复杂的 B2B 交易可能很难发挥良好的效果，因为 FAQ 的清单可能很长，顾客要从这些复杂的信息中找到自己的解答并不是简单的事情。另外，B2B 公司的 E-mail 顾客服务水平效率也不够高，65% 的公司在 24 小时内回复用户的邮件咨询，29% 的公司根本不给予回复。一些 B2B 的买方根据网站的顾客服务水平来决定是否选择卖方，这一点很重要，应该引起 B2B 公司的重视。

2003 年 2 月，研究公司 JupiterResearch 对在线顾客服务状况发布了新的研究报告。结果表明，在美国消费者中，88% 的用户期望在 24 小时内得到咨询回复邮件，其中 36% 的用户希望在 6 小时内得到回复，详见表 10-4。

表 10-4　美国消费者对顾客服务 E-mail 期望的回复时间

期望收到的回复时间	所占的百分比
1 小时内	13
3 小时	15
6 小时	8
24 小时	52
48 小时	11
48 小时以上	1

根据美国一家 CallCenter 软件服务商 Genesys（www.genesyslab.com）发布于 2003 年 6 月初的一项研究，有 89% 的消费者曾经因为服务或者产品相关问题向企业发送过咨询 E-mail，由此可以说明 E-mail 在顾客服务中已经占据重要地位。在发送过电子邮件的被调查者中，61% 的顾客期望在 24 小时内得到回复，期望在 4 小时及 1 小时内回复的分别为 16% 和 6%。

可见大多数顾客对公司的 E-mail 回复时间还是保持比较宽容的态度。但如果超出 24 小时没有得到回复，继续有耐性等待的用户数量则大为降低。Genesys 和 Jupiter 的调查得出的结论是一致的：如果顾客咨询服务 E-mail 超过 24 小时得不到回复，会让绝大多数顾客感到失望和不满。因此可以断定，24 小时是大多数用户期望的心理界限。Genesys 的这项研究也表明，顾客服务水平已经成为影响顾客忠诚的首要因素。Genesys 的研究认为，超过一半的消费者因为对在线顾客服务不满而终止了交易。但 76% 的用户表示，他们会因为一个公司在线服务质量高而购买产品。一个不太乐观的现状是有 85% 的被调查者反映，他们曾有过不愉快的顾客服务经历。顾客服务水平不仅影响销售，更重要的是影响企业品牌声誉。表 10-5 是关于顾客忠诚度影响因素的调查结果。

表 10-5　关于顾客忠诚度影响因素的调查

影响顾客忠诚度的因素	被调查者回答的百分比
服务质量	56
产品质量	28
价格优惠	7
品牌信任	3
其他因素	6

如表 10-5 所述的资料充分说明了顾客服务质量的重要性。在网络营销中，在线顾客服务水平还没有得到足够的重视，有些只是做些表面功夫，实际上并不能达到顾客满意的目的。造成一些公司在线顾客服务水平低下的主要原因在于两个方面：一方面是处理电子邮件效率不高，比通过电话提供服务要花更多的时间，结果公司发现通过电话服务效率更高一些；另一方面常见的情况是顾客服务人员水平比较低，对顾客的一些问题不能在规定的时间内给出满意的答复。

改善这种状况的通常做法是通过自动回复邮件以提高工作效率，减少人工劳动，但由于无法从技术上保证准确地回答用户的问题，因此自动回复邮件并没有得到广泛的便用，同时有效性也很低。例如，有些网站采用自动回复的形式，用户发出咨询邮件之后不久就会收到一封邮件，表示已经收到用户的问题，会尽快处理之类，但很久之后都没有任何消息，让顾客有一种被欺骗的感觉。此外，回复邮件内容答非所问的情况也不是少数，这些都是顾客服务质量不高的具体表现。可见，仅仅按时回复而没有解决用户的问题也是没有意义的。如果想获得顾客的忠诚，首先需要企业尊重用户的感情，尽快回复用户的咨询，尽量解决顾客的问题。

2. 国内网站在线顾客服务现状和问题

根据《B2B 电子商务网站诊断研究报告》（新竞争力，2006）对网站提供顾客服务方式的调查结果，网站在线顾客服务评价综合得分为 50 分，表明网站提供的顾客服务方式不够完善。在网站提供的顾客手段方面，电子邮件（包括征线表单）和电话是最常用的顾客服务手段，提供两种顾客服务方式的网站均为 84.3%，（FAQ）内容的占 27.5%，提供即时信息服务的只有 17.6%。这种状况表明电子商务网站对于 FAQ 这种常用的也是最有效的在线顾客服务手段应用水平还比较低，或有对于 FAQ 的重视程度还不够。国内传统企业网站提供在线服务的状况与 B2B 电子商务网站相比情况更差。2004 年 6 月时代营销发布的《大型企业网络营销策略研究报告》对国内 117 家大型消费类企业网站的在线服务手段调查表明，大型企业网站最常用的顾客服务联系方式分别是：电佰（68.4%）、在线咨询表单（31.6%）、FAQ（23.9%）、论坛（11.1%）、在线咨询 E-mail（这些数字表明，大型企业网站的在线服务手段同样没有得到足够的重视）。

10.4.3 个性化顾客服务与个人信息保护

个性化服务并非因网络营销而产生的概念，可以说，自古以来就一直存在着个性化服务，如裁缝量体裁衣就是一种典型的个性化服务。在互联网时代，从理论上说，个性化服务更能发挥得淋漓尽致，因而个性化营销被认为是一种理想的网络营销手段，甚至有不少人士认为个性化服务是电子商务成功的关键所在。与个性化营销相关的另一个概念是一对一营销，实际上，这些概念都是市场细分原理的深入应用。

人们经常可以看到一些公司或网站关于个性化服务的宣传，比如定制自己感兴趣的信息内容、选择自己喜欢的网页背景色、根据自己的需要设置信息的接收方式等，这些都是个性化服务的具体表现形式。个性化服务究竟有多大价值呢？又存在什么问题呢？这里将进行简要分析。

个性化服务的前提是获得尽可能详尽的用户个人信息，因此研究个性化服务首先应该了解个人信息对网络营销的作用，以及如何合理地收集用户的个人信息。

1. 个人信息在营销中的作用

网络营销的特点之一是可以有针对性地开展个性化营销，其前提是对用户信息有一定的了解，比如姓名、职业、爱好、电子邮件地址等。但是，并不是每个人都愿意提供详尽的个人信息，对用户信息了解越少，个性化服务的效果也越低。以 E-mail 营销为例，以对比两种情况：

第一种情况，若发信人对收件人信息不了解，邮件的开头可能是："亲爱的用户：本站新到一批电子商务系列书籍，如果您有兴趣……"

第二种情况，当发件人明确知道收信人的信息时，邮件内容可能是另一种情形："亲爱的冯先生：感谢您在3个月前惠顾本站并购买《电子商务原理》一书，该书的作者最近又推出了……"

作为邮件接收者，对此两种情况，是不是觉得在邮件中提到你自己的名字会更加亲切和可信呢？大多数情况下，第二种邮件会得到更好的回应，但其前提是用户愿意向该网站提供有关个人信息并愿意接受商品推广邮件。为了制定有效的营销策略，营销人员期望掌握尽可能多的用户信息，但是，商家过多获取用户的个人隐私已经在某些方面影响到网络营销的正常开展。因为用户对个人信息保护一直比较关心，尤其是涉及家庭信息、身份证、银行账户、信用卡号码之类的资料。

2. 网站收集用户哪些信息

尽管用户对个人信息相当关注，但一些网站为了获得更准确的营销信息，或者作为网络营销工具，仍然在不断地收集用户的个人信息，其中有些是作为个性化营销所必不可少的，如向用户发送邮件列表必须收集用户的电子邮件地址资料。但也有一些用户信息可能只是作为商家的营销资源，将收集到的资料进行研究以获得更有价值的信息，或者向其他机构出售/出租用户的个人信息。根据调查公司 Progress&FreedomFoundation 发布的调查资料，在被调查的302个随机选取的网站中，91%的美国网站收集用户个人信息（注：根据美国联邦贸易委员会的定义，个人信息包括个人身份信息和非身份信息，个人身份信息包括姓名、地址、电话号码和电子邮件；非个人身份信息是指人口统计信息包括年龄、性别、职业、教育或收入、个人爱好和兴趣等），没有一个网站是仅仅收集非个人信息，而不收集个人身份信息的，可见个人身份信息是网站收集的必然内容。

3. 个人隐私对网络营销的影响

个人隐私问题如何影响网络营销呢？我们可能会遇到一些网站要求用户登记很详细的个人信息。除非对该项服务特别有兴趣，很多人可能会选择放弃注册。对商家来说，也就意味着失去了一个潜在用户；另一种情形是，为了获得某个网站提供的服务，用户不得不填写个人信息时，往往会提供一些不真实的信息，通常又难以验证，这样根据用户在线填写的信息来开展有针对性的网络营销服务往往会形成信息的错误传递，造成效果不佳或者资源浪费。这种现象值得引起重视，即根据信息适量原则来保证网络营销与个人隐私的和谐。

4. 个人信息适量原则

在网络营销活动中，为了研究用户的上网/购买习惯或者提供个性化的服务，往往需要用户注册。根据不同的需要，要求用户提供的信息也有所不同。最简单的如在论坛注册，可能只需一个笔名和电子邮件地址，而在一些网上零售网站则可能要求填写详细的通信地址、电话、电子邮件等联系信息，甚至还会要求用户对个人兴趣、性别、职业、收入、家庭状况、是否愿意收到商品推广邮件等作出选择。在一些要求比较高的情况下，甚至不得不要求用户填写身份证号码。但很明显的是，要求用户公开个人信息越多，或者是用户关注程度越高的信息，参与的用户将越少。为了获得必要的用户数量，同时又获取有价值的用户信息，需要对信息量和信息受关注程度进行权衡，尽可能降低涉及用户个人隐私的程度，同时尽量减少不必要的信息。这种原则称为个人信息适量原则。

个人信息的适量原则可以从两个方面来理解：一方面是"在用户可以接受的范围内获取尽可能多的用户信息"；另一方面，应当以尽可能少的、最有价值的用户信息来保证网络营销的需要。个人信息适量原则与个人信息保护政策是网络营销中一条重要的法则。本书第3章已经提出了这一原则，这一原则对于个性化营销同样具有指导意义。

个人信息的适量原则要求在各种注册程序中对于信息选项进行充分的论证，既要考虑到用户公开个人信息的心理承受能力，又要保证获得的用户信息都有切实的价值。对于可有可无的信息，坚决取消。而对于用户关心程度较高的信息，则应采取慎重的态度，只有在非常必要时才要求用户提供，同时不要忘记公开个人隐私保护条款，尽可能减少用户的顾虑。

10.4.4 基于顾客服务的综合应用案例

在网络营销实际应用中，除了将 FAQ、在线联系方式等详细信息发布在网站上之外，顾客服务还可以有多种表现形式，并且可能与市场调研、产品促销等活动相结合进行，甚至还可以将那些对顾客有价值的信息发布到潜在用户关注的其他网站。例如，为用户提供在线演示、网上培训等，对顾客服务以及产品推广都具有明显的效果。SONY 网站的免费课程服务就是一个很好的案例。

案例分析六：SONY 网站的免费课程推广策略

为了促销索尼（SONY）电子产品，SONY 网站提供有教师指导的免费教育课程内容，作为一种网站推广策略，取得了显著的成效。这些课程每月举办 3~5 次，在其三大网站 SONYl01. Com，SONY. com 和 SONYStyle. com 的网上学习中心授课。课程的受众包括从初学者到高级进阶的各种层次，课程主题与产品使用有关，如数码相机知识等，还包括诸如如何建立网页等与产品后继使用相关的课程。

SONY 营销部门统计显示，每月来到网站上课的人数大约为 6000~8000 人次，75% 的听课人都已经拥有某个 SONY 产品了，因此新的潜在顾客占 20%~30%。85% 的人会回头继续听其他课程，90% 的人会将课程推荐给其他人。

由于电子产品消费者中女性占 50% 数量，SONY 在 2006 年特意针对女性用户群体，在女性用户集中的网站 iVillage. com 上播放教育课程。在这个网站上，3 个月时间内提供了 10 个课程，吸引了近 10 万用户，其中约 70% 的 SONY 课程参加者注册了 SONY 的 E-mail 营销邮件，超过 25% 的人通过课程链接进入 SONY 的电子产品子网站，18%~20% 的人通过网上或网下商店购买了 SONY 产品。

实际上，SONY 网站的免费课程推广策略与在线顾客服务结合在一起，这对于技术含量高以及需要专业人士指导使用的产品均具有明显的推广作用。SONY 这种基于顾客服务的免费网站推广模式可以理解为知识营销，也可以认为是病毒性营销，至于具体如何称呼实际上并不重要，而且这种推广方式也谈不上创新，但很有效。理论上说，这种免费课程推广策略可以被众多同类网站采用，但是，要达到索尼网站"90%的人会将课程推荐给其他人"这种口碑传播的效果，没有足够的专业人力资源投入是无法实现的。

（资料来源 www. jingzhengli. cn）

10.5　在线销售渠道

在传统的商业竞争中，销售渠道是营销组合中的基本要素之一，销售渠道建设在公司的营销战略中具有举足轻重的作用。为了扩大市场占有率，有实力的厂商纷纷建立自己的专卖店，并在各大商场激烈地争夺销售空间，有时为此要付出巨大的代价。尽管目前网上销售环境还不很成熟，网上销售额占整个商品零售总额的比例还很低，除了专业的电子商务网站之外，只有少数工商企业通过网上销售取得显著成效。但是，随着上网人口的迅速增加和网上销售渐成气候，开拓网上销售渠道已经成为商家不可忽视的营销策略，网上销售的价值和发展前景是不容忽视的。正因为如此，网上销售渠道也被视为网络营销的基本职能之一。由于网上销售涉及的问题很多，除了基本网络营销方法之外，还包括支付、安全、配送等电子商务活动中的基本问题，在网络营销有关内容中将不包括完整的网上销售体系建设和经营中的所有环节，本节内容主要介绍网上销售中的基本思路和常用方法，希望对深入了解和应用网络营销、为最终实现开展电子商务的目的打下一定的基础。

10.5.1　网上销售的主要途径

将产品搬到网上销售，要具备一定的基础条件。一般来说，网上销售渠道建设有三种主要方式：作为网上零售商的供应商、开设网上商店、自行建立网上销售型的网站。这三种方式的管理难度和对企业网络营销的专业要求各不相同。作为网上零售网站的供货商同传统的销售模式并没有很大的区别，厂家不需要对网络有多少了解，也不需要增加额外的投入。当然，由于厂商不参与网上销售管理，这种方式的主动权就掌握在网上零售商手里，销售业绩会受到诸多因素的限制，供货厂商对此难以控制。

一些具有实力的大型公司如 Dell 计算机公司等采取的策略是自行建立一个功能完备的电子商务网站，从订单管理到售后服务都可以通过网站实现。企业成立专门电子商务网站销售本企业产品，并且将网上销售集成到企业的经营流程中去，不仅是经济实力的体现，也是提高经营效率、增强竞争力的基础。但这种方式由于对资金和技术要求很高，开发时间长，还要涉及网上支付、网络安全、商品配送等一系列复杂的问题，需要一批专业人员来经营。对于一般企业而言，自行生产的产品品种相对较少，通常都专注于生产一类或者几类产品，各种款式总数量通常也不会很多，无法和综合性网上零售商数以十万计的商品相提并论。而消费者之所以在网上购买商品的主要原因之一就是可以从大量商品中进行选择，因此在商品品种方面并不具有特别的优势。对大多数企业而言，由于网上销售目前还没有形成主流，巨大的投资很难在短时间内回收，因此自行建立这样的电子商务系统并非最好的选择。其他比较简单的在线销售方式包括建立网上商店和网上拍卖等形式，本书第 2 章已作过介绍。

网上商店可以在一定程度上满足企业网上销售的需要，厂家不必一次性投入大量的资金，避免了复杂的技术开发，适用范围更加广泛、风险也较小。因此，对于没有建立企业网站或者不具备电子商务功能的网站，通过开设网上商店是一种比较快捷的方式。即使对于一般的电子商务网站，同样可以合理利用电子商务平台提供的强大功能，成为企业开展电子商务、争夺网上生存空间的补充或者辅助形式。当然，由于网上商店也存在一定的问题，真正能够利用网上商店获得理想的收益仍然不是一件容易的事情，取决于网上商店平台的专业性、用户资源，以及企业本身的经营能力。

网上拍卖是电子商务领域比较成功的一种商业模式，如美国的 eBay. com 就是最成功的电子商务网站之一。除了个人产品拍卖销售形式之外，eDay 同时也开展针对产品销售的电子商务平台服务。2003 年已经有超过 15 万人在 eBay 做网上经营。据全球领先的市场调研公司 AC 尼尔森的调查，到 2005 年 7 月，仅在美国就有超过 72. 4 万人把在 eBay 开店作为自己主要或第二重要的经济来源。除了这些职业卖家，还有 150 万人通过在 eBay 上出售物品来增加收入。

国内阿里巴巴旗下的淘宝网从网上拍卖开始起步，现在已经成为最大的 C2C 电子商务平台。作为一种个人或者小型企业开展网上销售的简单形式，网上拍卖也是常用方法之一。这种方式比较简单，通常只需要在网站进行注册及相关的认证手续，很容易就可以发布产品买卖信息。本节不专门介绍网上拍卖营销的基本方法，有兴趣的读者可以进行一些尝试。

此外，还有一种自己不需要建设真正的网上商店，而是以某个大型电子商务网站的加盟者或推广者的身份参与的一种网上销售活动。参与者并不直接负责产品的销售，而是利用自己网站的用户资源促成销售，这样可以从销售额中获得一定的佣金。这种在线销售模式就是"网络会员制营销"（有些地方也使用"联属营销"、"网站联盟"等多种名称）。

总之，企业可以根据自己的经营需要选择合适的网上销售方式，如果必要，也可以同时采用多种网上销售模式，当网上销售基本环境建设完成之后，多种有效的网络营销手段都可以应用到网上产品销售中去。关于网络会员制营销以及网上商店营销应用中的问题将在本节重点介绍。

10.5.2 网上商店营销策略

在本书第 2 章介绍无站点网络营销方法时，介绍过网上商店的基本概念，这里进一步分析网上商店营销策略应用中的一些实际问题。

1. 网上商店的主要价值

网络营销不等于网上销售，但网上销售渠道扩展也是网络营销的功能之一。除了自行建立并经营具备网上交易功能的网站之外，开设网上商店也是一种建立网上销售渠道的方式。网上商店既有网上销售的功能，又具备一定的产品推广价值。也就是说，网上商店除了其"电子商务"功能之外，还是一个有效的网络营销工具。网上商店的价值除了作为一个产品展示窗口之外，主要表现在两个方面：扩展网上销售渠道、增加顾客信任。

（1）拓展网上销售渠道。

销售渠道建设是营销策略中的重要组成部分，随着市场竞争的日益激烈，建立网上销售渠道将成为重要的竞争手段之一。在目前网上销售环境还有待进一步完善的阶段，这种简单易行的网上商店可以在一定程度上满足企业网上销售的需要。对于没有建立企业网站或者不具备电子商务功能的网站，网上商店将发挥一定的补充作用。即使对于电子商务网站而言，也可以合理利用电子商务平台提供的强大功能。

（2）增加顾客信任。

研究表明，影响顾客网上购买决策的主要因素有网上支付的安全性、商品数量、价格水平、顾客服务、个人信息保护、退货政策、送货时间和费用等。在条件相近的情况下，消费者总是更加偏向在知名度高的网站购物，这就是品牌效应。不仅在实体商店中是这样，网上商场的品牌知名度对用户购买决策同样具有重要影响。而且由于网上购物不受地理位置的局限，消费者这种偏向可能会更强烈。由于大型电子商务平台采取统一的顾客服务政策，并且对网上商店的行为具有规范和约束的职能，因此，建立在知名电子商务平台上的网上商店会比一般企业网站销售更有保障，因而网上商店更容易获得顾客的信任。例如综合性电子商务平台 6688. com 就有这样一条"6688 网上商城先行赔付规则"，其中就明确说明："本规定所适用的对象是指通过 www. 6688. com 网址在北京珠峰伟业软件科技发展有限公司购物的消费者中，因产品质量或售后服务受到损害而按本细则得到先行赔付服务的特定消费者。

2. 网上商店营销的主要问题

正是看到了网上商店的价值和商机，目前各种形式的电子商务平台不断出现，许多大型网站也都开设了网上商城的业务，供应商开办网上商店，以较少的投入和比较简单的技术要求开展网上销售业务，为推进电子商务应用发挥了积极作用，一些企业和个人也利用这种方式取得了一定收益。但开设网上商店并不像一些网站宣传的那么简单，在"5 分钟开展电子商务"的背后，是无数用户在探索网上开店过程中遇到的形形色色的难题，这种状况也在很大程度上影响了网上商城业务的发展。网上开店难的问题主要表现在三个方面：选择电子商务平台难、网上商店建设难、网店业务推广难。

（1）关于网上商店建设的问题。

一般的专业网店平台具有丰富的功能和简单的操作界面，通过模板式的操作即可完成网上商店的建设。但由于不同的网站所采用的系统具有很大的区别，有些只需要直接上传产品图片和文字说明，有些则需要自己对店面进行高级管理。根据作者对国内部分电子商务平台的试用和了解，一个普遍存在的现象是，对建立和经营网上商店的说明不足，尤其是建店前应准备哪些资料、对这些资料的格式和标准有什么要求等比较欠缺，用户不得不自己反复摸索，甚至不得不中途放弃。因此，即使具有很完善的功能，对于不了解这个系统特点的用户来说，网店建设仍然是复杂的。此外，由于网上商店平台采用模板式的结构，对于部分用户的个性化要求就有很大限制，有些必要的需求无法利用现有功能得到满足，这也是让用户觉得网上商店建设并不简单的原因之一。

（2）关于网上商店平台的选择。

网上开店不仅依托网上商店平台（网上商城）的基本功能和服务，而且顾客主要也来自于该网上商城的访问者，因此，平台的选择非常重要，但用户在选择网上商店平台时往往存在一定的决策风险。尤其是初次在网上开店，由于经验不足以及对网店平台了解比较少等原因而带有很大的盲目性。有些网上商城没有基本的招商说明，收费标准也不明朗，只能通过电话咨询，这也为选择网店平台带来一定的困惑。不同网上商店平台的功能、服务、操作方式和管理水平相差较大，理想的电子商务平台应该具有这样的基本特征：良好的品牌形象、简单快捷的申请手续、稳定的后台技术、快速周到的顾客服务、完善的支付体系、必要的配送服务，以及售后服务保证措施等，当然，还需要有尽可能高的访问量，具备完善的网店维护和管理、订单管理等基本功能，并且可以提供一些高级服务，如对网店的推广、网店访问流量分析等。此外，收费模式和费用水平也是重要的影响因素之一。不同的企业可能对网上销售有不同的特殊要求，选择适合本企业产品特性的电子商务平台需要花费不少精力，完成对电子商务平台的选择确认过程大概需要几小时甚至几天的时间。不过，这些前期调研的时间投入是值得的，可以最大可能地减小盲目性，增加成功的可能性。

（3）关于网上商店推广的问题。

当网上商店建好之后，最重要的问题就是如何让更多的顾客浏览并购买，但这种建立在第三方电子商务平台上的网上商店与一般企业网站的推广有很大的不同。这是因为，网上商店并不是一个独立的网站。对于整个电子商务平台来说，可能排列着数以千计的专卖店，一个网上专卖店只是其中很小的组成部分，通常被隐藏在二级甚至三级目录之后，用户可以直接发现的可能性比较小，何况同一个网站上还有很多竞争者在争夺有限的潜在顾客资源。网店的客户主要来自于该电子商务平台的用户，因此对平台网站的依赖程度很高，这在一定程度上对网上商店的效果形成了制约，如何在数量众多的网上商店中脱颖而出，并不是很容易的事情，这需要依靠电子商务平台提供商和商家双方的共同努力。如果获得平台提供商在主要页面的特别推荐，是直接和有效的方式，但这种机会并不是很多，因此往往还要靠网店经营者自己采取一定的推广手段。比如，为网上商店申请一个独立域名，将网上商店登记在搜索引擎，或者在其他网站进行介绍，甚至投放一定的网络广告等。但是这样的推广也存在一定的风险，即使经营者自己通过一定的推广手段获得一些潜在用户访问，这些用户来到网上商店之后也有被其他商品吸引的可能。由于存在种种问题，因此可以说经营好网上商店实际上仍然具有一定的难度，需要经验的积累。因此在初次建立网上商店时，最好进行多方调研，选择适合自己产品特点和经营者个人爱好、又具有较高访问量的电子商务平台。同时，在资源许可的情况下，不妨在几个网站同时开设网上商店。网上开店现在已经不是一个新鲜的话题，众多用户在淘宝、易趣等电子商务平台开店。如有兴趣对网上商店进行系统了解，读者可以直接选择一个电子商务平台（如 www.taobao.com），亲自操作一次开设和布置网上商店的整个流程，这样更容易了解网上商店营销中需要解决的问题。

10.5.3　网络会员制营销

网络会员制营销起源并成功应用于在线零售网站。在电子商务比较发达的美国，网络会员制营销已经成为电子商务网站重要的收入来源之一，在应用范围上，也不仅仅局限于网上零售，在域名注册、网上拍卖、内容销售、网络广告等多个领域都普遍采用。在美国，现在实施网络会员制计划的企业数量众多，几乎已经覆盖了所有行业，而参与这种计划的会员网站更是数以十万计。国内的网络会员制营销虽然起步较晚，但进入 2003 年之后也进入了一个快速发展时期。现在大多数电子商务网站和搜索引擎广告服务商都开设了不同形式的网站联盟，如网上零售网站当当网、卓越网，如百度搜索联盟、阿里联盟等。网络会员制营销模式在国内的发展达到一个新的历史时期。但由于对网络会员制营销模式还缺乏足够的认识，因此在实际操作中还存在一些问题。尤其在 2003 年上半年，以"短信联盟"为代表的网络会员制营销模式几乎到了过热和失控的状态，最终这种短信联盟被有关部门取缔。而在其他正常的业务领域中，网络会员制营销模式更多地表现在效果不如预期的理想。下面将对网络会员制营销的主要功能，以及应用中的问题进行分析。

1. 网络会员制营销的模式与成功经验

现在提供网络会员制营销模式的网站很多，下面通过电子商务网站和搜索引擎关键词广告两种比较有代表性的网站联盟模式的案例分析，说明网络会员制营销的形式与加入方式，以及分享成功网站的经验等。

（1）电子商务网站：当当网网站联盟案例分析。

当当网的网站联盟开始于2001年初，是国内电子商务网站中较早开展网络会员制营销的一个，至今仍然是电子商务网站比较有影响力的网站联盟计划。

在当当联盟页（www.dangdang.com）有这样的介绍："当当凭借在国内的成功经验，推出的网络联盟营销平台。她具有完善的跟踪系统，对点击、引导、购买、注册等用户行为进行全面跟踪，而且做到非常高的准确率。""加入当当联盟，您可得到最高10%的佣金分成，并且当当会定期推出提高佣金的奖励活动，丰厚的佣金的来拿！"

如果有自己的网站，申请加入当当网站联盟的过程很简单，按照联盟页面的注册流程填写相关信息即可。通过网站联盟实现收益，正像"三分钟电子商务"那样，走出网上开店的第一步并不复杂，但真正复杂的是如何经营好自己的网上商店。对于联盟会员而言，真正需要考虑的是，在加入当当联盟之后，如何才能"拿佣金"的问题。这在实际操作过程中还需要掌握必要的知识才行。对网络营销的综合知识掌握的越充分，实践经验越丰富，越有可能真正实现将网站访问量转化为实际收益。

案例分析七：当当网站联盟的成功案例

在当当网网站联盟首页左侧，罗列了部分当当联盟的成功案例，其中的"网上营销新观察"即作者创建于1999年7月的网络营销研究专业网站。网上营销新观察在2000年底当当网联盟发布之初就加入了当当联盟，成为最早的联盟会员之一。在网上营销新观察网站有一个一级栏目是"网络营销书籍"，精选了部分电子商务、网络营销、营销管理等相关书籍，这些书籍大都根据当当网提供的链接代码直接链接到当当网相关商品页面。当用户点击这个网址进入图书的详细介绍页面时，当当网就可以记录到用户的来源网站。当最终形成购买之后，当当网会将该订单收入的一定比例（8%～10%）作为佣金支付给联盟会员（这里即网上营销新观察网站）。根据当当联盟的规定，会员的佣金累计达到100元时才可以支付佣金。由于当当联盟早期提供的佣金比例比较低，而且几年前作为一个完全原创内容的网络营销知识专业网站，内容不够丰富，访问量相应也不太高。加之缺乏联盟推广经验，因此要积累到100元还是比较艰难的，另外，在2001年前后，网上购买书籍的人还比较少，尤其是通过提供专业知识的网站进入购物网站实现购买这种模式，对很多用户来说还是比较陌生的，因此在加入当当联盟后将近半年的时间都几乎没有获得佣金收入。在相当长一段时间之内，很少作相应的推广。不过，随着网站内容的不断增加，其影响力也不断扩大，网站访问量获得很大的增长，于是通过"网络营销书籍"栏目的介绍到当当网购买书籍的用户也在增长，收到汇款的机会逐渐多了起来，从两三个月一次，直到后来每个月都可以获得数额不等的佣金收入，以至于再后来网站被列入当当联盟的成功案例之列。事实上，由于网上营销新观察只是作者在业余时间维护的一个小站点而已，并没有进行系统的推广，对于当当联盟书籍的管理也很有限，因此实际上还有很大的发展空间。到2006年，据作者了解的信息，通过当当网每月获得佣金在数万元的网站都不在少数，可见这些联盟会员网站对当当网的在线销售发挥了不可低估的作用，成为当当网重要的网络销售渠道。

- 联盟会员基本信息管理，如网站网址、类别、联系信息等。
- 各种形式的联盟链接代码的获取和管理：会员通过这些功能获取适合自己网站的联盟代码，并加入到网站相应的位置，用来向用户提供当当网的商品推介信息。
- 通过联盟实现的销售信息，包括每个订单的详情以及佣金支付记录等。

（2）网络会员制营销成功案例背后的思考。

前面的案例介绍过一些通过网络会员制获得收益成功的案例，然而更多的网站可能并没有那么幸运；这不仅是联盟会员自己的事情，也关系到提供网络会员制计划的商业网站的利益。因为加盟会员获得的收益越大，商业网站的收益也越大。

一个网站加入网络会员制程序一般并不复杂，根据商业网站设定的加盟程序进行在线申请，获得审核（有些是实时审核）后，将代码或者产品信息加入到自己的网站上即可，一般网站有关网络会员制计划的介绍通常也很简单。但对于会员网站来说，要从网络会员制营销中赚取利润并不像加入程序那么简单，会员制营销是否可以取得效果取决于提供这种计划的网站和会员双方的共同努力，会员的努力是自己最后可以取得收益的必要条件。

这种状况的改变需要从对会员制营销的认识上和操作方式等几个方面入手：

1）注意网络会员制计划的选择。开展会员制营销计划的网站可能很多，也许有不少看起来都适合。但是，同时参与太多的会员计划可能并不是好事，太多的链接会把自己的网站淹没，使得访问者感到厌烦，再也不想访问你的网站，这样只能适得其反。因此，认真挑选那些具有高点击率和转化率的商业网站，争取总的收益最好，而不是追求参与数量。在选择要参与哪些会员制计划时，首先要考虑与自己网站的内容是否有关以及出现的广告是否值得信任。另外，比较合理的情况是，网站上加入的广告信息可以为访问者提供相关的有价值的延伸信息。否则提供的联盟广告内容对网站本身可能造成伤害，不仅赚不了佣金，而且不利于网站的发展。访问者到一个网站往往是为了获取某些特定方面的信息，可以利用这些目标用户的特点和兴趣向他们推荐与自己网站内容相关的产品、信息和服务。例如，你的网站是有关汽车维修的，那么参与一个信用卡销售或者生日礼品网站的会员制计划也许不会有什么好的效果，不管有多高比例的佣金。

2）天下没有免费的午餐，赚钱没那么容易。表面看来，利用会员制营销方式赚钱非常容易，无非是在会员网站上放置一些文字或其他形式的链接。其实隐藏在这种表面现象的背后还有大量繁琐甚至艰苦的工作，同时还需要足够的耐心。天下没有免费的午餐。通过网络会员制模式获得收益，首先要建设一个对用户有吸引力的网站。因为访问者来到你的网站不是为了点击会员程序的链接，甚至他们也不会对你的链接给予特别的注意。因此需要时时提供新鲜的、有价值的内容，要有耐心，你的努力迟早会有回报。

3）完善会员网站建设。在会员网站上有两个基本问题应给予特别的注意：首先，要尽可能提高网站访问量，访问量是参与会员制营销取得成功的最基本因素。因此，需要不断吸引新的访问者。这又回到了网站推广的基本问题上来了，当然有很多常规方法，例如搜索引擎注册、与其他网站建立广泛的链接，或者发布网络广告等；其次，注意网站的易用性简述，尤其不要出现链接错误，联盟广告的链接错误意味着即使有用户点击也不能获得佣金收益。

4）除了链接，还需要推广。网络会员制营销不仅仅是在会员的网站放置图标或者文字链接。如果可能，也要为网站访问者提供更多的相关内容，比如介绍某些产品维修知识、使用体会等。当然你也可以为一本新书写一篇书评，这种方式的推荐非常有效，因为访问者会对网站的观点产生信任感而产生购买产品的欲望（自然是联盟推荐的产品）。上面介绍的只是一些一般的体会，针对某些具体的网站联盟，还有必要了解更详尽的使用方法和推广技巧，这些只能从大量的实践体验中慢慢总结。

2. 深度理解网络会员制营销的基本功能

本书第 2 章有关网络营销常见方法的介绍只是从基本概念上解释了网络会员制营销的产生及其作用。通过网络会员制营销的实际操作和经验总结，我们对网络会员制营销模式有了更多的了解。这里把网络会员制营销模式的基本功能进行归纳，从中可以进一步提升对网络会员制营销的认识，因为提供网站会员制营销计划并不仅仅是为会员提供了一个简单的赚钱途径，网络会员制营销无论对于计划提供者还是加盟会员，都有更大的价值。

网络会员制营销模式的有如下 7 项基本功能：

（1）按效果付费，节约广告主的广告费用。广告主的广告投放在加盟会员网站上，与投放在门户网站不同，一般并非按照广告显示量支付广告费用，而是根据用户浏览广告后所产生的实际效果付费，如点击、注册、直接购买等，这样不会为无效的广告浏览支付费用，因此网络广告费用更为低廉。另外，对于那些按照销售额支付佣金的网站，如果用户通过加盟网站的链接引导进入网站（如当当网），第一次并没有形成购买，但用户仍然会记住当当网的网址，以后可能直接进入网站而不需要继续通过同一会员网站的引导，那么当当网并不需要为这样明显的广告效果支付费用。因此对于商家来说更为有利，这种额外的广告价值显然胜过直接投放网络广告。

（2）为广告主投放和管理网络广告提供了极大的便利。网络联盟为广告主向众多网站同时投放广告提供了极大便利。在传统广告投放方式中，广告主通过广告代理商或者直接与网络媒体联系。由于各个网络媒体对广告的格式、尺寸、投放时间、效果跟踪方式等都有很大的差别，一个厂家如果要同时面对多个网络广告媒体，工作量是巨大的。这也在一定程度上说明，为什么只有少数门户网站才成为广告主投放网络广告的主要选择。实际上大量中小型网站，尤其是某些领域的专业网站，用户定位程度很高，广告价值也很高，但因网站访问量比较分散，广告主几乎无法选择这些网站投放广告，这无论是对于广告主还是网站主来说都是损失。网络联盟形式完全改变了传统网络广告的投放模式，让网络广告分布更为合理。与网络广告投放的便利性一样，广告主对于网络广告的管理也比传统方式方便得多。有些网络广告内容的有效生命周期不长，或者时效性要求较高，如果要在大量网站上更换自己的广告，操作起来也会是很麻烦的事情。采用网络联盟模式之后，只要在自己的服务器上修改一下相关广告的代码，不希望出现的广告就会即刻消失，而新的广告立刻就会出现在加盟网站上。

（3）扩展了网络广告的投放范围，同时提高了网络广告投放的定位程度。相对于传统的大众媒体，定位性高一直是网络广告理论上的优势。但在传统门户网络广告投放的模式下，实际上很难做到真正的定位。即使选择某个相关的频道，或者某个专业领域的门户网站，也无法做到完全的定位，基于内容定位的网络广告则真正做到了广告内容与用户正在浏览的网页内容相关。更为重要的是，这种定位性很高的网络广告可以出现在任何网站上，从而拓展了网络广告的投放范围。

（4）大大扩展了商家的网上销售渠道。网络会员制最初就是因网上销售渠道的扩展取得成功而受到肯定，其应用向多个领域延伸并且都获得了不同程度的成功。直到现在，网络会员制营销模式仍然是在线销售网站拓展销售渠道的有效策略之一。以国内最大的中文网上书店当当网来说，自从2001年成立当当联盟以来，经过几年的发展，至今仍然非常重视这一在线销售渠道策略。2004年10月当当联盟栏目还进行了全新的改版，增加了更多会员可供选择的链接形式，并改进了账户查询等技术功能。国内另一家知名网上零售网站卓越网，也在2004年开放了网站联盟，这充分说明了网上零售商对于网络联盟价值的肯定。

（5）为加盟会员网站创造了流量转化为收益的机会。对于加盟的会员网站来说，通过加盟网络会员制计划获得网络广告收入或者销售佣金，将网站访问量转化为直接收益。一些网站可能拥有可观的访问量，但因为没有明确的盈利模式，网站的访问量资源便无法转化为收益。通过参与会员制计划，可以依附于一个或多个大型网站，将网站流量转化为收益。虽然获得的不是全部销售利润，而只是一定比例的佣金，但相对于自行建设一个电子商务网站的巨大投入和复杂的管理而言，无须面临很大的风险，这样的收入也是合理的。对于内容为主的网站，获得广告收入是比较理想的收益模式，通过加盟广告主的联盟计划而获得广告收入。例如，加入Google推广、阿里巴巴推广联盟、百度主题推广等，通过会员网站引导而成为易趣网站的注册会员，将获得易趣网支付的引导费用，这样就很容易地实现了网站流量资源到收益的转化。

（6）丰富了加盟会员网站的内容和功能。有时网站增加一些广告内容的点缀能发挥意想不到的作用，不仅让网页内容看起来更丰富，也为用户获取更多信息提供了方便。尤其是当网络广告信息与网站内容相关性较强时，广告的内容便成为网页信息的扩展。对于广告主为在线销售型的网站，比如当当网上书店，加盟会员在网站上介绍书籍内容的同时，如果用户愿意，可以根据加盟网站的链接直接进行网上购书，尤其是当网站为读者精心选择了某一领域最有价值的书籍时，就为用户选择书籍提供了更多的方便。

例如上面案例介绍的网上营销新观察开设的"网络营销书籍"栏目就可以发挥这样的作用。

（7）利用了病毒性营销的思想，形成强有力的网络推广资源。病毒性营销的价值是巨大的，一个好的病毒性营销计划远远胜过投放大量广告所获得的效果。网络会员制营销正是利用了病毒性营销的基本思想。更重要的是，这些加盟会员成为可以长期利用的有效的网络推广资源。

火狐浏览器（Firefox）成功利用GoogleAdSense进行市场推广的案例，对网络会员制营销模式的价值将作出深层次的诠释。

案例分析八：从火狐浏览器市场渗透看网络会员制营销模式的网络推广价值

在浏览器的发展历程中，自从1997年微软将IE4浏览器与Windows 98操作系统进行捆绑之后，其他浏览器便很难与IE抗衡。曾经在浏览器市场占主流地位的Netscape浏览器尽管仍有一定的市场份额，但与IE浏览器相比则显得微不足道。在中文互联网用户中，IE浏览器几乎占据99%vY上的份额。面对强大的IE浏览器，火狐浏览器（Firefox）推出之后几乎没有采取任何大规模的市场推广就悄悄地渗透到IE用户群中。

Firefoxl.0版本首发于2004年10月，两年后已经取得了全球15%左右的市场份额。在一些欧洲国家，如德国，Firefox 的市场份额高达 39%。从占绝对垄断地位的 IE 浏览器手中争夺市场，这不是简单的事情。火狐浏览器 Firefox 市场快速扩张的秘密是什么？

2006 年 8 月，Mozilla 基金会宣布其 Firefox 火狐浏览器下载用户数量超过 2 亿次，同时也"泄漏"了火狐浏览器推广成功的秘密。因为 Mozilla 基金会表示要向所有为火狐浏览器推广付出努力的成千上万的网络会员制联盟网站（网站内容发布商）致谢，使这些网站联盟会员网站将火狐浏览器的按钮广告、旗帜广告和文本链接广告放在自己的网站上，极力向用户推广 Firefox 火狐浏览器。其实这已经不是什么秘密，由于火狐浏览器集成了 Google 工具栏的所有功能，不仅为用户浏览和分析网站带来了方便，同时也带动了 Google 工具栏的推广应用。因此 Google 通过其 GoogleAdSense 程序，让数以万计的 AdSense 会员（网站联盟会员）为 Firefox 浏览器进行推广。

在 GoogleAdSense 会员后台中有这样的介绍：

"Mozilla Firefox 是具有弹出窗口拦截、标签页浏览及隐私与安全功能的一种 Web 浏览器。我们将 Google 工具栏与 Firefox 结合供用户下载，从而提供更多功能：Google 搜索、拼写检查和自动填充。访问 MozillaFirefox 网站。当用户通过您的推介下载并安装了 Firefox，我们将回馈多达 USDl.00 的收益到您的账户。"

可见，在 Mozilla Firefox 成功的背后，真正发挥巨大威力的是 GoogleAdSense。

AdSense 不仅为 Google 带来超过 40% 的销售收入，并且成为 Google 最有价值的市场推广资源。当 Google 希望对某项新产品和服务进行推广时，借助于 GoogleAdSense，可以立即让全球上百万网站通过显示其广告信息为其进行推广，甚至是免费推广。现在除了 Google 的搜索引擎关键词广告之外，Google 显然把 AdSense 模式成功应用于新产品推介（例如 Firefox 火狐浏览器和 Picasa 图像处理软件等），在为 Google 工具栏进行推广的同时，也大力推动了 MozmaFirefox 的快速发展。这就是网络会员制营销模式的巨大威力，Google 把这种起源于亚马逊电子商务网站的网络会员制营销模式发挥得淋漓尽致。一个成功的网络会员制营销计划，众多的加盟网站事实上就成为巨大的网络推广资源。Firefox 市场推广的成功经验以及 GoogleAdSense 带给我们的启示在于，在互联网时

代拥有独特网络营销资源的重要性，如何构建并充分利用自己的网络营销资源成为电子商务网站以及各类互联网服务网站经营成功的法宝。

附：关于 Mozilla 基金会

Mozilla 基金会（MozillaFoundation）成立于 2003 年 7 月。Mozilla 基金会的宗旨是为 Mozilla 的开源项目提供组织、法律和财政上的支持，不断促进 Mozilla 基于标准化 Web 应用软件及其核心技术的开发、推广和普及。Mozilla 基金会已经在 California 注册为一个非营利性组织，以确保 Mozilla 项目能不会因为个人志愿者参加开发而影响项目的持续发展。

Mozilla.org 的旗舰产品 MozillaFirefox 已迅速成为最受好评的网络浏览器，包括 PC-World、LinuxJournal Magazine 和 eWeek 都给予 Mozilla 相当高的评价。Guardian 最近更是预测 Mozilla 未来的产品可能会使微软的同类产品相形逊色。另外，Mozilla 还是开发基于互联网的应用软件的一个平台工具。Mozilla 为开发人员提供了一套能被广泛使用的、免费的和经过用户使用测试过的应用软件。

注：有关主流浏览器的发展历程，以及 Firefox 的一些细节，请参考网络营销教学网站提供的背景知识，如主要浏览器发展历程简介 www.win23.Com，主要浏览器免费下载地址

一览 www. wm23. Com。

（资料来源 www. marketingman. net）

10.6　网络促销

　　网络促销是指利用计算机及网络技术向虚拟市场传递有关商品和劳务的信息，以引发消费者需求，唤起购买欲望和促成购买行为的各种活动。网络促销是网络营销的基本职能之一，是各种网络营销方法的综合应用，也为通过网络营销获取直接收益提供了必要的支持。同网站推广一样，多种网络营销方法对促销都有直接或间接的效果，同时也有一些专用的网络促销手段。

10.6.1　影响网络销售成功的主要因素

　　研究哪些方法对于网络销售具有促进作用，首先要对消费者网上购物的过程和行为做必要的了解。消费者的一次网上购物活动要经历多个环节才能完成，可分为三个基本阶段：商品决策阶段、费用决策阶段、顾客服务决策阶段。每个阶段又包含多个不同的环节，每个环节都可能对网络销售成功与否产生影响。网上购物3个阶段及其对销售的影响如下：

　　（1）商品决策阶段对网上购物的影响。商品决策是消费者成功实现网上购物的基础，其中包括商品查询和浏览商品介绍等步骤。消费者首先要在大量的商品中找到自己感兴趣的商品，然后根据网上提供的商品介绍，进一步判断是否符合自己的期望，然后才能将合适的商品放入购物车。事实上，对于网上购物者来说，找到自己需要的商品并不是一件简单的事情。一般来说，由于网站首页和主要频道页面可以发布的信息有限，并且也不可能将所有的商品都放在主要页面上，这样就为用户发现商品带来了困难，除了依靠销售商的重点推荐之外，主要依靠搜索功能来寻找自己需要的商品。但由于商品名称的专用性、用户搜索技巧和网站搜索功能等因素的影响，并不一定都可以发现自己需要的商品。

　　（2）费用决策阶段对网上购物的影响。费用包括商品本身的价格和送货费用，这两项因素对于消费者的购买决策都有重要影响。由于电子商务一开始就将降低销售成本作为一大优点进行宣传，在消费者心目中早已形成了网上购物比较便宜的印象，大多数网上销售网站的产品也会比商场购买价格更低，但价格水平是否满足消费者的期望仍是影响最终购买的因素之一。而且用户可能在不同的网站之间进行价格比较，如果没有价格优势，很可能会失去这个用户。除了商品价格之外，送货费用也是消费者比较关心的一个因素。尤其在一个订单总额比较低的情况下，如果送货费用占消费总额的比例过高，会影响最终的购买决策，因此一些网站往往采用免费配送的方法来吸引顾客。CNNIC 发布的历次《中国互联网络发展状况统计报告》中关于"用户由于何种原因进行网络购物"的调查得出了一致结论，用户之所以愿意在线购物位于前三项的原因是：节省时间、节约费用、操作方便。由此可见，在网站功能和服务以及商品配送时间相对不变的情况下，费用是对消费者购买产生影响的重要因素。

　　（3）顾客服务决策阶段的影响。顾客服务包括购买过程的服务和售后服务，前者包括在购物时发现问题后是否可以在常见问题解答中找到答案，以及通过电子邮件、电话、即时信息等咨询是否可以得到满意的答复；后者则包括是否可以快速、准时收到货物，是否可以对订单进行查询，以及是否有合理的退换货政策等。此外，消费者在一个网站首次进行网上购物时，一般还需要注册个人信息，这样才能获得网站的送货服务。在用户注册过程中，涉及个人信息保护等因素，尤其是联系电话、收货地址等信息。如果网上销售商没有明确的个人信息保护政策，用户可能不愿意提供这些真实信息，网上购物同样无法完成。在个性化顾客服务与个人信息保护中介绍过个人信息适量原则，这个原则对于网上销售同样非常重要，对个人信息保护重视不够，会让相当比例的用户对网上购物失去信任，这是任何促销手段也无法解决的问题。

归纳起来，对网上销售具有明显影响的因素包括下列几个方面：①网上购物网站基本功能完善，网页下载速度快、导航清晰、用户注册和操作简单、订单查询和管理方便。②商品丰富，并且易于查询。③商品介绍信息全面，便于用户进行购买决策。④网上销售商对畅销商品的推荐。⑤顾客对商品的评价。⑥网上销售商的促销活动，如会员通信、优惠券、有奖销售、折扣、对 VIP 会员的优惠措施等。⑦商品价格优惠。⑧合理的退换货政策。⑨送货时间快，并且送货费用低。⑩个人信息保护政策。⑪方便的付款方式。⑫在线顾客服务水平高，如常见问题解答内容全面，回复 E-mail 咨询时间快，有多种顾客服务方式，如 800 电话、实时帮助系统等。在所有这些影响网上销售的因素中，商品价格和购物费用、网上销售商对商品的推荐和优惠措施等在一定程度上可以受到相应的促销活动的影响，因此网上促销方法也是针对这些因素进行设计的。这也说明一个基本问题，即无论什么促销方法，都需要建立在网站功能和服务完善、产品信息丰富、产品质量可靠、顾客服务水平高、产品价格优惠这些基本前提之上。离开了这些基础，什么样的在线促销手段都难以发挥应有的作用。

10.6.2　网络促销的方法

几乎所有的网络营销方法对销售活动都有直接或间接的促进效果，如各种网站推广手段为网站带来访问量增加的同时，也就意味着带来了新的潜在顾客；基于顾客关系的内部列表 E-mail 营销，提高了顾客忠诚度，同样对增加销售具有促进作用。

根据美国在线销售协会网站 Shop. org 和购物搜索引擎 BizRate. com 的调查，在 2003 年 12 月网上购物高峰期间，网上零售服务商所采用的推广手段最有效的包括内部列表 E-mail 营销、搜索引擎、网络会员制营销等，详见表 10–6。

表 10–6　美国网上零售服务商的在线促销手段

内部列表 E-mail 营销	86
搜索引擎营销	58
网络会员制营销	50
在线购物门户网站	17
弹出式广告	12
门户网站促销	9
在线优惠券促销	8
比较购物网站推荐	8
其他 E-mail 营销方式	7

从表 10–6 可以看出，几乎所有的常规网络营销方法都在一定程度上有助于产品推广。表中的在线促销手段常用于各种网上销售活动。由于部分相关网络营销方法具有多方面的效

果，并且分别在不同的环境中给予介绍，因此这里仅针对在线销售具有明显影响的部分促销方法给予简单介绍。这些网上促销方法包括：购物搜索引擎（比较购物）、会员电子刊物、在线优惠券促销、在线交叉销售等。

1. 比较购物和购物搜索引擎

当网上购物网站数量越来越多时，同样的商品在不同网站的价格可能相差很大。当消费者希望寻找一个价格比较低廉的网站时，如果逐个进行比较，不仅效率低，而且也很难对被选择的网站作一个全面的评价。比较购物网站的出现解决了用户这一难题，其客观效果使商家和消费者双方都获得了应有的价值。

在所有的比较购物网站中，成立于 1996 年的 BizRate. com 是最成功的一个，到 2004 年初，已经拥有超过 41 000 个在线购物网站的 3 000 多万条产品索引，事实上已经成为美国第一电子商务门户。随着加入比较购物网站的服务商数量和产品数量的迅速增加，比较购物网站已经与搜索引擎具有类似的特征，即作为用户查询商品信息的工具，为制定购买决策提供支持，因此一些网站开始逐渐放弃"比较购物"一词，而改称为"购物搜索引擎"。现在 BizRate 就将自己的使命定义为全球最好的购物搜索引擎。Yahoo 和 Google 也分别推出了自己的购物搜索引擎（shopping. yahoo. com，froogle. google. com），也是基于已有的搜索引擎技术。2004 年 3 月，Yahoo 以 5. 75 亿美元的价格收购了欧洲第一大比较购物搜索网站 Kelkoo，由此也可以看出购物搜索引擎的前景非常看好。因此，在网上销售中利用购物搜索引擎进行推广，也就成为类似于使用搜索引擎进行网站推广的网上商店/产品促销手段。

常规意义上，基于网页搜索的搜索引擎在搜索结果中的内容，是根据相关性排列的、来源于其他网站的内容索引，与此类似，购物搜索引擎的检索结果也来自于被收录的网上购物网站。当用户检索某个商品时，所有销售该商品的网站上的产品记录都会被检索出来，用户可以根据产品价格、对网站的信任和偏好等因素进入所选择的网上购物网站购买产品。一般来说，购物搜索引擎本身并不出售这些商品，不过会为购买商品提供极大的方便，甚至可以在浏览比较购物信息的过程中完成订单。购物搜索引擎与一般的网页搜索引擎相比，其主要区别在于：除了搜索产品、比较价格、了解商品等基本信息之外，通常还有对产品和在线商店的评级，这些评比结果指标对于用户购买决策有一定的影响。尤其对于知名度不是很高的网上零售商，通过购物搜索引擎，不仅增加了被用户发现的机会，如果在评比上有较好的排名，也有助于增加顾客的信任。以 BizRate 为例，用户不仅可以用多种方式进行检索，如产品名称、品牌名、网站名称等，用户还可以对产品进行评比，可以发表自己的意见，这些信息也可以被别的用户参考。以另一家创建于 1999 年的美国比较购物网站 Shopping. com 为例，其主要优势在于包含丰富的在线购物相关的产品信息和在线商店信息，产品信息包括产品评论、购买指南、产品图片和详细描述等，在线商店的信息则包括各种产品的价格、商店评比星级和用户评论、优惠券和其他对顾客有价值的信息。因此当用户使用购物搜索引擎检索商品时，可以获得比较丰富的信息，对制定购买决策有较大的参考价值。

这也从另一个角度说明，网上购物网站利用购物引擎进行推广，可以增加被用户发现的机会，从而达到促销的目的。至于购物搜索引擎的推广方式，也与常规的网页搜索引擎营销方法类似。首先应该将购物网站在购物搜索引擎登录，这样才能获得被检索到的机会。其次还需要针对不同购物搜索引擎的算法规则进行优化设计，争取在搜索结果中排名靠前。也可以利用类似于关键词广告那样的方式，在搜索结果页面"赞助商链接"中投放广告，以实现更多被用户发现的机会。例如，Shopping.com 采用的是类似于竞价广告的方式，即网上商店存入 200 美元的预付金，根据用户对商品信息的点击收取费用。被雅虎收购的欧洲最大的比较购物网站 Kelkoo.com 的商业模式与 Shopping.com 类似，网上商店登录产品是免费的，不过要根据用户点击数量收费。

表 10-7 是 2005 年 11 月美国市场研究公司 Hitwise 调查发布的美国十大比较购物搜索引擎及其市场份额调查资料。

表 10-7　2005 年 11 月美国十大比较购物搜索引擎

比较购物搜索引擎名称	市场份额（%）
Shopping.com	18.38
BizRate	17.35
YahooShopping	14.39
Shopzilla	13.6
Froogle	8.49
NexTag	7.83
PriceGrabber	5.81
Epinions	5.75
Calibex	4.63
MSNeShop	3.76

2. 注册会员电子刊物/会员通信

注册会员的电子刊物/会员通信是内部列表 E-mail 营销的一种主要形式，在线购物网站的电子刊物/会员通信在顾客关系和产品促销方面效果更为明显，这也是网上购物网站的一大优势。相当于一般网站的注册会员电子刊物，网上购物网站的会员电子刊物/会员通信具有下列特点：

（1）用户信息真实程度高。由于需要确认订单和发货信息，网上购物用户所注册的资料通常比较真实。曾经有过网上购物经历的用户，当有自己感兴趣的新产品时，更容易产生购买欲望。因此用户信息的网络营销价值较高，电子刊物的送达率和用户对内容的关注程度等方面都比较高。

（2）可以实现高度定位发送。用户的网上购买和产品浏览资料都可以被详细记录，根据这些信息可以将消费者进行细分，从而针对不同的消费群体发送不同的电子刊物内容。例如，在过去 6 个月内多次购买经济类图书的用户，可以断定其对经济类新书比较感兴趣。这样，当有相关新书时，可以利用电子刊物针对性地发送有关书籍的介绍。当然，在用户注册个人信息时也可以根据用户的选择做初步的分类。但用户的消费习惯可能会发生变化，因此根据消费和商品浏览记录的分类更为合理。

（3）对用户的提醒和产品促销相结合。在特殊节假日，利用会员通讯向用户问候并给以善意的提醒，是增进顾客关系的有效手段。作为在线销售网站的会员通讯，在发挥对用户友好提醒的同时，还可以和产品促销直接相结合，达到用户提醒与产品促销相结合的目的。例如，在母亲节到来之前的 10 天，通过会员通讯提醒用户不要忘记给妈妈买礼物，并且在邮件中推荐最适合的母亲节礼品。这样的促销方式不仅有人情味，效果也比纯粹的产品广告要更好。

(4)产品促销与优惠措施相结合。当有畅销商品到货，或者网站提供优惠促销时，通过会员通讯告诉用户这一消息，是很好的促销方式。在销售淡季，为了获得更多的用户购买，不妨通过会员通讯发放电子优惠券，引起用户的购买欲望。

正因为在线购物网站的电子刊物/会员通讯所拥有的巨大优势，充分利用这一方法来开展促销活动是非常必要的。不过，有些网站在利用会员通讯开展促销活动时存在一些不合理的方法，使得效果并不理想。其根本原因在于过于注重产品促销，仅仅是站在网站市场人员的角度上来处理问题，而忽视了用户的需求心理。在实际工作中，应尽量避免发送邮件没有固定周期、邮件内容过于繁杂等"邮件列表营销十忌"中指出的主要问题。

3. 在线优惠券促销

所谓在线优惠券，也就是为消费者提供的一种优惠措施。在线优惠券并没有固定的形式，可以是提供一定的折扣，也可以是直接在消费者的账户中注入一定金额可用于购物的电子货币。在线优惠券与传统商场的优惠券在功能上是一样的，也就是用一定的优惠手段吸引顾客增加消费，并对网上购物网站增加忠诚。

相对于传统形式的优惠券，在线优惠券的主要价值和特点表现在下列几个方面：

(1)通过发送优惠券达到促销的目的。在线优惠券发送方式灵活，可以直接发送至 IJ 用户账户中，也可以通过网上下载、电子邮件传送等方式进行，含有在线发送优惠券的促销电子邮件更能吸引用户关注，发放优惠券的过程，也是很好的产品促销过程。

(2)在线优惠券成本较低。与实物优惠券或购物券相比，在线购物券不仅不需要实体介质，而且只是一种优惠手段，一般无法兑现货币，因而发行费用较低。

(3)刺激在线购物。无论是提供折扣优惠还是直接发送电子货币，用户只有在购物时才能使用。使用在线优惠券，有助于刺激消费者的在线购物。

(4)促使更多用户注册。有研究表明，提供在线优惠券会吸引更多的用户注册。即使这些用户注册后当时并没有马上完成网上购物，也为网站增加了潜在的用户资源。通过建立长期友好的关系，这些用户最终很可能成为真正的顾客。

(5)可以进行效果跟踪。由于可以为在线优惠券设置跟踪代码，可以对哪些用户兑换/使用了优惠券方便地进行统计，从而对在线优惠券的促销效果进行合理的评价。正因为在线优惠券所具有的促销价值，许多网上购物网站都会在不同时期，采用各种在线优惠券来实现扩大销售的目的。除了上述几种网上促销方式之外，利用在线购物网站的访问量资源，采用商品排名和推荐对于商品促销也有很大帮助。这实际上利用的是购物网站自身的信息发布功能，为用户获得商品信息提供一种直观的渠道。由于人们普遍存在的一种从众心理，使得畅销商品更加畅销。此外，根据不同的季节和商品特点进行的价格折扣、免费送货促销等手段都有明显的效果。由于这些方法比较简单，可根据经营需要方便地采用，这里不再具体介绍。

4. 在线交叉销售中的细节问题

进行过网上购物的消费者都会发现，当在网上商店网站中查看某个商品的时候，往往会在该网页显著的位置看到这样的提示信息："购买此商品的顾客同时还购买过……"这种推荐购买相关商品的营销手法就是典型的交叉销售方法（Cross - sell），目的是希望消费者购买更多感兴趣的商品。知名调查公司 JupiterResearch 的一项相关研究报告《智能化促销：用细分法定位促销》发现：多达76%的在线零售商使用至少一种交叉销售方法对购物者进行促销。

电子商务网站交叉销售系统所推荐的产品，不是随意来一个"相关产品"堆积许多杂七杂八的产品给消费者就可以了。为了充分发挥交叉销售的作用，提升交叉销售的成功率，对交叉销售的产品往往需要科学的划分，不仅要对交叉销售相关的产品类别概念明确，并且要根据用户在不同页面的行为特征来设计相应的交叉销售模式。

在交叉销售中，一些细节问题发挥着至关重要的作用。如果处理不当，不仅发挥不了促销的作用，甚至会引起严重的后果。在这方面，即使知名品牌的电子商务网站也有可能出现失误。

案例分析九：沃尔玛网上商店的交叉销售系统的失误

2006年1月初，沃尔玛网上商店（Walmart.com）的电影类商品中，DVD "人猿星球"被交叉销售系统自动匹配链接到一个非洲裔美国人主题的电影。这一失误把一个消费者激怒，在其博客文章中声称Walmart.com带有明显的种族歧视。主流新闻媒体抓住这一事件大肆报道，Walmart.com不得已临时关闭了交叉销售系统，并对外发布声明称：由于交叉销售系统工作不当，仅依据表面标题识别错误地将不相关的商品作为同类推荐。随后将失误更正方才重新起用。

原来，可能是Walmart.com负责商品分类的人员在分类的时候依据关键词或类别原则将"人猿星球"电影与非洲裔美国人主题的电影分到同一目录下，导致它们被交叉系统识别为彼此关联，自动显示在交叉推荐商品上。实际上，"人猿星球"并非关于人猿的电影，而是关于人类与社会主题的电影。

Walmart.com的这次交叉销售系统失误的现象在网上商店中普遍存在，所反映出来的问题是：依靠技术自动识别同类商品虽然化繁为简，但不可避免地带来交叉销售系统推荐的商品与主题商品风马牛不相及的情况。专家认为，要避免类似错误链接的唯一办法是通过人工处理。但对于Walmart.com这样的大型网上商场来说，手工完成同类商品推荐几乎是不可能的。因此要减少这一问题只能依靠各网上商场改进商品分类法则和命名法则，对商品分类原则和关键词进行更加仔细的斟酌，同时加强交叉销售系统的测试，以增强交叉系统推荐的商品与主题商品的相关度。

（资料来源 www.jmgzhengli.cn）

沃尔玛网上商店的案例所反映的，仅仅是一个明显的失误。在交叉销售系统的设计中，还有一些虽然不一定会产生严重错误，但可能造成交叉销售效果不佳的因素，例如对各个不同页面交叉推荐内容的设计就是一个值得重视的问题。电子商务网站要想高效利用每类产品的关系做好交叉销售，需要对网站首页、产品详细介绍页面以及购物车页面等进行有针对性地设计，尤其要通过细节问题的设计适应这些页面消费者的需求特点。

美国互联网营销专业资讯网站CLICKZ专栏作者JackAaronson归纳总结了电子商务网站实现交叉销售对不同网页设计的几个细节问题。

（1）产品详细介绍页面的交叉销售要素。

产品详细介绍页面的第一大目的是通过让消费者了解更多关于该产品的特点和优点从而促使消费者购买该产品。第二目的是让消费者知道除了这个产品之外还可以购买其他相关的产品。产品介绍页面要达到这两个目标需要彼此作一些平衡。因为如果掌握不好平衡，可能让交叉销售的产品占据了页面的大部分内容从而削弱了主推产品的重要性，导致喧宾夺主。或者由于推荐太多产品、内容太丰富，反而让消费者无所适从，导致用户鼠标东点西点，最后反而什么也没有购买。设计良好的产品介绍页面总是能够清晰地组织好主产品介绍与交叉推荐的不同类别的关联产品展示，如合理布局补充性产品、同一套产品和副产品。并且当用户发现该产品不适合的时候让用户可选择替代的竞争性产品，最终达到让用户添加更多商品到购物车的目的。

（2）购物车页面的交叉销售设计。

购物车页面是让用户进行结算的页面，在这个页面上进行交叉销售的目标是通过提供补充性商品、同一套商品和零配件产品，让消费者购买更多关联商品。但在这个页面上，千万不能出现可替代的竞争性商品。这相当于用户刚刚要付款购买，你却让他把商品放回去重新考虑。此外，购物车页面推荐的商品应该是那些可以轻松加入到购物车的商品，并且往往是刺激冲动性购买的商品。从这个意义上可以说，零配件产品比补充性商品在这里更加适合推荐，因为它是已购产品的一部分，而补充性商品仍然需要一个全新的购买决策。出现在购物车页面的任何交叉销售产品，理想的实现方式是当用户单击"加入购物车"按钮后，页面仍然回到当前购物车页面，而不是把处于结算柜台前的消费者引向其他地方。

（3）电子商务网站首页设计。

网站个性化首页是向用户展示商品的最佳地方。不过个性化首页必须知道该用户已经购买了什么商品，推荐的商品不应该是竞争性商品而应该将重点放在同类产品、补充性商品和零配件商品上。综上所述，在线交叉销售与网络会员制营销模式类似，不仅需要强大的技术功能支持，而且需要对用户购买行为等有系统的研究，一切从方便用户的角度入手，才能最终将网站访问者转化为真正的顾客。在线交叉销售与网络会员制营销模式也从一个侧面说明，有效的网络营销必须建立在可靠的技术环境中，这也是传统营销的一般理论在网络营销实践应用中往往显得没有可操作性的原因之一。

10.7　习题

1. 会员制营销模式指的是采用_____和长远的渠道规划，利用企业的产品、品牌、视觉标识、管理模式以及利益机制来维系分销渠道，并组建相对固定的_____，实现利益共享、模式共享、信息沟通和经验交流的作用。

2. 在线顾客服务常用的手段有：电子邮件、_____、在线表单、即时信息、论坛等。

3. BizRate.com 成立于_____年，是美国比较购物网站中最成功的一个。

4. 简述网站推广的常用方法有哪些？

5. 简述网站推广阶段的主要任务。

6. 网络品牌的特点有哪些？

7. 建立和推广网络品牌的几种途径？

8. 试述网上商店的营销策略。

9. 试述网络会员制营销的基本功能。

10. 简述网络促销方法。

第11章　网络营销效果评价

本章重要内容提示：

网络营销效果评价可了解和掌握企业网络营销的运行状态和效果，为企业的网络营销决策提供科学的依据。本章首先介绍网络营销绩效评价体系，主要包括对网站推广和网络品牌的评价，网站访问量指标评价，各种网络营销反应率指标的评价。然后介绍网站访问量统计分析。

网站访问量统计是网络营销效果评价的重要指标。此外，它还为网络营销诊断和策略研究提供有价值的重要信息，既可以发现网站设计方面存在的问题，为及时改善网站设计提供参考，也可以了解访问者的浏览习惯，有助于对网络营销活动进行控制和改进，从而达到增强网络营销效果的目的。网站访问量指标可根据网站流量统计报告获得，其中最有价值的指标包括：独立访问者数量、页面浏览数、用户访问量的变化情况和访问网站的时间分布、访问者来自哪些网站/URL、访问者来自哪些搜索引擎、用户使用哪些关键词检索等。

11.1　网络营销绩效评价体系

本章以网络营销的八种职能作为网络营销体系的基础，对网络营销效果的评价问题，也就是对网络营销各种职能的综合评价。网络营销的总体效果应该是各种效果的总和，比如在企业品牌提升、顾客关系、对销售的促进等方面，因此，需要用全面的观点评价网络营销的效果，而不仅仅局限于某些方面。例如，仅用实现的在线销售额来评价一个企业的网络营销效果显然是不全面的，因为企业网站在对网下销售的促进、对顾客服务的作用等方面的效果并没有被反映出来。事实上，建立一个真正完善的网络营销评价体系是件很困难的事情，即使在理论上可行，实际操作中也可能会变得非常复杂，或者评价成本过高，因此在实际应用中，为了简便起见，往往是对网络营销的某些方面进行初步的评估。

从实用的角度出发，对网络营销效果的评价体系主要包含下列4个方面的内容：对网站建设专业性的评价；对网站推广和网络品牌的评价；网站访问量指标的评价；各种网络营销活动反应率指标的评价。

11.1.1　对网站建设专业性的评价

网站建设是网络营销的基础，是网络营销信息传递的主要渠道之一，第3章已经介绍了建设网络营销导向的企业网站中的一般原则和主要问题，对网站优化的含义也做了系统分析，并且还多次强调了企业网站建设专业化的重要性。因此在网络营销中，对于企业网站的专业性应该给予合理的评价。对企业网站的评价包括几个方面的内容：网站优化设计合理、网站内容和功能完整、网站服务具有有效性、网站具有可信度等。由于对企业网站专业性还难以用量化的指标来评价，因此只能在一定程度上给予定性评估。

1. 企业网站优化设计的评价内容

- 网站设计对用户阅读习惯的合理性。
- 网站结构对搜索引擎抓取信息的合理性。
- 网站导航/网站帮助。
- 网站地图。
- 网站链接有效。
- 网页下载速度。
- 每个网页都有合适的标题。
- 静态网页与动态网页的应用合理。
- 网页设计 META 标签中的关键词和网站描述合理。

2. 网站内容和功能的评价内容

- 网站基本信息完整，如公司介绍、联系方式、服务承诺等。
- 网站信息及时、有效。
- 产品信息详尽。
- 查找产品信息方便。
- 网站功能运行正常。
- 用户注册退出方便。
- 体现出网站的促销功能。
- 具备网站的各项网络营销功能。
- 是否采用弹出广告等对用户造成骚扰的功能。

3. 网站服务有效性的评价内容

- 网站帮助系统。
- 详尽的 FAQ。
- 网站公布多渠道顾客咨询方式。
- 提供会员通信。
- 建立会员社区。

4. 网站可信度的评价内容

- 网站介绍明确说明了企业的基本状况；
- 网站具有必须的法定证书；
- 网站公布多渠道顾客咨询方式；
- 网站信息及时、有效；
- 公布服务承诺；
- 有合理的个人信息保护声明；
- 网站内容、功能、服务满足用户的一般需要。

在上述企业网站评价内容中，有些指标如网站联系方式等出现在一个以上的类别中，这主要是为了使该项评价类别的内容比较完整，在实际中进行定量评估时，可剔除重复的指标，并根据本企业的实际状况，建立合理的企业网站评价指标体系。除了用网络营销的观点对企业网站进行评价之外，企业网站还应满足一般优秀网站都具备的基本要求，如网页下载速度快、无错误链接、对不同浏览器的适应性、图片和字体颜色有较好的视觉效果等。

11.1.2 对网站推广的评价

网站推广的力度在一定程度上说明了网络营销人员为之付出努力的多少，而且可以进行量化，这些指标主要有：

1. 搜索引擎的收录和排名状况

一般来说，登记的搜索引擎越多，对增加访问量越有效果。另外，搜索引擎的排名也很重要，一些网站虽然在搜索引擎注册了，但排名在第三名之后，或者在几百名之后，同样起不到多大作用。在进行这项评价时，应对网站在主要搜索引擎的表现逐一进行评估，并与主要竞争者进行对比分析。

2. 获得其他网站链接的数量

其他网站链接的数量越多，对搜索结果排名越有利，而且访问者还可以直接从合作伙伴网站获得访问量，因此网站链接数量也反映了对网站推广所做的努力。不过网站链接数量并不一定与获得的访问量成正比。

3. 注册用户数量

网站访问量是网络营销取得效果的基础，也在一定程度上反映了获得顾客的潜在能力，其中最重要的指标之一是注册用户数量，因为注册用户资料是重要的网络营销资源，是开展内部列表 E-mail 营销的三大基础之一，拥有尽可能多的注册用户数量并合理应用这些资源已经成为企业重要的竞争手段。

11.1.3 对网站访问量指标的评价

在网络营销评价方法中，网站访问统计分析是重要的方法之一，通过网站访问统计报告，不仅可以了解网络营销所取得的效果，而且可以从统计数字中发现许多有说服力的问题。网站访问量统计分析无论对于某项具体的网络营销活动还是对总体效果都有参考价值，也是网络营销评价体系中最具有说服力的量化指标。虽然获得用户访问并非网络营销的最终目标，不过，访问量直接关系到网络营销的最终效果，因此网站访问量指标可以看做是网络营销的中间效果。网站访问量指标可以根据网站流量统计报告获得，其中最有价值的指标包括下列几项：

1. 独立访问者数量

独立访问者数量描述了网站访问者的总体状况，指在一定统计周期内访问网站的数量（如每天、每月），每一个固定的访问者只代表一个唯一的用户，无论他访问这个网站多少次。独立访问者越多，说明网站推广越有成效，也意味着网络营销的效果卓有成效，因此是最有说服力的评价指标之一。一些机构的网站流量排名通常都是依据独立访问者数量进行的，如调查公司 Media Metrix 和 Nielsen/NetRatings 每月最大 50 家网站访问量排名就是采用独立访问数为依据，统计周期为一个月，不过由于不同调查机构对统计指标的定义和调查方法不同，对同一网站监测得出的具体数字并不一致。

2. 每个访问者的页面浏览数

这是一个平均数，即在一定时间内全部页面浏览数与所有访问者相除的结果，即一个用户浏览的网页数量。这一指标表明了访问者对网站内容或者产品信息感兴趣的程度。如果大多数访问者的页面浏览数仅为一个网页，表明用户对网站显然没有多大兴趣，这样的访问者通常也不会成为有价值的用户。

3. 页面浏览数

在一定统计周期内所有访问者浏览的页面数量。如果一个访问者浏览同一网页三次，那么网页浏览数就计算为三个。不过页面浏览数本身也有很多疑问，因为一个页面所包含的信息可能有很大差别，一个简单的页面也许只有几行文字，或者一个图片，而一个复杂的页面可能包含几十幅图片和几十屏的文字，同样的内容，在不同的网站往往页面数不同，这取决于设计人员的偏好等因素。例如，一篇 6 000 字左右的文章在新浪网站通常只要放在一个网页上，而在有些专业网站则很可能需要五个页面，对于用户来说，获取同样的信息，新浪网的网站统计报告中记录的页面浏览数是一个，而别的网站则是五个。在网络广告常用术语中也介绍过，由于页面浏览实际上并不能准确测量，因此现在 Lab 推荐采用的最接近页面浏览的概念是"页面显示"。无论怎么称呼，实际上也很难获得统一的标准，因此页面浏览指标对同一个网站进行评估有价值，而在不同网站之间比较时说服力就会大为降低。

4. 某些具体文件/页面的统计指标

通过网站访问量统计，可以获得某些具体页面被访问和下载的信息，例如，为了评价某个新产品的情况，在新发布的产品页面，可以看到这个页面每天被浏览/显示了多少次，如果提供了产品说明书下载或者在线优惠券下载，还可以从用户的下载次数来评价网络营销所产生的效果。这一指标通常被用来评价某些推广活动的局部效果，将网站统计资料与所采取的网站推广手段相结合进行分析，可以得出网站访问量和营销策略之间的联系。例如，一个网站 9 月进行了一次有奖竞赛活动，根据 9 月网站访问量的变化情况可以检验这次活动的效果如何。

值得说明的是，即使是网站访问统计指标在实际应用中也存在种种限制，因此通常也只能作为参考指标，或者作为一种相对指标。

11.1.4 对网络营销活动反应率指标的评价

在网络营销活动中，有些活动的效果并不表现为访问量的增加而直接达到销售促进的效果，因此便无法用网站访问量指标来进行评价。例如，在企业进行促销活动时，采用电子邮件方式发送优惠券，用户下载之后可以直接在传统商场消费时使用，用户就无需登录网站，这时网络促销活动的效果对网站流量就不会产生明显的增加，因此只能用该次活动反应率指标来评价，如优惠券下载数量，在商场中兑现的数量等。另外，在有关网络广告效果评价的内容中也介绍过，由于点击率通常比较低，但网络广告对于那些浏览而没有点击广告的用户同样产生影响，因此用网络广告对网站流量增加的评价方式会低估网络广告的价值。对于这些通过网站访问量无法评估的网络营销活动，通常采用对每项活动的反应率指标来进行评价，如网络广告的点击率和转化率、电子邮件的送达率和回应率等，这些评价方式在网络广告、许可 E-mail 营销中都有相应的介绍，这里不再做详细介绍。其他类似的网络营销方法也可以参照这种模式进行效果评估。

关于网络营销对销售的促进以及获得的直接销售收入等财务指标，由于目前尚没有通用的评价方法，而且不同的企业/网站之间差异很大，在此暂不进行深入研究。

国内外的网络营销绩效评价体系有很大的不同，国外的评价体系首要是专门的电子商业上的事务营销网站绩效的评价体系，国内的评价体系相对研究越发深入，但评价体系还处于摸索阶段，很不完善，没有统一的评价标准。

11.2　网站访问量统计分析

网站访问量统计除了作为网络营销效果的评价之外，还有一个重要的作用，在于为网络营销诊断和策略研究提供有价值的信息，从而实现对网络营销效果进行改进和控制。在可以准确记录的网站访问量统计资料中，除了前面介绍的网站独立用户数量、页面浏览数量等基本信息之外，还有许多与网络营销有关的资料，如用户来自哪些地区、来自哪些网站的推荐、通过哪些搜索引擎检索发现网站、用户使用什么关键词进行检索、用户浏览器型号和显示模式、网站访问量的时间分布、用户访问最多的页面等，每一种信息都具有相应的网络营销意义。对网站访问量进行统计分析，也是网络营销必不可少的内容。

11.2.1　网站统计信息及其对网络营销的意义

为了更好地制定和实施网络营销策略，在网站统计资料中，我们希望了解用户的习惯和特征，例如希望知道有哪些用户访问了网站，他们来自什么地方、通过哪些网站链接和搜索引擎来到网站，访问者浏览了哪些网页、停留多长时间等。根据获得的这些信息，既可以发现网站设计方面存在的问题，为及时改善网站设计提供参考，也可以了解访问者的浏览习惯，对此进行深入研究，有助于对网络营销活动进行控制和改进，从而达到增强网络营销效果的目的。

1. 用户访问量的变化情况和访问网站的时间分布

大多数网站统计分析软件都提供了按不同时间单位的用户数量分布数据，例如每天统计报告中按照小时的访问量统计，每月统计报告中则以每天的访问量为单位，这样，既可以从一段较长的时期来了解网站访问量的变化情况，也可以详细了解一天中每个小时的网站访问情况。从月统计报告中可以看出每个星期内哪几天是访问高峰，而每天的统计报告则可以看出每天出现访问高峰的时间，这样，在进行网站维护时可以充分利用这些信息，例如，在访问高峰期到来之前更新网站内容，在网站访问量最低的阶段进行数据备份、服务器维护、在线测试等，以免影响用户的正常访问。

2. 访问者电脑分辨率显示模式

与用户使用浏览器的特征类似，访问者电脑分辨率设置的变化情况也可以通过网站访问统计获得。目前网站设计绝大多数为以 800×600 像素固定宽度设置为主，但随着电脑的升级和用户习惯的变化，用户电脑显示模式值已经发生了很大变化，调查表明，到 2003 年 8 月，使用 800×600 像素模式的用户比例已经降低到 46.3%，而采用 1024×768 像素及以上设置的用户比例已经达到 50.3%，并且表现出继续增长的势头。如果新设计的网站或者原网站改版仍然遵循这种模式，将使得多数用户无法获得"最佳显示效果"。因此，在设计网站时应关注用户浏览习惯的发展变化，以便让更多的用户在浏览你的网站时，在不更改显示模式的情况下获得最佳的显示效果，最好不是在网页下面提示用户如何才能获得最好的效果。这些用户使用电脑行为的变化，都需要通过网站访问统计信息来跟踪，并据此进行分析才能在网站策划时做出正确的决策。由此也说明，网站访问统计并不仅仅是为了评价网站的访问效果，而是为了具有更多方面的价值。

3. 用户浏览器的类型

虽然绝大多数用户都使用 Internet Explorer，但不同版本浏览器的特性有所不同，这样如果针对高版本的浏览器进行设计的一些功能，在低版本中将无法正常工作。另外，新的浏览器还在不断出现，也会吸引一部分用户使用，从用户浏览器类型的统计中，也可以发现一些有价值的问题。例如，在第 3 章中所分析的，目前在一些网站上仍然出现"建议使用 800 × 600 像素 IE5.0 以上浏览器浏览本站以获得最佳显示效果"的提示并不合适，它反映了网站设计者对用户行为缺乏基本的了解，这可以用访问统计数字来说明。

根据时代营销网站 2004 年 3 月的访问统计报告，总共有 84% 的用户使用微软的 IE 浏览器，其中 31.8% 的用户使用 IE5.0，使用 IE6.0 的用户占 68.1%，只有 0.1% 的用户使用 IE4.0 版本的浏览器。可见，几乎 100% 的用户都已经使用了 IE5.0 以上版本的浏览器，如果仍然画蛇添足地专门提醒用户"使用 IE5.0 以上的浏览器"，不仅会贻笑大方，同时也暴露了不够专业的一面，因为这些信息足以说明设计者不了解用户的浏览特征，只是根据自己设计的方便来考虑问题。同理，如果忽略了 IE5.0 用户的存在，使得一些在高版本浏览器中正常显示的功能在 IE5.0 中无法正常工作，则会影响将近 1/3 用户的正常浏览。用户使用浏览器的状况是在不断发生变化的，应根据这些变化来进行针对性设计。

4. 用户所使用的操作系统

通常情况下，对于用户使用不同的操作系统与网络营销之间没有直接的联系，不过当需要对用户行为进行深入的监测时，了解用户使用的操作系统就有独特价值。对用户操作系统的统计是网站流量统计软件的基本功能之一，一般的统计系统都提供这项数据。

5. 访问者来自哪些网站/URL

访问者是直接在浏览器中输入网址，还是通过其他网站的链接点击而来，在访问统计中都可以被完整记录，这些统计资料可以了解你的用户来自哪里，这一信息应该是每一个网络营销人员感兴趣的。在前面介绍的网站链接推广策略中，通过网站统计报告，可以看出访问者来自哪些合作网站，占多大比例等。另外，一个企业网站被竞争者关注是很正常的事情，竞争者访问的频度如何，主要关注哪些内容等都很值得研究，根据详细的网站访问统计，甚至可以据此分辨出"谁是我们的朋友，谁是我们的敌人"，如果有必要，还可以针对主要竞争者设计专门的网页，以便给竞争对手的监视活动制造错觉。

6. 用户使用哪些关键检索

在网站的访问统计中，对于分析搜索引擎营销更令人激动的一项信息是用户所使用的关键词。当我们开展搜索引擎优化设计、投放关键词广告等工作时，一开始其实并不清楚访问者会利用哪些关键词通过搜索引擎进行检索。选择哪些关键词根据的一般都是自己的主观判断，因此难免有一定的盲目性，结果可能出现精心设计的关键词并没有什么效果的情形，这在网站开通初期没有统计资料可以参考时也是很难避免的问题。通过对网站访问报告中用户所使用的关键词的统计分析，则可以更为准确地了解用户的检索习惯，从而修正搜索引擎营销中存在的问题，增强搜索引擎营销的效果。

不过并非每个网站流量统计软件都能提供详尽信息，有些国外的软件只对几个著名的英文搜索引擎提供关键词分析，而国内的搜索引擎并不一定被包括在分析报告中，并且中文字符有时会出现乱码的现象。有一种方法可以对这种不足进行一定的弥补，就是通过访问者来源的 URL 判断，如果是搜索引擎，可以点击这个 URL 查看用户搜索结果页面的信息，其中在搜索框中通常可以看到所使用的关键词，不过如果网站访问量太大，用人工方式逐个网页查看，效率会比较低，因此只能作为一种无奈的选择。

7. 访问者来自哪些搜索引擎

与访问者来自哪些网站链接一样，访问者来自哪个搜索引擎也是一项很有价值的统计信息，这项数据不仅可以用来评价搜索引擎营销的效果，还可以用来分析和了解用户使用搜索引擎的特征，同时，能很清晰地表明了各个搜索引擎对网站访问量的贡献，经过一段时间的统计分析，即可从中选择最有价值的搜索引擎进行重点推广，而对于暂时没有带来明显访问量的搜索引擎，应进行必要的分析，看问题是出在推广方法上，还是该搜索引擎的推广价值不理想上，可以据此制定相应的策略，如果是后者，则可以考虑在以后的推广中放弃这一搜索引擎。

8. 访问者所在地区和 IP 地址

本书在一开始对网络营销概念的认识中就提出了网络营销不是虚拟营销的观点，也正是因为每个访问者的所在地区、IP 地址和在网站上的点击都可以被详尽地记录下来。一般来说，用户来自各地，用户 IP 地址也比较分散，因此从这些分散的 IP 地址中难以获得有价值的信息。不过，从一个较长的时期来看，可以获得用户来源地区的有关统计信息特征，这对于开展地区性网络营销具有一定的参考价值。

9. 最主要的进入页面

有些网站首页是用户访问最多的页面，但并不都是这种情况，有些网站首页访问比例不足 50%，用户可能从多个负面进入网站。当了解了用户进入网站主要页面的信息后，可以对这些页面进行有针对性的优化设计并对其进行重点维护，让这些网页为用户留下良好的印象，并且将重要的促销信息设置在这些页面上。

10. 每个访问者的平均停留时间

访问者停留时间的长短反映了网站内容对访问者吸引力的大小，通过对每个访问平均停留时间的分析，可以得出许多有价值的结论：如果许多访问者在 20～30 秒内离开网站，很可能是由于页面下载速度太慢，也可能是由于内容贫乏或其他设计缺陷；另外，如果许多访问者在某些页面停留的时间比较长，那么可能要对其他页面进行改进。不过，由于每个人的阅读速度和网络接入速度不同，阅读同样数量网页的时间可能有一定的差别，不同网站网页的平均信息量也不相同，因此这些信息也只能在一定范围内进行粗略的判断。

11. 独立访问者数量和重复访问者数量

在访问者数量中，可以区分出在统计周期内只访问一次的"独立用户数量"和重复访问者的数量，独立用户数量通常作为评价网络营销效果的一个指标，而重复访问者的数量则反映了用户对于网站的"忠诚"，或者叫网站对于用户的吸引力。重复用户越多则表明这些用户对网站信息和服务的需求越多，但重复访问者的数量多也存在一定的负面影响，例如重复访问用户对于同样的网络广告内容关注程度就会逐渐下降，如果重复访问者比例过高，在这方面就应引起注意，并采取相应的对策。

11. 2. 2　获得网站流量分析资料的方式

由于网站流量分析对网络营销发挥着重要作用，因此在正规的网络营销活动中都离不开网站统计分析，一份有价值的网站流量分析报告不仅仅是网站访问日志的汇总，还应该包括详细的数据分析和预测。获取网站访问统计资料通常有两种方法：一种是通过在自己的网站服务器端安装统计分析软件来进行网站流量监测；另一种是采用第三方提供的网站流量分析服务。两种方法各有利弊，采用第一种方法可以方便地获得详细的网站统计信息，并且除了访问统计软件的费用之外无需其他直接的费用，但由于这些资料在自己的服务器上，因此在向第三方提供有关数据时缺乏说服力；第二种方法则正好具有这种优势，但通常要为这种服务付费。此外，如果必要，也可以根据需要自行开发网站流量统计系统。具体采取哪种形式，或者哪些形式的组合，可根据企业网络营销的实际需要决定。

不同的网站统计系统在统计指标和方法等方面存在一定差异，在选择网站统计软件、选择第三方统计服务，或者自行开发网站流量统计系统时，站在网络营销的角度，应该可以获得尽可能详尽的统计分析资料，至少应该获得下列统计信息：独立用户数量、页面浏览数、来自哪些网站及其各自的比例、来自哪些搜索引擎及其所使用的关键词等。在常用的网站统计软件中，Web Trends 是比较著名的一个，由于其功能卓著，统计信息全面，并且有多种分析结构，因而得到广泛应用，许多大型网站都采用 Web Trends 的访问统计软件。

11.3 习题

1. 目前网站设计绝大多数为以_____像素固定宽度设置为主。
2. 在常用的网站统计软件中，许多大型网站都采用_____访问统计软件。
3. 现在 Lab 推荐采用的最接近页面浏览的概念是_____。
4. 网站统计信息的网络营销意义是什么？
5. 简述网络绩效评价体系的内容。

参 考 文 献

[1]　冯英键. 网络营销基础与实践 [M]. 北京：清华大学出版社，2008.

[2]　乌跃良：网络营销 [M]. 大连：东北财经大学出版社，2009.

[3]　李洪心：电子商务导论 [M]. 北京：机械工业出版社，2006.

[4]　孔鹏举，张毅. 我国网络营销的现状、发展障碍及对策分析 [J]，内蒙古科学与经济，2007（4）.

[5]　林清麟，李志英. 我国网络营销的现状、发展障碍及对策分析 [J]，科技与经济，2006（12）.

[6]　时小伟. 中小企业网络营销的成功 [J]. 企业研究，2009（1）.

[7]　瞿彭志. 网络营销 [M]. 北京：高等教育出版社，2004.

[8]　刘冬兰. 我国中小企业网络营销的发展状况与对策 [J]. 经济导刊，2007（12）.

[9]　朱圣提，高韧. 我国企业网络营销现状与发展 [J]. 商业时代，2008（5）.

[10]　杨先红. 传统营销与网络营销共存原因分析 [J]. 中国科学技术产品，2009（1）.

[11]　李琪，彭辉. 金融电子商务 [M]. 北京：高等教育出版社，2004.

[12]　张忠林. 电子商务概论 [M]. 北京：机械工业出版社，2006.

[13]　张晓燕. 电子商务与客户关系管理 [J]. 中国信息导报，2003（5）.

[14]　姚国章. 电子商务案例 [M]. 北京：北京大学出版社，2002.

[15]　邵兵家. 电子商务概论 [M]. 北京：高等教育出版社，2004.

[16]　杨坚争. 电子商务基础与应用 [M]. 西安：西安电子科技大学出版社，2006.

[17]　陈德人. 电子商务概论 [M]. 杭州：浙江大学出版社，2002.